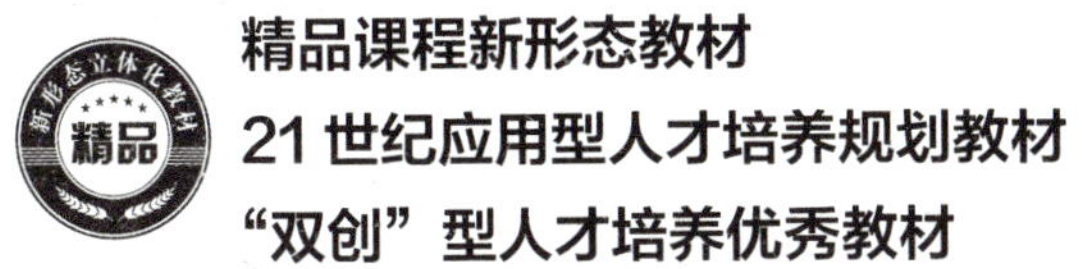

精品课程新形态教材
21世纪应用型人才培养规划教材
“双创”型人才培养优秀教材

NX12.0 项目教程——零件的造型

主　编　雷　芳　李会玲
副主编　罗冬初　刘丽鸿　易　建
　　　　张跃飞　杜明才　李晓光
　　　　杨安园　杨长友　邓海峰

西北工业大学出版社
·西　安·

【内容简介】 本书基于NX12.0项目教程软件对零件的三维造型进行了全面、系统的介绍。本书内容源于多年教学实践的总结和提炼，采用项目教学和任务驱动的方式，全书共3个项目：实体造型、曲面造型和工程图。每个项目包含多个任务，每个任务都具有很强的代表性，既具有企业一线的实用性，又富有趣味性，能调动学生学习兴趣。全书结构清晰，叙述详细，案例丰富，内容深入浅出，重点突出，注重培养学生实践技能和创新能力。

图书在版编目（CIP）数据

NX12.0项目教程：零件的造型 / 雷芳，李会玲主编
. —西安：西北工业大学出版社，2020.1（2023.7重印）
ISBN 978-7-5612-6933-6

Ⅰ. ①N… Ⅱ. ①雷…②李… Ⅲ. ①机械元件-计算机辅助设计-应用软件-高等学校-教材 Ⅳ. ①TH13-39

中国版本图书馆CIP数据核字（2020）第024770号

NX12.0 XIANGMU JIAOCHENG LINGJIAN DE ZAOXING
NX12.0 项目教程——零件的造型

责任编辑：孙 倩　　策划编辑：付高明
责任校对：张 潼　　装帧设计：尤 岛
出版发行：西北工业大学出版社
通信地址：西安市友谊西路127号　　邮编：710072
电　　话：（029）88491757，88493844
网　　址：www.nwpup.com
印 刷 者：涿州汇美亿浓印刷有限公司
开　　本：787 mm×1 092 mm　　1/32
印　　张：18.25
字　　数：405千字
印　　次：2023年7月第2次印刷
定　　价：49.00元

《NX12.0 项目教程——零件的造型》
微课二维码

1. 鼠标的操作　P8

2. 创建草图平面　P24

3. 绘制草图　P26

4. 约束草图　P31

5. 拉伸　P48

6. 拔模　P52

7. 常规孔　P62

8. 旋转　P79

9. 边倒圆　P81

10. 镜像　P82

11. 阵列　P84

12. 扫掠　P98

13. 抽壳　P116

14. 通过曲线组　P172

15. 有界平面　P173

16. 缝合和加厚　P173

17. 通过曲线网格　P178

18. 文本　P179

19. 直线　P185

20. 圆弧　P186

21. 艺术样条曲线　P190

22. N 边曲面　P196

23. 修剪片体　P198

24. 凸起　P198

25. 组合曲线投影　P207

26. 变换　P228

27. 工程图参数预设置　P240

28. 建立工程图　P241

29. 视图操作之一　P242

30. 视图操作之二　P250

31. 尺寸标注　P255

前　言

根据党的二十大精神，全面深刻领悟教育强国、科技强国、人才强国战略意义，牢记责任与使命，做到与时俱进，推动教育教学高质量发展。作为机械类专业的专业课程，课程的教学理念、教学内容、教学方法和手段也在不断调整。该课程的学习对学生日后的工作和学习将会产生深远影响。

UG（Unigraphics NX）是 Siemens PLM Software 公司出品的一个产品工程解决方案，它使企业能够通过新一代数字化产品开发系统实现向产品全生命周期管理转型的目标，用于产品设计、工程和制造全范围的开发过程，广泛应用于汽车、航空、航天、消费家电、模具和计算机零部件等领域。UG NX 12.0 于 2017 年 10 月发布，是目前为止该公司推出的最新版本。本书通过对 UG NX 12.0 建模、装配和工程图模块的讲解，帮助读者实现独立的产品建模、产品装配和创建工程图。

本书具有以下主要特色：

（1）采用项目教学和任务教学相结合，选取的任务有代表性，重点突出、深入浅出，培养读者实际工程应用能力。

（2）编写遵循“做中学，学中做”，使读者在实例操作的同时掌握基础知识。

（3）软件的命令繁多，不可能面面俱到。本书选取机械产品建模中常用的命令讲解，对于任务中用到的命令，本着“必需、够用”的原则，加深读者对命令的理解和应用。

（4）教材配有丰富的上机练习，读者通过完成练习可以提高实践能力，培养读者分析和解决问题的能力。

本书由雷芳和李会玲担任主编，罗冬初、刘丽鸿、易建、张跃飞、杜明才、李晓光、杨安园、杨长友、邓海峰担任副主编，其中，李会玲编写了项目一中的任务二至任务八，雷芳编写了项目二中的任务一至任务五，杨长友、刘丽鸿、邓海峰编写了项目一中的任务一和任务九、易建、张跃飞编写了项目二中的任务六和任务七，杜明才、李晓光、杨安园编写了项目一中的任务十，罗东初编写了项目三部分。

由于水平有限，书中不足之处在所难免，望广大读者批评指正。

编　者

目　　录

项目一　零件的实体建模

UG是集CAD/CAE/CAM等为一体的数字化产品开发系统，它为用户的产品设计和加工过程提供了数字化造型和验证手段。该软件集建模、制图、加工、结构分析、运动分析和装配等功能于一体，广泛应用于航天、航空、汽车和造船等领域，显著提高了相关工业的生产率。该软件共包含以下七大模块：

1. 基本环境（Gateway）

该模块是UG的基本模块，是UG启动后自动运行的第一个模块。该模块用于打开存档的文件、创建新文件、存储更改的文件，同时支持用户改变显示部件、分析部件、调用帮助文档、使用绘图机输出图纸、执行外部程序等。

选择【应用】→【基本环境】命令，可进入该模块。

2. 建模（Modeling）

该模块主要用于产品部件的三维实体特征建模，是UG的核心模块。它不但能生成和编辑各种实体特征，还具有丰富的曲面建模工具，可以自由地表达设计思想，创造性地改进设计，从而获得良好的造型效果和造型速度。

选择【新建】→【建模】命令，可进入该模块。

3. 工程制图（Drafting）

该模块可以从已经建立的三维模型自动生成平面工程图，也可以利用曲线功能绘制平面工程图。它备有自动视图布置、剖视图、向视图、局部放大图、局部剖视图、尺寸标注、形位公差、表面粗糙度符号标注、支持国家标准、标准汉字输入、视图手工编辑、装配图剖视、爆炸图和明细表自动生成等工具。

选择【开始】→【制图】命令，可进入该模块。

4. 装配模块（Assembly Modeling）

该模块可以提供并行的自上而下和自下而上的产品开发方法，从而在装配模块中可以改变组件的设计模型；还能够快速地直接访问任何已有的组件或者子装配的设计模型，实现虚拟装配。

选择【开始】→【装配】命令，可进入该模块。

5. 钣金设计（Sheet Metal Design）

该模块提供了基于参数、特征方式的钣金零件建模功能，并提供对模型的编辑和零件的制造过程以及对钣金模型展开和重叠的模拟操作。

选择【开始】→【钣金】命令，可进入该模块。

6. 数控加工（Manufacturing）

该模块用于数控加工模拟及自动编程，可以进行二-五轴的加工，完成数控加工的全

过程。同时提供通用的点位加工编程功能，可用于钻孔、攻丝和镗孔等加工的编程。还可以根据加工机床控制器的不同，定制后处理程序，使生成的指令文件直接应用于用户指定的机床。

选择【开始】→【加工】命令，可进入该模块。

7. 注塑模向导（Moldflow Part Adviser）

该模块采用过程向导技术来优化模具设计流程，基于专家经验的工作流程、自动化的模具设计和标准模具库，指导注塑模具的完成。

选择【开始】→【注塑模向导】命令，可进入该模块。

本书包含建模、装配和工程制图三个模块的内容。项目一主要介绍关于绘制草图、特征建模和装配的主要内容。

任务一　UG NX12.0 基本环境与操作

一、实例分析

1. 学习任务

打开图形，如图 1-1-1 所示，修改模型的显示方法，将图形按照特征分配到不同的图层，并将不同的特征用不同颜色显示出来。

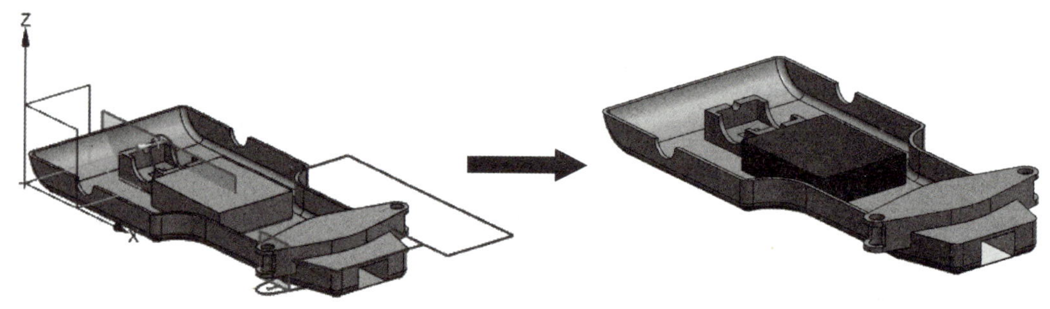

图 1-1-1　学习任务

本任务主要介绍 UG NX12.0 软件的基础知识，包括 UG NX12.0 软件的工作环境、常用工具、对象操作和界面定义方式，以图 1-1-1 为例，掌握相关的学习内容。

2. 知识目标

认识 UGNX12.0 的界面环境；

掌握基准工具创建各种基准；

掌握图层工具的使用；

掌握常用的文件操作，了解常用文件的格式；

能够根据自己的需求改变操作环境的设置；

能够编辑图形区域的显示。

二、知识链接

1. UG NX12.0 的启动

双击桌面上的 NX12.0 快捷方式，或者执行【开始】→【Simens NX12.0】→【NX12.0】命令，可以启动软件。启动 UG 后出现如图 1-1-2 所示的初始界面，可以新建、打开 UG 文件。

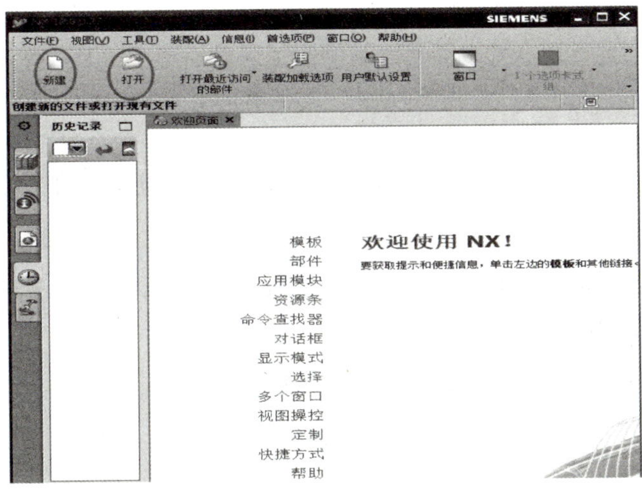

图 1-1-2　UG NX 初始界面

2. 认识界面环境

如图 1-1-3 所示是建模基本环境，界面环境包括工作界面和绘图区域。工作界面共包含六部分，包括标题栏、菜单栏、工具条、选择条、过滤器和资源条。

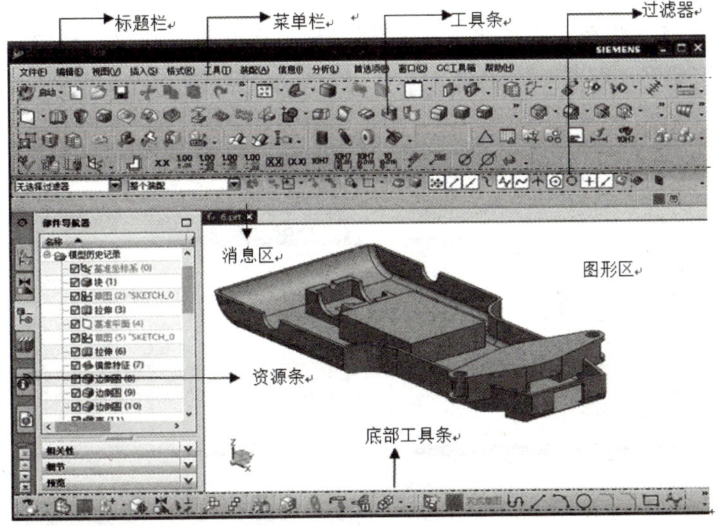

图 1-1-3　建模基本环境

（1）标题栏。

标题栏的主要功能用于显示软件版本和使用者应用的模块名称。

（2）菜单栏。

菜单栏包含了 UG NX12.0 软件所有的主要功能，位于主窗口的顶部，在标题栏的下面。菜单栏采用下拉式菜单，主菜单包括文件、编辑、视图、插入、格式、工具和装配等。执行菜单栏中的任何一个功能，系统会弹出下拉菜单，选择下拉菜单的命令可以完成相应的操作。

（3）工具条。

工具条在菜单栏的下面，它以简单直观的图标来显示每个工具的作用，是下拉菜单的快捷命令，UG 具有大量的工具供用户使用，只要单击工具栏中的图标，就可以启动相应的功能，为完成相关操作提供了极大的方便。工具条中有些命令处于非激活状态（呈灰色），这是因为它们目前还没有处在发挥功能的环境中，一旦它们进入有关环境，便会自动激活。工具条的设置方法主要有以下三种：

方法一：执行菜单栏【工具】的下拉菜单 定制(Z)... 命令，出现定制对话框，在工具条选项中勾选要出现的工具条，如图 1-1-4 所示。

方法二：在工具条空白处右击鼠标，选择 定制...，则出现定制对话框；

方法三：执行工具条右侧的小三角形，选择 添加或移除按钮，选择 定制...，出现定制对话框。

定制对话框常用来定制工具条和命令。选择对话框中的 工具条 命令，如图 1-1-4（a）所示，则下方出现常见的工具条名称，勾选前面的复选框使相应的工具条出现在界面环境中。单击定制框中的 命令 命令，如图 1-1-4（b）所示，在类别中执行菜单条，右侧命令栏中出现 UG 提供的所有菜单条及下拉菜单命令。鼠标左键拖动命令到菜单条，则该命令出现在菜单条。将菜单条中的命令拖到定制对话框中，则菜单栏中的命令消失。

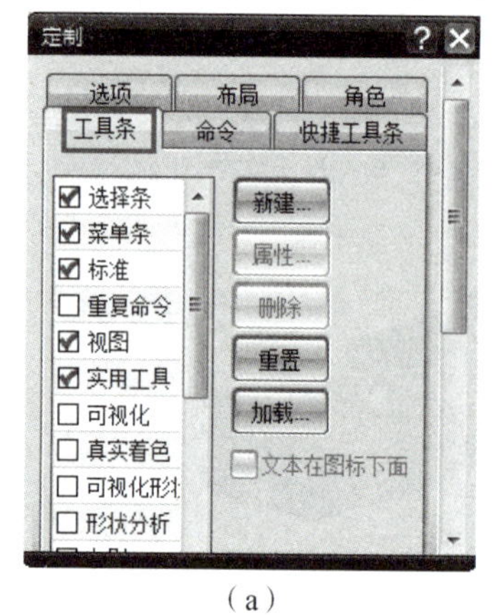

（a）

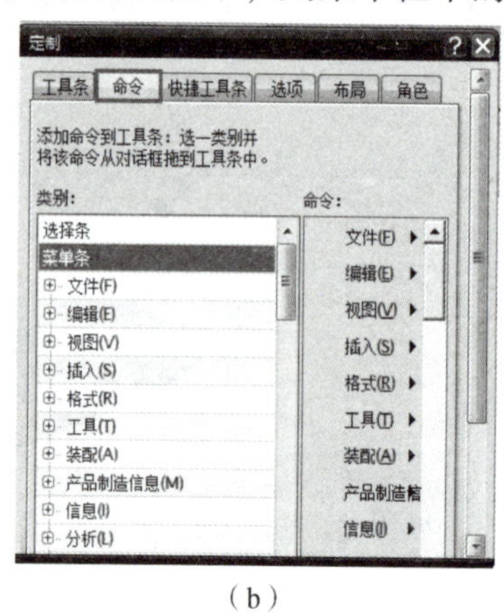

（b）

图 1-1-4　定制对话框

（a）定制工具条；（b）定制命令

在定制对话框中左侧的类别中选择一个选项，点开前面的“+”号，选择下拉菜单，则右侧出现对应的命令，拖动命令可到工具条中的任意位置，也可以将工具条中的命令拖到定制框中，取消显示。

（4）选择条。

选择条规定了对象选择的内容和范围。没有选择过滤器的意思是所有对象都可以选择，单击下拉菜单后面的小黑三角形，选择其他选项，如“面”，则鼠标只能选取面特征。当多个图素重合或无法识别时，将鼠标放在该区域3秒，会出现3个点，单击鼠标左键，将列出所有图素内容，在图素之间互相切换，单击要选择的图素。选择条第二栏定义了可选图素范围，整个装配的范围最广。

（5）过滤器。

常规选择过滤器可以通过部件模型的颜色、图层、特征和类型等属性来缩小模型选择的范围，包含细节过滤器、颜色过滤器和图层过滤器，如图1-1-5所示。

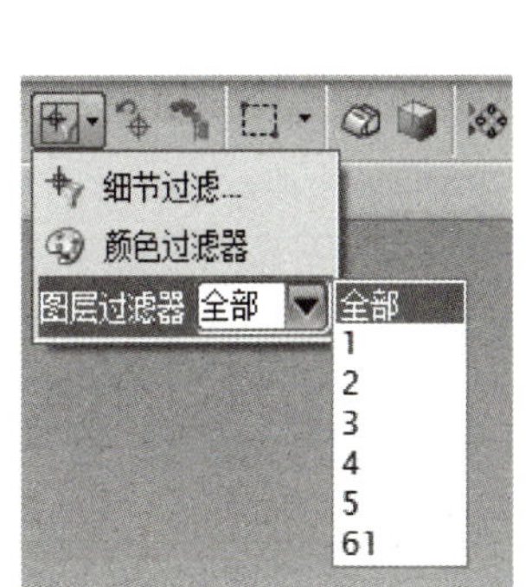

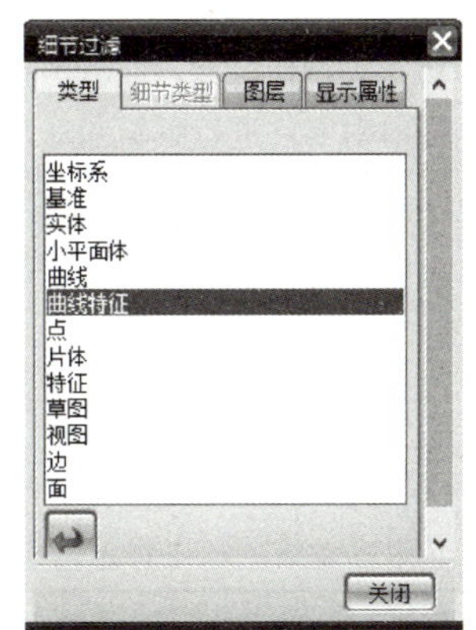

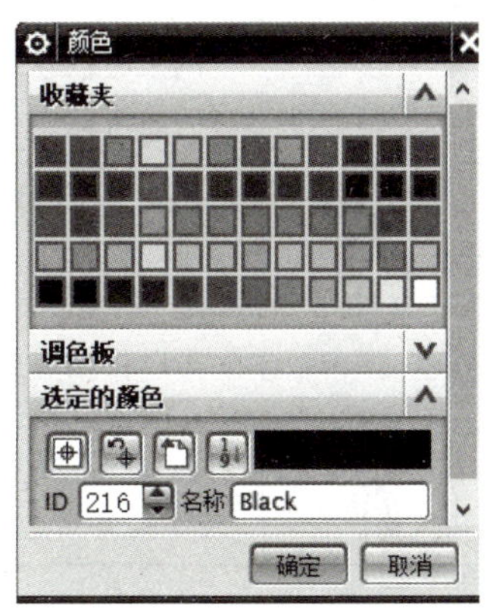

图 1-1-5　过滤器类型

1）细节过滤器：类型包括曲线、草图、片体、特征和基准等，显示属性包含曲线类型和曲线宽度。要取消过滤器，则执行下方的重置命令，则默认了所有选项不进行过滤。

2）颜色过滤器：表示选择所有颜色，则不过滤，表示取消选择所有颜色，然后在调色板中选择过滤的颜色，或在颜色ID中输入颜色ID号。如选择橙色，先单击“确定”按钮，然后框选图中的模型，则只能选中橙色图素。要取消颜色过滤，打开颜色过滤器，执行“选择所有颜色”，按“确定”。

3）图层过滤器：直接单击右侧的黑三角形，选择图层名称。“全部”是所有图层不过滤。选定对象后，“全不选”命令被激活，执行该命令，则取消所有对象选择。

4）选择方法：有框选和套索两种，套索可任意勾画一个区域，默认是框选。

5）启用捕捉点，搭配旁边捕捉对象使用，清除捕捉点将取消捕捉对象选择，如图1-1-6所示。

图 1-1-6　对象的选择

（6）资源条。

资源条位于界面最左侧，竖直排列。常用的选项包括装配导航器、约束导航器、部件导航器和历史记录。建模过程的每一步操作都会显示在部件导航器中。表 1-1-1 是资源条中主要导航器的名称和含义。

表 1-1-1　导航器

导航器	含义
装配导航器	用来显示装配特征树及其相关操作过程
部件导航器	用来显示零件特征树及其操作过程，即从中可以看出零件的建模过程及其相关参数。通过特征树可以随时对零件进行编辑和修改
重用库	能够更全面地浏览 Teamcenter Classification 层次结构树，并提供了对分类对象的直接访问权。此外还可以将相关 NX 部件的任何分类对象多动到图形窗口中
历史记录	可以快速地打开文件，单击要打开的文件即可
角色	包含内容和演示两方面角色的设置。常用的内容角色等级有高级、基本功能、CAM 高级和 CAM 基本功能，其区别主要是系统包含的主要命令不同

（7）图形区。

图形区是用户主要的工作区域，建模的主要过程及绘制的零件图形、分析结果和模拟仿真过程都在这个区域显示。鼠标右击图形区域，系统弹出常用快捷菜单。

3. 文件的基本操作

（1）新建文件。

启动软件后单击“新建”命令，屏幕上出现新建命令的对话框，如图 1-1-7 所示。系统默认的模板是模型，如进行其他操作，也可以选择其他模板。过滤器的单位有两种，毫米或英寸，默认是毫米，输入文件名，单击文件夹图标，选择要保存的位置。

（2）打开文件。

单击“打开”命令，根据保存路径打开一个文件，则绘图区域显示打开的文件。

（3）保存文件。

保存：按照新建文件时创建的路径保存工作部件。

另存为：执行文件下拉菜单的 另存为(A)... 命令，可以重新设置保存路径和文件名称。

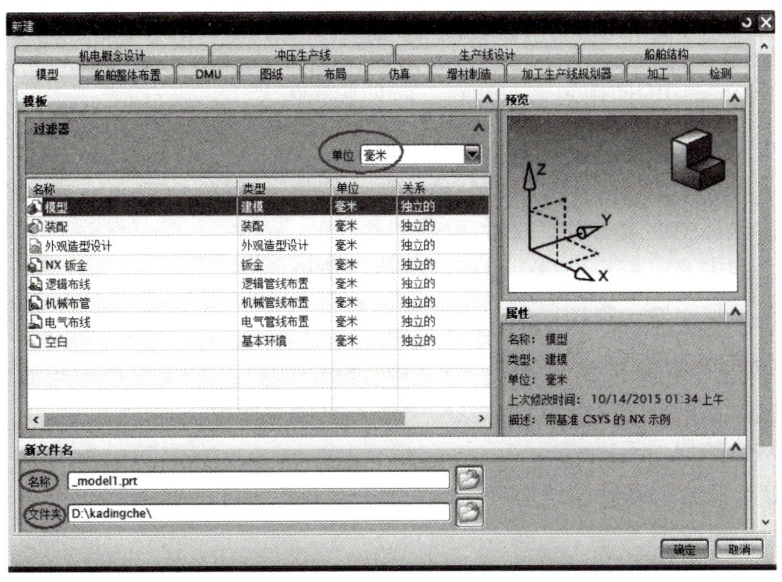

图 1-1-7　新建对话框

（4）导入与导出文件。

在文件的下拉菜单中有导入和导出功能，可以轻松地进行多种类型数据的交换，从而实现与其他一些主流 CAD 软件系统共享数据类型。UG NX 的文件类型为“. Prt”。将 UG 文件转换为其他类型文件时，用导出功能，用 UG 软件打开其他类型文件时用导入功能。UG 系统可以导入导出的文件类型如图 1-1-8 所示。

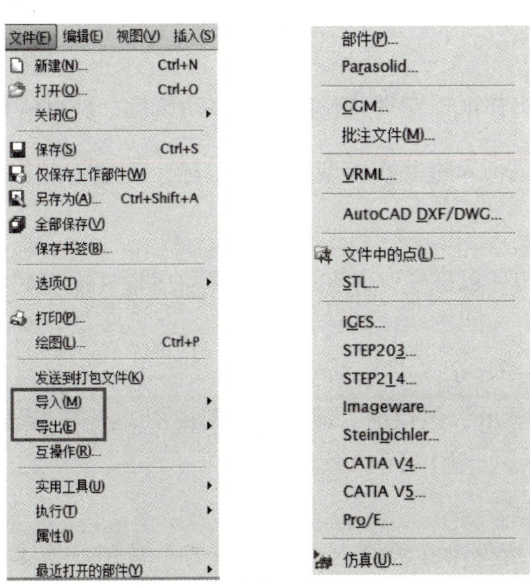

图 1-1-8　导入与导出

(5)关闭文件。

单击标题栏的关闭命令，则退出了该软件。单击绘图区域左上角的部件文件名称，则关闭该部件。

4. 鼠标的操作

鼠标在 UG NX 中的使用效率非常高，而且功能强大。

(1)单击鼠标左键进行选择，包括选择命令、图素对象、绘制图形等。

(2)双击鼠标左键，则是对象的默认操作，如编辑参数。

(3)单击鼠标中键表示确定或者应用。

(4)右击图素和对象，会弹出常用命令快捷菜单。

(5)按住鼠标中键，移动鼠标，可旋转模型。

(6)滚动鼠标中键，可以缩放模型，向前滚模型缩小，向后滚模型变大。

(7)同时按住鼠标中键和右键，移动鼠标，可平移模型。

5. 模型对象的显示与操作

模型的显示控制主要通过视图工具条来实现，如图 1-1-9 所示，也可以通过视图下拉菜单中的命令来控制。

图 1-1-9 视图工具条

(1)控制对象模型的显示比例。

◆适合窗口：执行该命令，则系统自动调整工作视图的中心和比例以显示所有对象。

◆放大缩小：按住鼠标左键并在模型中移动鼠标，即可将模型放大或缩小。

◆平移：按住鼠标左键并在模型中移动鼠标，模型将随鼠标的移动而在屏幕中心移动。

◆旋转对象：按住鼠标左键并在模型中移动鼠标，模型将随鼠标的移动绕屏幕中心旋转。

(2)模型对象的视图显示。

按照视图视向方位显示，包括正二轴测图、俯视图、正等测图、左视图、前视图、右视图、后视图和仰视图，如图 1-1-10 所示。

(3)对象的渲染方式。

对象的渲染方式是指模型在绘图区的显示方式，常用的有 8 种形式，如图 1-1-11 所示：

1）带边着色：以带线框的着色图显示，这种显示方法较直观。

2）着色：以纯着色图显示，不显示线框。

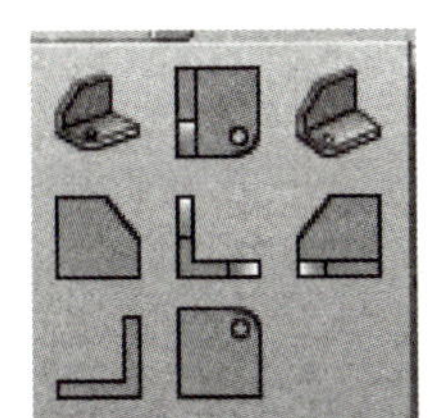

图 1-1-10　视图显示

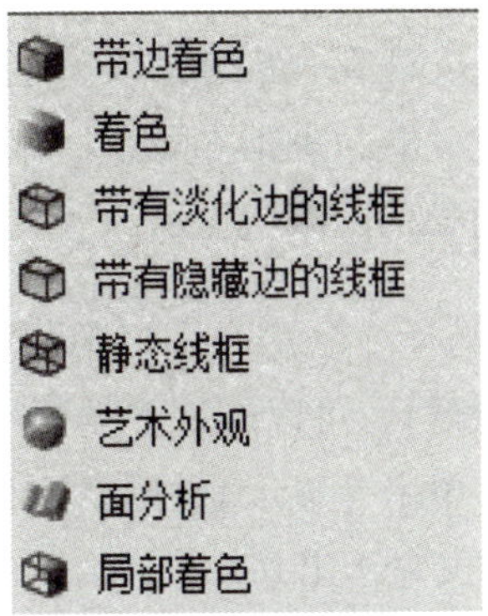

图 1-1-11　渲染方式

3）带有淡化边的线框：不可见边用虚线表示的线框图。

4）带有隐藏边的线框：隐藏不可见边的线框图。

5）静态线框：可见边和不可见边都用实线表示的线框图。

6）艺术外观：给模型添加一个材料。如果没有添加材料，则艺术外观与着色显示没有区别，单击导航器中的材料库，选择模型的体和面，在材料库中添加一种金属，艺术外观模式下才可以显示出来。

7）面分析：选定的曲面对象由小平面几何体表示，并渲染小平面以指示曲面分析数据，剩余曲面用对象边缘几何体表示。

8）局部着色：也是选定面用小平面几何体表示，其他面用边缘几何体表示。

（4）模型的通透显示。

全部通透显示，单击该命令，可以在通透和不透明之间进行切换。

（5）模型的背景显示。

单击背景显示命令，其下拉菜单中还包括【浅灰背景】【渐变浅灰背景】【渐变深灰背景】【深灰背景】，该命令只能改变背景的模式，不能改变背景的颜色。要改变背景的颜色，执行【工具】→【首选项】→【背景】命令。

（6）模型对象的剖切面。

单击“编辑工作截面”命令，出现如图 1-1-12 所示的视图截面对话框。选择一个剖切平面，可以垂直于 *X*/*Y*/*Z* 轴，也可以拖动偏置值改变剖切面的位置，单击“确定”

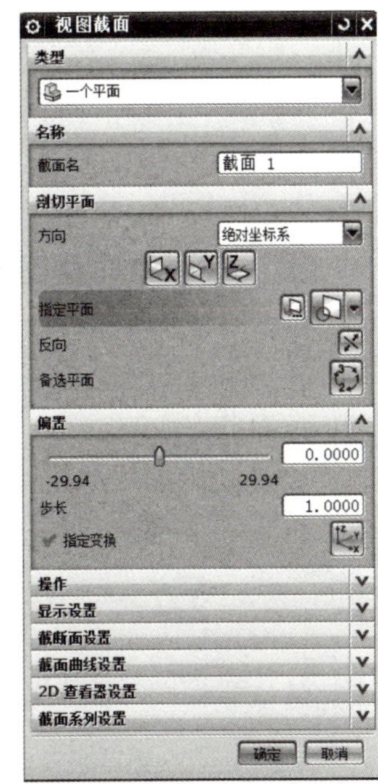

图 1-1-12　视图截面

按钮可以观察剖视图。单击剪切工作截面命令可以在剖视图和模型图之间进行切换。

（7）对象的删除。

利用编辑下拉菜单中的删除命令可以删除一个或多个对象，也可以使用过滤器在选择完对象后，右击对象，选择“删除”命令。

（8）模型对象的隐藏与显示。

右击对象，选择“隐藏”，可以隐藏对象。单击【编辑】下拉菜单，执行 显示和隐藏(H) 命令，选择【隐藏】，可以通过“类选择”选中要隐藏的对象，或者直接单击工具条【隐藏显示】命令。单击【显示】，则所有隐藏的对象会出现在绘图区域，单击要显示的图素，即隐藏对象又显示出来。

如执行【显示和隐藏】命令，则出现如图 1-1-13 所示对话框，按照类别显示和隐藏。“+”表示显示，“-”号表示隐藏。如单击草图中的-号，所有草图被隐藏，再单击对应的+号，该类别对象显示。这是按照类别的显示和隐藏，选择“全部”，则该模型所有图素显示出来。

（9）编辑对象的显示。

选择【编辑】→【对象显示】，系统弹出类选择对话框，在类别过滤器中选择面，选择需要修改的面对象，单击“确定”，弹出对象显示对话框，如图 1-1-14 所示，单击颜色，并选择一种颜色，单击“确定”，对话框中还可以更改线条的类型和宽度，以及透明着色的透明度，单击“应用”，则对象更新显示。

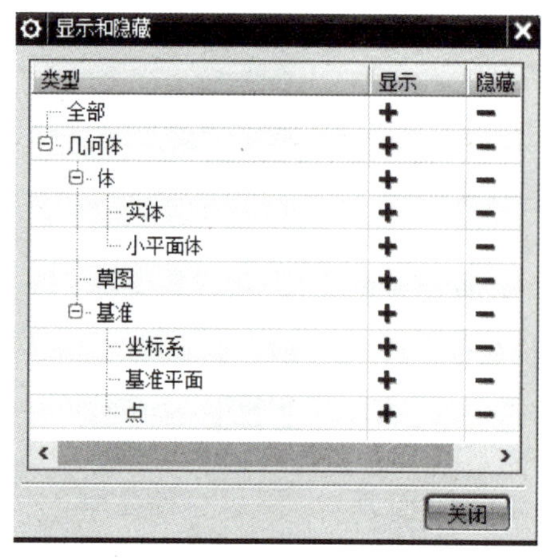

图 1-1-13　显示和隐藏

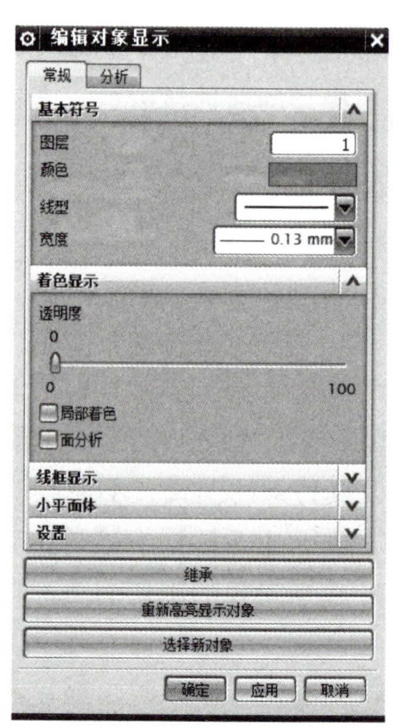

图 1-1-14　编辑对象显示

6. UG 的坐标系

（1）笛卡儿坐标系。

UG NX 中的坐标系在设计过程中是非常重要的。在建模过程中，工程人员使用的坐标系均为笛卡儿坐标系，该坐标系采用右手定则确定坐标轴的各个方向。使用右手定则可确定坐标系各轴之间的关系及方向。将右手靠近屏幕，使大拇指沿着 X 轴正方向延伸，使食指沿着 Y 轴方向延伸，此时向下弯曲其余手指，这三个手指的弯曲方向即为 Z 轴方向，如图 1-1-15 所示。使用右手定则还可以确定正旋转角的方向，其方法是先使大拇指沿坐标轴正方向延展，然后将其余 4 个手指弯曲，则弯曲方向为坐标轴的正旋转方向。

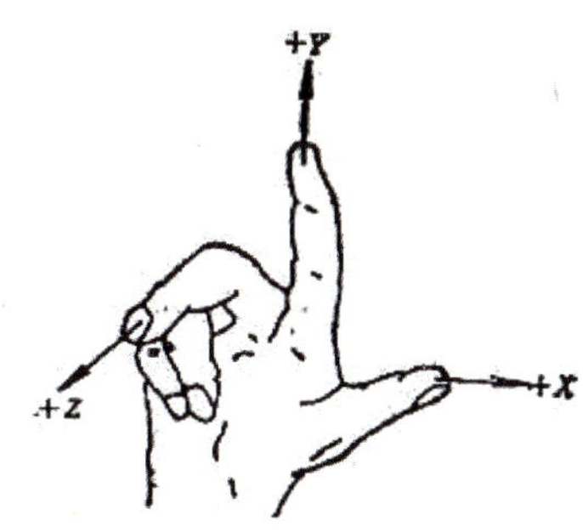

图 1-1-15 笛卡儿坐标系

（2）坐标系的种类。

在 UG NX 系统中包含 3 种坐标系，分别是绝对坐标系（ACS）、工作坐标系（WCS）和机械坐标系（MCS），这三种坐标系都符合右手定则。其中绝对坐标系是系统默认的坐标系，其原点位置是固定不变的，在模型文件建立后便存在；工作坐标系是系统提供给用户的坐标系，可以根据需要任意对其进行移动和旋转变换；机械坐标系用于模具设计、加工和配线等操作。

建模离不开坐标系，在 UG 建模环境中除了绝对坐标系、工作坐标系外，还包含基准坐标系。基准坐标系由用户根据造型的需要可以随时创建、隐藏或删除，也可以移动、旋转。

ACS：Absolute Coordinate System（绝对坐标系），每个零件一旦生成就是固定的，是零件的自有属性，NX 系统内核生成，不可移动和编辑。

WCS：Work Coordinate System（工作坐标系），或者叫作绝对坐标系的相对坐标系。很多时候在工作中需要变换坐标系，如工作的操作面可能相对于绝对坐标系有旋转和平移。这个时候就可以引入工作坐标系方便控制建模，从而方便操作。

CSYS：Coordinate System（基准坐标系），这是一个 NX 对象类型，和 Datum Plane，Axis，Point 类似，是一个没有体线面的特征。由 3 个正交的轴和 1 个点构成，分别代表 XYZ 和原点。NX 现有的 CSYS 一般都是笛卡儿坐标，不支持极坐标、自然坐标等等。CSYS 的意义是可以随便被引用构建 WCS 或者其他的对象所用。

（3）工作坐标系的创建与编辑。

在建模过程中，最常用的是工作坐标系，熟练掌握其相关的操作方法是建模的基础。下面将详细介绍工作坐标系的使用方法，执行【格式】下拉菜单中的【WCS】命令，可以对工作坐标系 WCS 进行编辑和修改，如图 1-1-16 所示。

1）坐标系的显示与隐藏：单击【显示】命令，则 WCS 在显示与隐藏两个状态下切换，当 WCS 处于显示状态时，则在图形区域显示 XC-YC-ZC 三个坐标轴。

2）坐标系的动态移动：一种更改坐标系位置的方法。动态方式是改变坐标系最灵活的工具。它可以直接在图形区中拖拉旋转球，或在“距离”“角度”文本框中输入具体数值从而改变工作坐标系的位置，如图 1-1-17 所示。图中坐标系的黄色箭头表示可以移动坐标系的方向（称为“移动柄”），黄色小球表示可以改变坐标系角度（称为“旋转柄”），桔黄色的圆点为可移动的坐标原点（称为“原点”）。

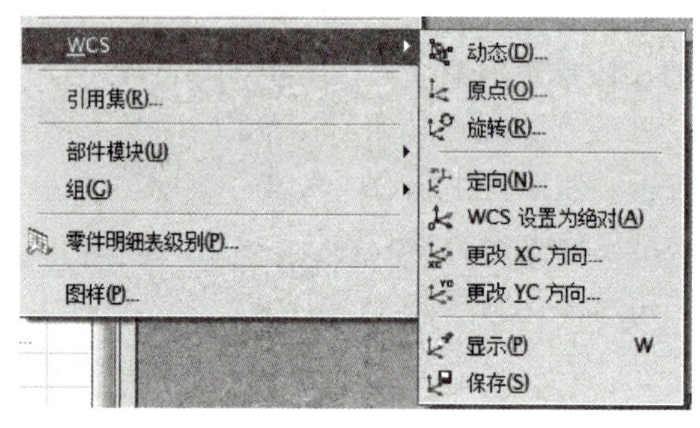

图 1-1-16　工作坐标系

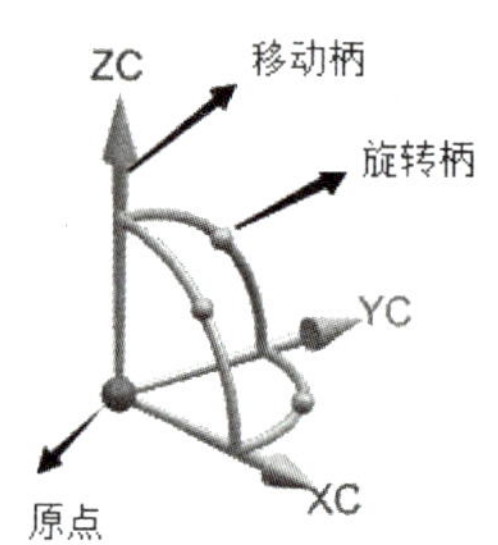

图 1-1-17　动态坐标系

当鼠标放在“移动柄”上时，光标则出现双箭头，表示可以沿此轴移动坐标系，此时按住鼠标左键并拖动鼠标就可以实现沿指定该坐标轴方向动态移动坐标系了，要想准确移动，可在出现的对话框中输入移动距离值。

当鼠标放在“旋转柄”上时，光标侧出现一条直线和一个旋转箭头，此时按住鼠标左键并拖动鼠标，则可以实现绕垂直于该坐标轴线旋转坐标系，若在对话框中输入角度值，可以实现准确旋转。

当鼠标放在“WCS 原点”上时，光标侧出现十字箭头，此时按住鼠标左键并拖动鼠标，则可以实现原点位置在绘图区域的移动。

3）坐标系原点的移动。执行【原点】命令，出现点对话框，提示可以确定移动的定位点。通过点构造器改变坐标系原点的位置，如图 1-1-18 所示。在后续的建模过程中也会出现点构造器，可以独立使用，直接创建独立的点对象。

①自动判断的点：根据光标所在位置，系统自动捕捉对象上现有的关键点（如端点、交点和控制点等)，它蕴含了所有点的选择方式。

②光标位置：该捕捉方式通过定位光标的当前位置来构造一个点，该点为 *OXY* 平面的点。

③现有点：在某个已存在的点上创建新的点，或通过某个已存在的点规定新点的位置。

④终点：在鼠标选择的特征上所选的端点处创建点。

⑤控制点：以所有存在的直线的中点和端点、二次曲线的端点、圆弧的中点、端点和圆心或者样条曲线的端点、极点为基点，创建新的点或指定新点的位置。

⑥交点：以曲线与曲线或者曲线与面的交点为基点，创建新点。

⑦圆弧中心/椭圆中心/球心：该捕捉方式是在选取圆弧、椭圆或球的中心点处创建一

个点或指定新点的位置。

⑧圆弧/椭圆上的角度：在与坐标轴 XC 正方向成一定角度的圆弧或椭圆弧上构造一个点或指定新点位置。

⑨象限点：该选项是在圆或椭圆的四分点处创建点或指定新点位置。

⑩点在曲线/边上：通过在特征曲线或边缘线上设置 U 参数来创建点。

⑪点在面上：通过在特征面上设置 U 参数和 V 向参数来创建点。

⑫两点之间：在两个点连线的中点处创建一个新点。

4）坐标系的旋转。坐标系通过旋转坐标轴的角度以及坐标系工作平面，从而改变坐标系的方向。单击【旋转】命令，出现如图 1-1-19 所示的对话框，每点击一次“应用”或“确定”坐标系都会旋转一次。

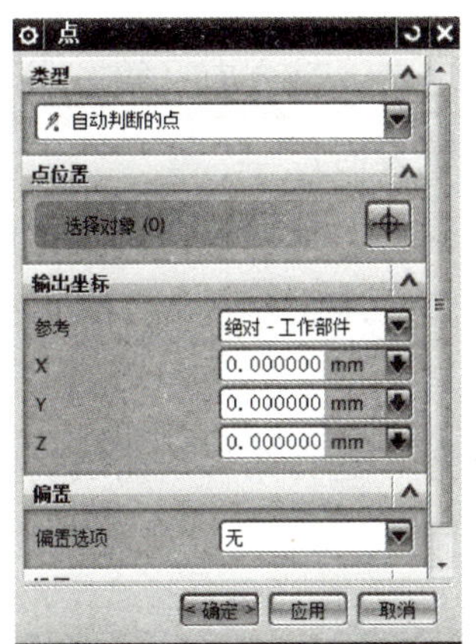

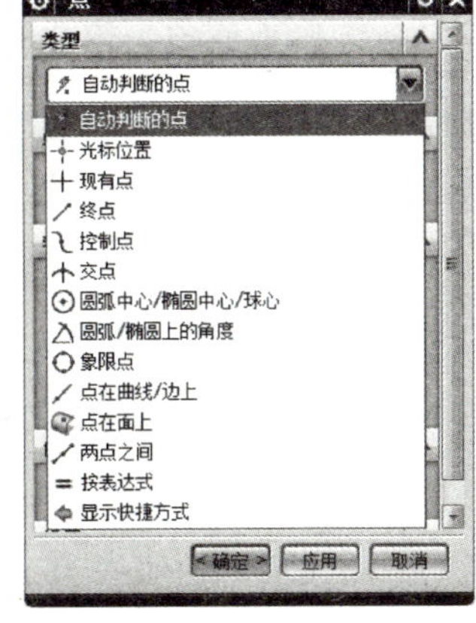

图 1-1-18 点构造器

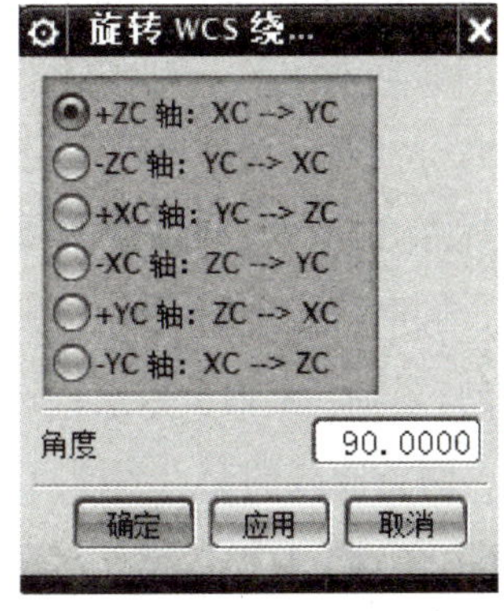

图 1-1-19 旋转坐标系

5）设置为绝对 WCS”。通过单击“实用工具”中的“【动态】【原点】【旋转】【更改】等图标，实现工作坐标系的移动、旋转、更改 *X* 轴或 *Y* 轴方向等目的。移动、旋转后，要想保留移动、旋转后工作坐标系，可以单击图 1-1-16 所示 WCS 下拉菜单的【保存】命令，在工作坐标系被移动、旋转后，又希望能恢复原始状态，就单击图标【WCS 设置为绝对】即可实现。

（4）基准坐标系的创建。

在 UG 的使用过程中，经常会遇到指定基准特征的情况。基准特征是实体造型的辅助工具，利用基准特征，可以在所需的方向和位置上绘制草图生成实体或者直接创建实体。执行【插入】→【基准】的下拉菜单，如图 1-1-20 所示，UG 经常使用的是基准点、基准坐标系和基准平面。

基准坐标系由 3 个基准平面、3 个基准轴和原点组成。基准坐标系可用来创建其他特征、约束草图和定位在一个装配中的组件等，如图 1-1-21 所示。

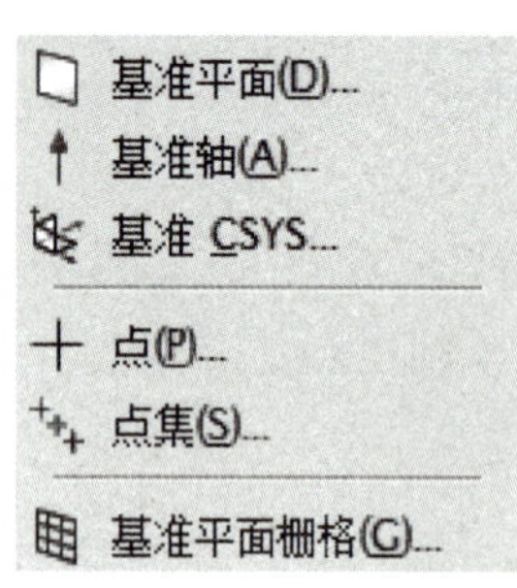

图 1-1-20 基准

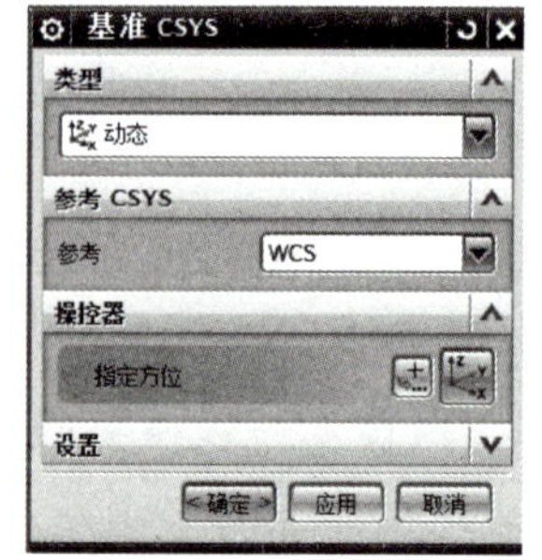

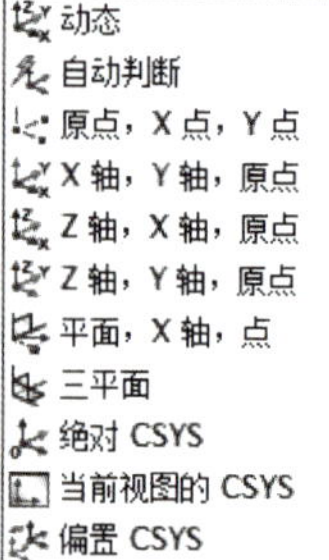

图 1-1-21 基准坐标系

1）动态：通过 *X* 轴、*Y* 轴和 *Z* 轴的矢量值确定新的坐标系。

2）自动判断：通过使用增量偏置确定新的坐标系。

3）原点，*X* 点，*Y* 点：选择任何一点作为原点，第二点定义 *X* 轴方向（第一点与第二点的连线方向），第三点定义 *Y* 轴方向（第一点与第三点连线方向）。

4）*X* 轴，*Y* 轴，原点：选择第一条曲线或者边缘作为 *X* 轴，其方向取决于选择曲线时鼠标点在曲线上的位置，靠近哪个端点，方向就指向哪端。第二条曲线确定 *Y* 轴的大概方向，同时确定 *OXY* 平面，两条曲线的交点为原点位置。

5）*Z* 轴，*X* 轴，原点：选择第一条曲线或者边缘作为 *X* 轴，选择第二条曲线确定为 *Z* 轴，两条曲线的交点为原点。

6）*Z* 轴，*Y* 轴，原点：选择第一条曲线或者边缘作为 *Y* 轴，选择第二条曲线确定为 *Z* 轴，两条曲线的交点为原点。

7）平面，*X* 轴，点：选择一个平面为 *OYZ* 平面，选择与平面垂直的曲线为 *X* 轴，再选择一个点作为原点。

8）三平面：通过新坐标系中 3 个相交的平面来确定，3 条交线分别为各坐标轴的方向，相交点为坐标系的原点。

9）绝对 CSYS：使工作坐标系与绝对坐标系重合。

10）偏置 CSYS：输入偏置数值对所选择的坐标系进行偏置，方向不变。

（5）基准坐标系与工作坐标系的区别。

基准坐标系是进行具体建模时每个小的分步动作的参考坐标系，可以有无穷多个，它既可以被删除，也可以被创建（插入—基准/点—基准 CSYS）。

工作坐标系则是建模时的某个零部件或者全局的参考坐标系，它仅有一个，但是可以任意变换，不能被删除，也不可以创建，可以隐藏。

简单来讲，工作坐标系（WCS）是比基准坐标系（DCS）更高一级的坐标系，可以作为后者的参考。

7. 图层设置

为了使图形要素的显示清晰明了，需要将不同的图素对象放置在不同的图层中，通过控制图层设置命令来控制对象的显示。在一个 UG NX12.0 部件中，共包含 256 个图层，每个图层上可放置任意数量和类型的对象。用户可以设置图层的名称、分类、属性和状态等，还可以进行有关图层的一些编辑操作。

（1）图层设置。

图层的设置必须通过选择格式下拉菜单中的 图层设置(S)... 命令来完成，图 1-1-22 所示为图层设置对话框，表 1-1-2 为对话框中各选项的意义和设置方法。在对话框的“工作图层”文本框中输入 1~256 任意一个数字，则系统自动将该图层设置为当前的工作图层。此时再进行图素绘制时，这些图素会保存在工作图层。

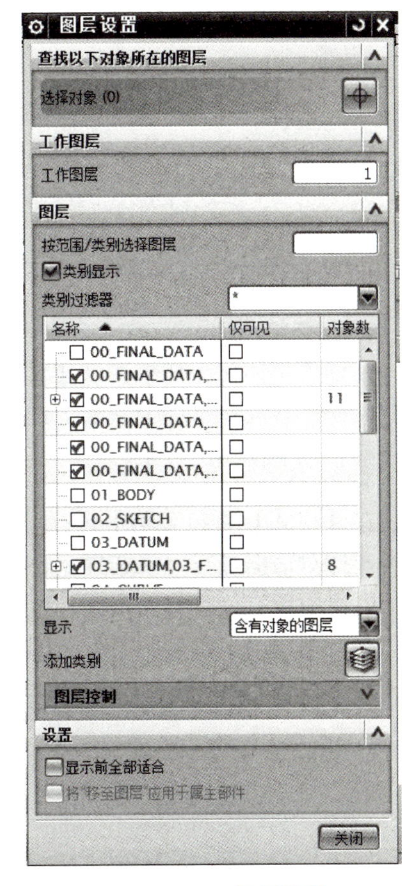

图 1-1-22 图层设置

图层的显示：该命令用于控制在某一视图中图层的可见性，勾选图层号前面的复选框，该图层的图素在绘图区显示出来，复选框不打钩，则该图层包含的对象在绘图区不显示。可以通过打开或关闭图层来控制图素显示或隐藏。

表 1-1-2 【图层设置】对话框各选项含义及设置方法

选项	含义及设置方法
工作图层	用于输入需要设置为当前工作图层的层号。在该文本框中输入所需的工作层层号后，系统将会把该图层设置为当前的工作层
范围或类别	主要用来输入范围或图层种类的名称以便进行筛选操作。在输入种类的名称并按 Enter 键后，系统自动将所有属于该种类的图层选中，并改变其状态
类别过滤器	该选项右侧的文本框中默认的“*”符号表示接受所有的图层的种类；下部的列表框用于显示各种类的名称及相关描述
显示	用于控制图层的显示类别。其下拉列表中包括 4 个选项：其中【所有图层】是指图层状态列表中显示所有的层；【含有对象的图层】是指图层列表中仅显示含有对象的图层；【所有可选图层】是指仅显示可选择的图层；【所有可见图层】是指显示所有可见的图层

续表

选项	含义及设置方法
信息	用于查看零件文件所有图层和所属种类的相关信息。在【图层控制】选项组中单击该命令，将打开相应的【信息】窗口
显示前全部适合	用于在更新显示前适合所有过滤类型的视图。启用该复选框，使对象充满显示区域

(2) 移动图层。

在创建实体时，如果在创建对象前没有设置图层，或者由于设计者的误操作，把一些不相关的元素放在了一个图层，此时就需要对指定图层进行移动和复制等操作，以达到便于观察和创建模型的效果。

在【格式】下拉菜单中选择 移动至图层(M)... ，用鼠标单击要移动的图素，也可以用类选择对话框进行对象选择。在使用"类别过滤器"选择移动对象时，可在绘图区域框选，则选中所有该类型的图素，也可以单选每个具有该属性的图素，选择结束后按确定按钮。在目标图层中输入图层号，则选中的目标图素被移动到该图层中，如图 1-1-23 所示。

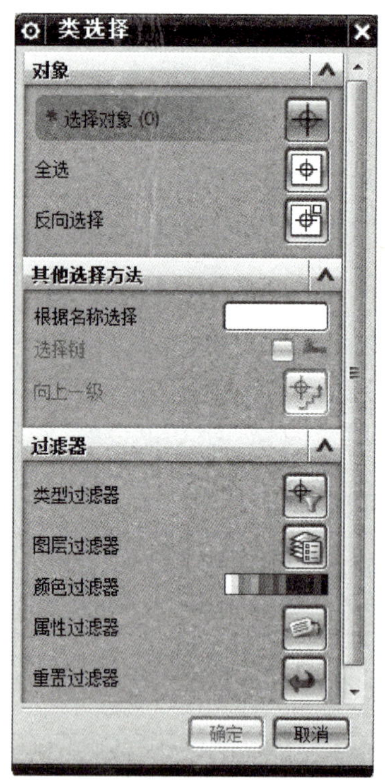

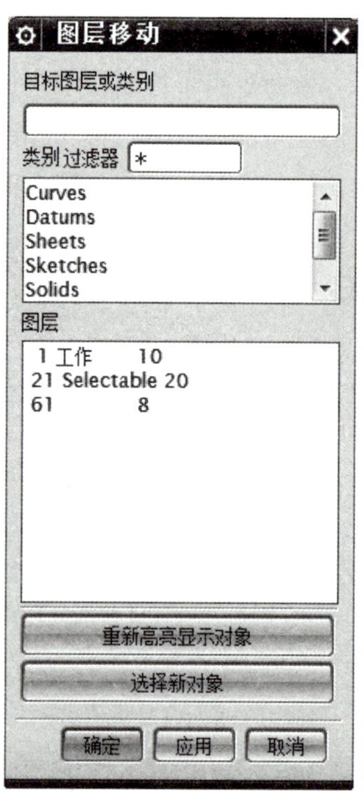

图 1-1-23 移动图层

(3) 复制图层。

在【格式】下拉菜单中选择【复制至图层】命令 复制至图层(O)... ，把对象从一个图层复制到另一个图层，且源对象依然保留在原来的图层上。操作方法与移动图层的操作方法相同，不同的是移动图层后，对象只存在于移动后的图层上。

注意：基准轴、基准平面和装配体中的组件不能在图层之间复制，只能移动。

8. 分析测量工具

分析是用户对指定的对象进行运算得出用户想要的结果。UG NX 具有强大的分析功能，可以对几何参数、质量、截面惯性和干涉等进行分析。下面对常用的分析命令进行介绍。

在【分析】下拉菜单中选择【测量】，则出现如图 1-1-24 所示的测量工具，或直接单击工具条上的测量工具，可以对图素进行尺寸测量。

1）测量距离：用于测量对象之间的空间距离、投影距离、屏幕距离、长度、半径和组间距等。测量的对象可以是曲线、实体边缘、面、实体、片体、基准和组件等，如图 1-1-25 所示测量距离对话框，分别选择要测量距离的两点，即起点和终点。

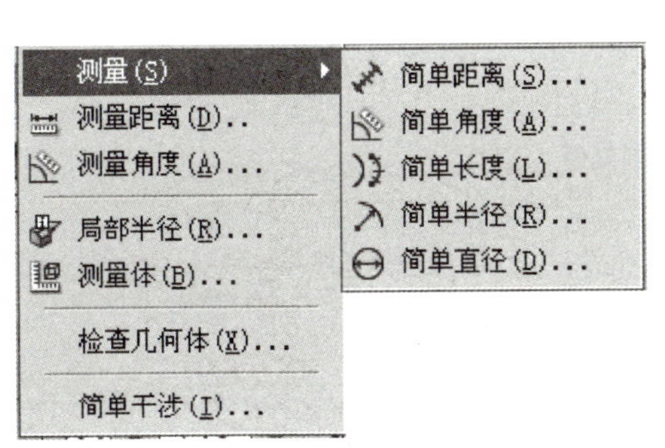

图 1-1-24 分析测量工具

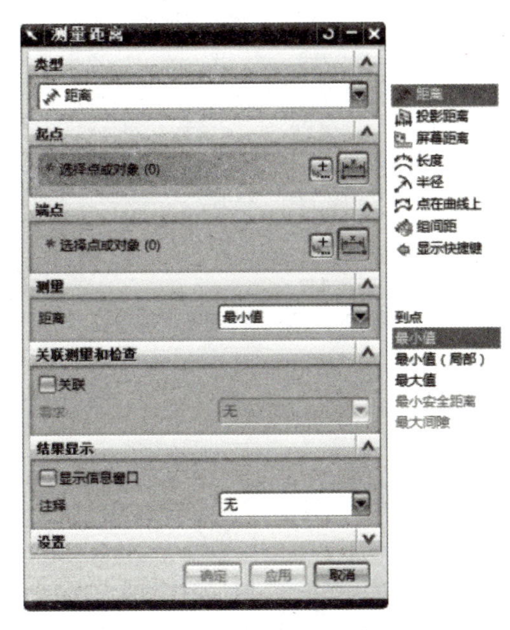

图 1-1-25 测量距离

2）半径：“半径”表示测量圆形边缘或曲线的半径，在“类型”下拉菜单中选择“半径”，对话框如图 1-1-26 所示，在模型中选择圆柱边缘，出现测量的半径值，单击“确定”按钮完成测量。

3）测量角度：用于测量对象之间的角度，测量的方式可以是“按对象”、“按三点”或“按屏幕点”，测量的对象可以是曲线实体边缘面或基准平面。如图 1-1-27 所示为测量角度对话框。

4）测量体：测量体是指对指定对象的计算属性，如体积、质量和惯性矩等进行测量。在【分析】下拉菜单中选择 测量体(B)... ，弹出如图 1-1-28 所示的“测量体”对话框，选择需要分析的对象，模型上便出现测量结果，如果要测其他值，可在图中打开下拉菜单，在图中选择需要的项目，进行查看。单击“确定”按钮即可完成测量。

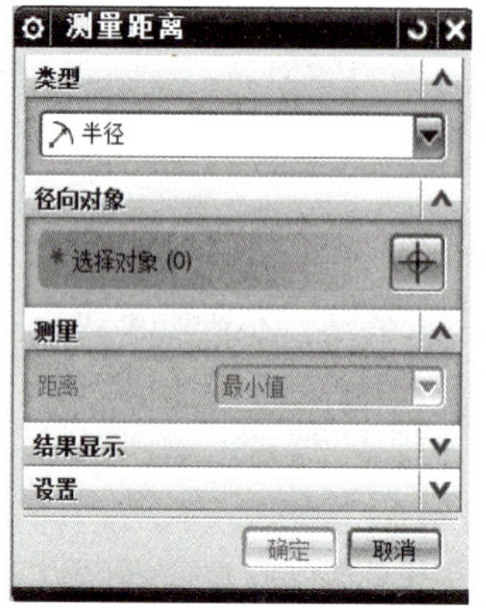

图 1-1-26　测量半径

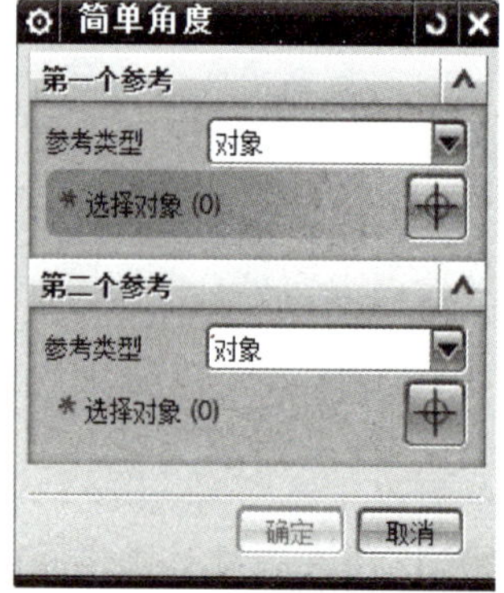

图 1-1-27　测量角度

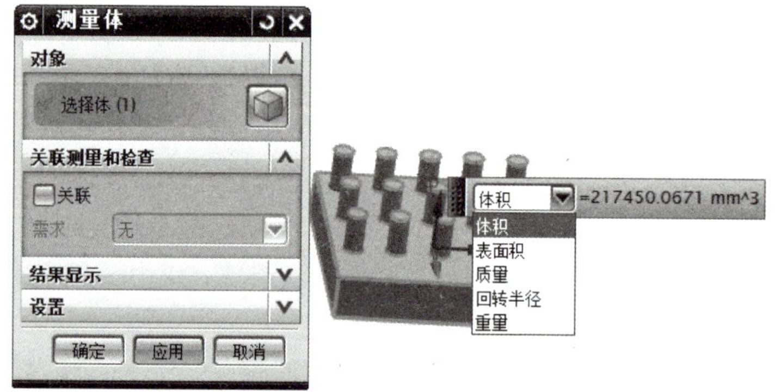

图 1-1-28　测量体

三、操作过程

1. 打开文件

双击 NX12.0 软件，进入 UG 环境，单击左上角的 打开 命令，在打开的对话框中，根据保存路径找到 dipan，绘图区域出现底盘模型，如图 1-1-29 所示。

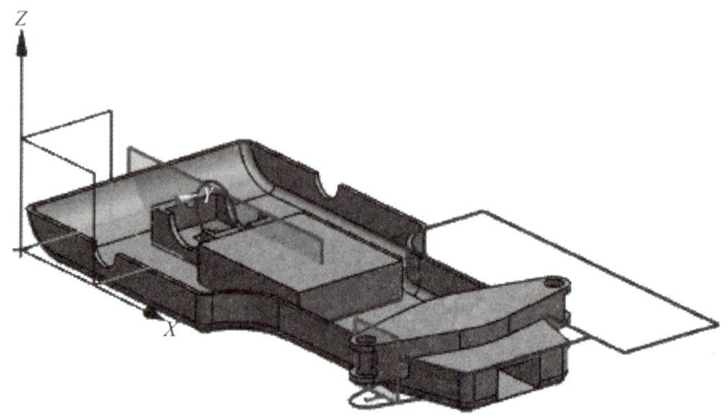

图 1-1-29　底盘模型

2. 修改背景

执行菜单栏【首选项】的下拉菜单【背景】选项 背景(A)...，在编辑背景对话框中选择纯色，单击 普通颜色 框，则出现颜色对话框，选择一个颜色，如“白色”，则图形显示区域背景变成白色，如图 1-1-30 所示。

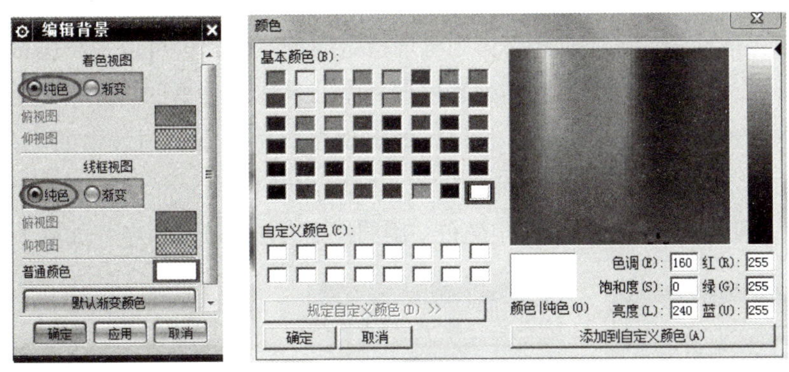

图 1-1-30 更换背景

3. 移动图层

执行菜单栏【格式】下拉菜单中的 移动至图层(M)... 命令，在类选择对话框中，单击“类型过滤器”，选择“草图”，按“确定”键，框选绘图区域，则选中所有草图，单击“确定”按钮，则出现图层移动对话框，在目标图层中输入“21”，按“确定”键。则此时绘图区域的草图被移动到了 21 层，并且不显示，如图 1-1-31 所示。

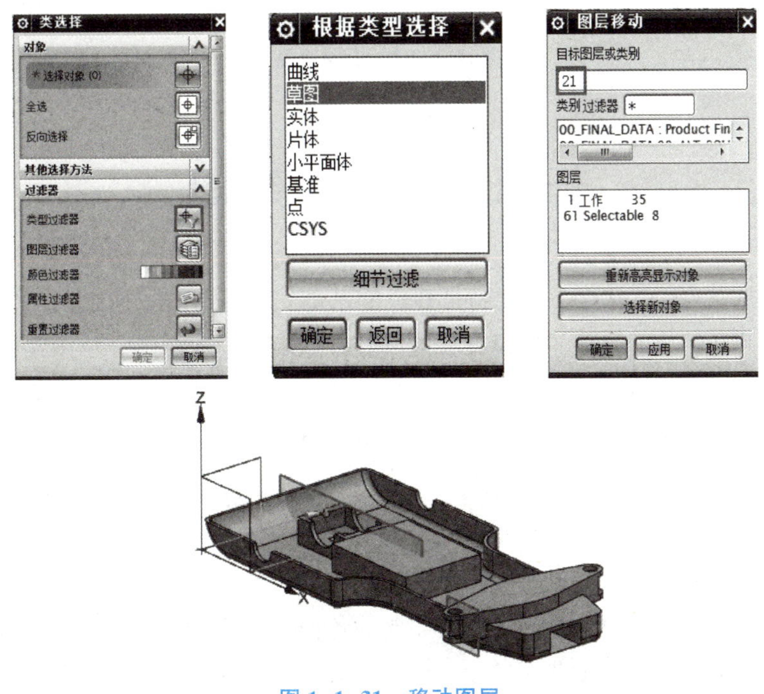

图 1-1-31 移动图层

4. 隐藏对象

右击坐标系，选择 隐藏(H)，右击基准平面选择 隐藏(H)，则绘图区域只剩下模型实体。

5. 编辑对象的颜色

右击对象，选择 指派特征颜色，则出现指定颜色对话框，可以在绘图区域直接选择一个或多个特征，也可以在对话框的列表中选择特征名称（这里的特征指的是在建模过程中，每使用一个建模命令定义为一个特征，即出现在部件导航器列表中的才为特征）。选中对话框中的指定颜色命令，单击面的颜色，则出现颜色对话框，选中一个颜色，单击“确定”按钮，则选中的特征变成指定颜色。用同样的方法给模型着色，如图 1-1-32 所示。

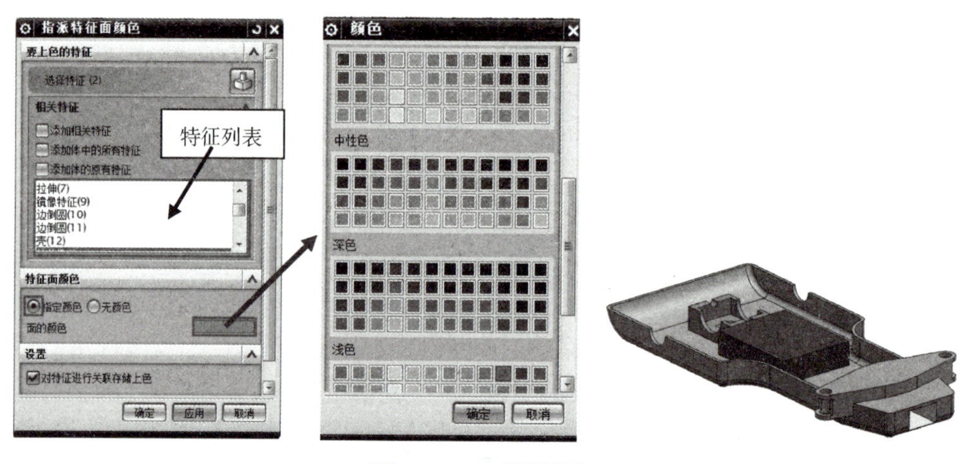

图 1-1-32　模型着色

任务二　绘制草图

绘制草图是实现 UG 软件参数化特征建模的基础，通过草图快速绘制出大概的二维形状，再添加尺寸和约束后完成轮廓设计，能够较好地表达设计意图。草图是指在某个指定的工作平面上绘制点、直线、圆弧和曲线等二维几何图形的总称。二维草图是创建许多特征的基础，在进行三维实体建模时，必须要完成相应二维草图截面，才能进行拉伸或旋转等建模操作。

一个完整绘制草图的过程主要有以下三个步骤：

第一步：创建草图平面，设置平面参数。

第二步：创建草图对象，绘制建模所需要的各种线条并进行编辑。

第三步：约束草图，约束草图尺寸、位置和形状，完成草图的参数化。

一、实例分析

1. 学习任务

绘制图 1-2-1 所示的扰流板的草图并进行约束。

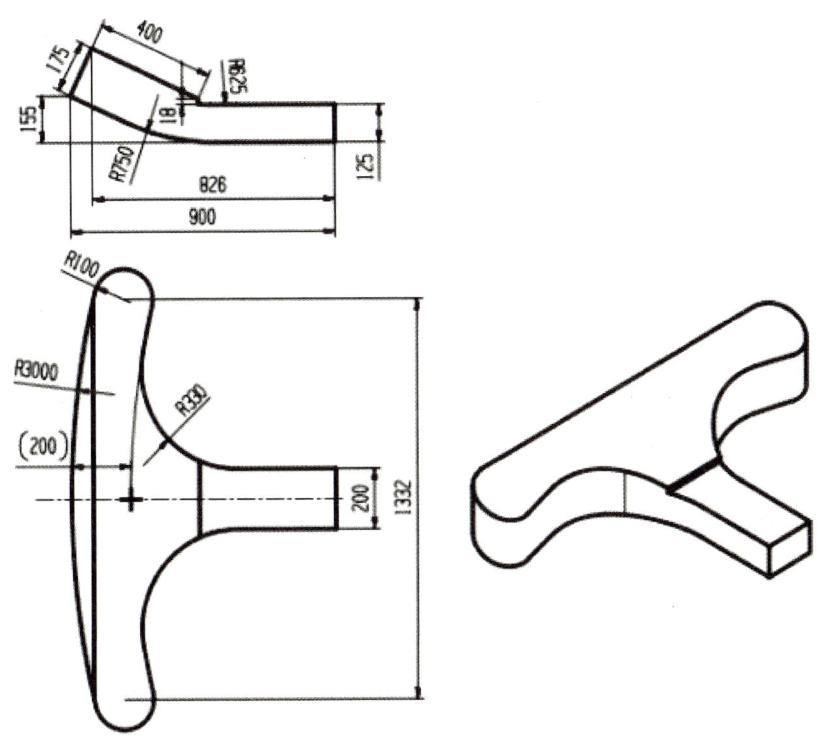

图 1-2-1　扰流板

2. 知识目标

（1）熟练掌握草图工作平面的创建方法。

（2）能够绘制草图和约束草图。

（3）掌握编辑草图的操作。

二、知识链接

1. 进入草图环境

进入草图环境，主要有两种方法，在任务环境中进入草图和直接草图法。其操作方法是执行【插入】→【任务环境中绘制草图】或执行【插入】→【草图】，都会出现图 1-2-2 所示的草图平面对话框。要创建草图平面，需要设置“草图类型”“平面方法”“水平或竖直参考”“草图原点”和“坐标系属性”。

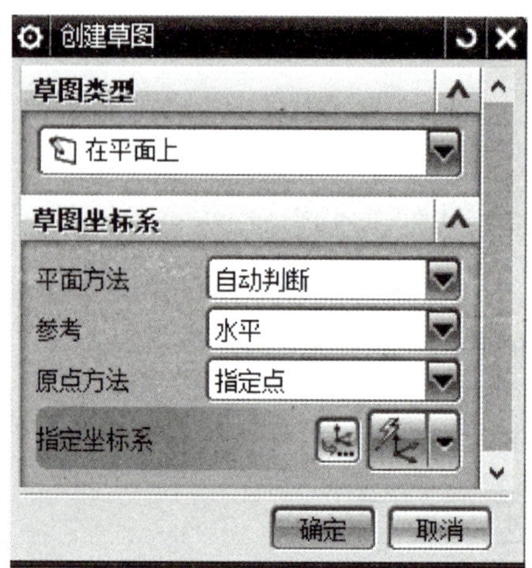

图 1-2-2　草图平面对话框

在任务环境中创建草图集中了各种草图工具，具有独立的草图界面，可以方便地控制草图命令各选项，能够更快捷地找到需要的命令。直接草图法无须进入草图任务环境，直接草图法还保留了除草图以外的其他命令。直接草图法显示的草图命令有限，单击草图工具条右侧的三角形，即“添加或删除”命令，选择直接草图，就会显示出所有草图命令，选择需要显示的快捷命令，将常用的草图命令显示。如果取消对勾，则显示的快捷命令会取消。

直接单击底部工具条中的，属于直接草图法。使用直接草图法时如果系统不会自动将草图平面与屏幕对齐，可执行命令【定向视图到草图】，或者使用快捷键 Shift+F8。若绘图过程中旋转了图素，要回到草图平面，也是执行此命令。单击直接草图工具栏中的“在草图任务环境中打开”命令，即可切换到在任务环境中绘制草图，这两种方法关于绘制草图的具体操作实际上一致的。

(1) 草图生成器。

进入草图绘图环境后，将弹出“草图生成器”工具栏，如图 1-2-3 所示。

图 1-2-3　草图生成器

在“草图生成器”工具栏中，可以实现草图的公共属性操作，控制草图模式下的完成草绘、转换草绘平面以及控制视图的方向等操作，下面对“草图生成器”工具栏中常用命令介绍如下：

1）完成草图：单击此命令，即可退出草图环境，然后回到建模环境中。

2）草图名：在“完成草图”右侧的文本框中，显示的是草图的名称，第一次创建的草图名为 SKETCH-000，可以通过在导航器中右击草图，进行重命名。

3）定向视图到草图 ：在完成草图平面创建和修改名称后，单击“定向视图到草图”命令，系统会转到草图视图方向。

4）定向视图到模型 ：在完成草图平面创建和修改名称后，单击“定向视图到模型”命令，系统会转到模型视图方向。

5）重新附着 ：在创建草图对象后，可对草图工作平面进行更改，通过单击“重新附着”命令来重新设置草图工作平面。

6）创建定位尺寸 ：该功能用于确定草图与实体边、参考平面、基准轴等对象之间的位置关系。在“草图生成器”工具条中单击“创建定位尺寸”命令旁的小箭头后，将列出定位尺寸的4个操作命令，通过它们可以对定位尺寸进行创建、编辑、删除、重新定义定位等操作。如果创建草图时，关联了原点，则“创建定位尺寸”命令无法执行。

（2）设置草图环境。

如果安装软件时，绘制草图的“自动标注尺寸”命令默认成激活状态，则系统可自动给绘制的草图添加尺寸标注，并将图形完全约束。由于系统自动标注的尺寸比较凌乱，而且当草图比较复杂时，有些尺寸可能不符合标注要求，所以绘制草图时，最好不使用该功能。单击草图工具条中的“连续自动标注尺寸”命令 ，使其弹起（即取消激活），这时系统就不会自动添加尺寸标注了。该命令只对本草图平面起作用，每创建一个草图平面，绘图前都要将此命令关闭。

现在介绍第二种方法。执行【首选项】下拉菜单的【草图】命令，出现如图1-2-4所示的草图环境对话框，将“连续自动标注尺寸命令”的复选框不打勾。在草图首选项里，还可以设置草图其他格式，尺寸标签的表达方法有表达式和值，修改标注尺寸的大小，“会话设置”可以设置草图的显示情况和背景，“部件设置”主要修改各种线条的显示颜色，包括曲线、过约束对象、部分约束曲线和完全约束曲线等。在首选项中修改草图环境对整个文件都会起作用，不用每次创建草图都要修改。“草图首选项”对话框中常用指令如下。

1）固定文本高度：勾选此复选框，模型中的文本高度将被固定。

2）尺寸标签：用于设置尺寸的文本内容。其中包括表达式、名称和值三个选项。

3）显示自由度箭头：控制自由度箭头的显示，勾选此复选框，草图中未约束的自由度将显现出来。

4）显示约束符号：草图中的约束方法的显示，勾选此复选框，草图约束类型将显现出来。

5）更改视图方位：勾选此复选框，进入草图环境时视图方位会自动显示到草图平面，否则视图不变，要进入草图平面，需要再进行定向视图命令。

6）保持图层状态：该复选框用于控制工作层状态。图层激活后，其所在的层自动成为工作层。

7）默认名称前缀：各种对象的默认前缀名显示在其下相应的文本框中，用户可以进行修改。

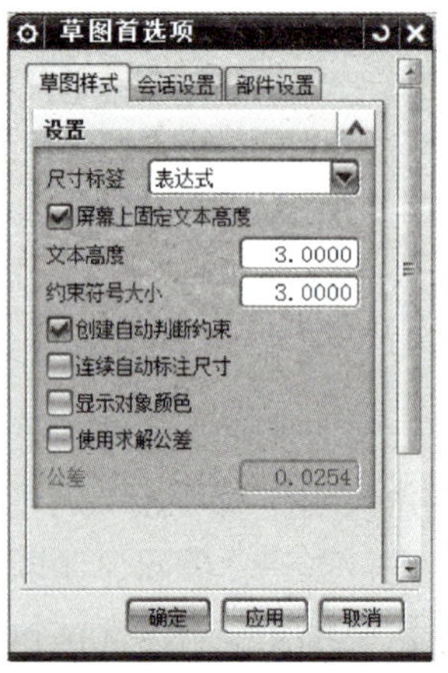

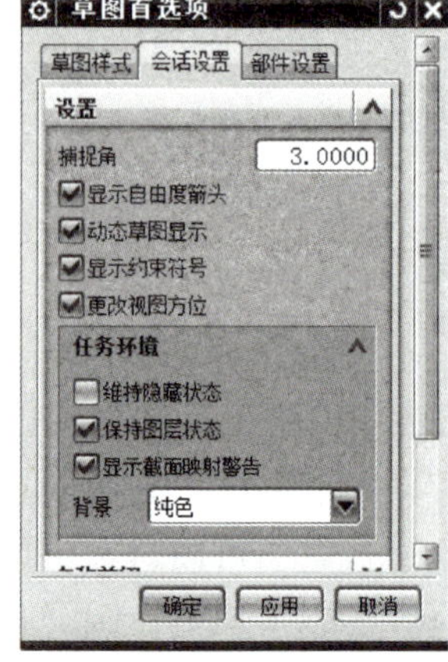

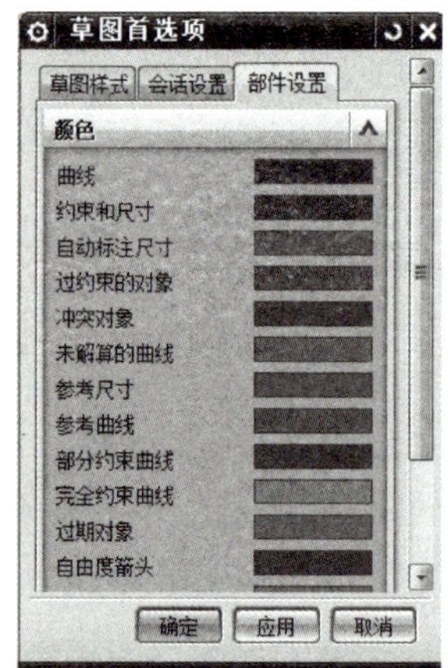

图 1-2-4　草图环境设置

2. 创建草图平面

（1）草图平面类型。

图 1-2-5 为草图平面设置的对话框，类型有【在平面上】和【基于路径】两种。默认的是在平面上，该方法是以平面为参照面创建所需要的草图平面。第二种是基于路径，该方法是以直线、圆弧和曲线为路径，通过设置与路径有平行或垂直方位关系的平面。

注意：这两种方法都强调了一点，就是草图一定要画在平面上，区别在于创建平面的方法不同。

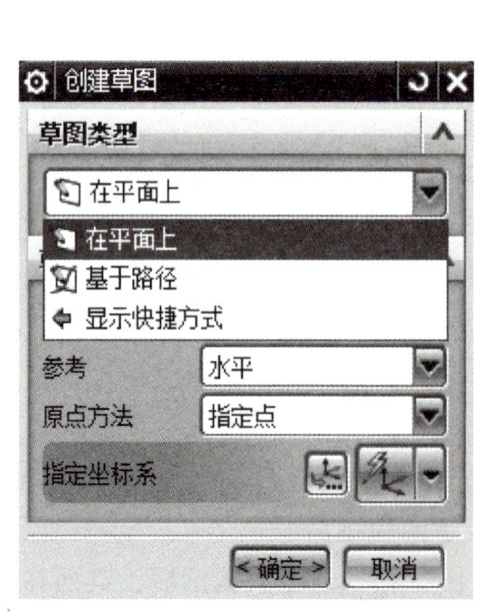

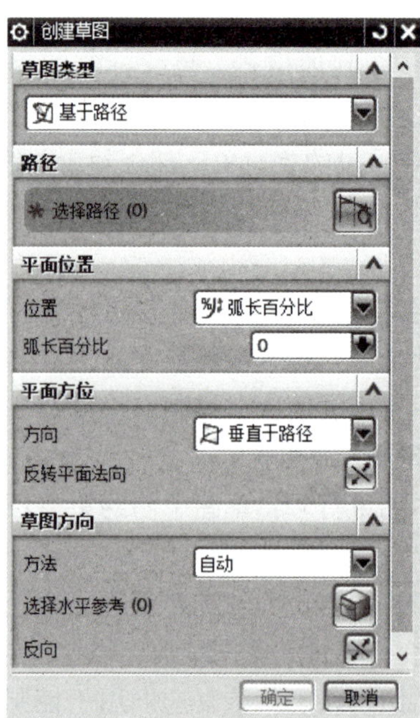

图 1-2-5　设置草图平面

（2）创建平面的方法。

系统共提供了两种指定草图平面的方式。

1）自动判断：通过选择一个平面自动判断为草图平面，可以自动判断基准平面或者已经存在的现有平面。

2）新平面：创建基准平面作为绘图平面。单击平面对话框命令，则出现图1-2-6所示的对话框，创建一个平面作为草图平面。本操作也可以在进入草图之前进行，执行【插入】→【基准】的下拉菜单的【基准平面】命令，也会弹出图1-2-6所示的对话框。基准平面对话框中通过选择定义类型、固定方法等可以很方便地创建所需的基准平面。系统共提供了15种类型，下面介绍几个常用的建立基准平面的方式。

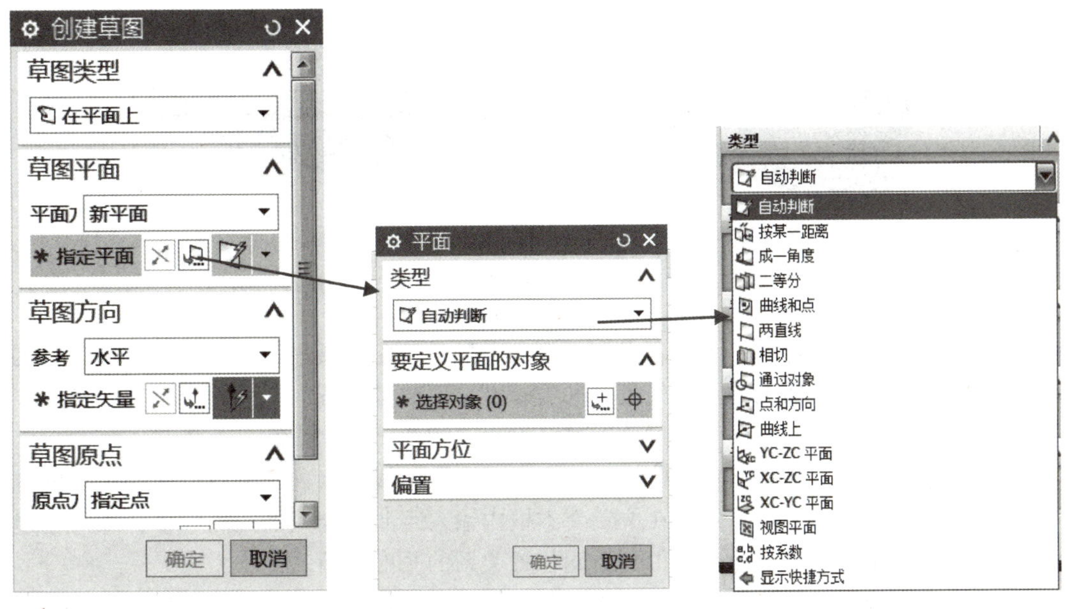

图1-2-6 创建平面

①自动判断：UG系统可以经过自动判断约束的方式来建立基准平面。如通过判断一个平面偏置一定的距离生成基准平面，通过选择两个面，自动判断两个面的角平分线而生成基准平面，通过选择一个曲面判断该曲面的相切面而生成基准平面，如图1-2-7所示。基准平面上的八个小球可以用来调整基准平面的显示大小。有时设定的条件会有多个解，此时系统会将备选解决方案激活，单击备选解图标，从而选定目标方案。

②按某一距离：先选择一个平面，然后在偏置参数栏中输入偏置的距离，即可得到与选择平面成一距离的基准面。

③二等分：创建两个面的二等分面，使生成的基准平面到两个面的距离相等。

④相切：先选择相切的圆柱表面，然后选择基准平面经过的点或者直线。该直线要求与圆柱轴线平行，通过循环节命令调整，即可得到相切的基础面。

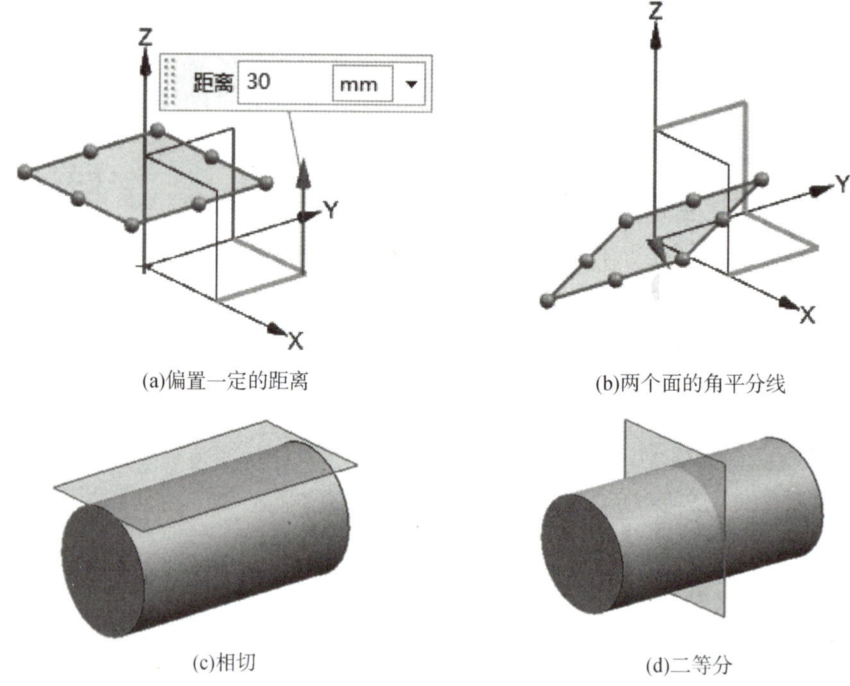

(a)偏置一定的距离 (b)两个面的角平分线

(c)相切 (d)二等分

图 1-2-7 创建基准平面

⑤点和方向：通过选择一个参考点和一个参考矢量，建立通过该点垂直于所选矢量的基准平面。点为基准平面上的点，矢量方向为基准平面的法线方向。

⑥曲线和点：可以创建一个通过该点并且垂直或相切于该曲线的一个基准平面。

⑦曲线上：通过选择一条参考曲线，建立垂直于该曲线某点处的矢量或法向矢量的基准平面。在曲线上选择一点，然后在位置文本框内输入距曲线起点的距离数值，即可创建一个基准平面。单击循环节命令可得到不同位置关系的基准平面。

⑧两直线：分别选择两条直线，如果两条直线共面，就会创建一个通过这两条直线的基准平面。如果两条直线不共面，就会创建一个通过第一条直线且垂直于第二条直线的一个基准平面。

⑨成角度的基准平面：选择一个平面，再选择一个旋转轴，根据旋转方向，在角度文本框中输入旋转的角度，即可创建一个基准平面。

(3) 草图方向。

定义草图平面的水平方向，即 XC 的正方向。设置时一般按照图纸的三视图关系进行选择。

(4) 草图原点。

下拉菜单中有“指定点”和“使用工作部件原点”两种方法。第一种方法通过点构造器设置草图原点的位置，第二种方法草图原点的投影与工作坐标系原点重合。

3. 绘制草图

进入草图绘制界面后，系统会自动打开如图 1-2-8 所示的草图工具条，该工具条包括基本曲线的绘制、草图曲线的编辑和草图的约束三部分。草图曲线只能创建在草图平面上。

图 1-2-8　草图工具条

（1）草图基本曲线类型。

1）点：绘制点对话框如图 1-2-9 所示。点是最小的几何构成元素，也是草图几何元素中的基本元素。单击“点对话框”，则出现多种创建点的方法。其中【类型】用来选择点的捕捉方式，系统提供了端点、交点、圆弧中心点等。

2）轮廓曲线：利用该工具可以实现直线和圆弧进行草图的连续绘制，即绘制的草图对象首尾相接，不需要再设置相邻对象的端点重合约束，有利于提高绘图的效率。在绘制草图时，可以通过拖动鼠标左键在线段和圆弧两种类型下相互切换，如图 1-2-10 所示。

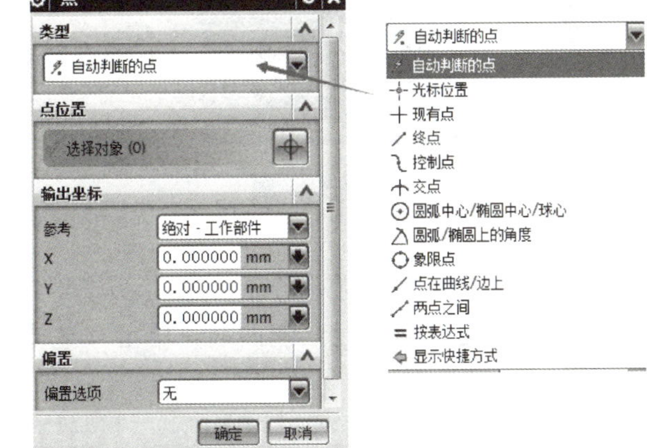

图 1-2-9　创建点

3）直线：通过单击屏幕上的两个点或输入距离来绘制线段。

4）圆弧：绘制圆弧对话框，如图 1-2-11 所示。【圆弧】命令提供了两种绘制方法，一是通过三点画圆弧，二是指定中心和端点。使用三点画圆弧时，先选择两个端点，再选择中间的点。而使用第二种方法指定中心和端点时，要先选择圆心再选择两个端点，选择输入模式为参数时，指定圆弧的中心点和起点后，可以输入圆弧的半径和扫掠角度来定义圆弧的弧长。

5）圆：绘制圆对话框如图 1-2-12 所示。当需要绘制整圆时，则执行【圆】命令。绘制圆的方法有两种，一种是指定圆心和半径，其操作方法是先选择圆心，然后拖动鼠标定半径，或输入半径值。另一种方法是通过三点画圆，其操作方法是依次选取三个点定圆。

6）矩形：系统共提供了三种绘制矩形的方法，如图 1-2-13 所示。

利用两点绘制矩形：该方法通过选取一点作为矩形的一个角点，另一点作为矩形的对角点或指定第一点后在文本框中输入宽度和高度数值来绘制矩形。该方法创建的矩形只能和草图方向垂直。

利用三点绘制矩形：依次选取三个点作为矩形的三个顶点，该方法创建的矩形可以与草图方向成一定的倾斜角度。

从中心绘制矩形：首先选取一个点作为矩形的中心点，然后再选取两个点作为矩形的两个相邻的顶点，或者直接输入宽度、角度和高度数值完成矩形的绘制。

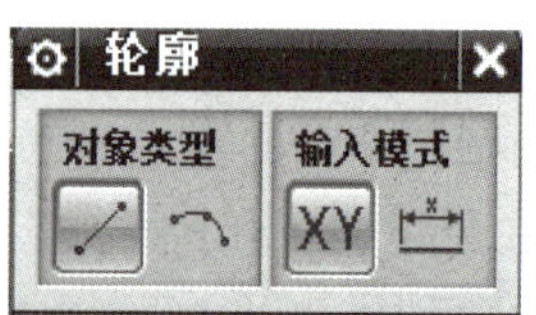

图 1-2-10　轮廓曲线

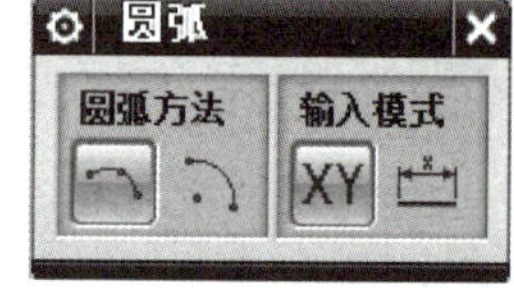

图 1-2-11　圆弧

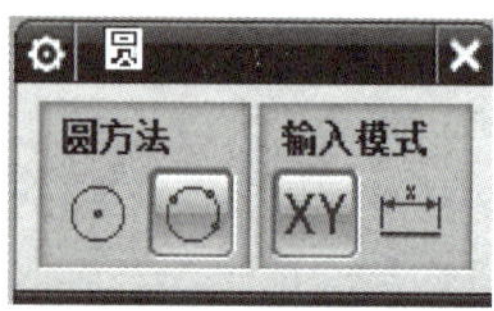

图 1-2-12　圆

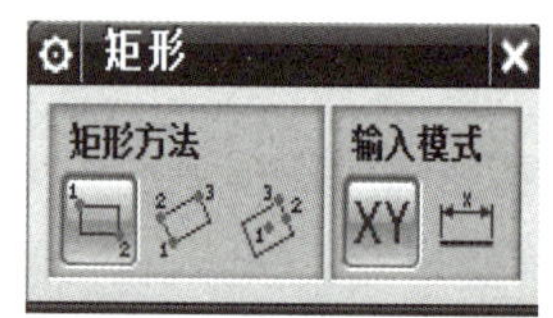

图 1-2-13　矩形

7）艺术样条 ：艺术样条是通过选取几个点来绘制相关联或非关联的样条曲线。艺术样条常用于生成曲面时绘制曲线，单击“艺术样条”命令，出现绘制艺术样条对话框，如图 1-2-14 所示。

通过点：主要用于建立通过指定点，并可自由控制其形状的任意形状曲线。生成的艺术样条通过这些点，其效果如图 1-2-14 所示。

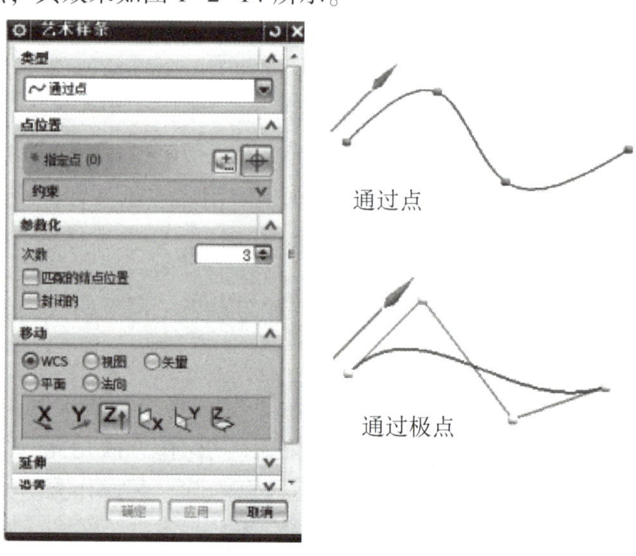

图 1-2-14　艺术样条

根据极点：指定的点作为艺术样条的极点，用极点控制样条的形状，但艺术样条并不通过这些极点。

样条曲线的阶次是定义样条曲线多项式阶次的数学概念，阶次通常比样条中的点数少1，因此样条的点数不得小于阶次，一般建议使用3阶样条。

（2）修剪曲线。

执行【快速修剪】命令，出现如图1-2-15所示快速修剪对话框，需要设置“边界曲线”和“要修剪的曲线”。系统提供了三种修剪曲线的方法。

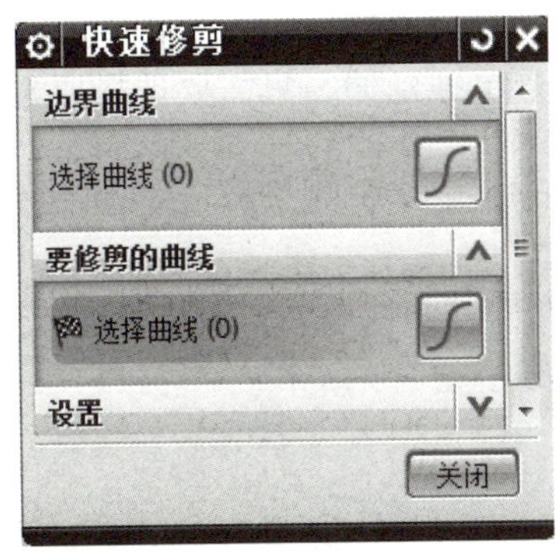

图1-2-15　快速修剪对话框

1）单独修剪：该方式是通过依次选取要修剪的曲线，系统将根据被修剪曲线与其他曲线的分段关系自动完成修剪操作。这是最常用的修剪工具，只需要选择要修剪掉的部分即可，如图1-2-16所示。

图1-2-16　单独修剪

2）统一修剪：可以绘制一条画链，然后将与画链相交的曲线全部剪掉。利用该工具可以快速修剪多段曲线，如图1-2-17所示。

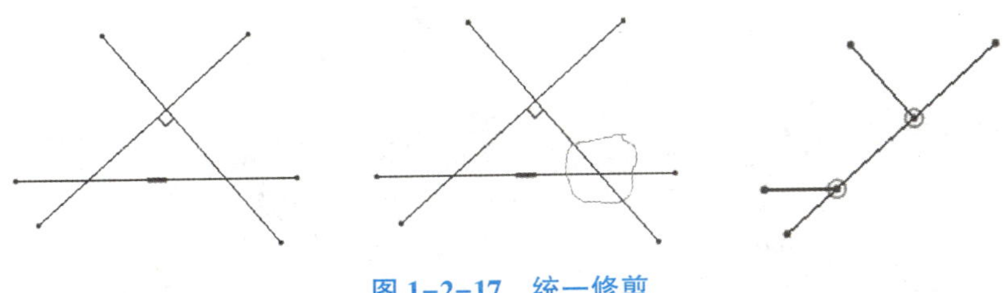

图1-2-17　统一修剪

3）边界修剪：可以选取任意曲线为边界曲线，被修剪对象在边界内的部分将被剪掉，而边界以外的部分不会被修剪，如图 1-2-18 所示。

图 1-2-18　边界修剪

（3）快速延伸：快速延伸工具可以将草图中的曲线延伸到另一临近曲线或选定的边界线处。快速延伸的操作方法与快速修剪的方法相似，也分为单独延伸、统一延伸和边界延伸。其最常用的延伸方法是单独延伸，只需要选择要延伸的曲线即可。

（4）倒圆角：圆角工具可以在两条或三条曲线之间倒圆角。倒圆角的方法有【修剪】和【取消修剪】两种，单击【创建备选项】命令，可以选择符合条件的不同方向上的圆角，如图 1-2-19 所示。

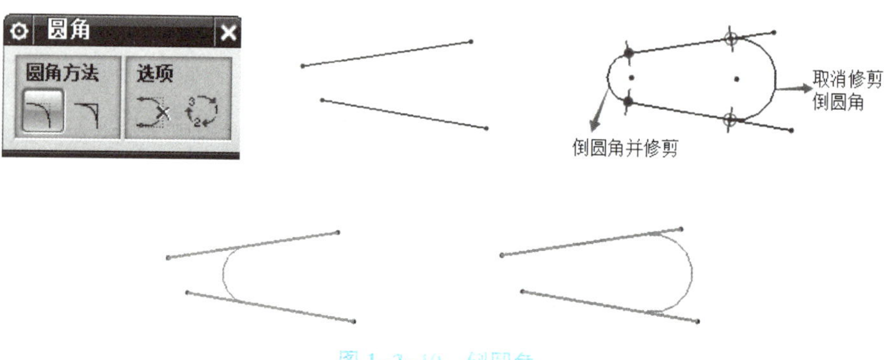

图 1-2-19　倒圆角

（5）倒斜角：依次选取两条直线，再在合适的位置放置该斜角，即可绘制一个斜角，执行倒斜角命令，出现倒斜角对话框，系统共提供了对称、非对称、偏置和角度三种倒斜角的方法，其倒角效果如图 1-2-20 所示。

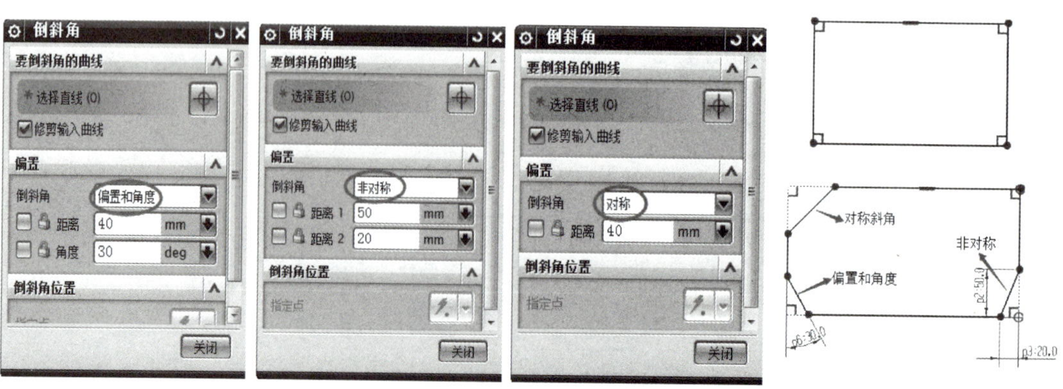

图 1-2-20　倒斜角的类型

4. 约束草图

草图绘制好轮廓后，开始进行约束。约束草图是参数化设计的一个重要内容，草图通过约束，可以得到想要的形状和大小。对约束好的草图进行参数修改，可以对设计进行改进。约束草图的步骤是定位置、定形状、定尺寸。

（1）对称约束。

将两个对象设为对称，是对称图形常用的约束方法，约束完对称后，只需要约束一个图素，则另外一个图素就会被自动约束，因此对于对称图形，要先约束对称，再完成其他约束，可以大大减少约束的数量。单击工具条中的【设为对称】命令，出现如图 1-2-21 所示的对话框，选择主对象，可以是曲线或控制点，然后选择与之对称的次对象，最后选择中心线。通过勾选“设为参考”复选框，可以将对称中心线设置成参考线。

（2）几何约束。

几何约束用来定位草图对象和确定草图对象之间的相互关系，UG 提供了 14 种几何约束方法，如图 1-2-22 所示。几何约束是指几何元素之间所必须满足的某种关系，它可以用来确定单一草图元素的几何特征，或创建两个或多个草图元素之间的几何关系。几何约束主要用来定位置和形状，是绘制草图截面进行参数化建模所必不可少的工具，见表 1-2-1。

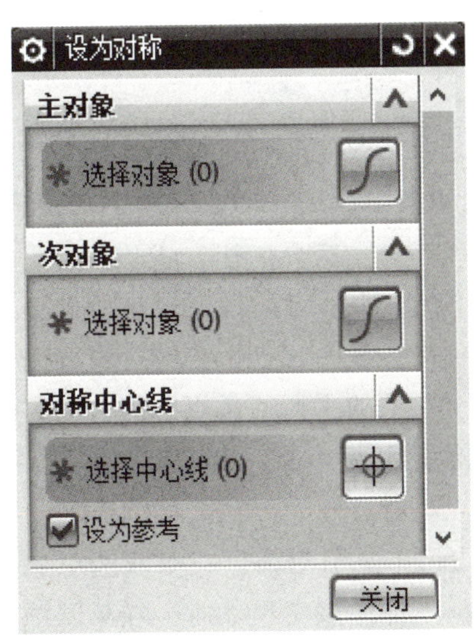

图 1-2-21 对称约束

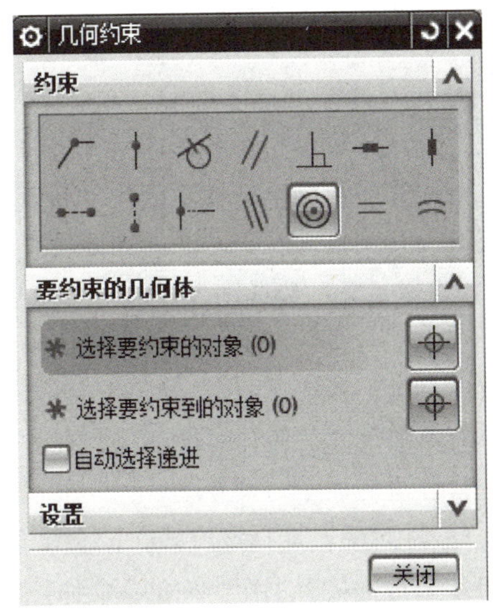

图 1-2-22 几何约束的类型

（3）自动约束。

创建自动判断约束是系统根据草图元素相互间的几何位置关系自动判断并添加到草图对象上的约束。在绘制草图时，要打开【创建自动判断约束】命令，可以减少草图的约束，并可以通过执行“自动判断约束和尺寸”命令设置需要自动判断的约束类型，常用的自动判断约束如图 1-2-23 所示。

表 1-2-1　约束的类型和效果

约束类型	约束效果	约束类型	约束效果
重合	约束两个或多个顶点或点，使之重合	水平对齐	约束两个或多个点水平对齐
点在线上	将顶点或点约束到一条曲线上	竖直对齐	约束两个或多个点竖直对齐
相切	约束两条曲线，使之相切	中点	约束顶点或点，使之与某条线的中点对齐
平行	约束两条或多条曲线，使之平行	共线	约束两条或多条线，使之共线
垂直	约束两条曲线，使之垂直	同心	约束两条或多条圆弧，使之同心
水平	约束一条或多条直线，使之水平放置	等长	约束两条或多条线，使之等长
竖直	约束一条或多条直线，使之竖直放置	等半径	约束两个或多个圆弧，使之等半径

（4）尺寸约束。

尺寸约束不仅仅是对图形的一种尺寸标注，更重要的是来驱动、限制草图几何对象的大小和形状。图形会根据标注的尺寸自动更换形状和大小，尺寸标注的种类有快速尺寸、线性尺寸、径向尺寸、角度尺寸和周长尺寸。

1）快速尺寸：选择该方式时，会出现如图 1-2-24 所示对话框，根据所选草图对象的类型和光标与所选对象的相对位置，采用相应的标注方法。比如，当选择直线时约束的是直线的长度，当选择两个对象时，会自动判断两个对象的平行或垂直距离。此方法将快速约束对象的尺寸，但针对性不强，有时不能根据需要约束尺寸，可以在“方法”下拉菜单中选择合适的尺寸约束方法。

2）线性尺寸：选择该方式时，会出现如图 1-2-24 所示对话框，对所选对象进行水平方向（平行于草图工作平面的 XC 轴）的尺寸约束。标注该类尺寸时，在草图中选取同一对象，将约束对象的水平尺寸，如果要约束不同对象间的水平距离，需要选择对象的两个控制点，则用两点的连线在水平方向的投影长度标注尺寸。

3）径向尺寸：选择该方式时，将对圆或圆弧对象创建直径或者半径尺寸约束。标注该类尺寸时，先在草图中选取圆弧曲线，当圆弧的圆心角大于 180°时，系统默认标注直径尺寸，当圆弧圆心角小于等于 180°时，系统默认标注半径尺寸。在标注尺寸时所选取的圆弧或圆必须是在草图模式中创建的。

4）角度尺寸：选择该方式时，将对所选的两条不平行直线创建角度约束。标注该类尺寸时，在草图中一般在远离直线交点的位置选择两直线，则系统会标注这两直线之间的夹角，如果选取直线时光标比较靠近两直线的交点，则标注的该角度是对顶角，而且必须是在草图模式中创建的。

5）周长：选择该方式时，将对所选的多个对象进行周长的尺寸约束。用户可在草图中选取一段或多段曲线，然后在“尺寸”工具栏条中单击命令，将显示“尺寸”对话框，可以在对话框中修改周长。

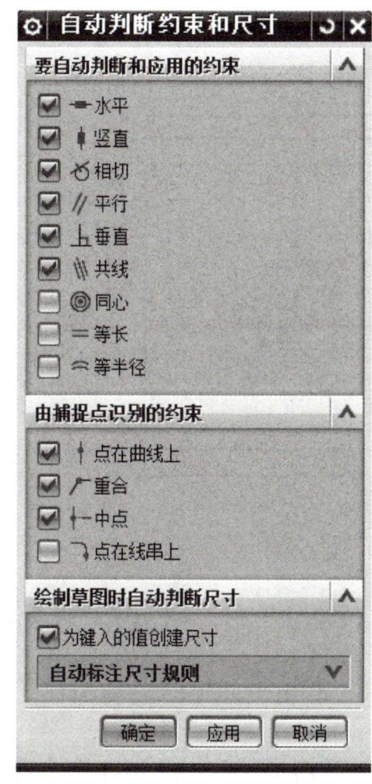

图 1-2-23 自动判断约束的类型

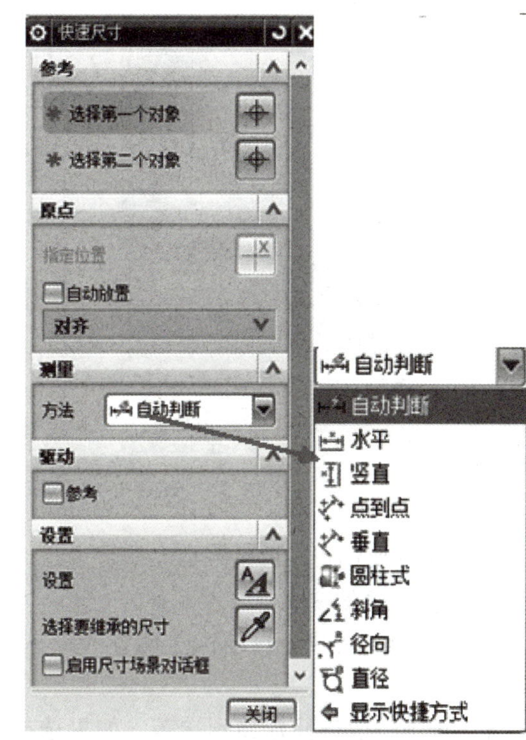

图 1-2-24 尺寸约束的类型

（5）约束的显示与移除。

约束的编辑包含显示和移除约束，在绘制和约束草图时，应将【显示草图约束】图标打开，则图素的约束类型便会以图标的形式显示出来。如需要对约束进行修改，则先要将修改的约束删除，可直接右击符号，选择删除。

5. 草图的进阶操作

在草图任务环境中执行【插入】→【来自曲线集的曲线】，就可以完成草图的进阶操作，包含【偏置曲线】、【阵列曲线】、【镜像曲线】、【交点】、【优化 2D 曲线】、【派生直线】、【现有曲线】，执行【插入】下拉菜单中的【配方曲线】命令还可以生成图素与草图平面的【相交曲线】和【投影曲线】。

（1）偏置曲线。

偏置曲线是对当前草图的曲线进行偏置，从而产生与源曲线相关联、形状相似的新的曲线。执行偏置曲线命令，系统弹出偏置曲线对话框，如图 1-2-25 所示。

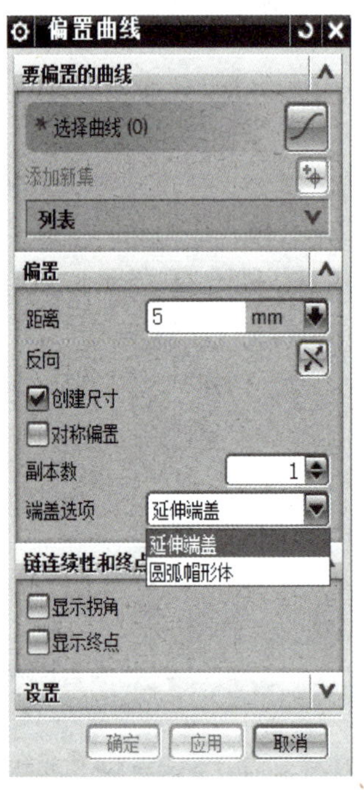

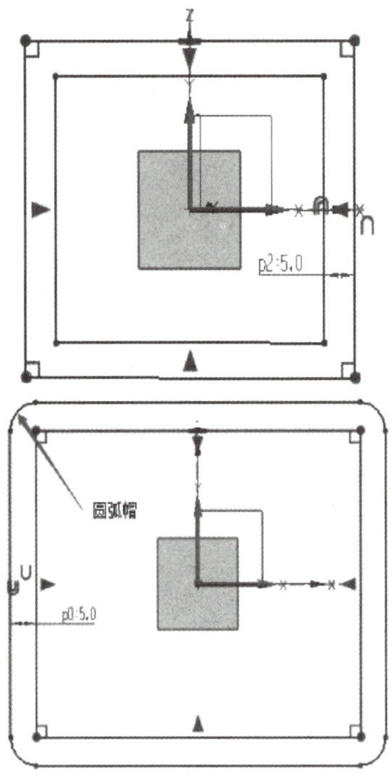

图 1-2-25　偏置曲线

第一步：选择要偏置的曲线。

第二步：设置偏置参数。输入偏置的距离，“反向”指向内或向外偏置，勾选“创建尺寸”复选框，绘图区域会自动标注偏置的距离，“对称偏置”指同时向内外两个方向偏置。

“端盖”选项一般选择延伸到端盖，如果选择“圆弧帽形体”，偏置效果会在拐角处自动绘制圆角。

注意：进行偏置的曲线一般为约束好的曲线，要先约束再偏置。偏置后的曲线就不需要再约束了。

（2）阵列曲线。

阵列曲线也是先约束再阵列。为了减少草图图素，一般不对曲线进行阵列而是对建模特征进行阵列。

（3）镜像曲线。

镜像操作是将草图对象以一条直线为对称中心，将所选取的对象以这条对称中心为轴进行复制，生成新的草图对象，与原对象形成一个整体，并保持相关性，镜像操作在绘制对称图形时非常有用。

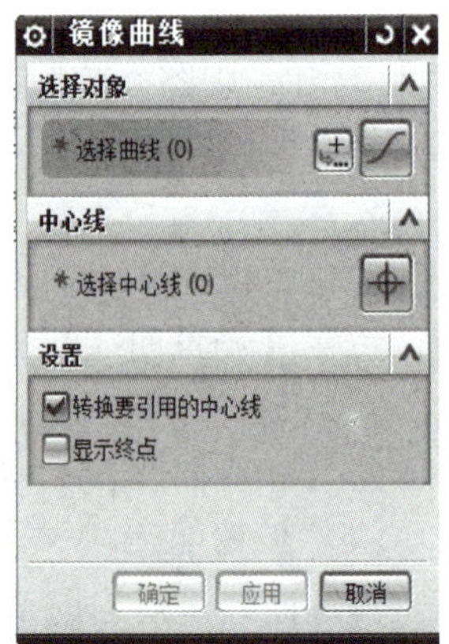

图 1-2-26　镜像曲线

执行【镜像曲线】命令，系统弹出镜像曲线对话框，如图 1-2-26 所示。首先选择要镜像的曲线，再选择镜像中心线。点开设置命令，如勾选“转换要引用的中心线”，则系统会将中心线的实线转化为浅色双点划线，即参考线。参考线是草图的基准，只对本草图的图素起到定位作用。在选择对草图进行拉伸、旋转等命令时参考线则不起作用。

注意：选择的中心线不能是镜像对象的一部分，否则无法完成镜像。

（4）交点。

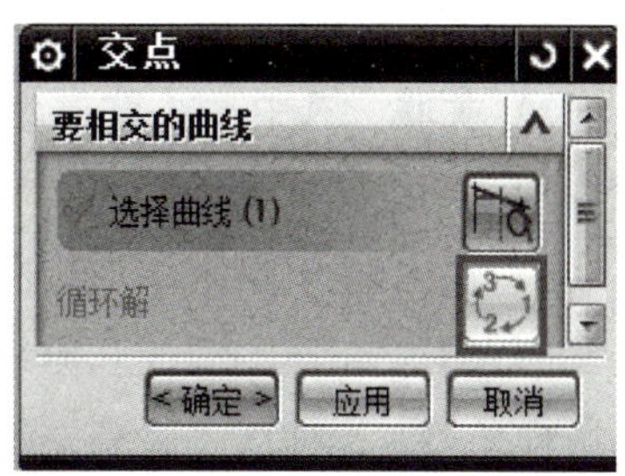

图 1-2-27 交点

创建一条曲线与草图平面的交点。交点对话框如图 1-2-27 所示，只需要选择一条空间曲线，则绘图区域自动绘制出该曲线与草图平面的交点。当曲线与草图平面有多个交点的时候，“循环解”命令被激活，单击“循环解”在多个交点之间切换，再单击“确定”，绘图区域便出现了一个点。交点与草图有固定的几何关系，不需要再约束。

（5）派生直线。

执行【派生直线】命令，选择一条直线，移动鼠标至其他位置，可以派生该条直线的平行线。每按左键一次，就生成一条平行线，操作过程中并没有对话框出现，但可在偏置文本框中输入偏置的距离。

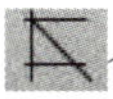

如果选择两条平行直线，系统会在这两条平行线的中点处绘制一条直线，可以通过拖动鼠标以确定派生直线的长度。

如果选择两条不平行的直线（不需要相交），系统将构造一条角平分线，通过拖动鼠标控制派生直线的长度。

（6）现有曲线。

添加现有曲线功能是将现有的共面曲线或点添加到草图中，用于已存在的点或是曲线，但是这些曲线或点不属于草图。

（7）相交曲线。

相交曲线是指创建一个曲面与草图平面的交线。图 1-2-28 所示为相交曲线的对话框，只需要选择一个曲面即可，如果该面与草图平面有多条相交曲线，按“循环解”获取所需要的一条交线。生成的相交曲线与草图平面有空间几何关系，不需要再约束。

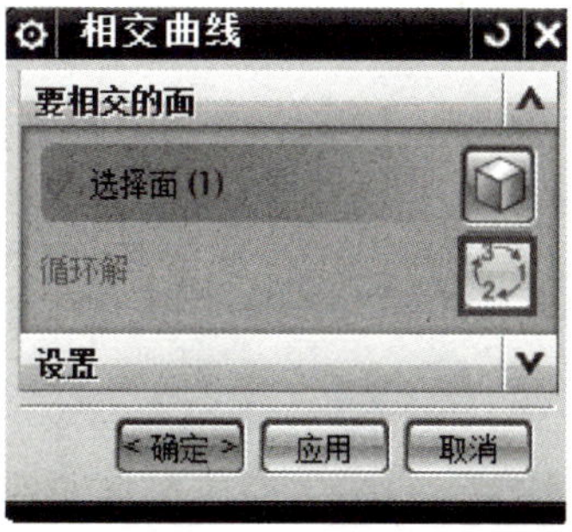

图 1-2-28 相交曲线

（8）投影曲线。

投影曲线是将选取的对象按垂直于草图工作平面的方向投影到草图中。投影的有效对象包括曲线、边缘、表面和其他草图。只需要选择要投影的曲线即可，生成的投影曲线与草图平面有空间几何关系，不需要再约束。

执行【投影曲线】命令，弹出投影曲线对话框，如图1-2-29所示。

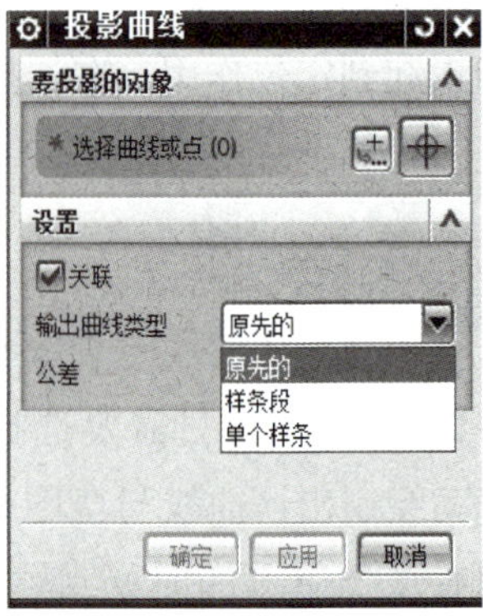

图1-2-29　投影曲线

1）要投影的对象。选择要投影的曲线或者点。

2）关联。选中“关联”复选框，将使要投影的曲线和投影到草图的曲线相关联。

3）输出曲线类型。

原先的：草图的曲线和原来的曲线完全保持一致。

样条段：原曲线作为独立的样条段加入草图。

单个样条：原曲线被作为单个样条加入草图。

（9）对象的转换。

草图绘制过程中可以将草图中的一些曲线或尺寸转换为参考对象，也可以将参考对象转换为草图对象。草图中的【转换至/参考对象】命令，实现了曲线和参考线之间的相互转换，如图1-2-30所示为对象转换对话框。

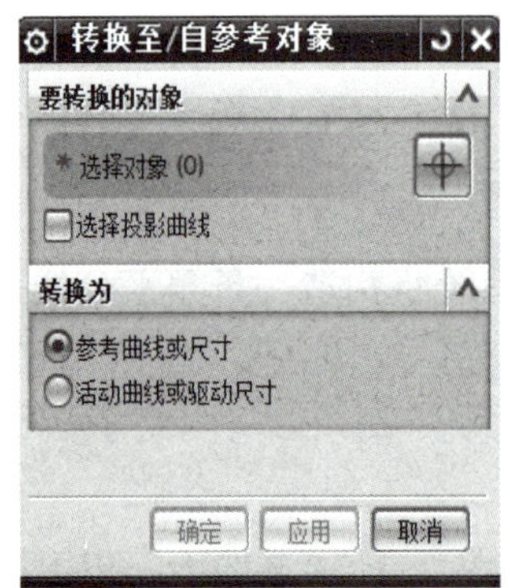

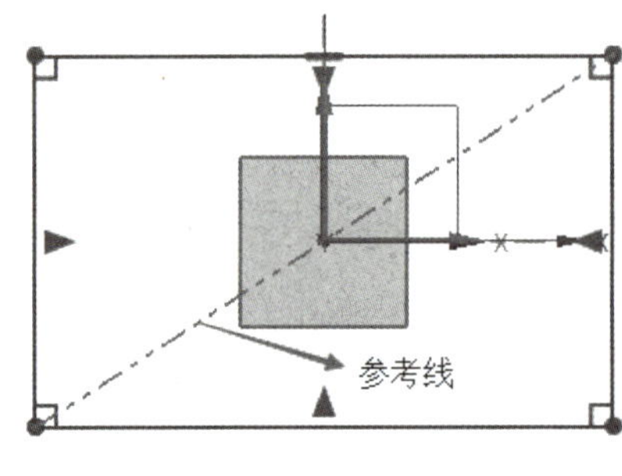

图1-2-30　对象的转换

执行【转换至/参考对象】命令，选择要转换的曲线对象，在【转换为】选项中选择【参考曲线或尺寸】或【活动曲线或驱动尺寸】，实线可以转换为参考线，也可以将参考线转换为活动曲线。

三、操作过程

1. 建模准备工作

（1）创建一个模型文件。

双击NX12.0软件，进入UG环境，执行左上角的新建命令，在出现的新建对话框中，选择新建类型为“模型”，单位为“mm”，文件名为“raoliuban”，设置文件的保存位置，如图 1-2-31 所示，单击“确定”，即进入 UG 建模环境。

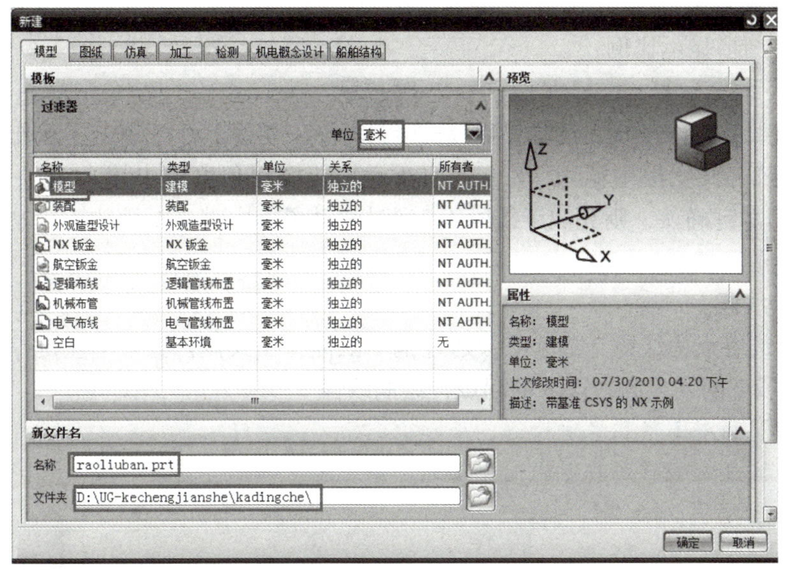

图 1-2-31　创建模型文件

（2）设置草图环境。

右击导航器中的基准坐标系 基准坐标系 (0)，选择显示。执行【首选项】中的【草图】命令，出现草图首选项对话框，在草图样式中将连续自动标注尺寸复选框去掉，草图会话设置如图 1-2-32 所示。

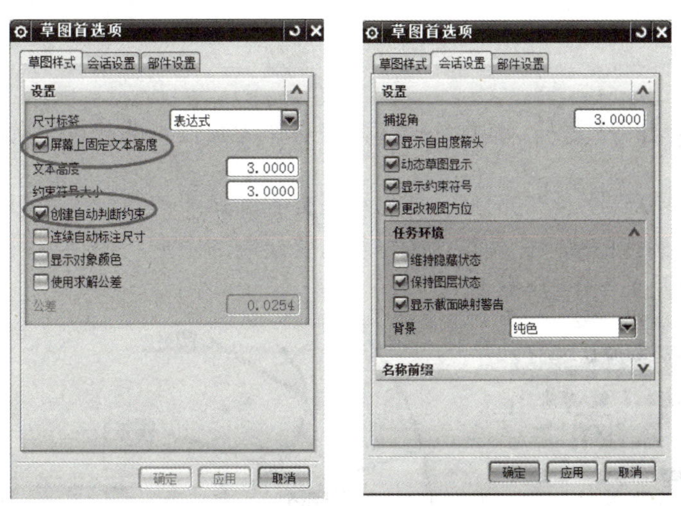

图 1-2-32　草图环境设置

（3）创建草图平面。

执行【插入】的下拉菜单【在任务环境中绘制草图】命令，出现创建草图对话框，草图平面选择基准坐标系中的 *XY* 平面，草图方向默认 *X* 方向，草图原点则默认为坐标系原点，在设置对话框中勾选“投影工作部件原点”，单击”确定”，进入草图平面。

2. 绘制草图线条

（1）确定图形显示比例。

执行【直线】命令，选择参数模式，在屏幕上任意单击一点作为直线的起点，绘制线段1，长度框中输入400，按回车键，切换到角度框中输入180，如图1-2-33所示，按回车键确认，则完成了线段1。通过滚动鼠标中键进行缩放，绘制的图形能够正常显示在绘图区域。

（2）草绘线段。

以线段1的终点为线段2的起点，通过拖动鼠标，在大概位置按下左键，则绘制出线段2。捕捉线段2的终点为线段3的起点，绘制线段3。

注意：为了确定图形的显示比例，第一个图素需要精确绘制，而之后的图素都是绘制草图，所以线段2和线段3都是通过拖动鼠标确定终点位置。效果如图1-2-34所示。

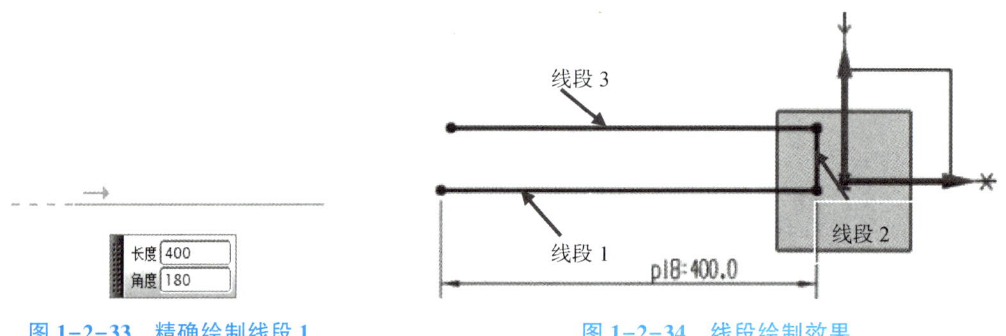

图1-2-33 精确绘制线段1　　图1-2-34 线段绘制效果

（3）绘制圆弧

执行【圆弧】命令，捕捉线段3的终点作为圆弧4的起点，拖动鼠标，选择另外两点，当出现相切符号的时候，即自动捕捉到圆弧4与线段3相切。通过三点继续绘制圆弧5，拖动圆弧的端点，使得草图尽量与要绘制的图形状相近。利用中心和端点命令绘制圆弧6，结果如图1-2-35所示。

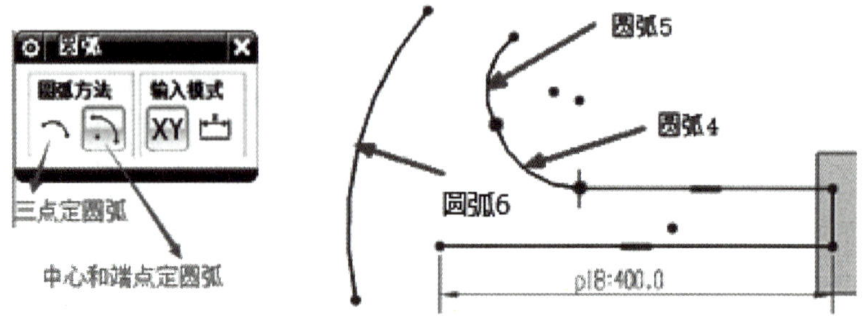

图1-2-35 绘制圆弧

(4) 绘制倒圆角。

因圆弧 7 同时与圆弧 5 和圆弧 6 相切，要绘制两个对象的公切圆弧，可以使用倒圆角命令。执行【圆角】命令，选择要倒角的两条曲线分别是圆弧 5 和圆弧 6，此时则按照圆弧 5 为起点，逆时针方向生成倒角，如图 1-2-36 所示。

注意：如果生成的倒角与我们想要的效果方向不同，执行右侧的“备选项”命令，这时就会出现其他符合要求的倒角。

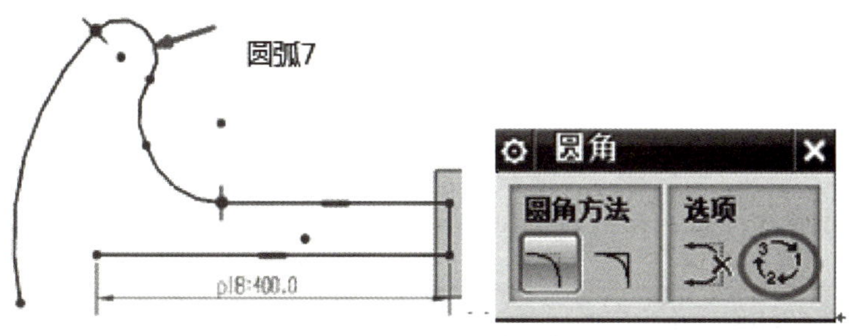

图 1-2-36 倒圆角

(5) 快速延伸。

执行【快速延伸】命令，延伸对话框中“要延伸的曲线”自动激活，选择线段 1，则线段 1 与圆弧 6 自动相交，如图 1-2-37 所示。

注意：UG 提供的快速延伸命令简单快捷，线段 1 延伸后要能够与圆弧 6 有交点，即圆弧 6 作为边界曲线要够长，如果边界曲线不够长，要通过拖动边界曲线的端点使之加长。

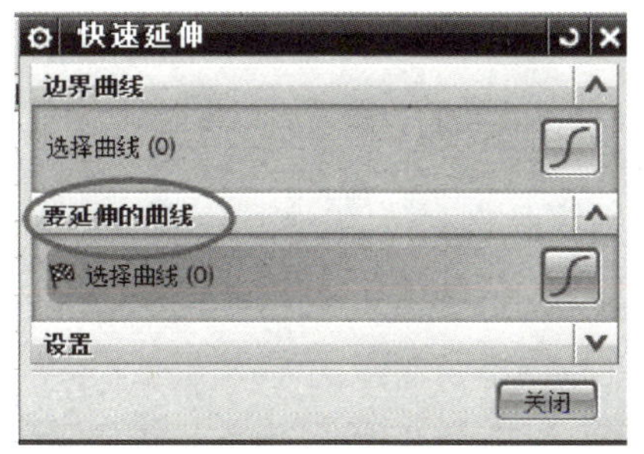

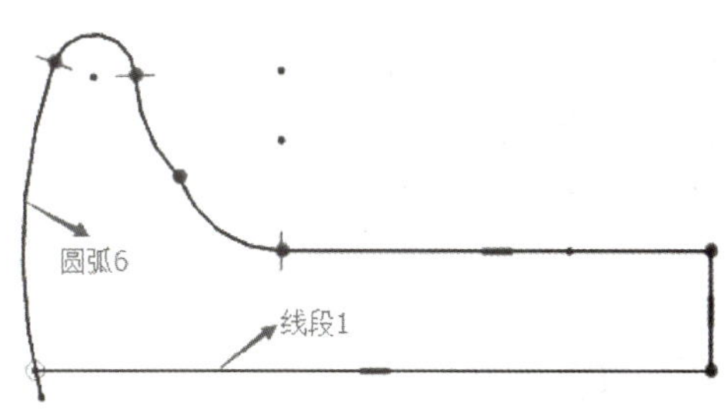

图 1-2-37 快速延伸

(6) 快速修剪。

执行【快速修剪】命令，快速修剪对话框默认选择“要修剪的曲线”，选择要修剪部分即可，如图 1-2-38 所示。

注意：UG 提供的快速修剪功能简单快捷，修剪的时候两条曲线一定要相交，如没有相交，要先选择【快速延伸】命令，先延伸至相交再修剪。

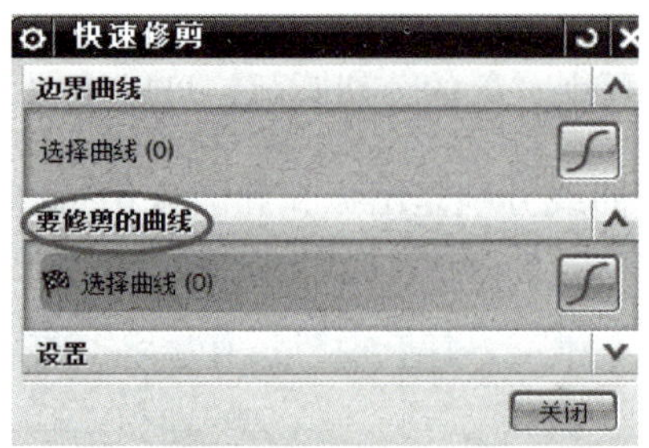

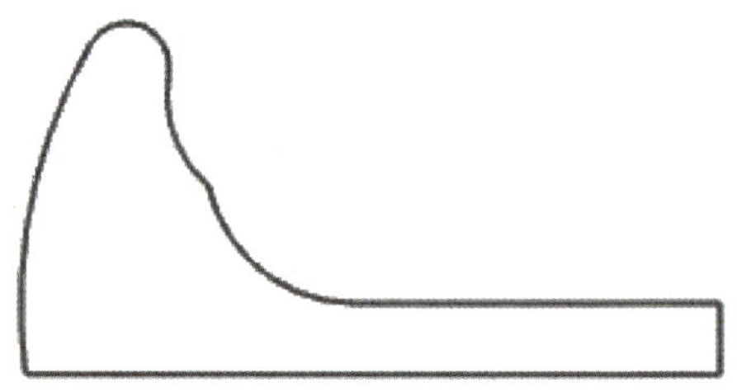

图 1-2-38　快速修剪

3. 约束草图

（1）定位置。

首先考虑坐标系的位置，一般对称图形坐标系放在对称轴上。不对称图形坐标系放两边。图 1-2-1 为左右不对称，上下对称图形，水平位置上将坐标系放在最右端，竖直方向上坐标系在中间。即线段 1 在 *X* 轴上，线段 2 在 *Y* 轴上。

（2）约束共线。

执行【几何约束】，在几何约束对话框中选择【共线】命令。先选要约束的对象，选择线段 1，按中键确认，系统切换到选择要约束到的对象，选择 *X* 轴。两个对象自动跳至共线。同理完成线段 2 与 *Y* 轴共线。如图 1-2-39 所示。

注意：在几何约束时，选择完要约束的对象，一定要按中键确认，再选要约束到的对象，也可以用鼠标切换选择框使其激活。

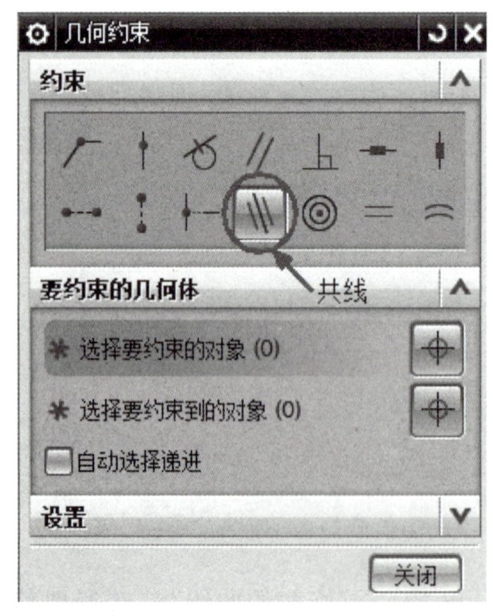

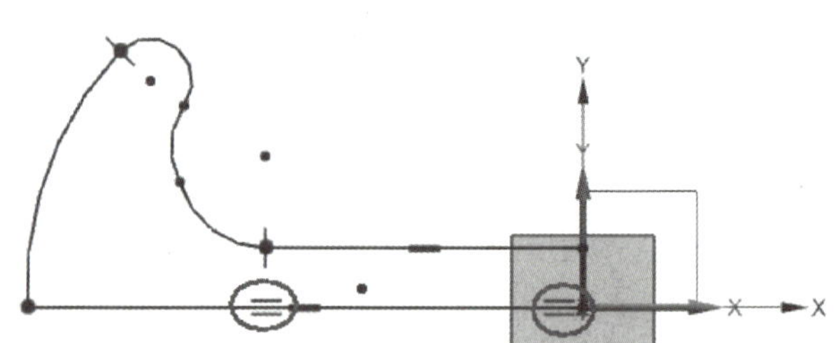

图 1-2-39　约束共线

（3）约束相切。

单击几何约束对话框中的【相切】命令。选择要约束的对象，圆弧 4，按中键确认，系统切换到选择要约束到的对象，选择圆弧 5。两个对象自动跳至相切。如果圆弧 5 发生很大变形，则拖动其端点，达到如图 1-2-40 所示的效果。

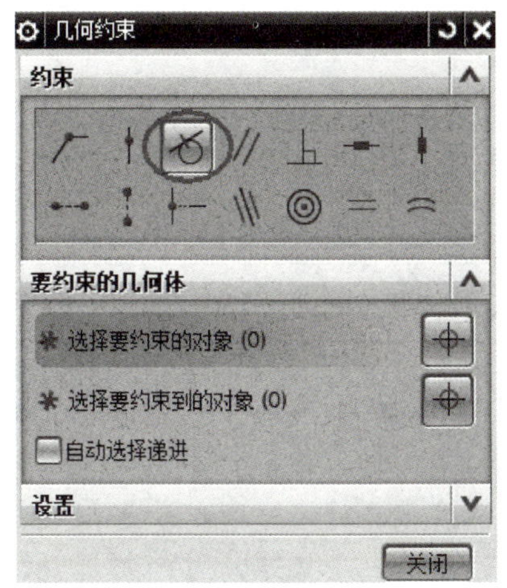

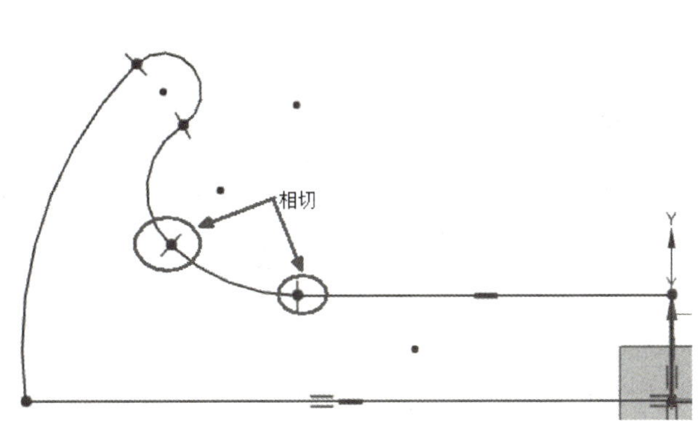

图 1-2-40 约束相切

（4）约束点在直线上。

直径是圆的对称轴，圆弧 6 镜像后是一个圆，因此圆弧 6 的圆心在线段 1 上。执行【点在曲线上】命令，对于要约束的对象选择圆弧 6 圆心，按中键确认，要约束到的对象选择线段 1，结果如图 1-2-41 所示。

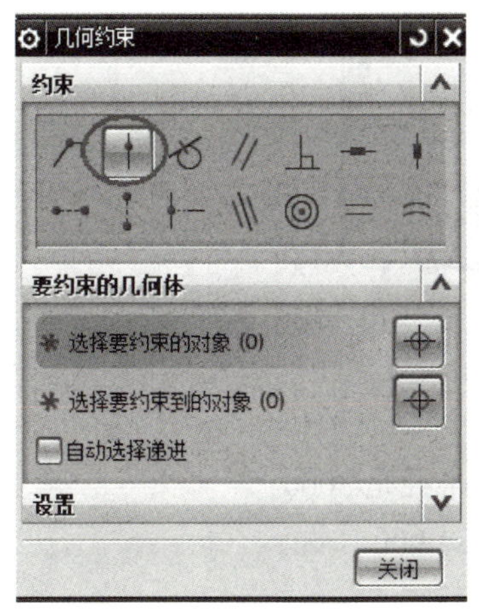

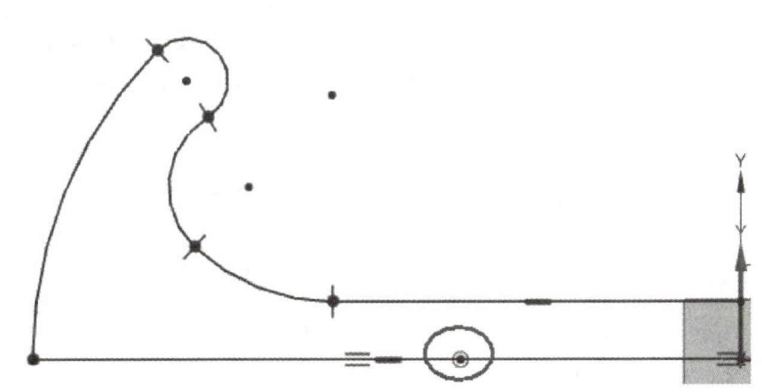

图 1-2-41 点在曲线上

（5）约束两圆同心。

圆弧 5 与圆弧 6 的平行距离是 200，说明两圆同心，半径差是 200。执行【同心】命令，要约束的对象选择圆弧 5，按中键确认，要约束到的对象选择圆弧 6。效果如图 1-2-42 所示。如在实际操作中，约束同心后图素变形很大，拖动也很难再起作用，执行撤销操作，先去完成其他约束。

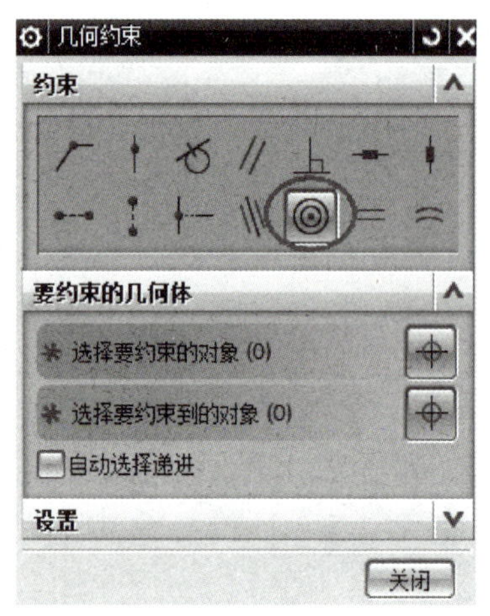

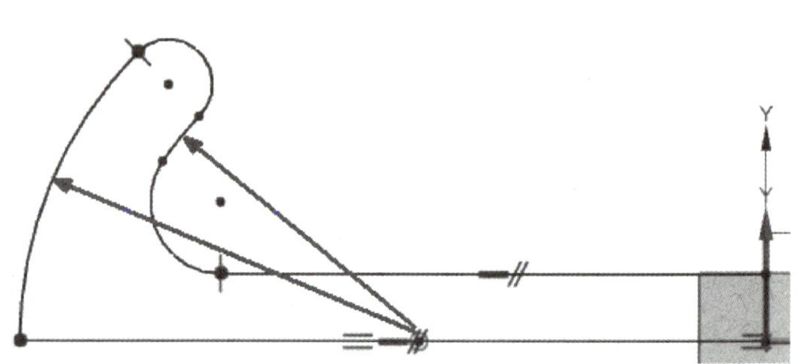

图 1-2-42　约束同心

（6）尺寸约束。

执行工具条中【快速尺寸】命令。对图形进行尺寸约束，直到整个草图成亮绿色，如图 1-2-43 所示，退出约束命令，提示栏显示草图已完全约束。

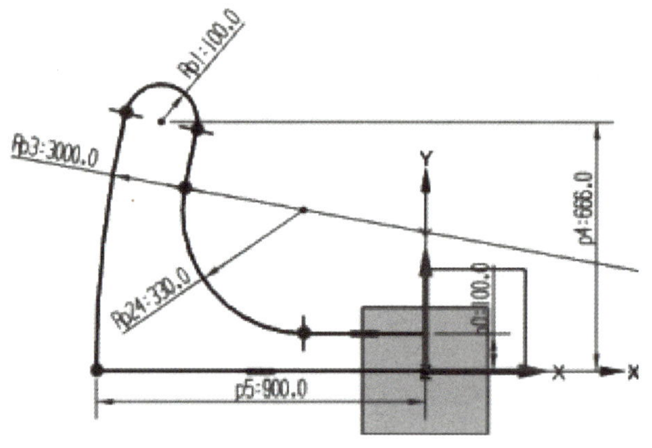

图 1-2-43　尺寸约束

线段 1 的长度是 900；线段 2 的长度是 100；圆弧 6 的半径是 3000；圆弧 3 的半径是 330；圆弧 7 的半径是 100，圆心高度是 666。

4. 镜像操作

单击来自曲线集的曲线下拉菜单 来自曲线集的曲线下拉菜单，则出现如图 1-2-44 所示的下拉菜单，选择【镜像曲线】命令。在出现的镜像曲线对话框中【选择对象】为：线段 2、线段 3、圆弧 4、圆弧 5、圆弧 6 和圆弧 7，【中心线】为线段 1。因为线段 1 不是俯视图中的图素，在设置栏中勾选“转换要引用的中心线”，则此时中心线转换为参考线。镜像之后的效果如图 1-2-45 所示，执行 完成草图 命令。

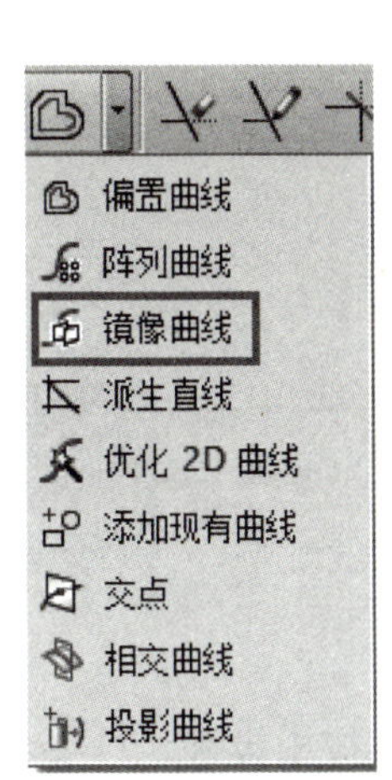

图 1-2-44 镜像曲线对话框

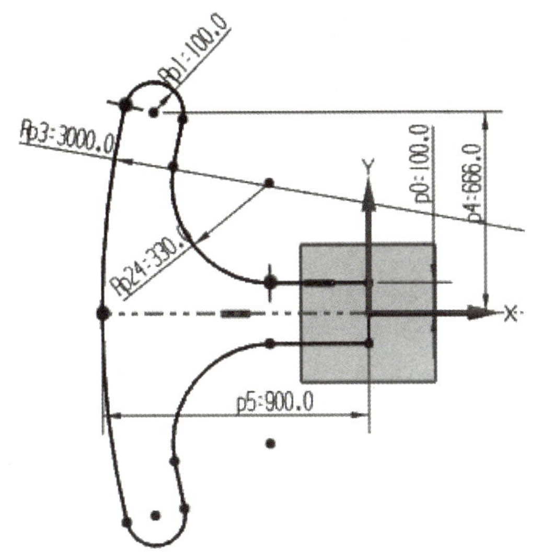

图 1-2-45 镜像曲线效果

5. 绘制主视图并约束

（1）创建草图平面。

执行工具条中的【草图】命令，在出现的创建草图对话框中草图平面选择 XC-ZC 平面，草图方向默认 X 轴，单击“确定”，进入草图 2，绘制主视图。

（2）绘制草图曲线。

执行【轮廓】线命令，轮廓线可以绘制首尾相接的连续对象。绘制线段 1、2、3，按下鼠标左键、拖动并释放鼠标左键，直线模式可以变为圆弧模式，绘制圆弧 4，再以圆弧 4 的端点为起点，绘制线段 5、6、7、8，构成连续曲线。轮廓线操作简单方便，效率高。按中建退出，执行【圆角】命令，绘制圆弧 9，如图 1-2-46 所示。

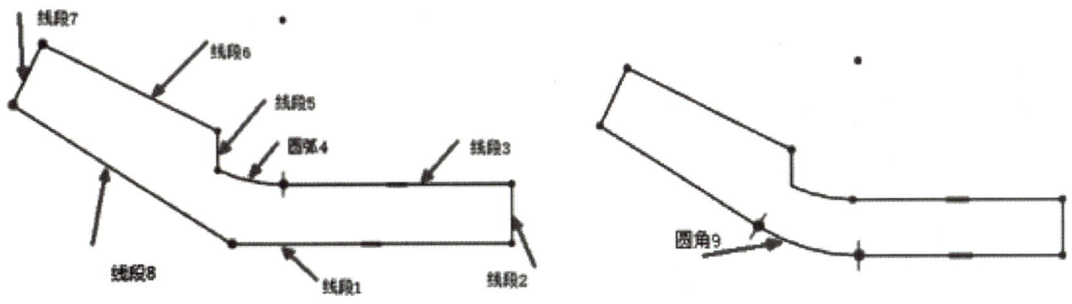

图 1-2-46 绘制草图曲线

（3）草图的几何约束。

约束共线：该草图是一个完全不对称图形，水平方向上坐标系放在最右端，竖直方向上，坐标系放在最下端，执行几何约束中的【共线】命令，约束线段 1 与 X 轴共线，线段 2 与 Z 轴共线，效果如图 1-2-47 所示。

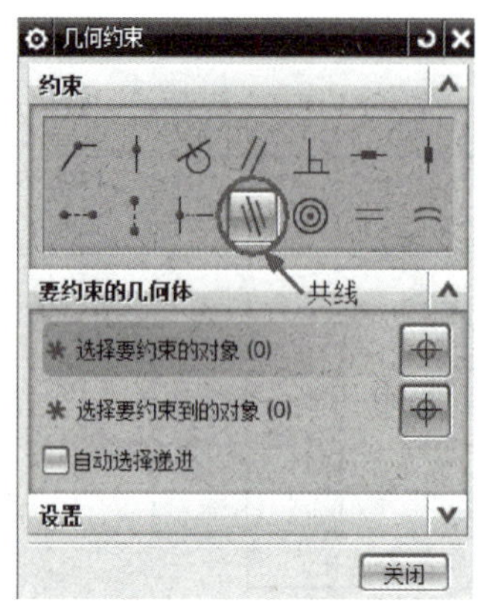

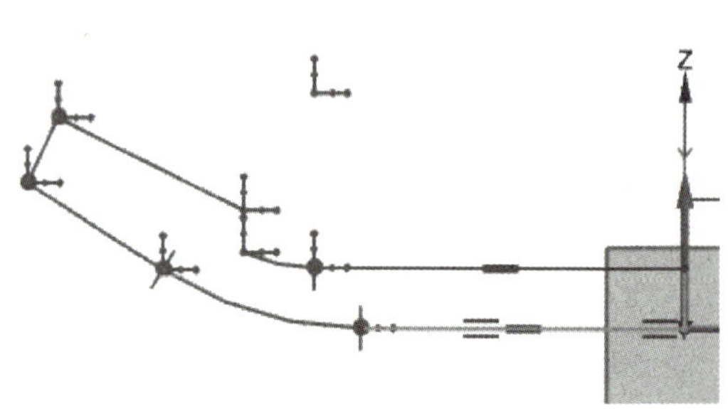

图 1-2-47　约束共线

约束垂直：执行【垂直】命令，要约束的对象选择线段 6，按中键确认，要约束到的对象选择线段 7。效果如图 1-2-48 所示。

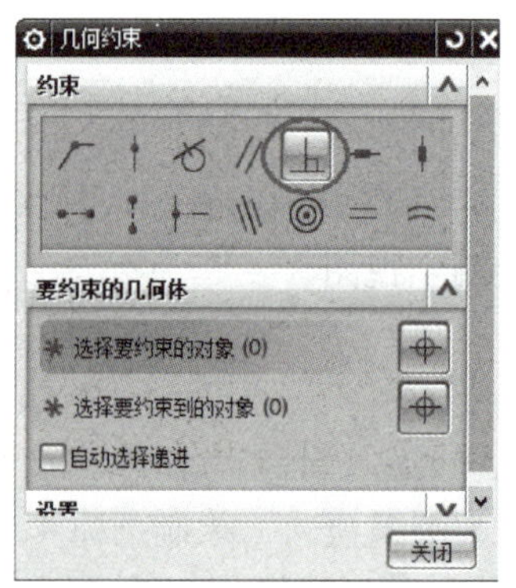

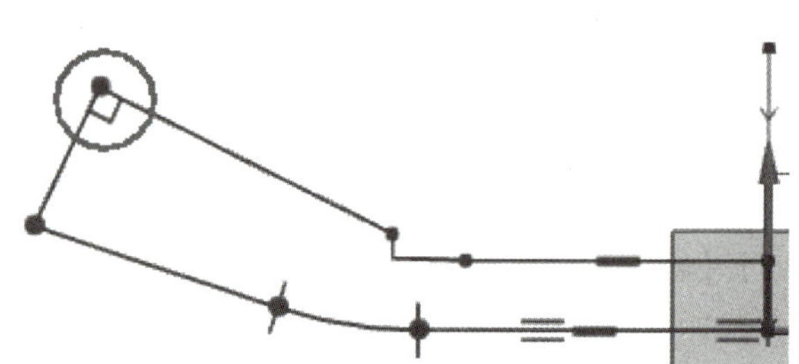

图 1-2-48　约束垂直

约束平行：执行【平行】命令，要约束的对象选择线段 6，按中键确认，要约束到的对象选择线段 8。效果如图 1-2-49 所示。

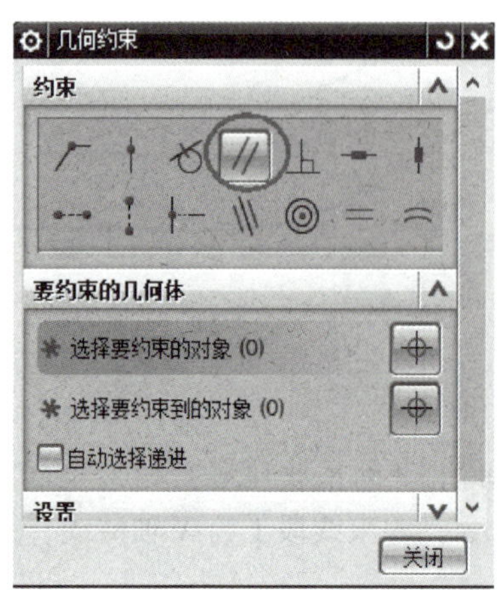

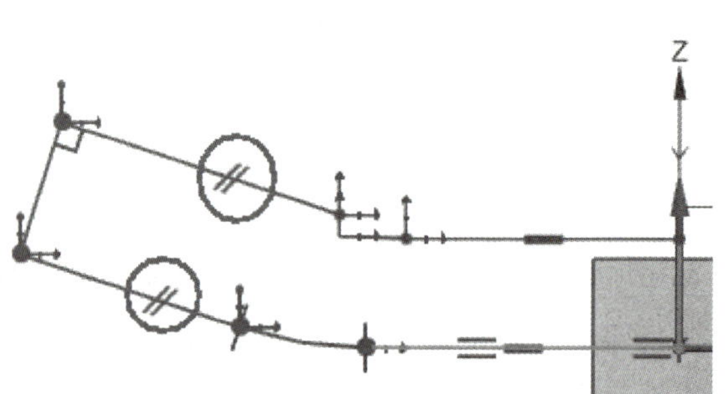

图 1-2-49　约束平行

约束竖直：执行【竖直】命令，如图 1-2-50 所示，约束线段 5 为竖直。

（4）草图的尺寸约束。

执行工具条中【快速尺寸】命令，对图形进行尺寸约束，如图 1-2-51 所示。

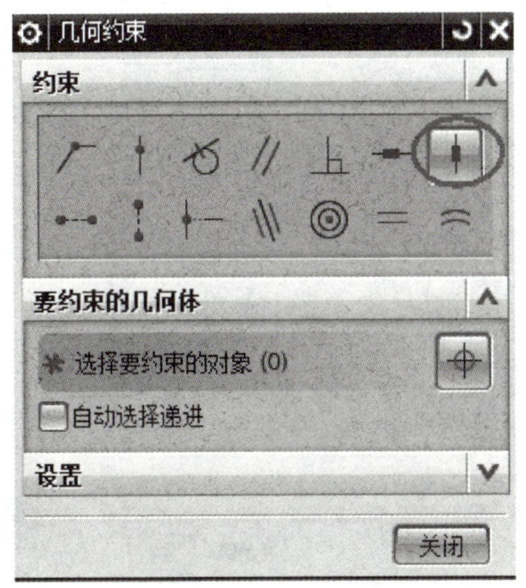

图 1-2-50　竖直约束

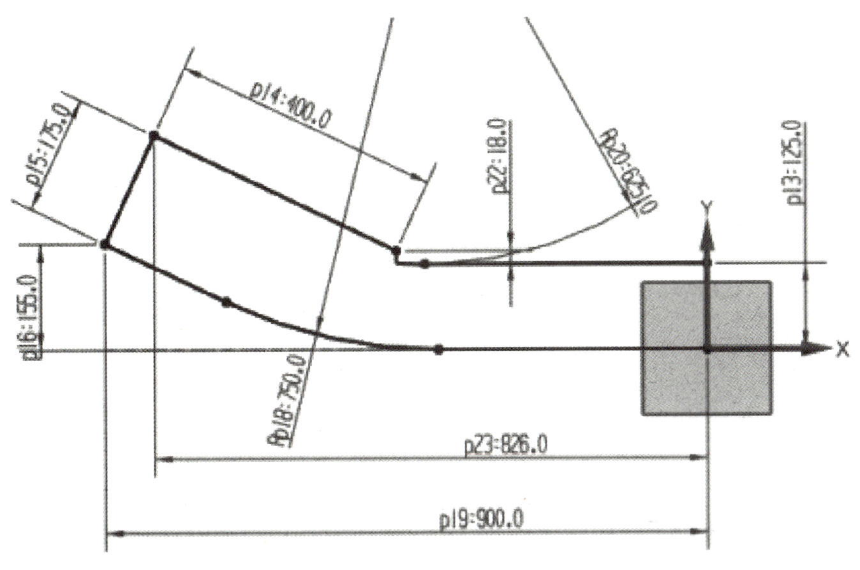

图 1-2-51　尺寸约束

注意：绘制草图时，草图越简单越好，每增加一个图素，就要增加一定数量的约束。即使是增加一个点，都需要增加两个约束。建模时倒角和孔特征都不需要在草图中画出，可以直接对实体进行特征操作。

6. 拉伸操作

执行【拉伸】命令，选择草图 1 的曲线作为拉伸截面，拉伸高度为 350，单击“确定”。再执行【拉伸】命令，选择草图 2 的曲线作为拉伸截面，进行对称拉伸，拉伸高度

800，并与草图 1 拉伸的实体求交，拉伸效果如图 1-2-52 所示。

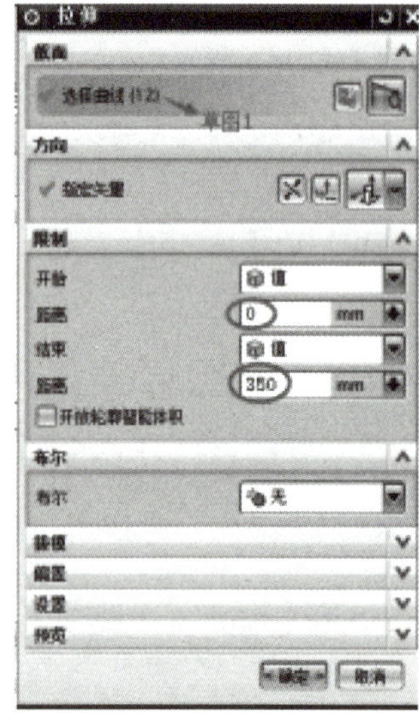

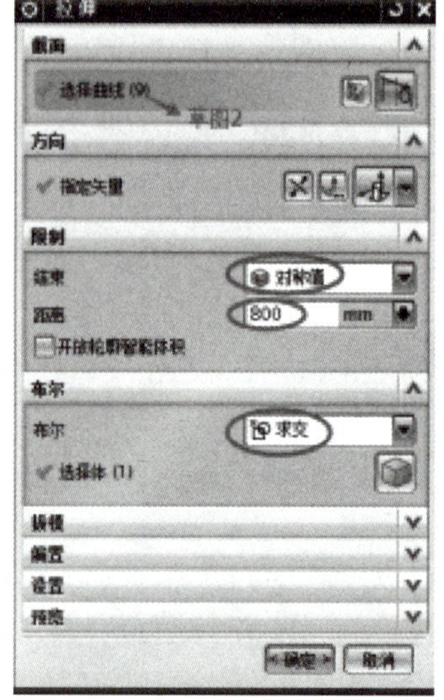

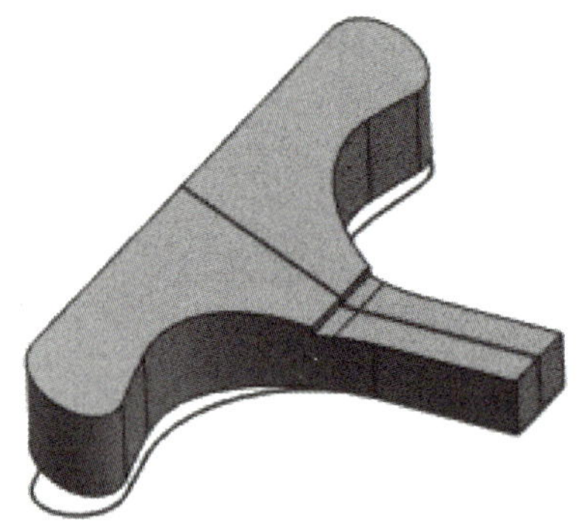

图 1-2-52　拉伸参数设置和效果

四、上机练习

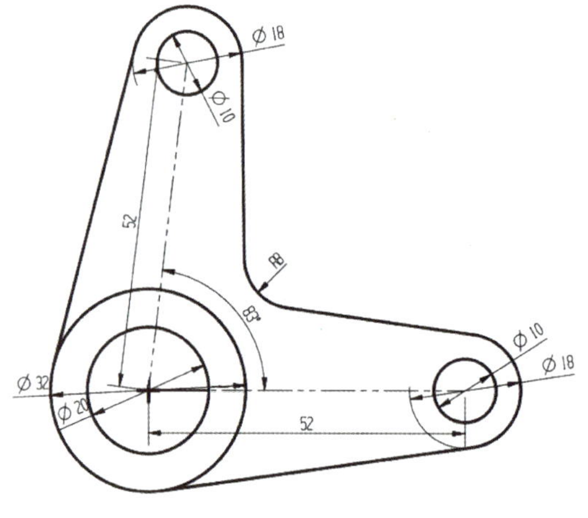

图 1-2-53　草图 1

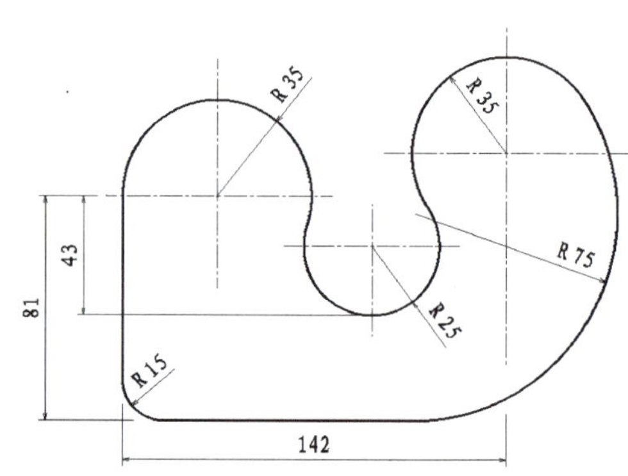

图 1-2-54　草图 2

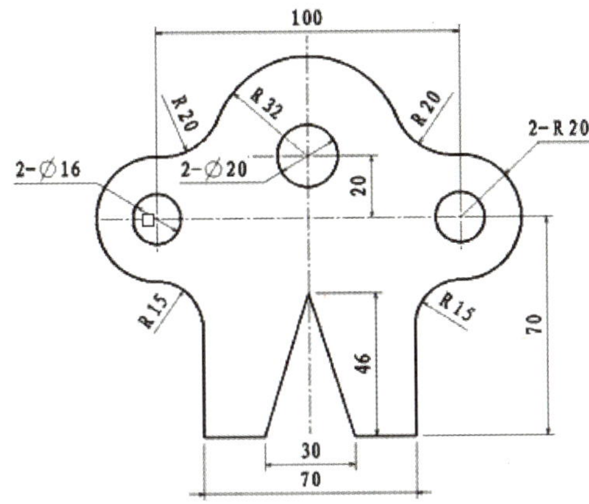

图 1-2-53 草图 3

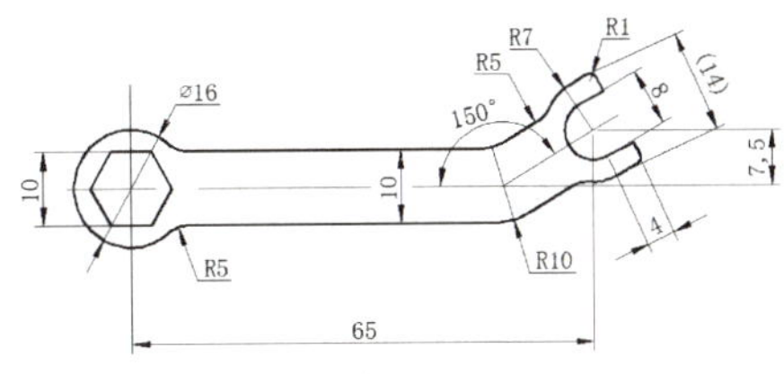

图 1-2-54 草图 4

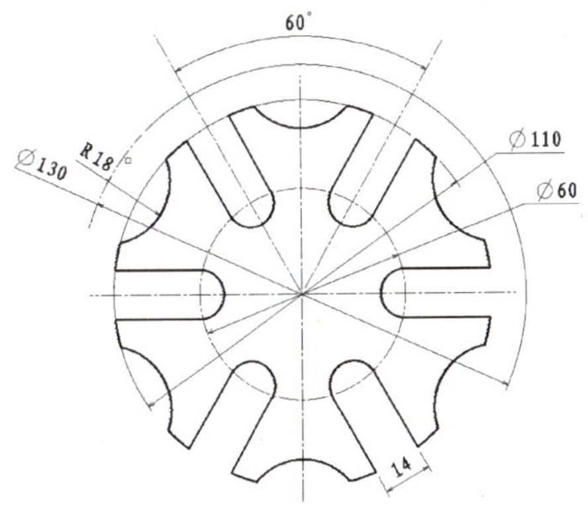

图 1-2-53 草图 5

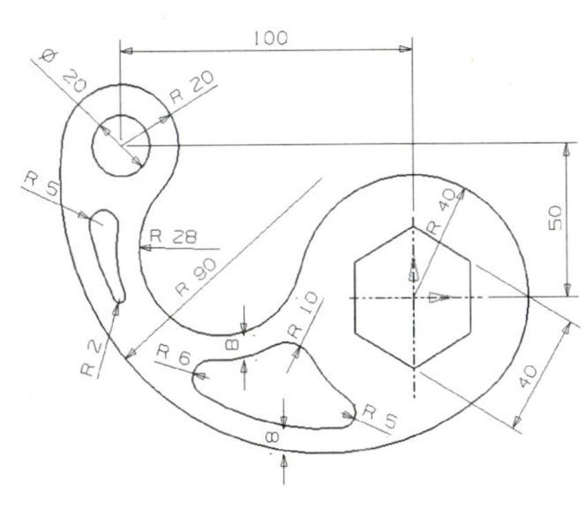

图 1-2-54 草图 6

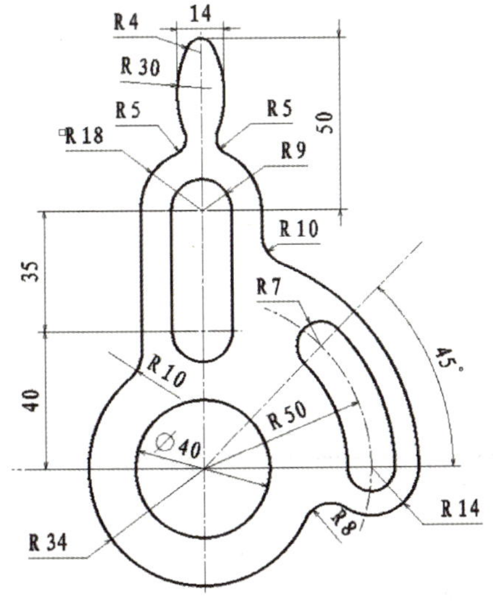

图 1-2-53 草图 7

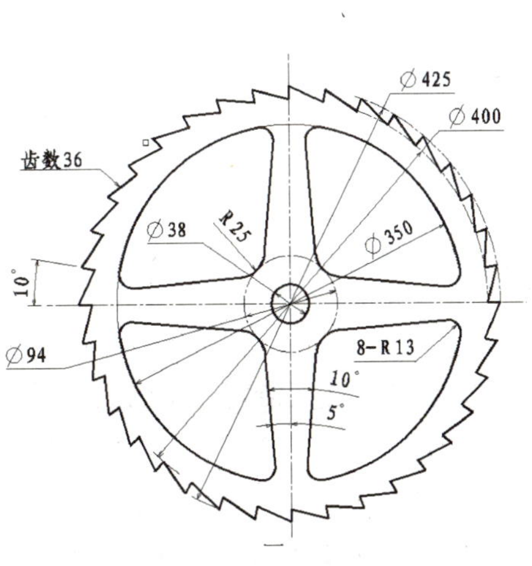

图 1-2-54 草图 8

任务三　支座的建模

一、实例分析

1. 学习任务

完成如图 1-3-1 所示的卡丁车支座的建模。

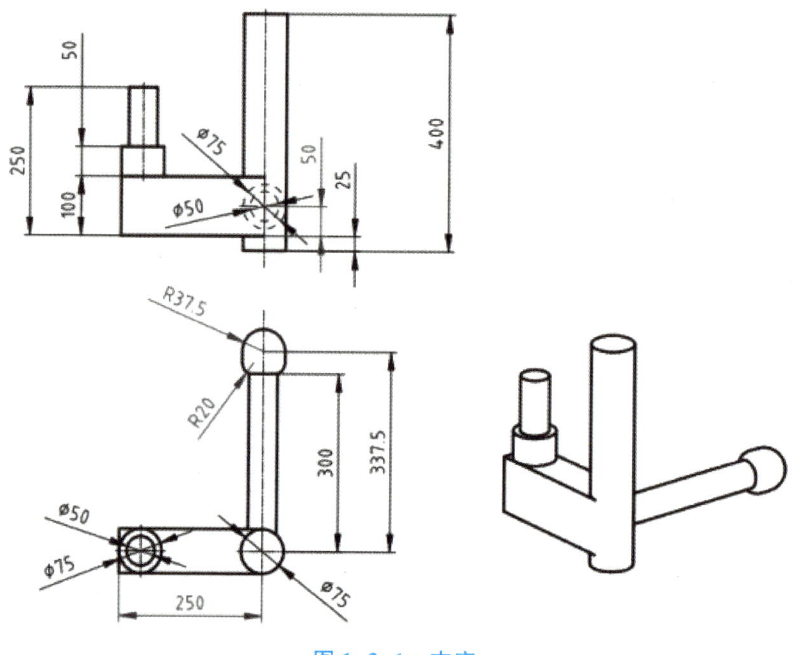

图 1-3-1　支座

2. 知识目标

（1）掌握拉伸的基本应用与操作方法；

（2）掌握实体间的合并、求差、求交布尔运算。

二、知识链接

1. 拉伸

拉伸特征是将截面沿着指定的矢量方向拉伸到某一指定位置所形成的特征。截面对象可以是草图、曲线等二维图素，是最常用的建模方法。

进入拉伸特征命令，有两种方法：

方法一：执行【插入】→【设计特征】→【拉伸】；

方法二：执行工具条中【拉伸】命令，则拉伸对话框如图 1-3-2 所示，拉伸的基本操作步骤如下：

（1）选择截面曲线。

截面线串是拉伸体的截面形状，截面曲线只能是封闭图形，才能拉伸出实体。当图形不封闭时，拉伸的是片体，系统会在线条断开处用雪花状图标提示出来。

（2）确定拉伸方向。

方向：用于设置拉伸截面的方向。

可单击对话框中的方向命令，从弹出的下拉菜单中选取相应的方式，系统默认的方式是“平面的法向”，即沿着截面曲线所在的平面垂直拉伸。执行反向命令，系统就会自动使当前的拉伸方向相反。可以单击“指定矢量”下拉菜单的其他选项，用于设置拉伸方向。

（3）定义拉伸深度属性。

限制：用于设置拉伸距离的参数。

拉伸深度属性决定了拉伸实体的高度，包含五种拉伸控制方式，选择哪种方式主要取决于草图平面与拉伸目标的位置关系。

◆值：在开始/结束文本框输入具体的数值来确定拉伸的高度，起始值与结束值之差的绝对值为拉伸的高度。

注意：系统总是默认草图所在平面为0，沿着拉伸方向为正值，反方向为负值。

图 1-3-2　拉伸对话框

◆直至下一个：特征将从草图平面拉伸至模型的参照曲面。

◆直至选定：特征将从草图平面拉伸至所选的参照面，且拉伸体与参照面能够相交才能完成此操作。

◆直至延伸部分：当拉伸特征与所选参照面不能完全相交时，就要使用此命令才能拉伸至所选的参照面。

◆贯通：特征将从拉伸起始面参照拉伸方向穿过所有参照曲面。

（4）布尔运算。

布尔运算通过对两个以上的物体进行并集、差集、交集运算，从而得到新实体特征，对应的布尔运算名称包括合并、求差和求交。在拉伸对话框中进行布尔运算时，只能选择一个实体对象作为被执行布尔运算的实体，叫作目标体，正在拉伸的实体被默认为刀具体。刀具体在目标体上进行运算，完成后，刀具体成为目标体的一部分。一般在拉伸过程中对拉伸的实体要执行布尔运算。

（5）拔模。

拔模可以使面相对于指定的拔模方向成一定的角度。拔模通常用于给铸件或模具的竖直面添加斜度，以便借助拔模面将部件和模型从模具中分离。拔模最终改变的是面的角度，拔模方式有以下几种类型，效果如图 1-3-3 所示。

从起始限制：当角度文本框中输入的数值大于0时，沿拉伸方向向内拔模，即拉伸结束面尺寸变小，起始面尺寸不变。角度小于 0 时，沿拉伸方向向外拔模，结束面尺寸变大。

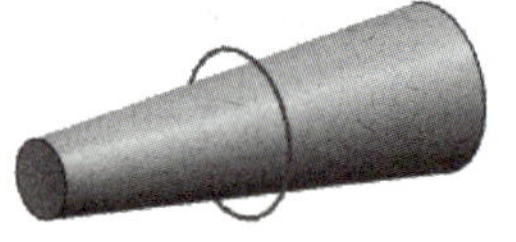

（a）向内拔模

（b）向外拔模

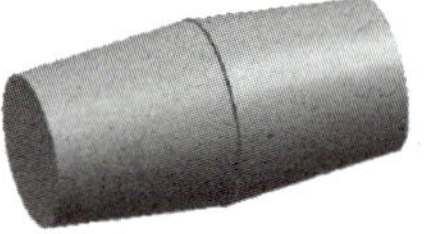
（c）截面对称拔模

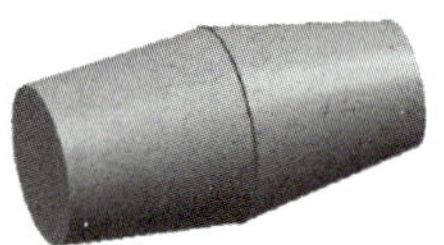
（d）截面不对称拔模

图 1-3-3　拔模效果

从截面：也是沿着拉伸方向向内或者向外拔模，但截面线串所在的平面尺寸不变。

截面-对称角：截面尺寸不变，同时向截面两侧拔模，拔模角相等。

截面-不对称角：截面尺寸不变，同时向截面两侧拔模，拔模角不相等。

（6）设置偏置值。

通过设置偏置值，拉伸体的截面比选择的截面线串尺寸变大或变小。与草图环境中的偏置曲线的用法相同。这里提供了三种偏置方法：

单侧：包括向内或者向外，输入的值为负则向内偏置，反之值为正则向外偏置；

双侧：可以同时向两个方向偏置，也是通过输入值的正负来确定方向；

对称：只需输入一个值，则同时向内外偏置。

（7）设置体类型。

选择拉伸目标为实体还是片体。当拉伸曲线不完全封闭时，即使选择的类型是实体，其拉伸结果仍然是片体。

2. 布尔运算

在拉伸的操作步骤中可以直接进行布尔运算，也可以拉伸完实体后再进行布尔运算，合并对话框和效果如图 1-3-4 所示。

1）合并：将多个实体特征叠加变成一个独立的特征，即求实体与实体间的合集。单击【特征】工具栏中的【合并】命令，打开【合并】对话框，依次选取目标体和工具体，目标体只能选择一个，工具体可以是多个。

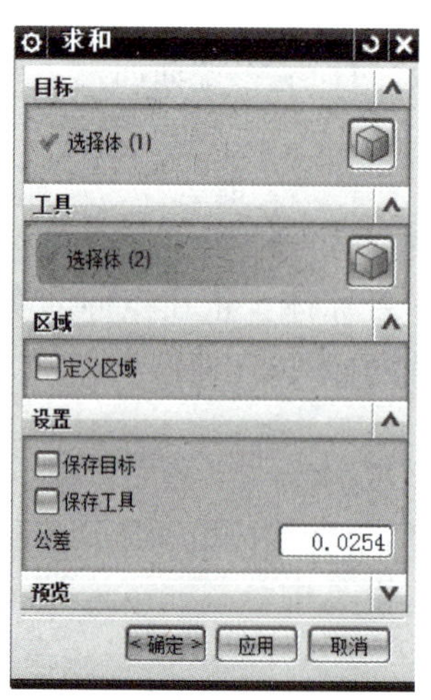

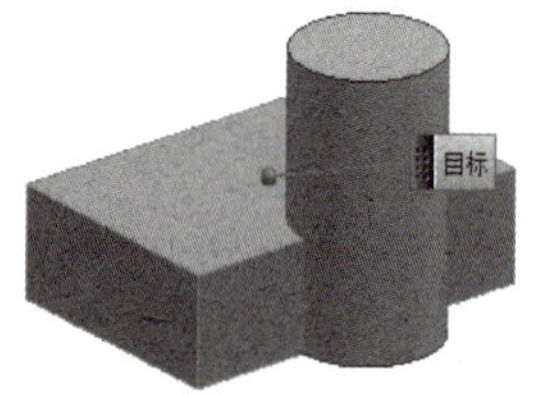

图 1-3-4　合并

保持目标：在【合并】对话框的【设置】面版中启用该复选框进行合并操作，将不会删除之前选取的目标体特征，可以对目标体继续进行该操作。

保持工具：启用该复选框，当进行合并操作时，将不会删除之前选取到的具体特征。

2）求差：该方式是从目标实体中去除刀具实体。单击【特征】工具栏中的【求差】命令，打开【求差】对话框，依次选取目标体和工具体，进行求差操作，如图 1-3-5 所示。

注意：选取的工具实体必须与目标实体相交，否则在相减时会产生出错误信息，而且它们的边缘也不能重合。如果选择的工具体将目标体分割成两部分，则产生的实体是非参数化的实体。

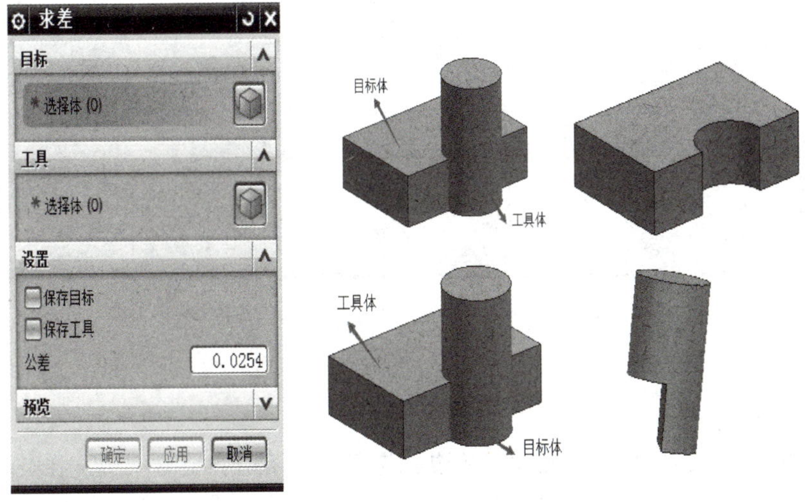

图 1-3-5 求差

3）求交：该方式可以得到两个相交实体特征的共有部分或者重合部分，即求实体与实体间的交集。它与【求差】工具正好相反，得到的是去除材料的那一部分，如图 1-3-6 所示。

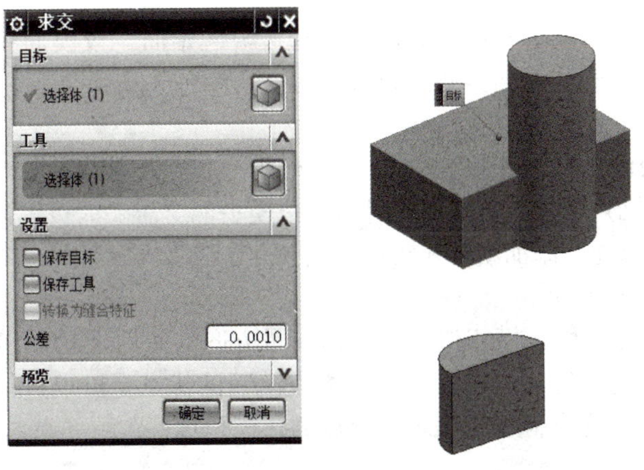

图 1-3-6 求交

3. 拔模

一般在拉伸操作过程中，不进行拔模操作，而待整体造型完成后再拔模。选择下拉菜单【插入】→【细节特征】→【拔模】，或执行工具条中的【拔模】命令，系统弹出拔模对话框，拔模类型如图 1-3-7 所示。

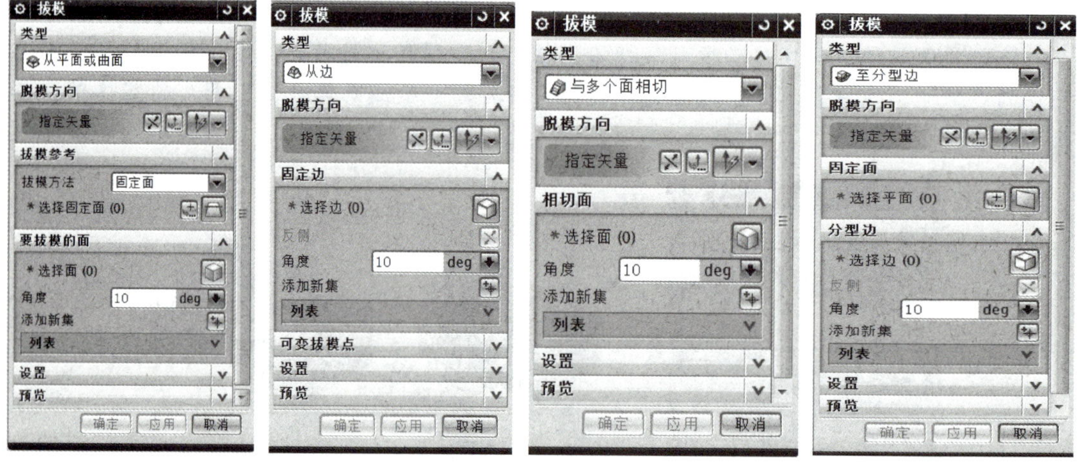

图 1-3-7　拔模类型

（1）面拔模。

1）选择拔模方式。

拔模有四种方式，从平面或曲面、从边、与多个面相切、至分型边。在类型下拉列表中选择从平面或曲面，即为面拔模的方式，这种方法容易理解并且操作简单。

2）指定脱模方向。

脱模方向总是指向面的角度变小的方向，用矢量构造器选择一个矢量。

3）定义拔模参考。

固定平面：选取一个面固定不动，并以该面为拔模起始面，拔模面在固定平面位置角度不变。

分型面：选择分型面固定不动，并以该面为拔模起始面，拔模面在分型平面位置角度不变，拔模方向可以沿着分型面两侧进行拔模。

4）定义拔模面。

选取面作为拔模面，并输入拔模的角度。此时图中会出现结果预览，如果显示的结果与实际需要的相反，则角度输入负值，也可拖动拔模手柄至需要的拔模角度。当几个拔模面的角度不相等时，可以通过添加新集来实现。定义完这四步内容后单击“确定”完成拔模。

（2）从边。

该类型的操作方法与面拔模相似，先选择矢量方向，然后选择固定的边，直接设置拔模角度后系统指向拔模方向自动拔模，从“边拔模”的优点是可以进行变角度拔模。通过使用点构造器，选择拔模控制点，输入控制点的拔模角度。

（3）与多个面相切。

该类型拔模一般针对具有相切面的实体表面进行拔模。例如先对模型进行倒圆角，这时就出现了相切面，在过滤器中选择相切面，指定方向，选择倒角面，则倒角也参与了拔模。

（4）至分型边。

增加了“选择至分型边”，也就是拔模终止位置，如果选择了分型边，则该边以下不拔模。在模具设计时，经常会用到该命令。

三、操作过程

读图，确定零件的坐标系位置，从俯视图上看，可设置 X_0Y_0 在右侧 Ø75 的圆心，从主视图上看，可设置 Z_0 在长方体的底面。双击 NX12.0 软件，进入 UG 环境，单击左上角的新建命令，在出现的新建对话框中，选择新建类型为模型，单位为 mm，设置文件名称和保存位置，单击“确定”，即进入 UG 建模环境。

1. 设置草图环境

右击导航器中的基准坐标系，选择显示。执行【首选项】中的【草图】命令，出现草图首选项对话框，在草图样式中将连续自动标注尺寸复选框勾掉，草图环境的设置如图 1-3-8 所示。

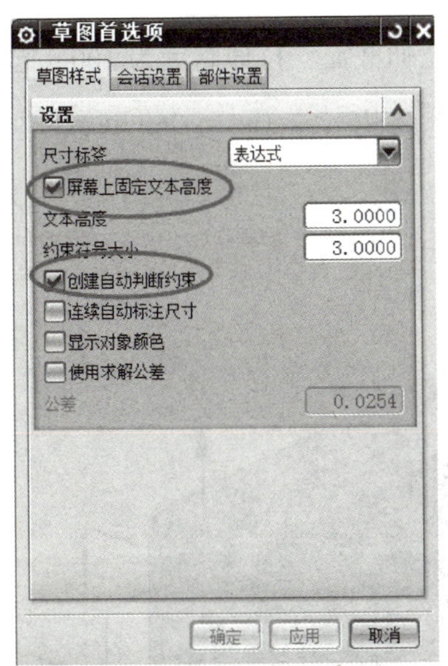

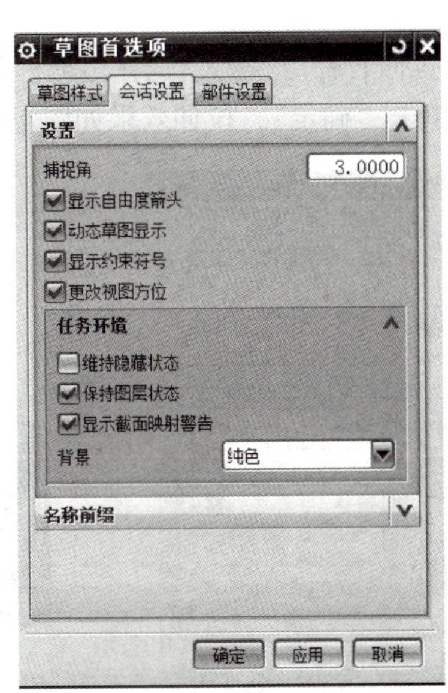

图 1-3-8 设置草图环境

2. 绘制高度为 100 的长方体

（1）在 *XY* 平面绘制草图。

执行草图命令，选择 *XY* 平面为草图平面，绘制图 1-3-9 所示的草图，并进行约

束，首先约束矩形的两条长边相对于 *X* 轴对称，坐标原点在矩形短边的中点，在进行几何约束时，也可以使用中点命令，用来约束一个点与另外一条线的中点对齐，如图 1-3-10 所示，并对草图进行尺寸约束，直至草图全部被约束，草图曲线成亮绿色。

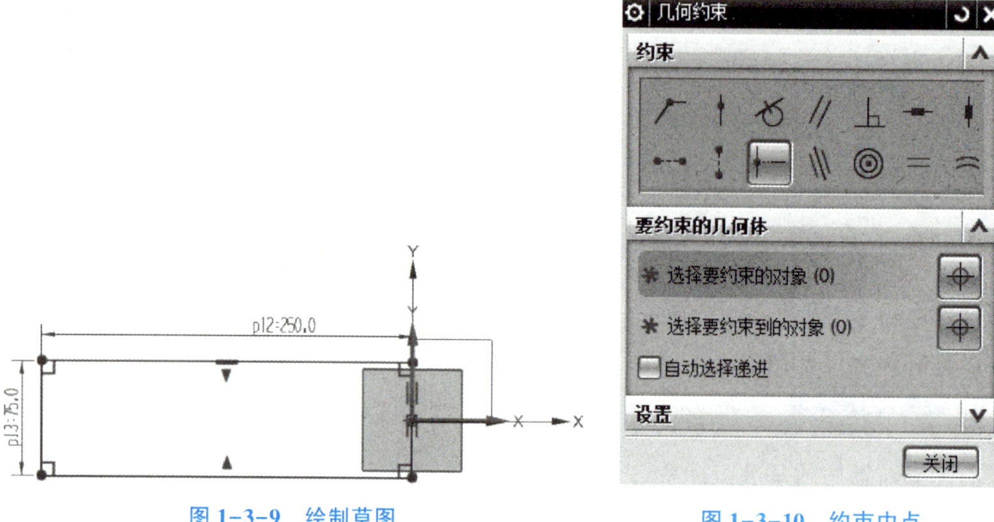

图 1-3-9　绘制草图　　图 1-3-10　约束中点

（2）拉伸。

执行【拉伸】命令，选择矩形框作为拉伸截面，拉伸高度为 100，起始为 0，结束为 100，单击“确定”，拉伸效果如图 1-3-11 所示。

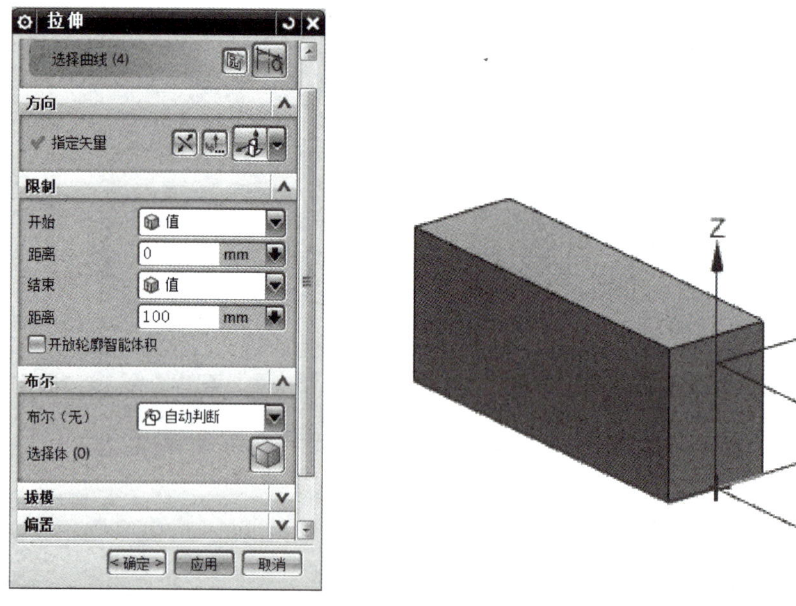

图 1-3-11　长方体的拉伸操作

3. 绘制高度 400 的圆柱

（1）绘制草图平面。

执行【草图】命令，单击“指定坐标系”命令框，创建如图 1-3-12 所示的草图平面和坐标系，选择长方体的上表面为草图平面，草图水平参考方向为 *X* 轴，原点选择长方形边的中点。这样创建的坐标系与视图坐标系一致，方便读图和识图。

（2）绘制草图并约束。

绘制一个圆，圆心在草图原点，直径为 75，如图 1-3-13 所示。

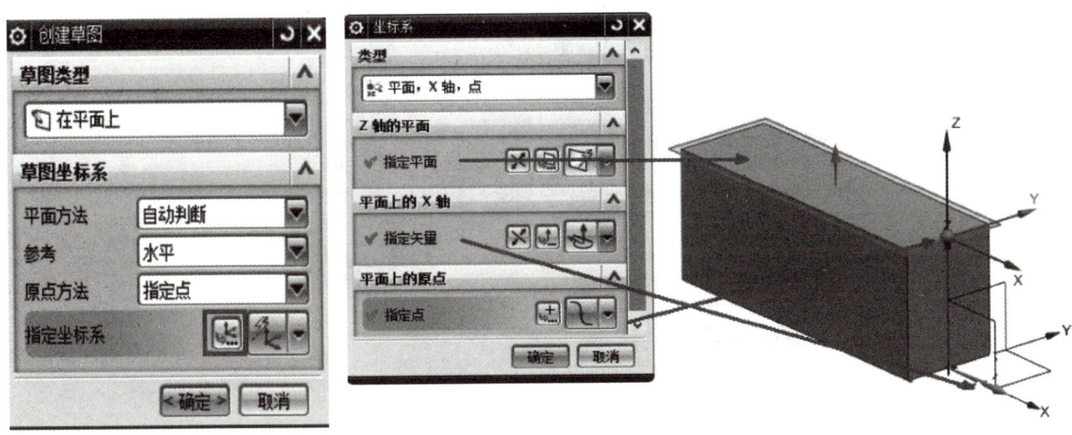

图 1-3-12 草图平面的设置

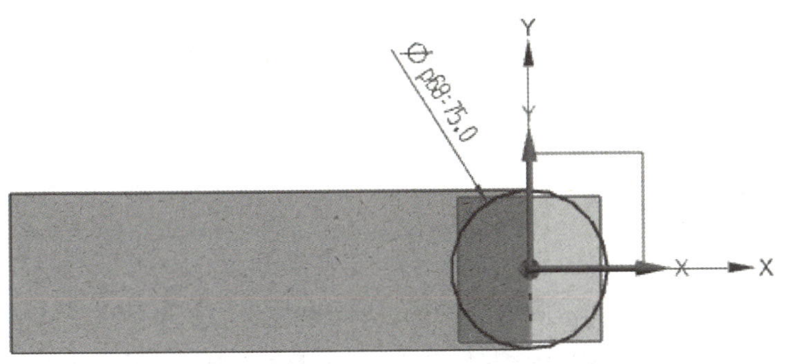

图 1-3-13 绘制草图

（3）拉伸。

执行【拉伸】命令，选择图 1-3-13 绘制的草图为拉伸截面。草图在拉伸体的中间，但又不对称，假设向上拉伸，而拉伸的起始值在草图平面以下 125，所以起始值输入 -125，结束值为 275，拉伸高度 = 275 -（-125）= 400。布尔运算选择合并，两个拉伸特征合并为一个实体，结果如图 1-3-14 所示。

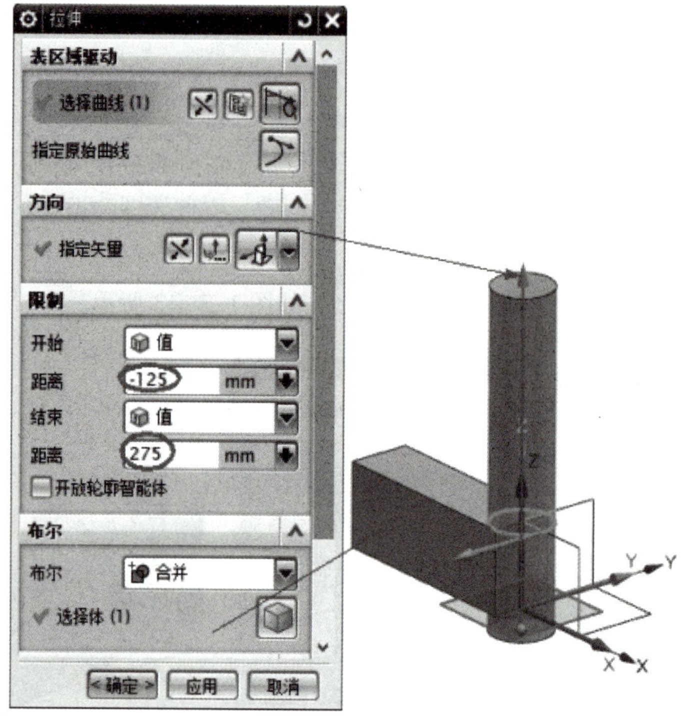

图 1-3-14　圆柱的拉伸

4. 绘制左侧的圆柱

（1）绘制草图。

以长方体上表面作为草图平面画圆，直径为 75，与长方形的三边相切。在约束圆与矩形边相切时，如果约束对象选不到矩形的边缘，在左上角的选择条过滤器中将仅在活动草图内改为“仅在工作部件内”，如图 1-3-15 所示。

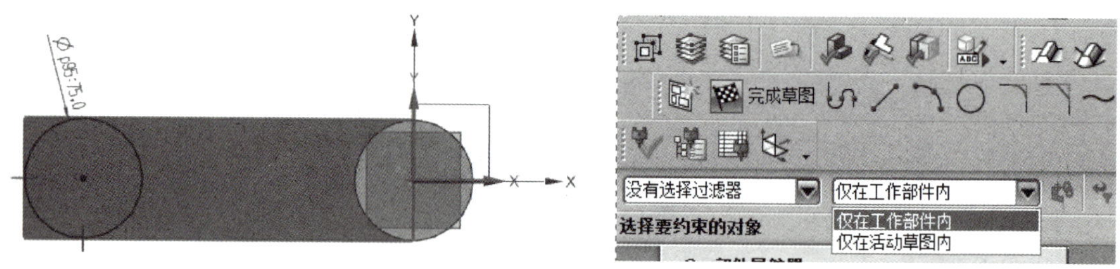

图 1-3-15　绘制草图

（2）拉伸。

执行拉伸命令，选择刚刚绘制的圆弧为拉伸截面，拉伸方向向上，拉伸高度从 0 到 50，结果如图 1-3-16 所示。

（3）绘制上凸台。

在拉伸操作对话框中，拉伸曲线选择圆柱的边，拉伸限制从 0 到 100，该凸台的直径是 50，而截面曲线选择的圆弧直径是 75，所以截面曲线需要向内偏置，偏置值输入

-12.5，操作结果如图 1-3-17 所示。

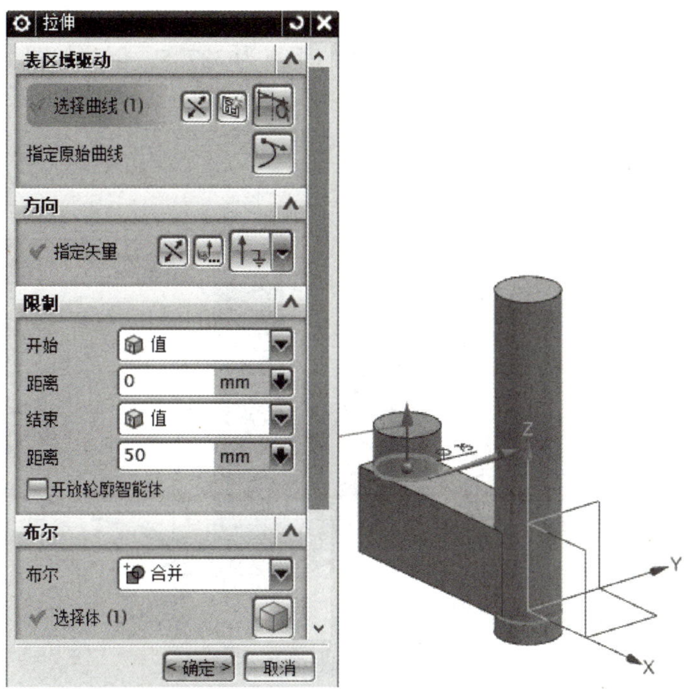

图 1-3-16 拉伸操作

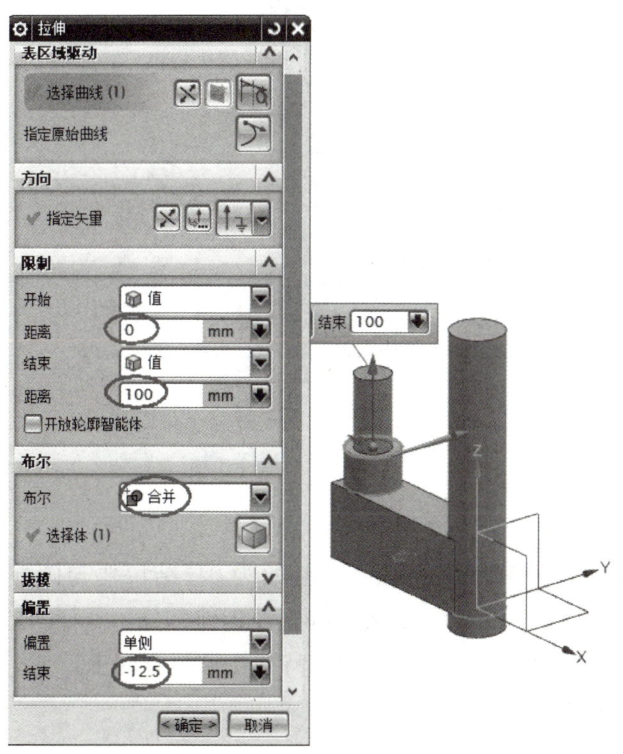

图 1-3-17 凸台的操作

5. 侧面圆柱体的建模

（1）绘制草图。

执行草图命令，创建草图平面，距离 *XZ* 的距离为 337.5，创建如图 1-3-18 所示的草图平面，并绘制如图 1-3-19 所示的草图。

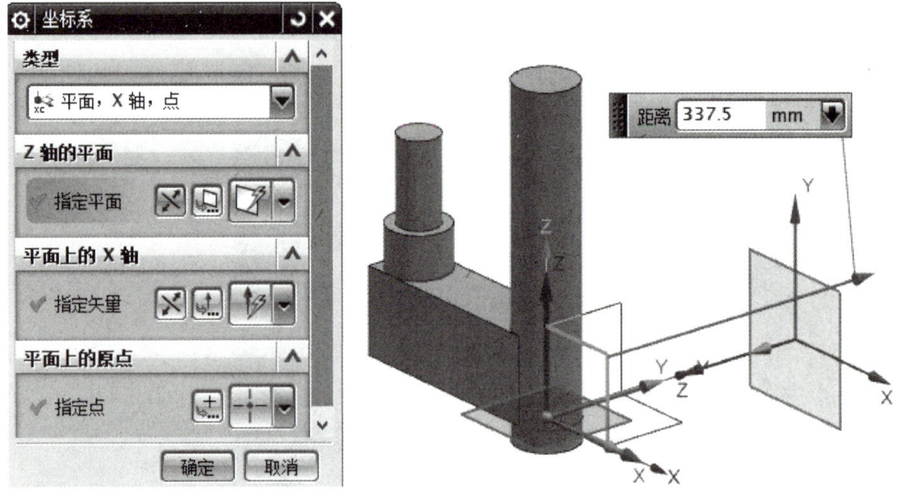

图 1-3-18　创建草图平面

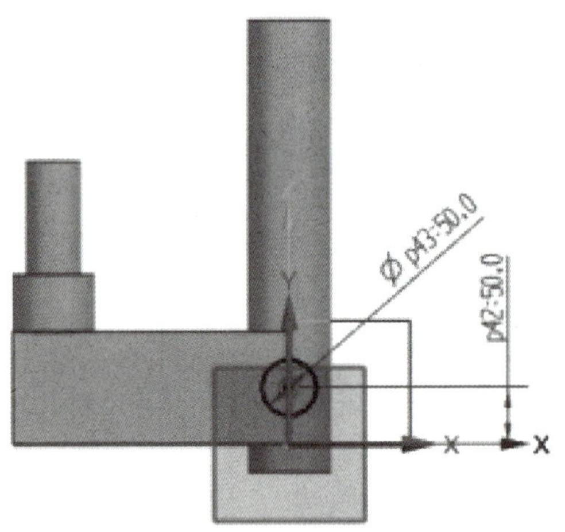

图 1-3-19　绘制草图

（2）拉伸圆柱体。

草图在距离中心平面 337.5 的平面上，起始为 0，结束要与圆柱面相贯，结束选择“直至下一个”，如图 1-3-20 所示。或者选择直至延伸部分，延伸面选择圆柱表面就可以实现了，如图 1-3-21 所示。如果选择贯通，特征在拉伸方向上延伸，直至与所有曲面相交，如图 1-3-22 所示的效果。

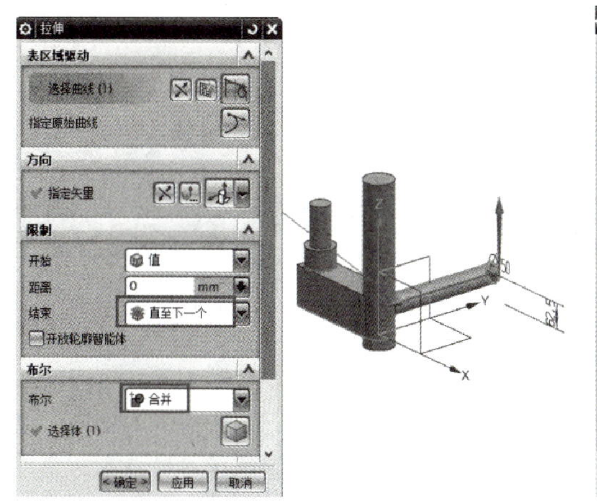

图 1-3-20 直至下一个的使用

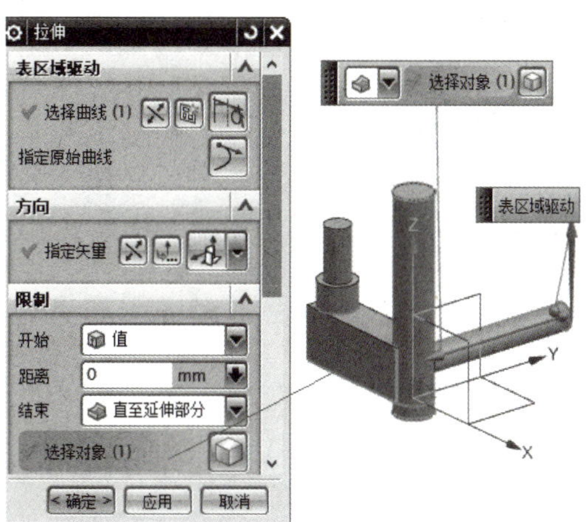

图 1-3-21 直至延伸部分的使用

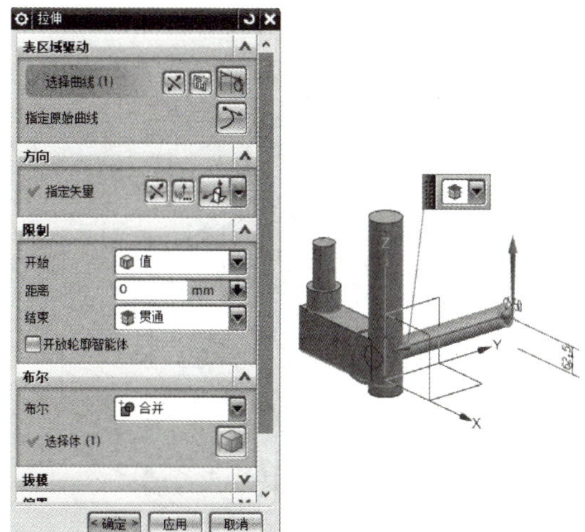

图 1-3-22 贯通的效果

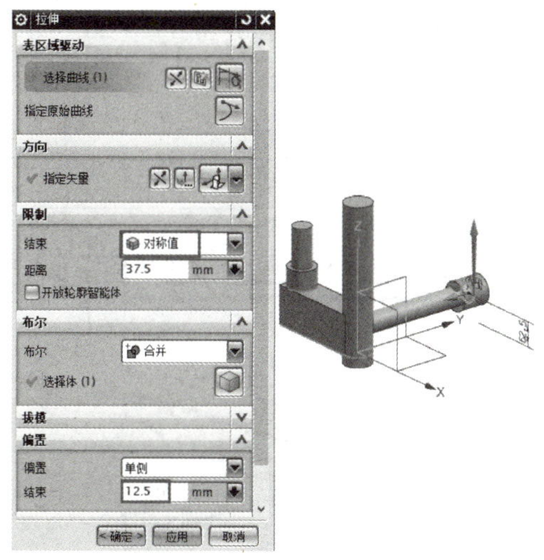

图 1-3-23 凸台的拉伸

（3）凸台的建模。

直接选择圆柱的边作为拉伸曲线，但是其半径要进行一个偏置。深度属性选择对称拉伸，距离为 37. 5，所以偏置应为单侧向外，值为半径差，即 12. 5，则直径从 50 变到 75。结果如图 1-3-23 所示。

从以上实例可以发现，拉伸限制值的设置主要和拉伸前绘制的草图平面有关，起始值与结束值之差的绝对值为拉伸的高度。系统总是默认草图所在平面为 0，沿着拉伸方向为正值，反方向为负值，而起始值和结束值则为起始拉伸面和结束拉伸面到 0 平面的代数值。直至下一个、直至选定、直至延伸部分、贯通这四种方法简化了数值的计算，不容易出错。

（4）倒圆角。

执行【倒圆角】命令，选择凸台的边缘，在半径文本框中输入 37. 5，执行应用，再选择凸台的下边缘，在半径文本框中输入 20，单击“确定”，结果如图 1-3-24 所示。

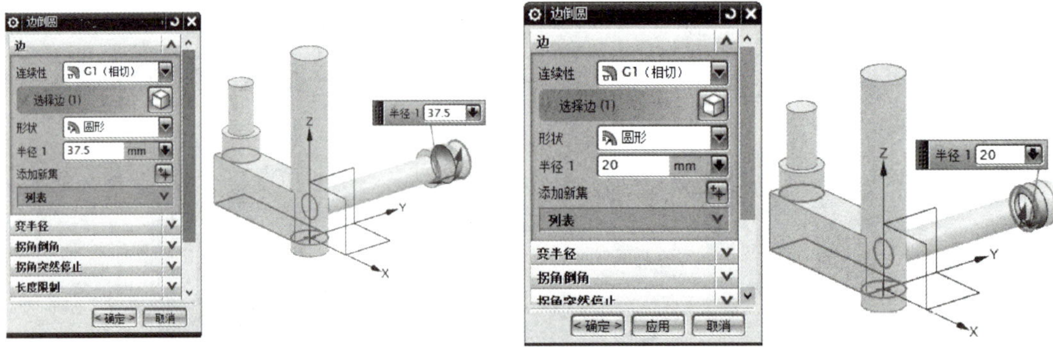

图 1-3-24　倒圆角的操作

四、上机练习

上机练习如图 1-3-25 至 1-3-28 所示。

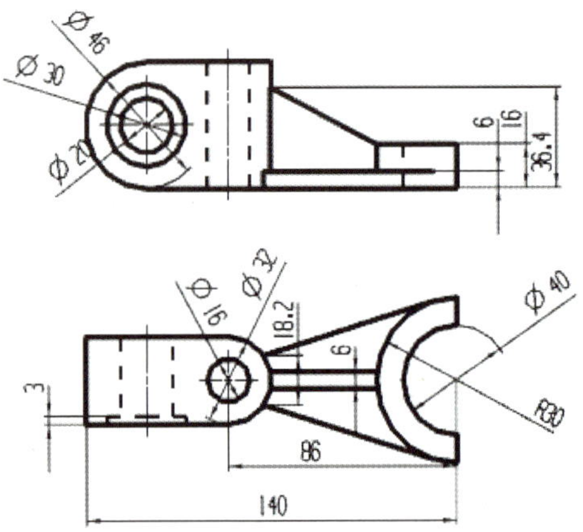

图 1-3-25　拨叉

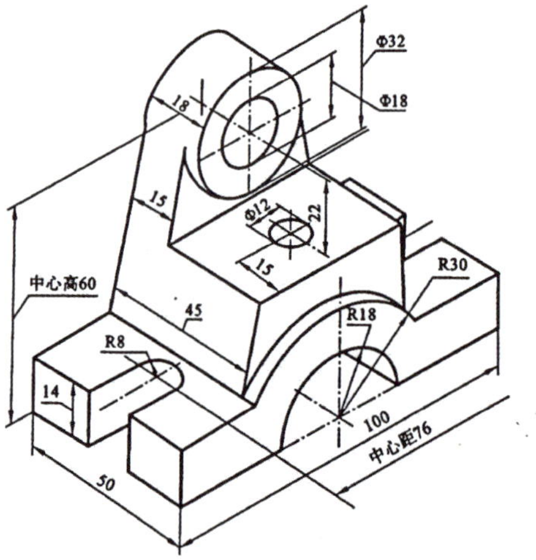

图 1-3-26　底座

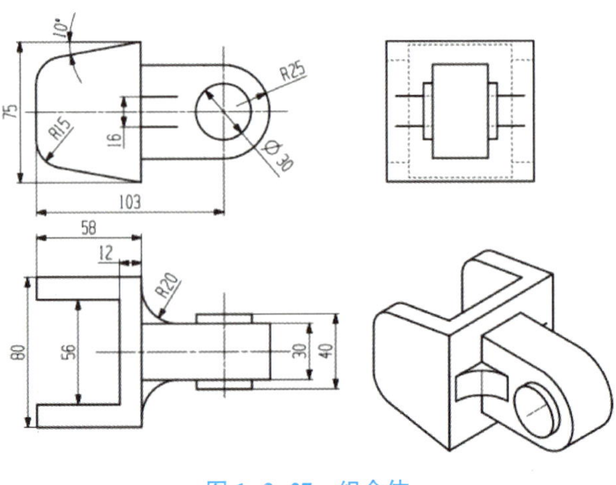

图 1-3-27　组合体

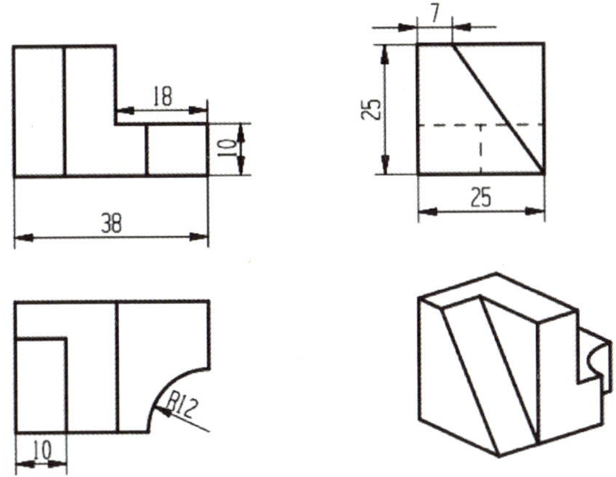

图 1-3-28　修剪体

任务四　动力箱的建模

一、实例分析

1. 学习任务

完成如图 1-4-1 所示的动力箱的建模。

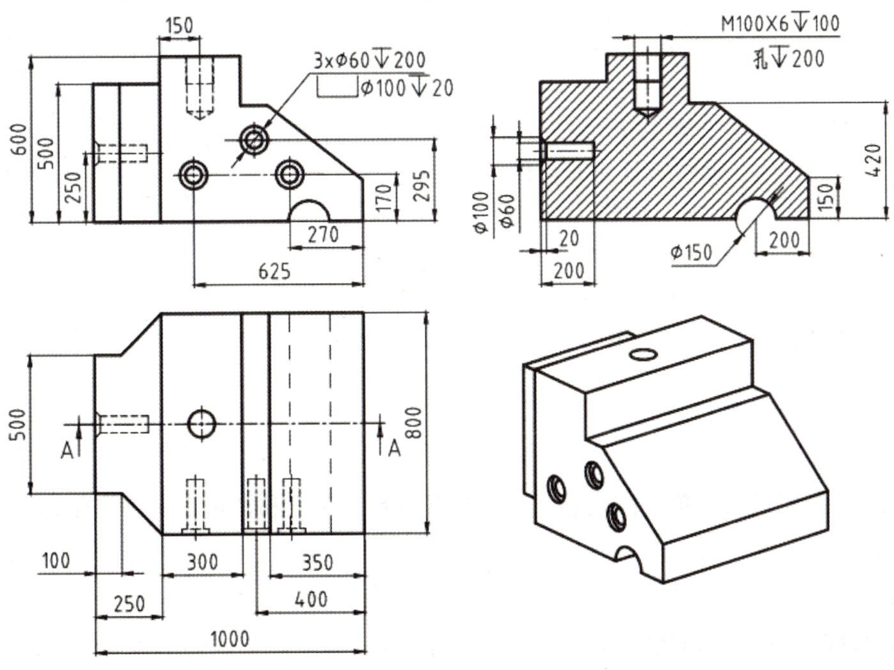

图 1-4-1　动力箱的建模

2. 知识目标

（1）掌握孔特征的应用与操作方法；

（2）掌握螺纹的操作方法。

二、知识链接

1. 常规孔

常规孔可直接使用【孔特征】命令进行打孔。打孔操作时，一是指定孔的中心位置，二是指定孔的尺寸。常规孔模块下包含了四种类型：简单孔、沉头孔、埋头孔和锥孔。

执行【插入】→【设计特征】→【孔命令】，或直接单击工具条中的孔命令，系统弹出孔对话框，如图1-4-2所示。操作步骤如下：

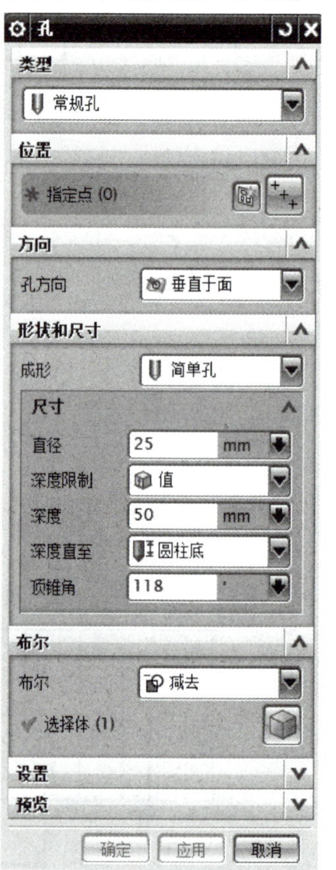

图 1-4-2　孔对话框

（1）指定位置。

如绘图时已经绘制了某个点，则现有的点可以被指定为孔的中心，也可以根据选择条的捕捉点来选择现有点如圆心、端点等。假设模型中有个倒圆角，在做与倒圆角同心的孔时，可直接选择圆弧，则系统捕捉到该圆弧的圆心作为孔的中心点，所以直接打孔命令减少了绘制草图时的约束。

如果没有现有点，单击绘制截面命令，选择孔心所在平面，进入创建草图界面，绘制点，约束点的方位，指定一个点需要两个约束。

（2）指定孔的方向。

在孔方向下拉框中有 垂直于面 和 沿矢量 两个选项。

垂直面：这是指沿着第1步孔位置的放置面法向的反方向定义孔的方向，通常默认垂直面即可。

沿矢量：这是指沿指定的矢量定义孔的方向。

（3）选择成形方法。

在孔的成形下拉菜单中有简单孔、沉头孔、埋头孔和锥形孔。生成这四种孔的操作过程是一样的，其区别在于四种类型孔的尺寸定义方法不同。

（4）定义孔的尺寸。

1）简单孔

图1-4-3所示为简单孔的表达方法，包含直径、深度和锥角。现将该孔的尺寸填入到孔对话框中相应位置。

直径：在文本框中直接输入数值，孔直径文本框中输入5。

深度限制：深度限制的方式有“值”“直至下一个”“直至选定对象”和“贯通体”四种类型。

值：给出指定孔的具体深度值。如果选择 值 选项，则尺寸栏区域出现 深度 、深度直至 和 顶锥角 选项，在对应的文本框中输入相应的数值。“深度直至”是“深度的”补充和解释，明确深度表示的是圆柱底的高度还是圆锥底的高度。一般钻孔的底角是118°，如没有锥角，在角度文本框中输入0。根据图1-4-3简单孔的表达式，在孔操作的尺寸文本框中，输入的尺寸如图1-4-4所示。

直至选定对象：选择一个面，创建一个深度为直至选定面的孔。

直至下一个：对孔进行扩展，直至孔到达下一个面。

贯通体：创建一个通孔，贯通所有特征。

只有 值 这种控制类型才能打有锥角的孔，而另外三种方法不能对有锥角的孔进行操作。

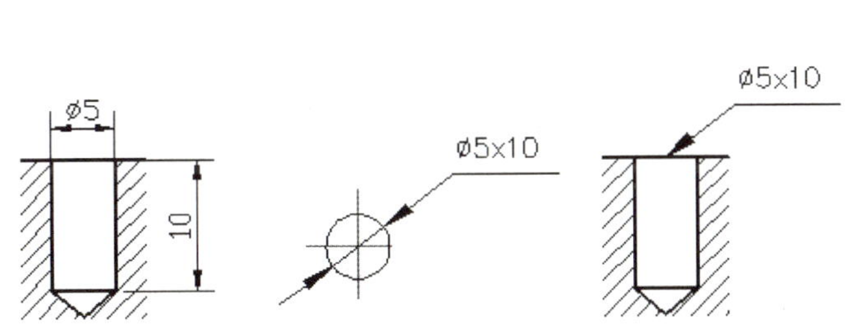

图 1-4-3 简单孔的表达方法图

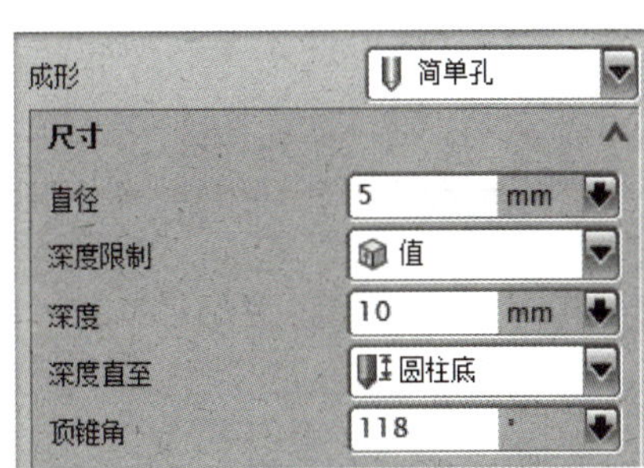

图 1-4-4 简单孔的打孔尺寸

2）沉头孔。

图1-4-5是沉头孔的表达方法，在系统中对应的沉头孔的尺寸如图1-4-6所示。沉头直径 、沉头深度 指的是沉头部分的尺寸，即图1-4-5中孔的大径尺寸，也就是标注线下方的尺寸。

直径 ：这是指图中下方的小孔直径。

深度限制 和简单孔里的“深度限制”命令框是一样的，里面包含四个选项，图1-4-5的标注方法没有表达出孔深度，表示是通孔。

注意：如果 深度限制 选择了 值 选项，则深度值表示沉头和小孔的总深度。

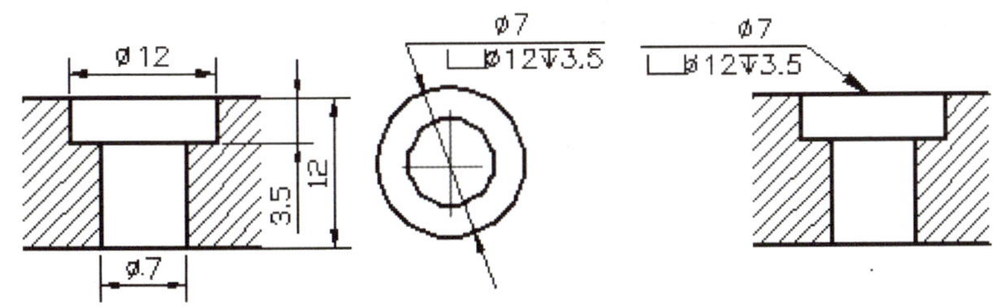

图 1-4-5 沉头孔的表达方法

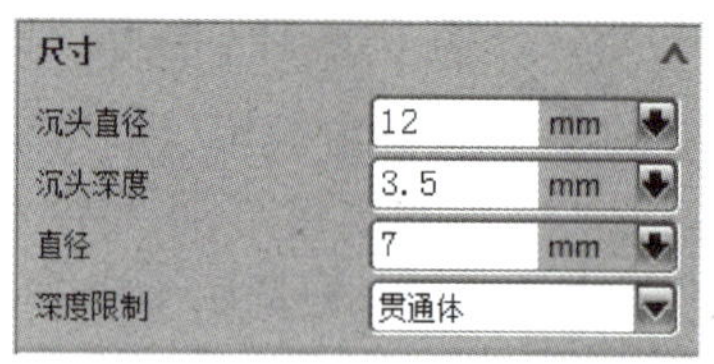

图 1-4-6 沉头孔尺寸

3）埋头孔。

如图 1-4-7 所示为埋头孔尺寸的表达方法，在系统中对应的埋头孔的尺寸如图 1-4-8 所示。

埋头直径：这是指埋头部分的最大直径。

埋头角度：这是指埋头部分两个边的夹角。

深度限制：表示埋头孔和小孔的总深度，如果不标深度表示贯通。

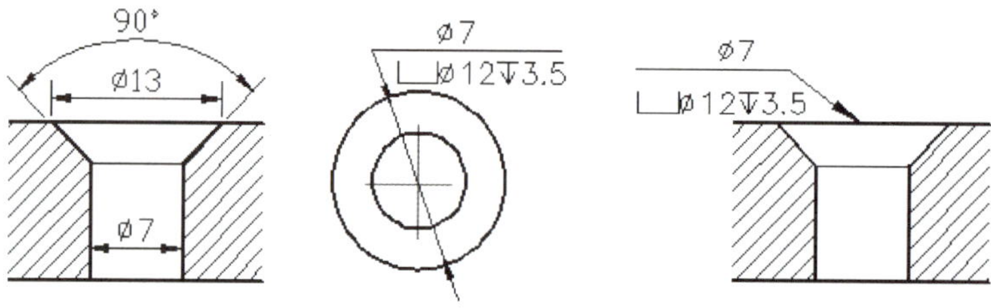

图 1-4-7 埋头孔的表达方法

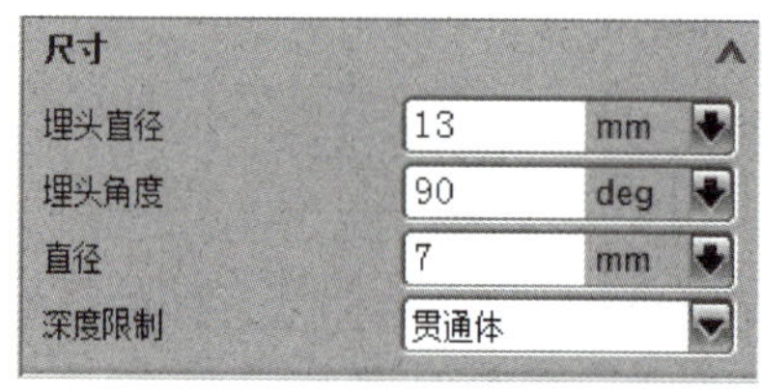

图 1-4-8 埋头孔尺寸

图样在标注时如果没有直接给出埋头的角度，而是标注了埋头部分的深度，这时需要绘图者计算出埋头角度。在文本框中直接输入表达式 2 * anctan（半径差/埋头深度），这是利用三角函数关系推倒出的公式，注意这里是大孔与小孔之间的半径差，如给出的尺寸都是直径，半径差等于直径差除以 2。

4）锥形孔。

如图 1-4-9 所示为锥形孔尺寸表达式和对应的在系统中输入的尺寸值。

直径：这是指的是锥形孔的最大直径；锥角：这是指孔的母线与轴线的夹角；

深度限制：表示锥形孔的总深度。

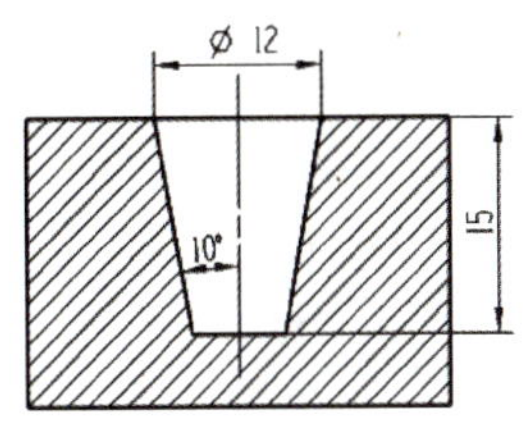

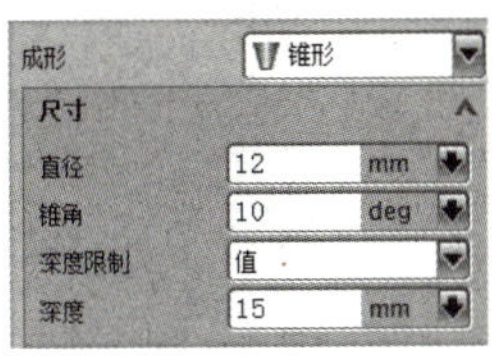

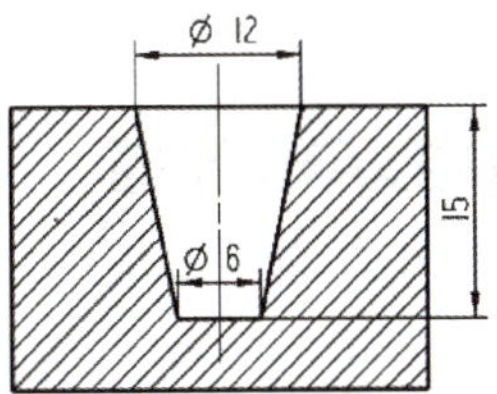

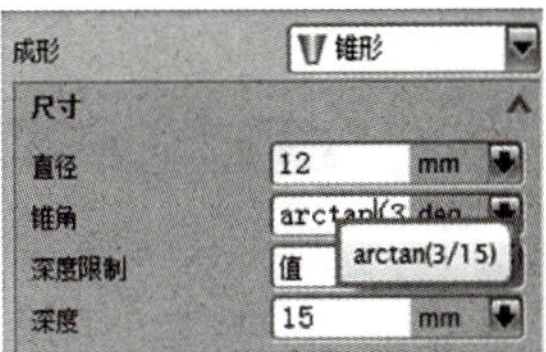

图 1-4-9　锥形孔

2. 螺纹孔

螺纹孔是一系列的标准孔，包含螺纹尺寸和底孔尺寸两部分组成。如图 1-4-10 所示是螺纹孔的表达方法，对于标准螺纹而言，图样中只需要表达出螺纹大径，如 M6，螺纹小径则需要通过查表获得。在 UG NX 软件中，可以创建两种类型的螺纹。

1）符号螺纹：以虚线圆的形式显示在要攻螺纹的一个或几个面上。

2）详细螺纹：比符号螺纹看起来更真实，但由于其几何形状的复杂性，创建和更新都需要较长的时间。详细螺纹是完全关联的，如果特征被修改，则螺纹相应也要更新。

产品设计时，当需要制作产品的工程图时，应选择符号螺纹，当需要反映产品的真实结构，则选择详细螺纹。现根据图如 1-4-10 所示分别进行符号螺纹和详细螺纹的操作。

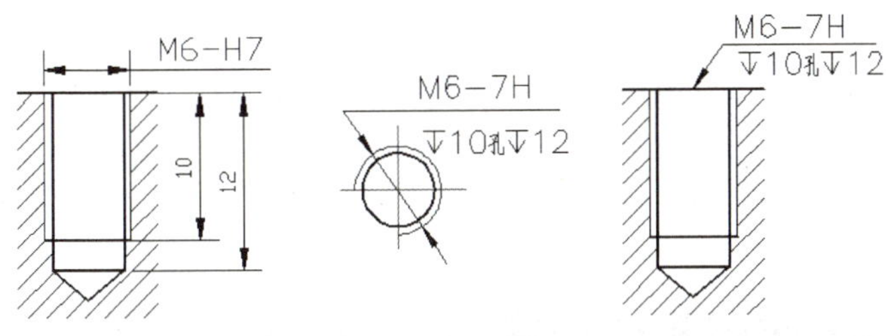

图 1-4-10　螺纹孔

（1）选择命令。

执行工具条中的【孔】命令，系统弹出孔对话框，在孔类型的下拉菜单中选择螺纹孔，如图 1-4-11 所示。

（2）指定位置。

可以使用现有的点来指定孔的中心。如果没有现有点，单击绘制截面命令，选择孔心所在平面，进入创建草图界面，绘制点，约束点的方位。

（3）指定方向。

与常规孔的操作方法一致，在孔方向下拉框中有 垂直于面 和 沿矢量 两个选项。选择螺纹孔的轴线方向即为孔方向。

（4）设置螺纹的形状和尺寸。

点开 形状和尺寸 的下拉菜单，则出现图 1-4-12 所示的形状尺寸对话框，共包含如下五分部：

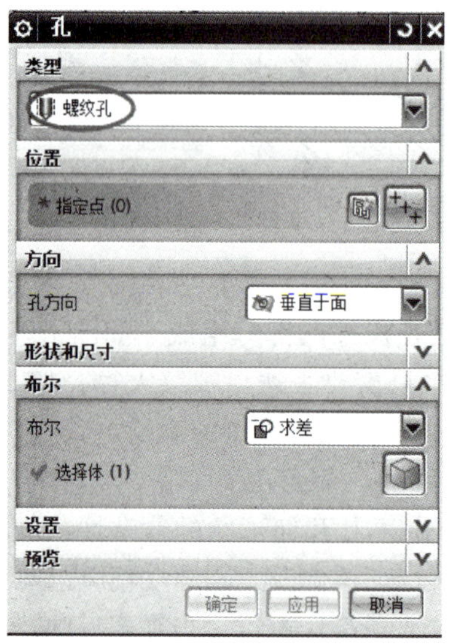

图 1-4-11　螺纹孔对话框

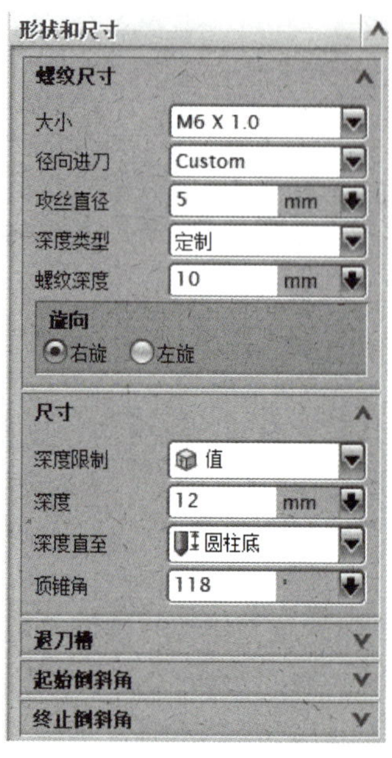

图 1-4-12　螺纹孔尺寸

1）螺纹尺寸。

在设置螺纹尺寸前，必须确定螺纹的表达式使用的标准类型。点开孔对话框中的“设置”下拉菜单，如图 1-4-13 所示，在设置文本框中默认的螺纹标准是 Metric Coarse。在下拉菜单中选择 GB193，GB193 是《普通螺纹直径与螺距系列》的国家标准。系统中的尺寸设置方法是：

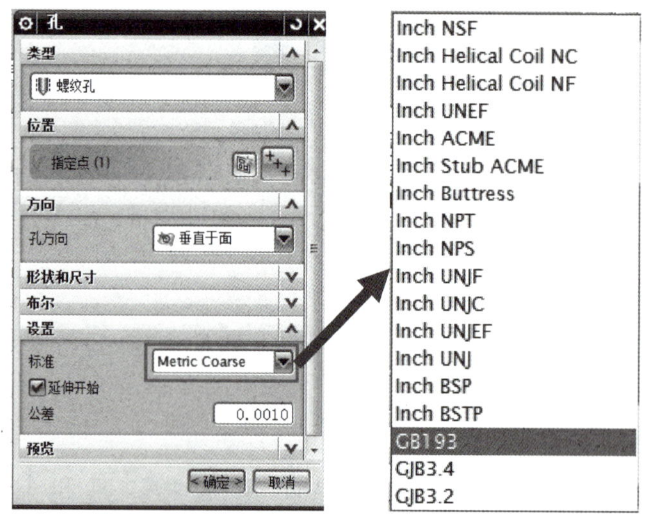

图 1-4-13　螺纹标准的设置

大小：规定了螺纹孔的大径和螺距，只能在下拉菜单中选择标准螺纹。如图 1-4-14 所示，根据图 1-4-10 螺纹孔的表达式，选择的螺纹大小为 M6X1.0。

径向进刀：指的是攻螺纹时直径方向的进刀方式。选择 Custom，按照通用标准进行进刀。在攻丝直径文本框中输入螺纹成形丝锥直径。

深度类型：指的是螺纹部分的深度。深度类型下拉菜单中提供了 7 种深度计算方法，可以是直径的一定倍数，也可以任意定制螺纹深度，如果从孔的起始到终止处都需要攻螺纹，则选择完整，图 1-4-10 中的螺纹直径为 6，深度是 10，深度与直径不成倍数比例关系，因此选择定制，并在螺纹深度文本框中输入 10。

旋向：螺纹的旋向有左旋和右旋两种，普通螺纹为右旋。

2）尺寸。

尺寸指的是螺纹底孔的大小。因为是标准螺纹，底孔直径则根据螺纹直径自动会算出，因此尺寸一栏中包含的只有底孔的深度和锥角。根据图 1-4-10 所示，孔深度为 12，顶锥角为 118°。

3）止裂口。

止裂口可以增加螺纹稳定性，防止崩牙，在绘制螺纹时并不是必需的。如果需要添加，则必需勾选止裂口区域的☑启用复选框，则弹出止裂口尺寸文本框。根据需要输入止裂口的直径、深度和角度。

4）起始倒斜角。

指的是孔起始面进行倒斜角。如要添加起始倒斜角，需要勾选☑启用复选框，在弹出的倒斜角文本框中输入直径和角度。如启用了“退刀槽”，则“起始倒斜角”自动变更为“让位槽倒斜角”，如图 1-4-14 所示。

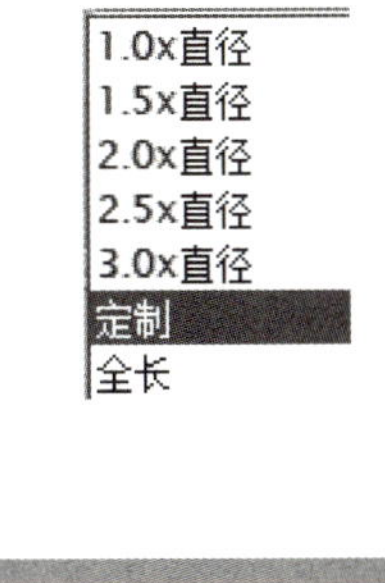

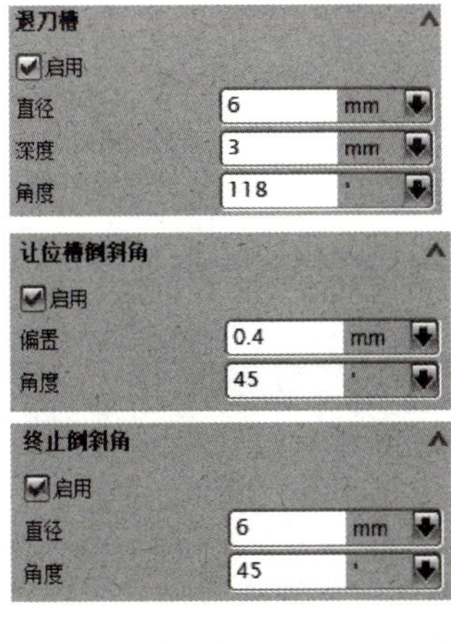

M2.5 X 0.45
M3 X 0.35
M3 X 0.5
M3.5 X 0.35
M4 X 0.5
M4 X 0.7
M5 X 0.5
M5 X 0.8
M6 X 0.75
M6 X 1.0
M8 X 0.75
M8 X 1.0
M8 X 1.25
M10 X 0.75

图 1-4-14　螺纹孔的操作

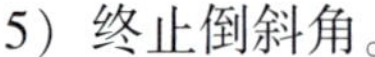

5）终止倒斜角。

指的是螺纹终止处的倒角，如要添加终止倒斜角，同样需要勾选☑启用复选框，在弹出的倒斜角文本框中输入直径和角度。因为这种打孔方式打出的螺纹孔为符号螺纹，螺旋线不显示，所以即使完成了终止倒斜角，终止倒斜角也无法显示出来。

单击“确定”完成打孔操作，各类孔的效果如图 1-4-15 所示。

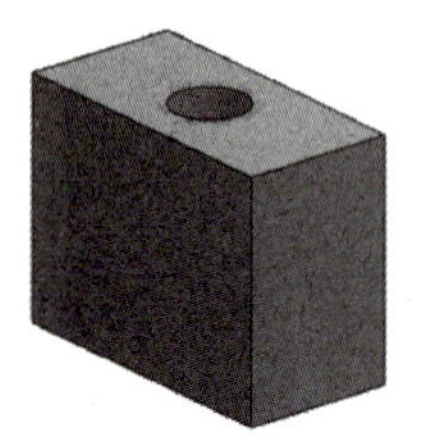
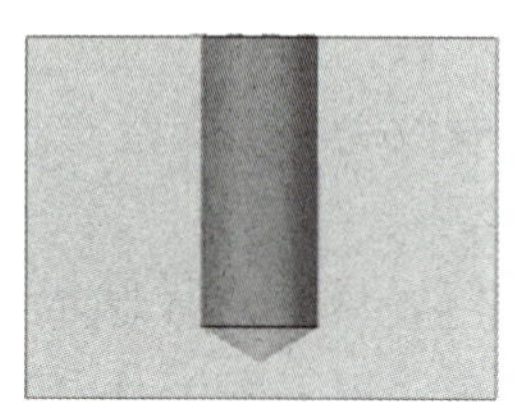
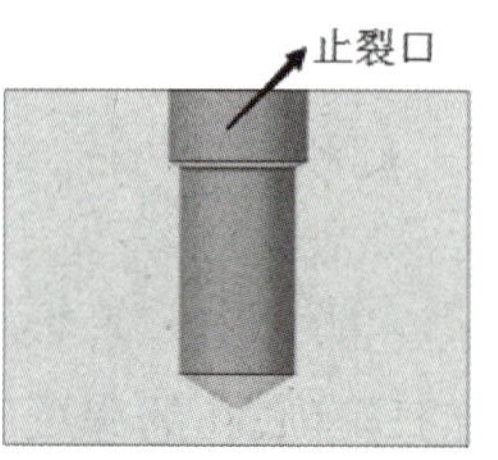

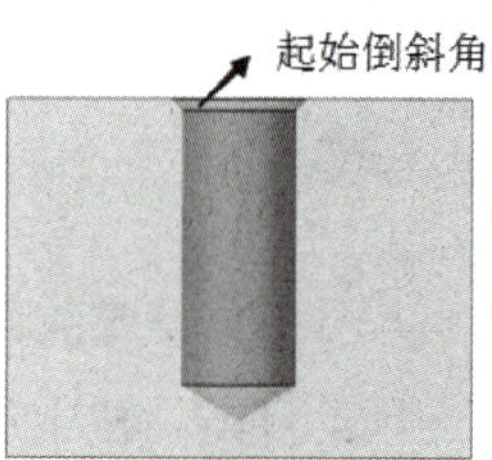

图 1-4-15　螺纹孔效果

3. 外螺纹

要完成外螺纹的操作，则需要绘制一个圆柱，以如图 1-4-16 所示的零件为例，说明外螺纹的操作方法，增加的螺纹大小为 M10X1.5，长度为 20mm。

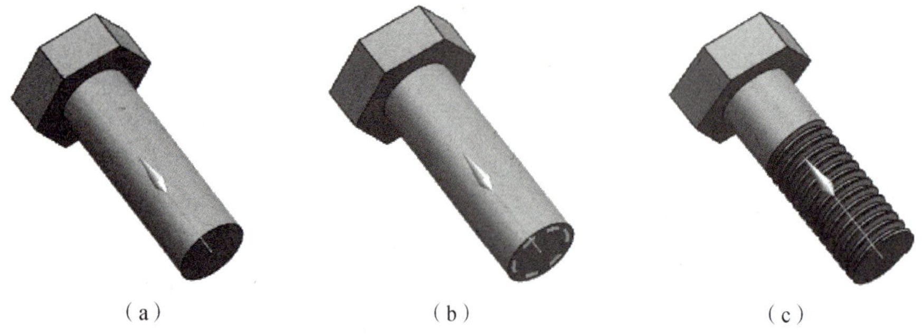

（a）　（b）　（c）

图 1-4-16　添加外螺纹

（a）无螺纹；（b）符号螺纹；（c）详细螺纹

（1）符号螺纹。

1）选择命令。

【孔命令】只能生成内螺纹，而要完成外螺纹，则选择的命令是：执行【插入】→【设计特征】→【螺纹】螺纹(T)...命令，系统弹出螺纹对话框，如图 1-4-17 所示。该命令既能生成符号螺纹也能生成详细螺纹，现选择符号螺纹。如果要使用螺纹(T)...命令生成内螺纹，则需要先打底孔。

2）选择螺纹面。

选择需要生成的螺纹的面，此时螺纹尺寸被激活。

3）选择成形方法。

成形方法即为螺纹标准，系统默认的为统一标准，在下拉菜单中包含螺纹的各种标准，常用的有 GB 193 普通螺纹、GB 5796 梯形螺纹、GB 1415 管螺纹。

4）设置螺纹尺寸。

单击对话框中的 从表格中选择 ，出现标准螺纹尺寸对话框，包含了不同的公称直径和螺距，选择 M10 * 1.5，因此对于标准螺纹而言，无需输入螺纹尺寸，只需要从列表中选择即可。如果不是标准螺纹，则需要勾选对话框中的 ☑手工输入 ，这时螺纹尺寸对话框中所有尺寸被激活，可以自行输入尺寸。

螺纹的深度设置：提供了 □完整螺纹 和 长度 两个选项。如果选择 长度 选项，则还需要选择螺纹的起始面。单击 选择起始 命令，并选择一个面，如图 1-4-16 所示的螺纹起始面为最底面，长度为 20。

螺纹的 旋向 ：螺纹的旋向有左旋和右旋两种，普通螺纹为右旋。

单击"确定"，生成符号螺纹，底面用点画线显示螺纹小径。

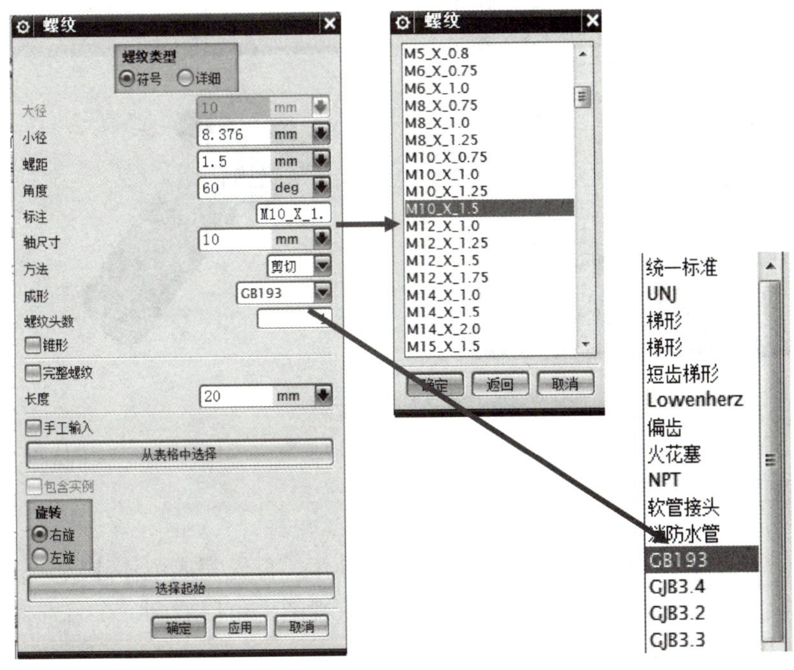

图 1-4-17　符号螺纹

（2）详细螺纹。

1）选择命令。

执行菜单栏的【插入】→【设计特征】→【螺纹】命令，系统弹出螺纹对话框，如图 1-4-18 所示，螺纹类型选择 ◉详细 。

2）选择螺纹面。

选择需要生成螺纹的面，此时螺纹尺寸被激活。

3）设置螺纹尺寸。

因为第 2）步选择了螺纹面，此螺纹面即为大径，因此在螺纹对话框中除"大径"

外，其他尺寸被激活，并进行手动输入，小径尺寸需要事先查表或计算出来。现在要创建一个 M10X1.5 的螺纹，在小径文本框中输入 8.5，在长度文本框中输入 20，螺距文本框中输入 1.5，角度为 60，螺纹的旋向选择右旋。

单击选择起始命令，选择最底面为螺纹线的起始面，注意螺纹延伸的方向，并通过单击对话框中螺纹轴反向命令，改变螺纹延伸方向。

单击“确定”，生成详细螺纹，效果如图 1-4-18 所示。

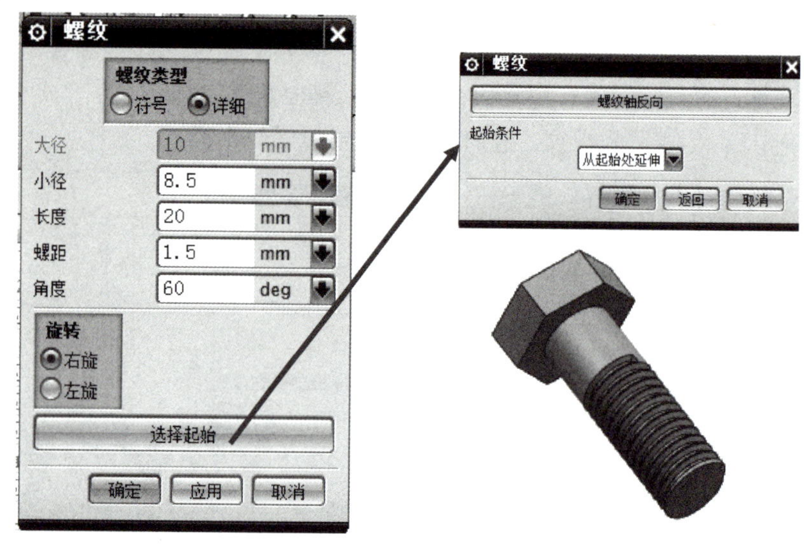

图 1-4-18　详细螺纹

三、操作过程

以图 1-4-1 动力箱零件为例，练习各类孔的操作。首先完成主体建模，然后在零件上进行打孔操作。图 1-4-1 包含了四种类型的孔，主视图上可以看到一个普通圆形孔和三个沉头孔，剖视图上是一个埋头孔和一个螺纹孔。

读图，确定零件的坐标系位置。因为该零件前后对称，上下、左右不对称，所以将坐标原点 x_0 放置在两端，左侧或右侧，将 z_0 放置在底面或顶面，将 y_0 放置在前后面的二等分面上。

双击 NX12.0 NX 12.0 软件，进入 UG 环境，单击左上角的【新建】命令 新建，在出现的新建对话框中，选择新建类型为“模型”，单位为“毫米”，设置文件名称和保存位置，单击“确定”，即进入 UG 建模环境。

1. 设置草图环境

右击导航器中的基准坐标系 基准坐标系 (0)，选择显示。执行【首选项】中的

【草图】命令，出现草图首选项对话框，在草图样式中将“连续自动标注尺寸”复选框勾掉，草图环境的设置如图 1-4-19 所示。

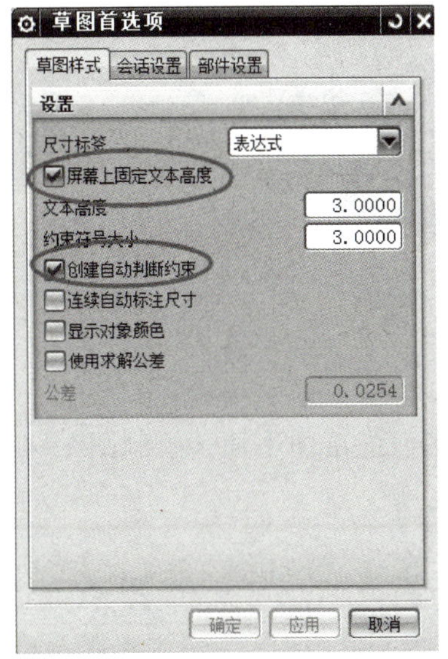

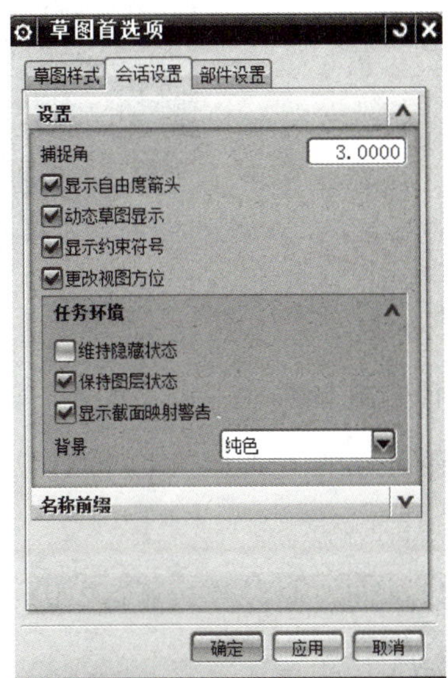

图 1-4-19 设置草图环境

2. 绘制整体模型

（1）在 *XZ* 平面绘制草图。

执行草图命令，选择 *XZ* 平面为草图平面，绘制图 1-4-20 所示的草图，坐标系位于左下角。

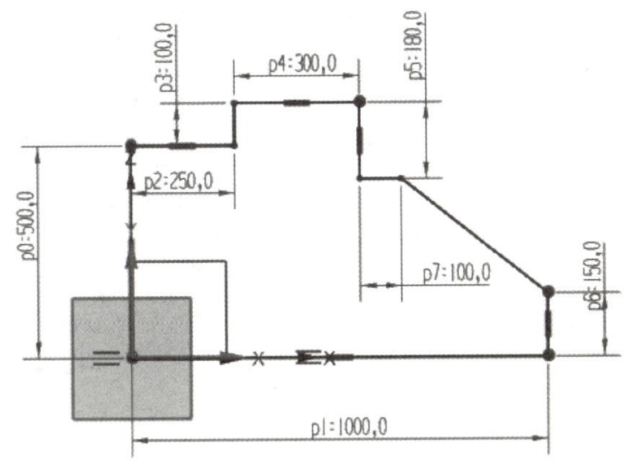

图 1-4-20 X-Z 平面草图效果

（2）拉伸。

执行【拉伸】命令，选择图 1-4-20 的草图为拉伸截面，对称拉伸 400，单击“确定”，拉伸效果如图 1-4-21 所示。

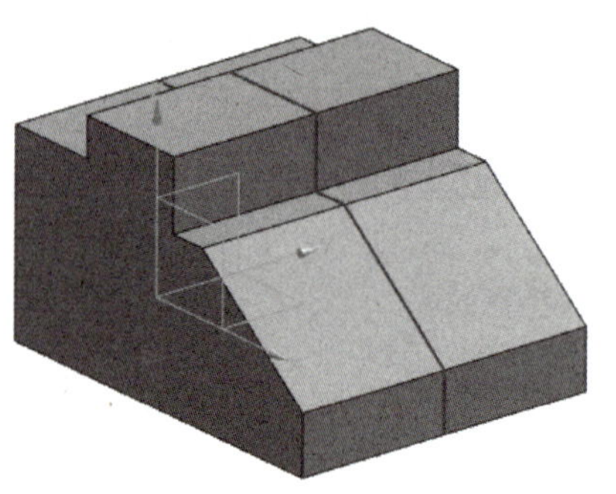

图 1-4-21　拉伸效果

（3）底面绘制草图。

执行草图命令，选择图 1-4-21 实体的底面为草图平面，绘制图 1-4-22 所示的草图。

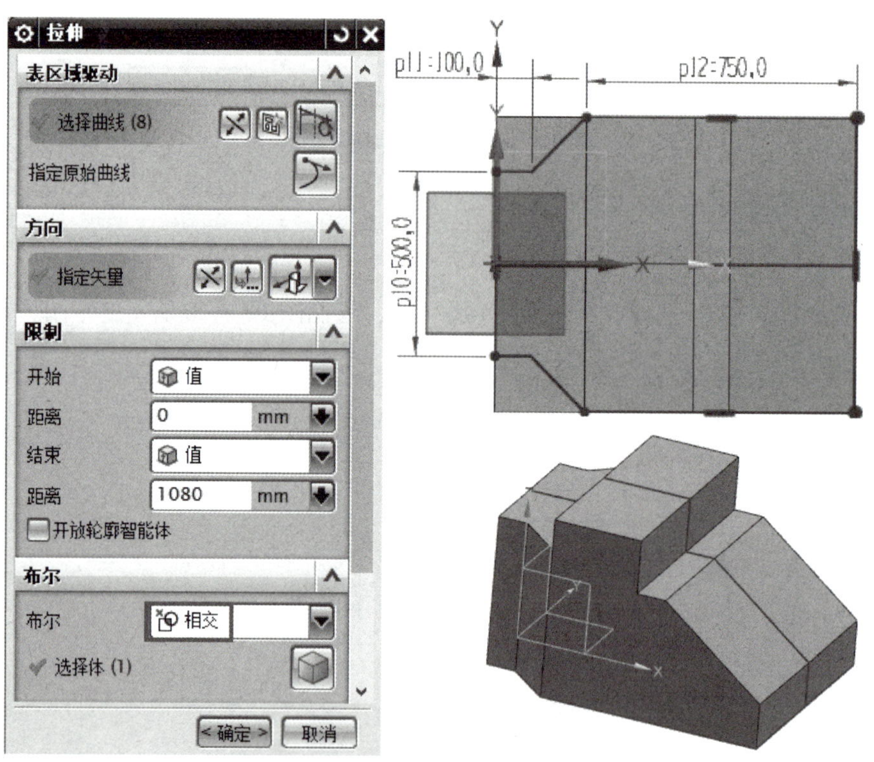

图 1-4-22　拉伸求交

（4）拉伸。

执行【拉伸】命令，选择刚绘制的草图为拉伸截面，拉伸方向垂直于草图平面，拉伸起始为 0，向上拉伸，拉伸高度要大于 600，因为布尔运算时要与图 1-4-21 的实体进行求交，所以拉伸高度要大于图 1-4-21 的实体高度 600。求交后的效果如图 1-4-22 所示，完成了动力箱的整体造型。

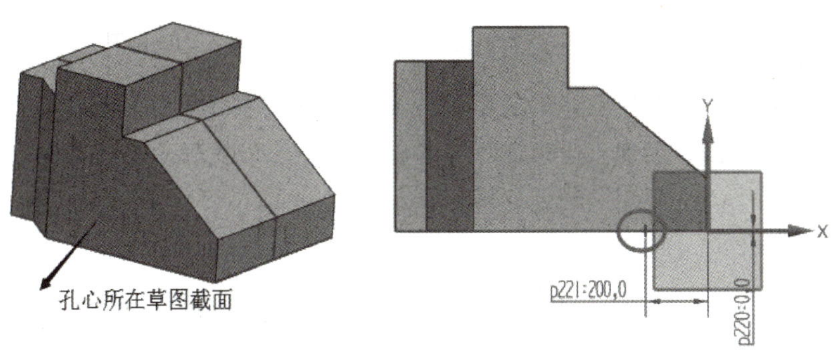

图 1-4-23 孔心位置

3. 打 D150 的简单孔

执行【孔操作】命令，出现打孔对话框，选择类型为“常规孔”，确定孔的位置，单击绘制截面命令，选择实体的最前面为孔心所在的草图平面，并绘制一个点，如图 1-4-23 所示的孔心位置。孔的方向选择沿矢量，并使用矢量构造器选择 YC 轴。

成形方法选择简单，孔尺寸设置为孔径 150，深度为贯通体，完成打孔操作，操作过程见图 1-4-24 所示。

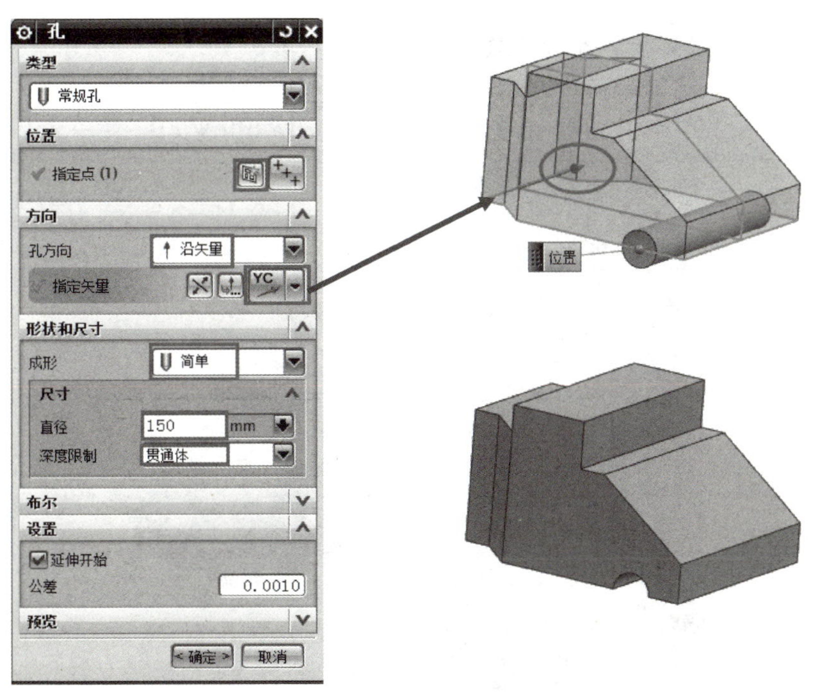

图 1-4-24 简单

4. 打沉头孔

执行【孔操作】命令，出现打孔对话框，选择类型为“常规孔”，确定孔的位置，单击绘制截面命令，选择实体的最前面为孔心所在的草图截面，绘制 3 个点并约束，如图 1-4-25 所示的孔心位置。孔的方向为垂直于平面，成形方法选择沉头孔，孔尺寸如图 1-4-26 所示，单击“确定”完成打孔操作。

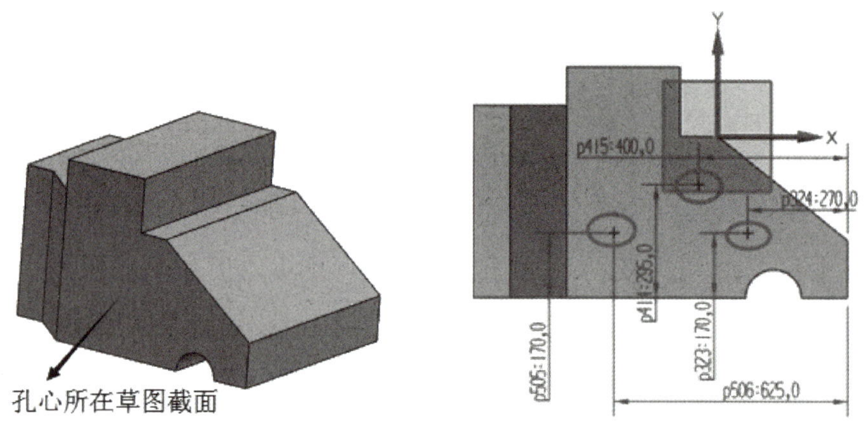

图 1-4-25　沉头孔的孔心位置

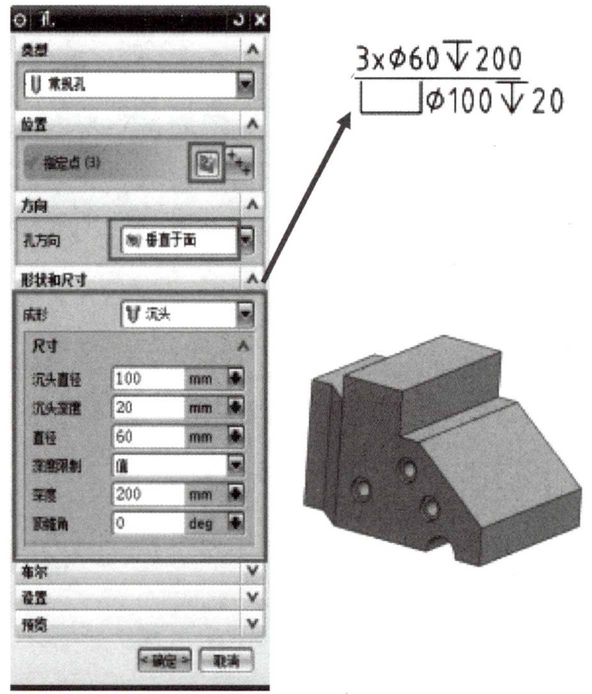

图 1-4-26　沉头孔的操作

5. 打埋头孔

执行【孔】命令，出现打孔对话框，选择类型为“常规孔”，确定孔的位置，单击绘制截面命令，选择实体的左侧面为孔心所在的草图平面，并绘制一个点，该点位于侧面中心。孔的方向垂直于该平面。

成形方法选择“埋头孔”，孔尺寸如图 1-4-27 所示，其中埋头角度图中并为直接给出，而是给了埋头的大径、小径和深度，需要输入公式 2×anctan（半径差/埋头深度）。因为大径为 100，小径为 60，则半径差为 20，埋头深度也是 20，所以输入的公式是 2×anctan（20/20），或者直接输入 2×arctan1，则系统自动计算埋头角度。

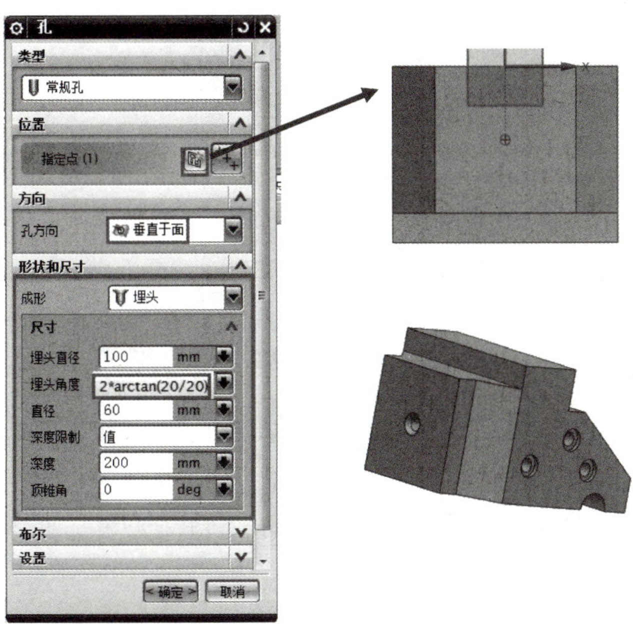

图 1-4-27 埋头孔的操作

6. 打螺纹孔

（1）符号螺纹。

执行【孔操作】命令，出现打孔对话框，如图 1-4-28 所示，选择类型为“螺纹孔”。确定孔的位置，单击绘制截面命令，选择实体的顶面为孔心所在的草图平面，并绘制一个点，该点位于顶面中心，孔的方向为垂直于平面。

根据图中螺纹孔的尺寸标注 M100X6↧100 / 孔↧200，在孔对话框中，单击“设置”对话框中的“标准”下拉菜单，选择“GB193”，在 大小 文本框的下拉菜单中选择 M100X6，则螺纹大径为 100，螺距为 6，螺纹深度是 100，孔的深度为 200，将对应的尺寸输入到形状和尺寸文本框中，螺纹为“右旋”。单击“确定”，生成螺纹孔。

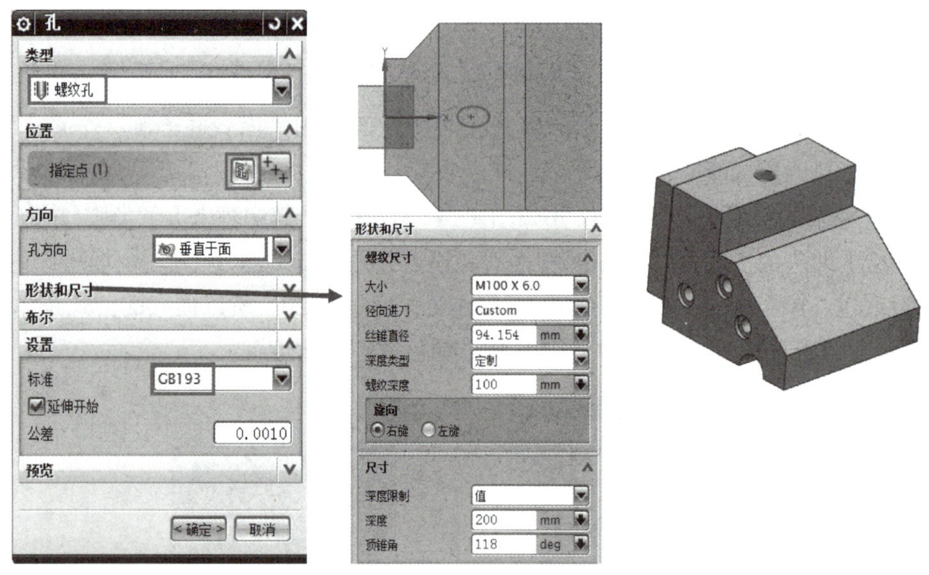

图 1-4-28　螺纹孔的生成

（2）详细螺纹。

1）打底孔，底孔是一个简单孔，执行【孔操作】命令，出现打孔对话框，选择类型为螺纹孔，确定孔的位置，单击绘制截面命令，选择实体的顶面为孔心所在的草图平面，并绘制一个点，该点位于顶面中心，孔的方向垂直于该平面。

查表可知，底孔的直径为 93.505，深度为 200，锥角为 118°，如图 1-4-29 所示。

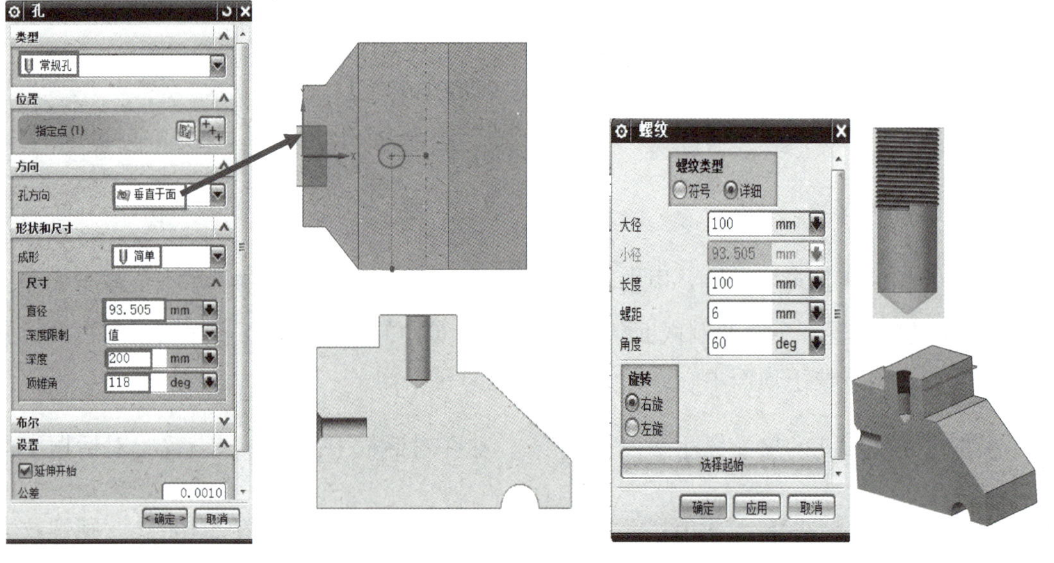

图 1-4-29　打底孔　　　　图 1-4-30　详细螺纹的操作

2）执行【插入】→【设计特征】→【螺纹】，在螺纹类型中选择“详细”。

3）选择底孔面，则此时尺寸对话框被激活，在大径文本框中输入 100，长度为螺纹深度也是 100，在长度文本框中输入 100，在螺距文本框中输入 6，在角度文本框中输入 60，单击“选择起始”，选择最上面的面为螺纹起始面，注意方向向下，单击“确定”，生成详细螺纹，螺纹效果如图 1-4-30 所示。

四、上机练习

上机练习如图 1-4-31 至图 1-4-34 所示。

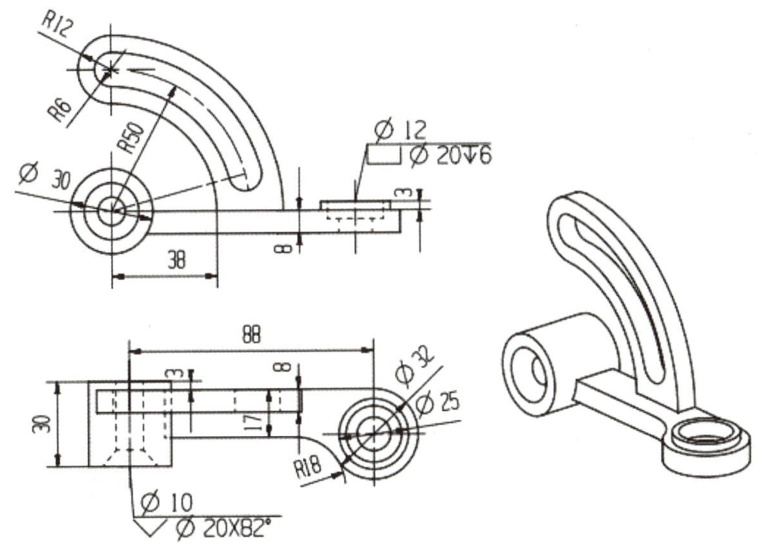

图 1-4-31　支架 1

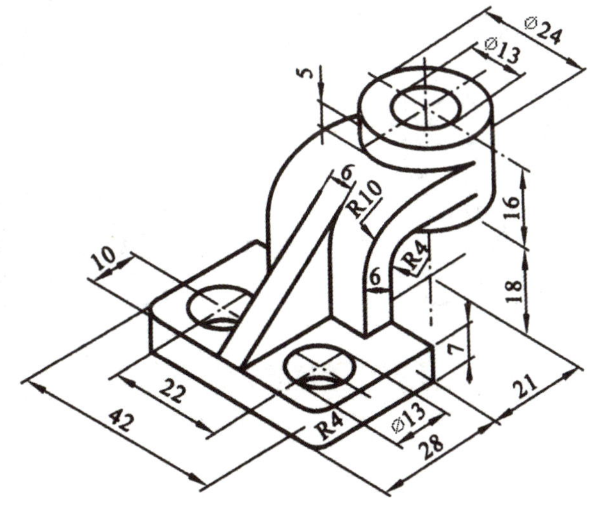

图 1-4-32　支架 2

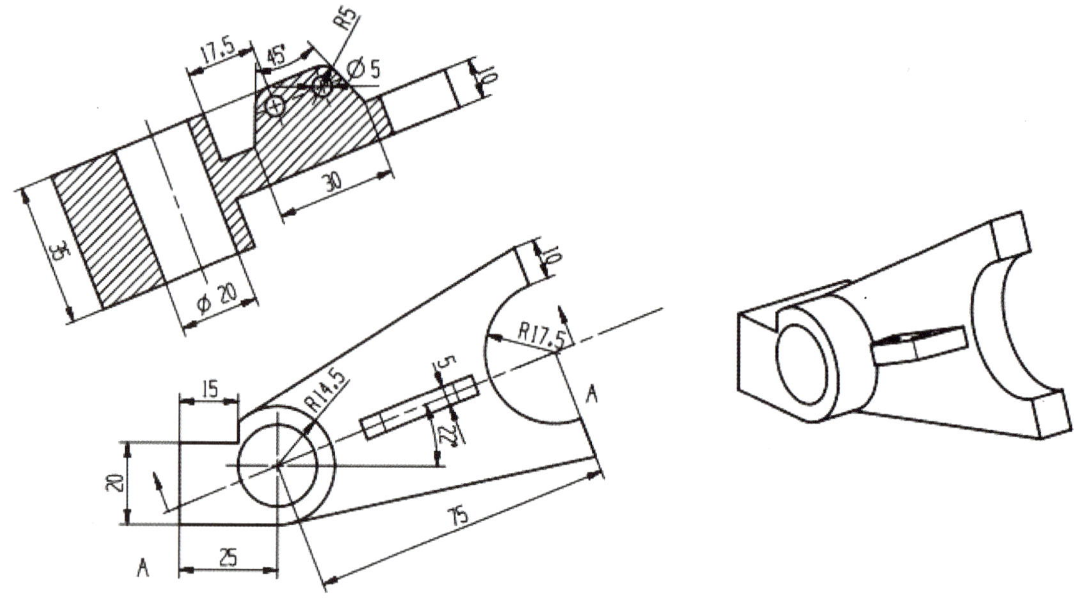

图 1-4-33　底座

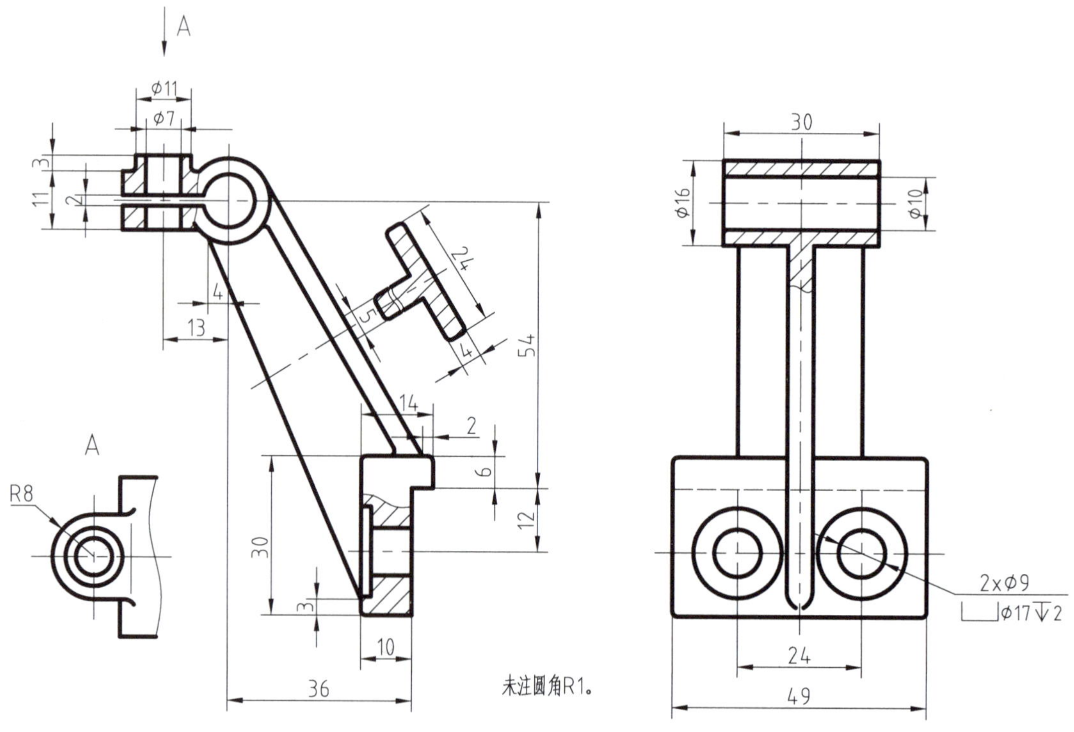

图 1-4-34　托架

任务五 车轮的建模

一、实例分析

1. 学习任务

完成如图 1-5-1 所示车轮零件的建模。

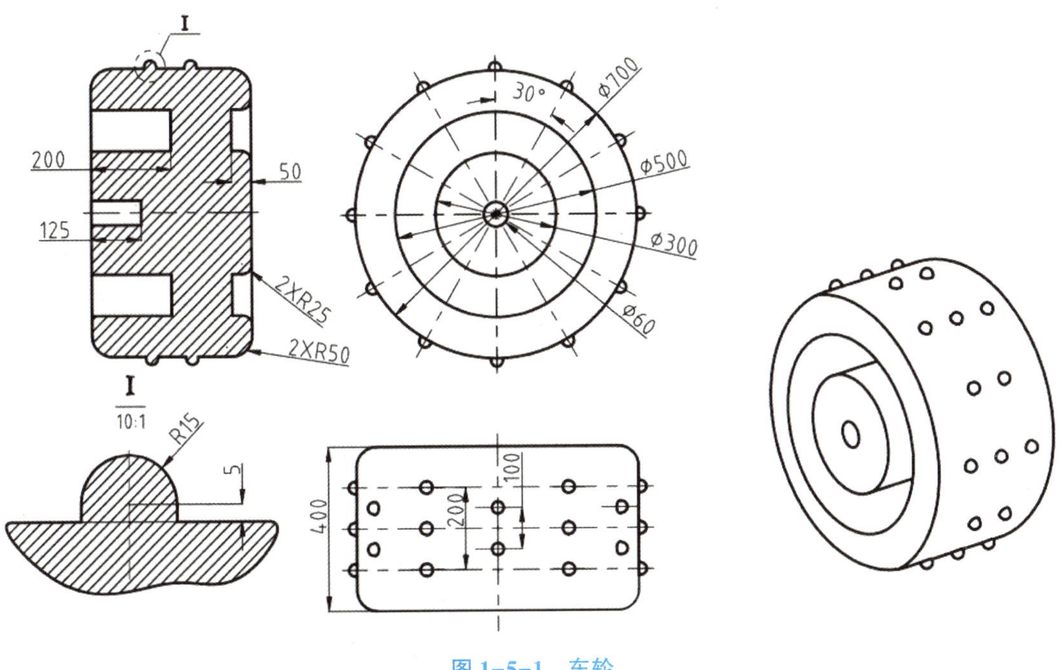

图 1-5-1 车轮

2. 知识目标

（1）掌握旋转特征的应用与操作方法；

（2）掌握边倒圆功能的操作方法；

（3）掌握镜像特征的操作；

（4）掌握阵列特征的操作；

（5）掌握阵列面的操作。

二、知识链接

1. 旋转

旋转特征是将截面绕着一条中心轴线旋转而形成的特征，主要用来构建旋转体。

执行【插入】→【设计特征】→【旋转】命令，或在工具栏中单击【旋转】命令，则出现如图 1-5-2 所示的【旋转】对话框，通过设置对话框中的参数完成旋转建模的操作。

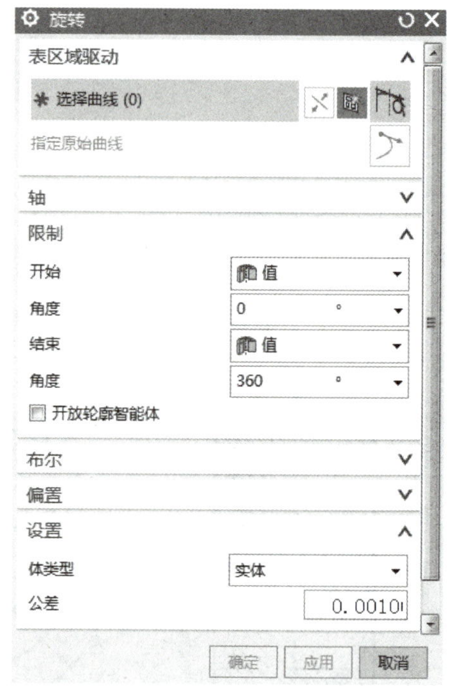

图 1-5-2　旋转对话框

(1) 定义旋转特征的截面曲线。

单击“选择截面”命令，选择已经绘制好的草图如图 1-5-3 所示。如还没有绘制草图，点击旋转对话框中右侧“绘制截面”命令，则进入草图界面，绘制图形。

(2) 定义轴线。

通过定义矢量来构建旋转体的旋转轴线。矢量构造器共提供了 11 种定义矢量的方法，现对每种方法做详细介绍：

自动判断的矢量：可以根据选取的对象自动判断所定义矢量的类型；

两点：利用空间两点创建一个矢量，矢量方向由第一点指向第二点；

曲线/轴矢量：通过选取曲线上某点的切向矢量来创建一个矢量；

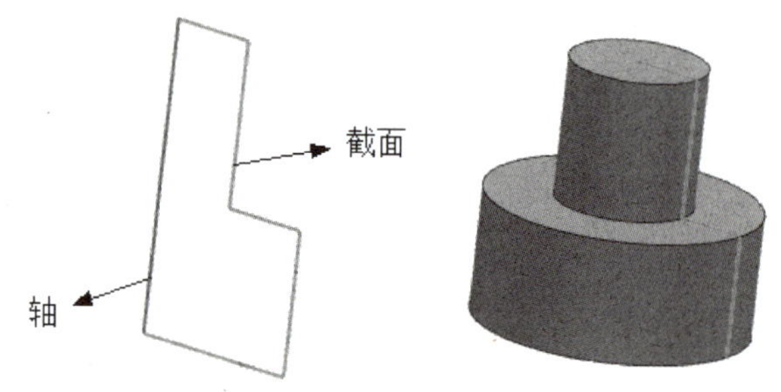

图 1-5-3　旋转效果

曲线上矢量：在曲线上任意一点指定一个与曲线相切的矢量。可按照圆弧长或百分比圆弧长指定位置；

面/平面法向：用于创建与实体表面（必须是平面）法线或圆柱面的轴线平行的矢量，之前的拉伸操作中拉伸方向就是默认了这种定义方法；

XC 轴：用于创建与 XC 轴平行的矢量。注意这里的与 XC 轴平行的矢量不是 XC 轴，只表示与 XC 轴平行，所以这时要完全定义旋转轴必须再选取一点定位旋转轴，要利用“指定点”区域的点构造器选取一点；

YC 轴、ZC 轴、-XC 轴、-YC 轴、-ZC 轴与 XC 轴的定义方法一致，都是创建与其平行的矢量。

（3）定义旋转角度的开始值和结束值。

如图 1-5-4 所示，在限制区域包含开始和结束两个下拉列表及两个位于其下的角度文本框。开始下拉菜单用于设置旋转开始位置，如果在开始或者结束的下拉菜选择“值”选项，则需输入起始角度值，其值的大小是相对于截面所在平面而言的。如选择“直至选定”，则需选择要开始旋转的面或相对基准平面，与拉伸操作中的用途相似。结束文本框中的各选项用来定义旋转结束位置，与开始文本框的使用方法相同。

（4）布尔运算。

布尔运算包含合并、交集和差集。如果创建旋转特征时，已经存在其他实体，则可以与其进行布尔操作。

（5）偏置。

点开偏置对话框，如图 1-5-5 所示，偏置用来修改界面曲线，可以创建旋转薄壁类型特征。

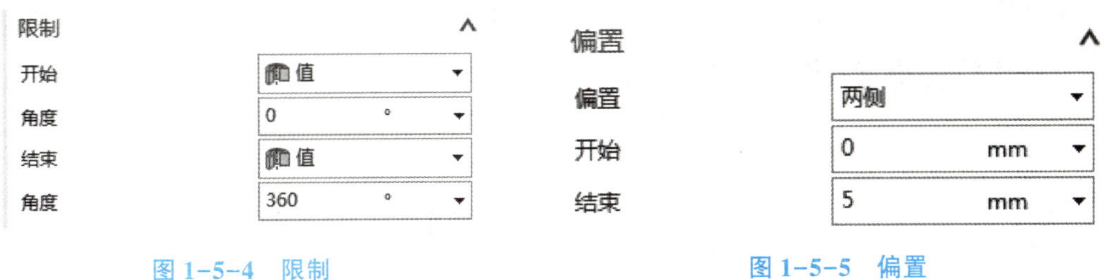

图 1-5-4 限制　　图 1-5-5 偏置

（6）设置旋转类型为“片体”或者“实体”。

2. 边倒圆

边倒圆是最常见的细节操作，可以对实体的边指定圆弧半径或曲率半径，可以使多个面共享的边缘变光滑。

执行【插入】→【细节特征】→【边倒圆】，或者单击工具栏中的【边倒圆】命令，弹出【边倒圆】对话框，如图 1-5-6 所示。可以实现恒定半径倒角、可变半径倒角、拐角倒角和拐角突然停止四种功能，最常用的是恒定半径倒圆角。

（1）选取要进行倒圆角的边。

激活对话框中的“选择边”，选取要倒圆的边，如图 1-5-7 所示。

（2）定义圆角形状。

在对话框的形状下拉菜单中，包含圆形和和二次曲线。圆形倒圆角的形状为圆形，并需要输入圆形的半径，二次曲线倒角的形状为二次曲线，则需要输入二次曲线的参数，选择圆形。

(3) 定义圆角半径。

在文本框中输入半径值为 10，单击“确认”，完成恒定半径倒圆角。其效果如图 1-5-7 所示。

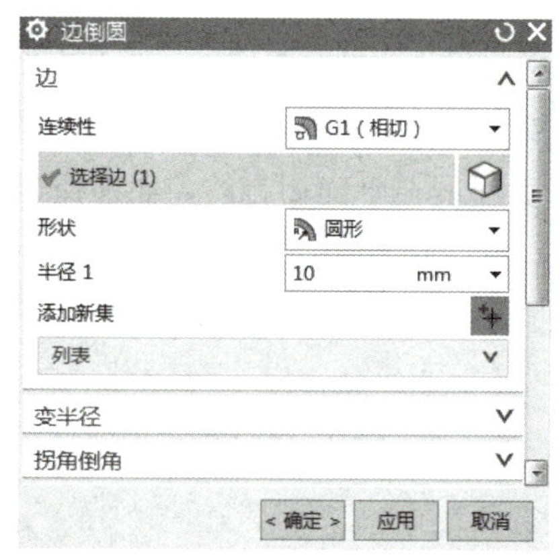

图 1-5-6　边倒圆对话框

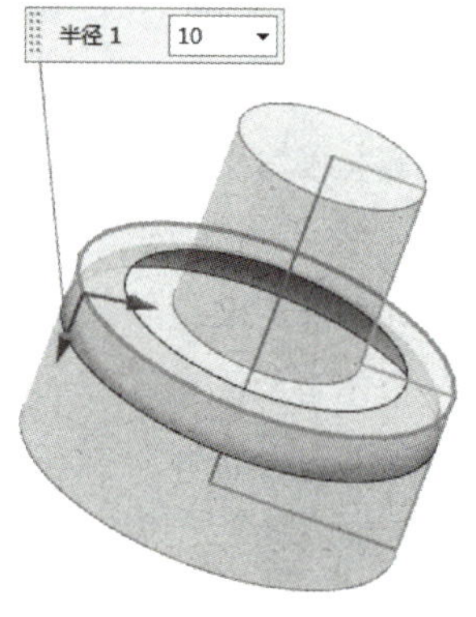

图 1-5-7　创建边倒圆

在要倒圆的边选项组中，单击“添加新集”命令 ，创建一个新的倒圆角集，可以为该集选择一边或多条边。不同的集，其倒圆角半径可以不同，效果如图 1-5-8 所示。

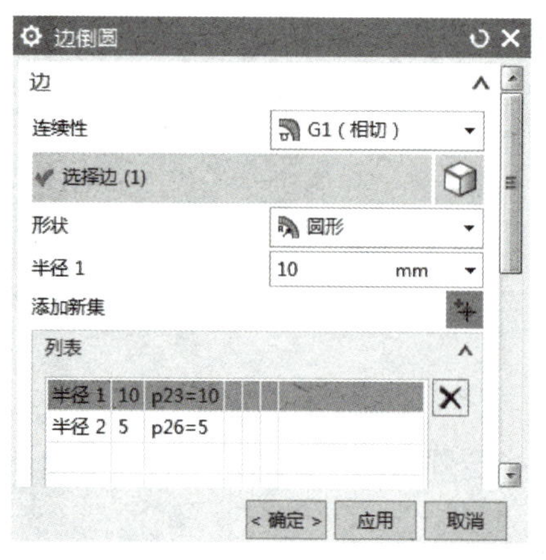

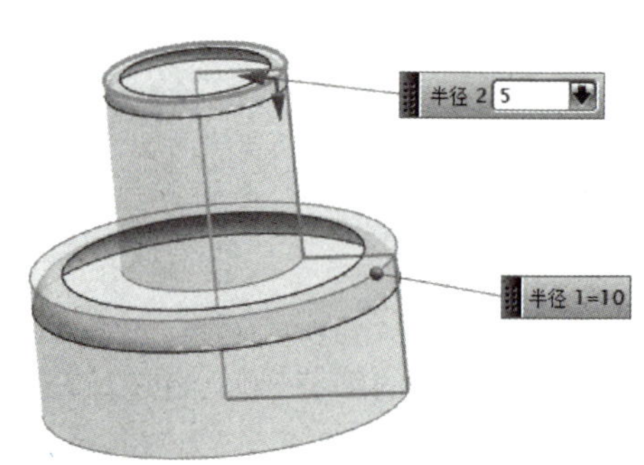

图 1-5-8　恒定半径倒角

3. 镜像特征

镜像特征就是复制指定的一个或多个特征，并根据平面将其镜像到平面的另一侧。单击【插入】→【关联复制】→【镜像特征】，弹出图 1-5-9 所示对话框，选择要镜像的特征，再选择镜像平面，即可完成镜像特征操作。

4. 阵列特征

阵列特征操作是对模型特征的关联复制，类似于副本。可以生成一个或多个特征组，而且对于一个特征来说，其所有的实例都是相互关联的，可以通过编辑原特征的参数来改变其所有的实例。同时，生成的每个实例特征也具有参数，可以单独对生成的实例修改参数，从而只改变实例的特征。执行【插入】→【关联复制】→【阵列特征】，弹出如图1-5-10所示的对话框。

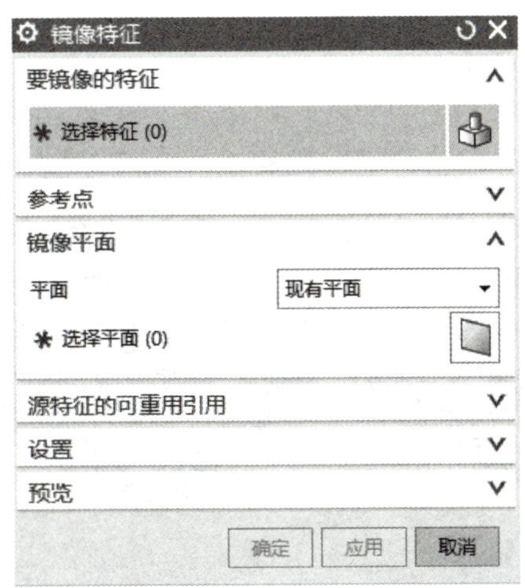

图 1-5-9 镜像特征

图 1-5-10 阵列特征

第一步：选择阵列的对象，对象必须是特征操作。

第二步：定义阵列方法。

线性：根据指定的一个或两个线性方向进行阵列。

圆形：可以绕着一根指定的旋转轴进行环形阵列，阵列实例绕着旋转轴圆周分布。

多边形：可以沿着一个正多边形进行阵列。

螺旋式：可以沿着一条螺旋线进行阵列。

沿：可以沿着一条曲线路径进行阵列。

常规：可以根据空间点或由坐标系定义的位置点进行阵列。

参考：参考模型中已有的阵列方式进行阵列。

第三步：定义阵列参数。

数量和节距：通过输入阵列的数量和每两个实例的中心距离进行阵列。

数量和跨距：通过输入阵列的数量和所有实例的跨距进行阵列。

节距和跨距：通过输入每两个实例的中心距和所有实例的跨距进行阵列。

列表：通过定义的阵列表格进行阵列。

1）线性阵列。如图1-5-11所示为创建的线性阵列特征，需要定义两个线性方向的参数。

定义方向 1 的方向参数：在方向 1 的区域中单击矢量构造器，选择 YC 轴为第一阵列方向，在数量和间距一栏中分别输入数量为 5，节距为 20。

定义方向 2 的方向参数：如果方向 2 上没有阵列特征，可以不启用方向 2。如果勾选“使用方向 2”复选框，则可以输入另外一个方向的阵列，利用矢量构造器选择 XC 方向，在数量和间距一栏中分别输入数量为 3，节距为 30。

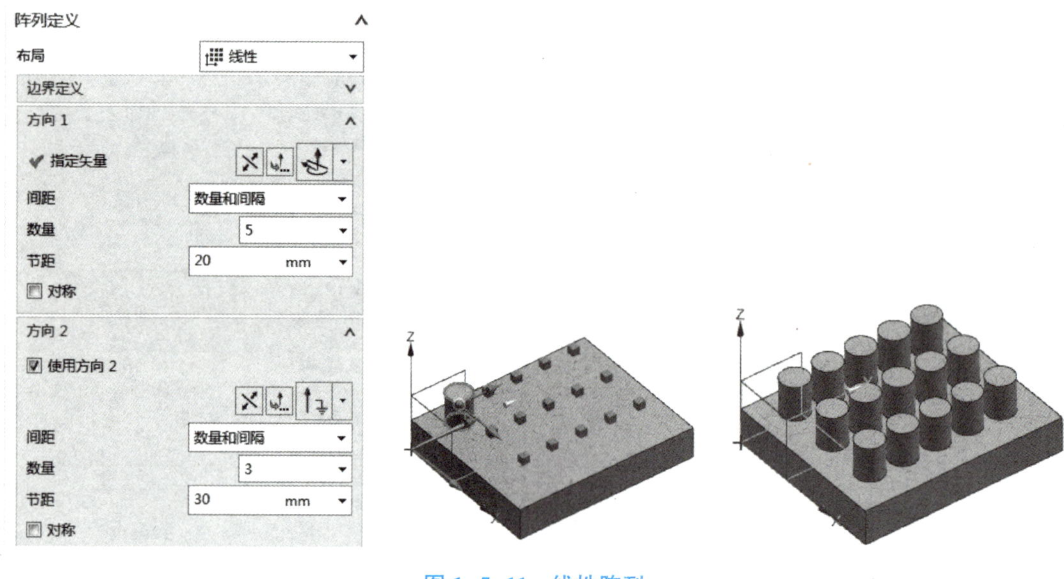

图 1-5-11　线性阵列

2）圆形阵列：定义旋转轴和中心点。旋转轴的选择使用矢量构造器，选择阵列圆周的轴向方向。中心点为圆形阵列的圆心，使用点构造器，选择阵列中心点。节距角指的是相邻实例间的角度，如图 1-5-12 所示。

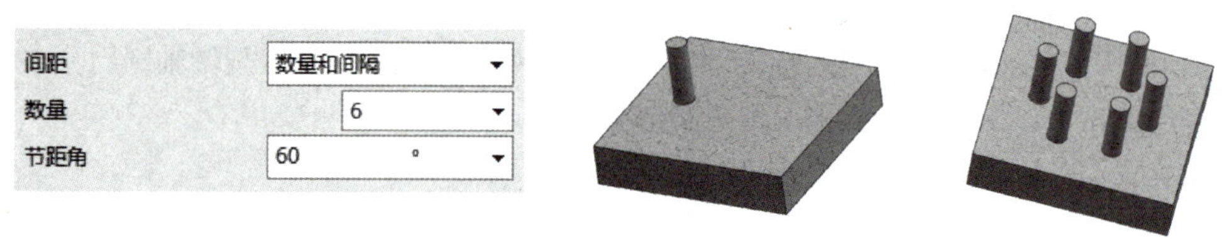

图 1-5-12　创建圆形阵列

5. 阵列面

阵列的对象只能是实体中的面，可以完成矩形阵列、圆形阵列和镜像，阵列之后的结果没有参数，可以通过编辑原特征的参数来改变结果。执行【插入】→【关联复制】→【阵列面】，出现如图 1-5-13 所示的对话框，其操作方法与阵列特征的操作方法一致，区别就是阵列对象必须是面。

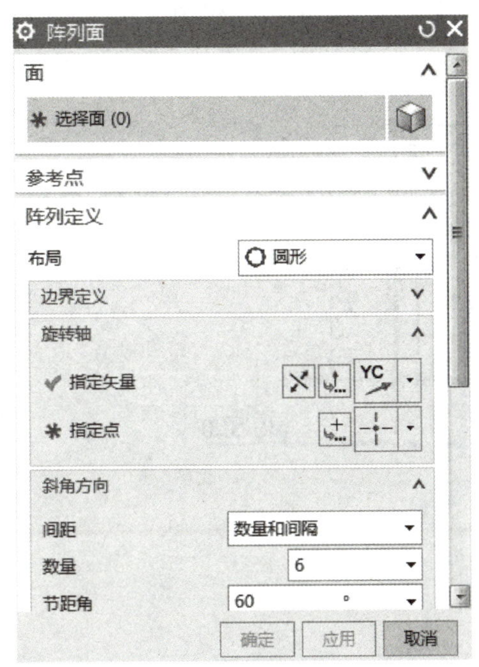

图 1-5-13 阵列面

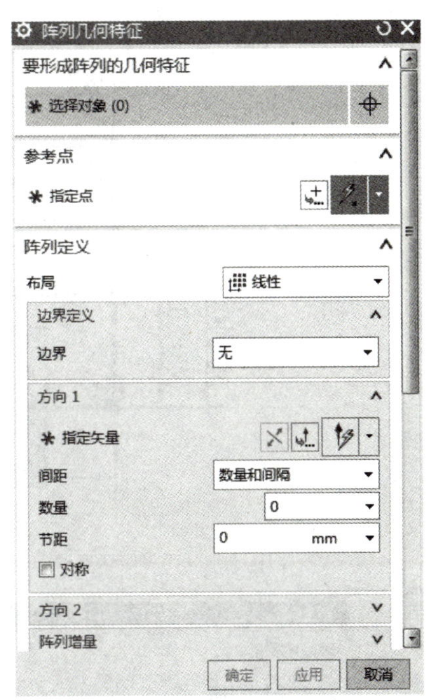

图 1-5-14 阵列几何特征

6. 阵列几何特征

阵列几何特征的对象可以是实体、片体和曲线等几何体等，将这些几何图素复制到阵列或布局（线性、圆形、多边形等）中。执行【插入】→【关联复制】→【阵列几何特征】，弹出如图 1-5-14 所示的对话框，其操作方法与阵列特征的操作方法一致，区别就是阵列对象可以是实体、片体和曲线等几何图素。

从以上的操作可以发现，镜像特征、阵列特征、阵列面和阵列几何特征在进行复制对象时，其操作方法基本上一致，但每个命令又有各自的特点。其主要区别在于原对象的属性和复制对象的特殊性。

镜像特征：复制的对象只能是特征操作，只能完成镜像操作。

阵列特征：复制的对象只能是特征操作，能够实现对象的线性、圆形和多边形等的阵列，复制后的对象有参数，可以与源对象不同。

阵列面：复制的对象只能是面，能够实现面的镜像、圆形阵列和矩形阵列。

阵列几何特征：复制的对象是实体、片体和曲线，能够实现对象的线性、圆形和多边形等阵列，复制后的对象无参数。

三、操作过程

1. 创建车轮主体

（1） 主体模型。

在 *YZ* 平面绘制如图 1-5-15 所示的草图，单击【旋转】命令，出现如图 1-5-16 所示的【旋转】对话框，“截面”选择刚刚绘制的草图，“旋转轴线”选择 *Y* 轴，旋转角度从

"0"到"360°"，单击"确定，完成车轮主体建模，效果如图 1-5-16 所示。

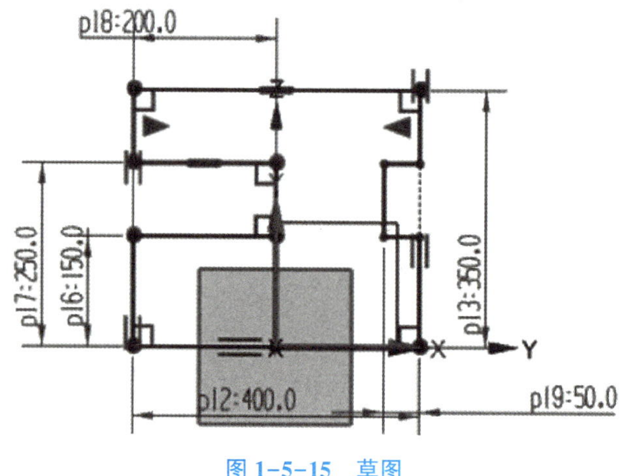

图 1-5-15　草图

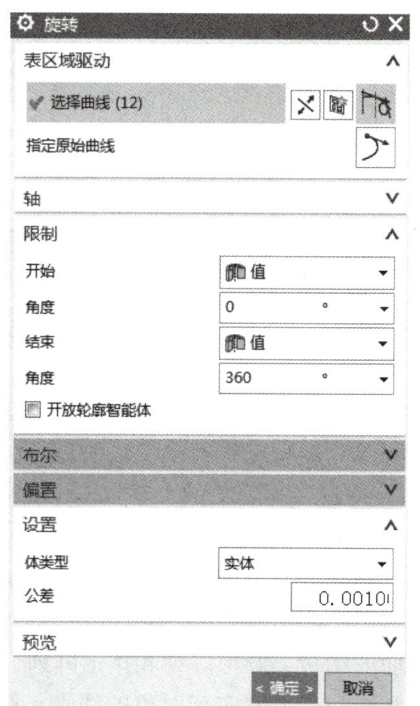

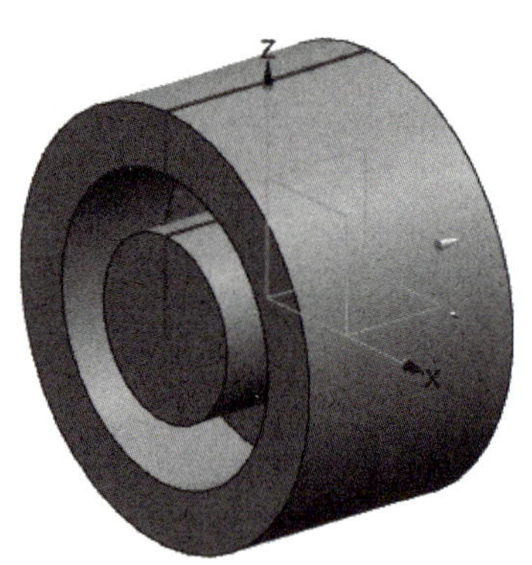

图 1-5-16　草图

（2）打孔。

单击【孔】命令，弹出对话框，"类型"选择 常规孔，"位置"选择左侧轮毂的圆心，"成形"选择 简单孔，"尺寸"直径为 60，深度 125，顶锥角为 0，"布尔"为 减去，如图 1-5-17 所示，单击"确定"，完成孔操作。

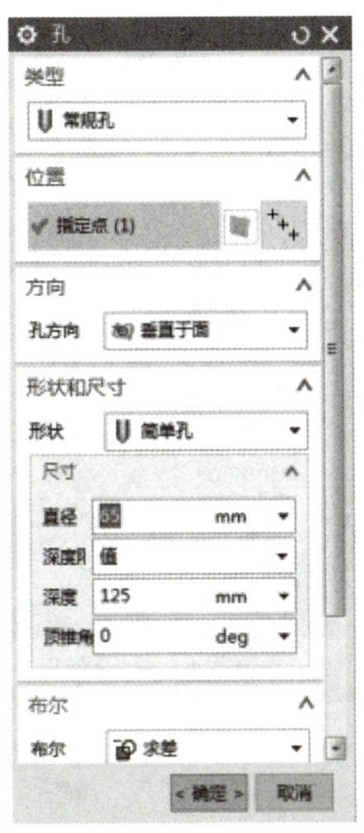

图 1-5-17　孔操作

2. 绘制摩擦球

（1）创建两个基准平面。

单击【基准平面】命令，弹出对话框，“类型”选择 相切，“子类型”选择一个面，“参考几何体”选择外圆柱表面，如图 1-5-18，单击“确定”，创建基准平面 1。单击【基准平面】命令，弹出对话框，“类型”选择 相切，“子类型”选择与平面成一角度，“参考几何体”中“选择对象”选外圆柱表面，“选择平面对象”选 X-Z 平面，“角度”为 90°，如图 1-5-19 所示，单击“确定”，创建基准平面 2。

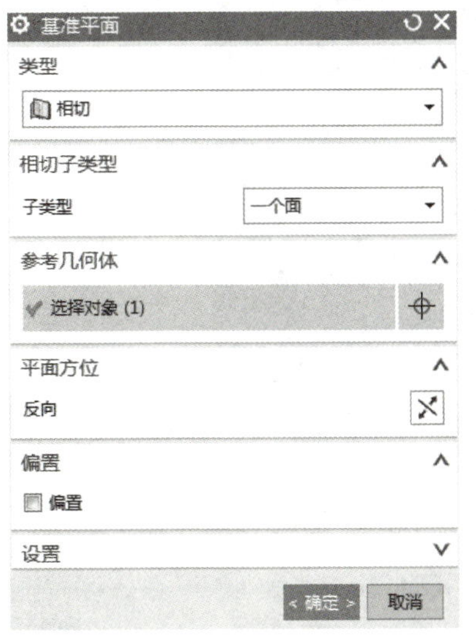

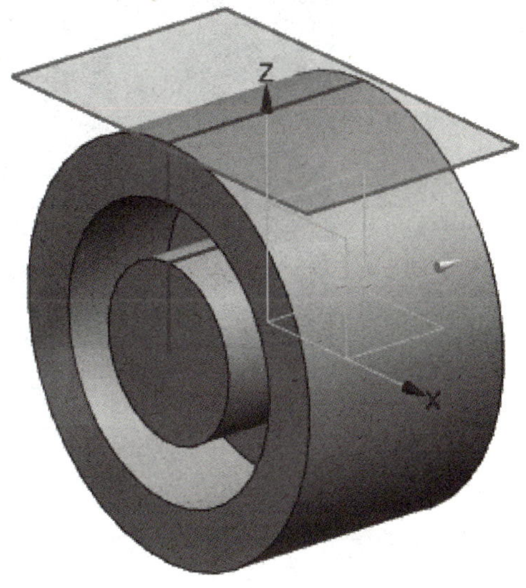

图 1-5-18　创建基准平面 1

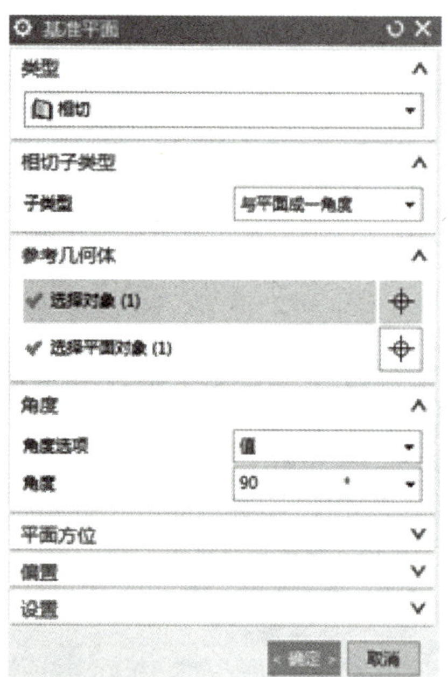

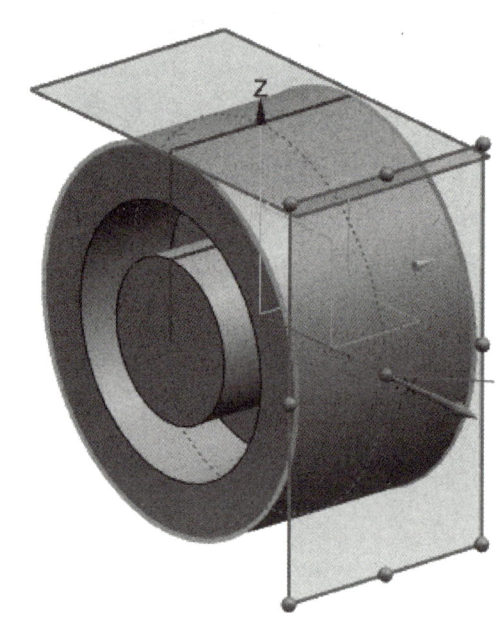

图 1-5-19　创建基准平面 2

（2）创建顶部摩擦球拉伸体。

选择基准平面 1 为草图平面，创建直径为 30 的圆，如图 1-5-20。单击【拉伸】命令，“表区域驱动”选择直径为 30 的圆，“方向”选择 X 轴的正向，“限制”中“开始”选择 直至选定 ，选择圆柱面，“结束”选择 值 为 20，“布尔”选择 合并，“选择体”选择圆柱体，如图 1-5-21 所示，单击“确定”，创建拉伸体。注意不能从 0 平面开始拉伸，否则拉伸体不能与轮胎表面完全相交，则不能进行布尔运算。

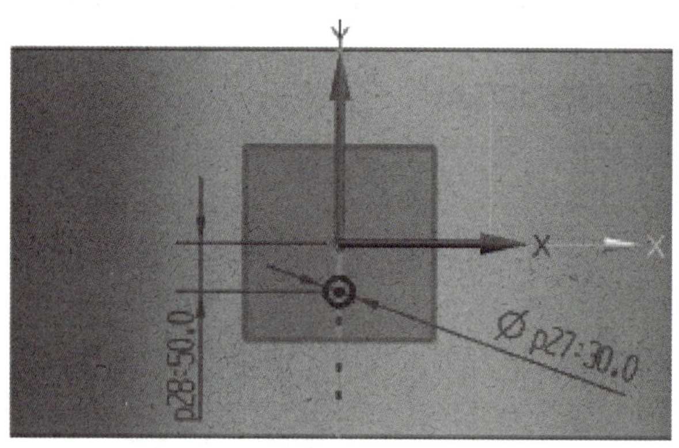

图 1-5-20　草图

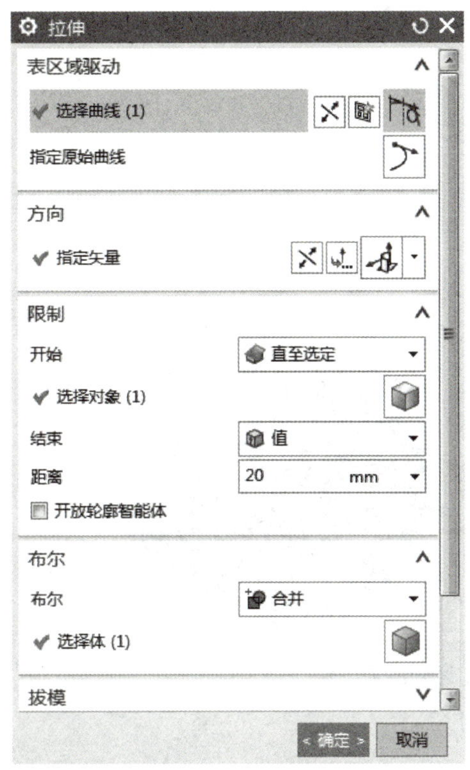

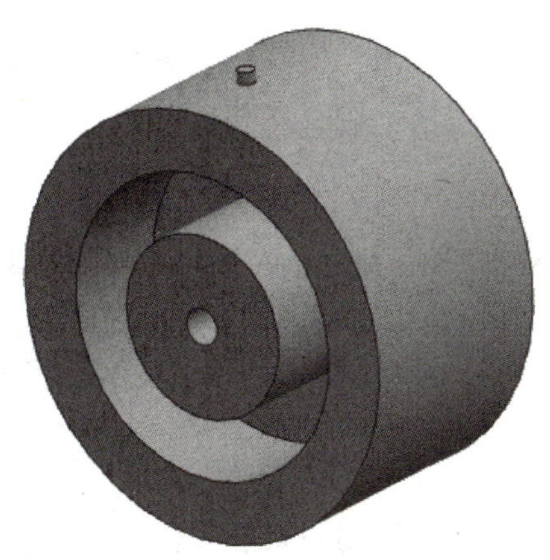

图 1-5-21　创建顶部摩擦球拉伸体

（3）创建右侧摩擦球拉伸体。

选择基准平面 2 为草图平面，创建如图 1-5-22 所示草图。单击【拉伸】命令，“表区域驱动”选择图 1-5-22 中直径为 30 的圆，“方向”选择“面/平面法向”，“限制”中“开始”选择 直至选定，选择圆柱面，“结束”选择 值 为 20，“布尔”选择 合并，“选择体”选择圆柱体，如图 1-5-23 所示，单击“确定”，创建拉伸体。

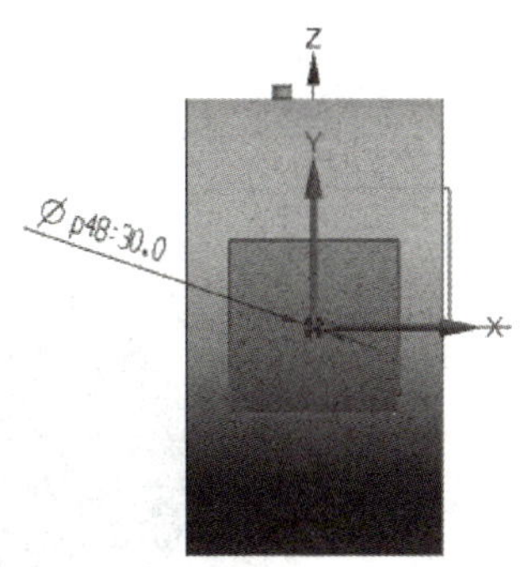

图 1-5-22　草图

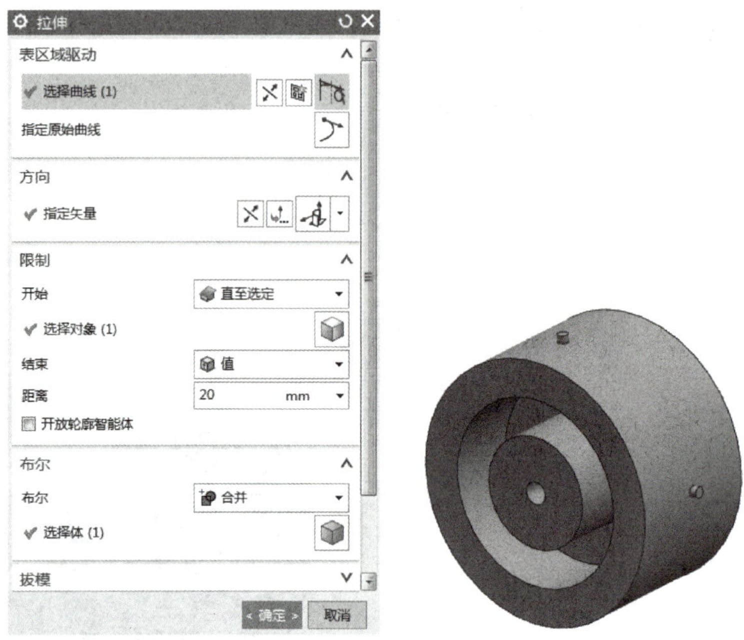

图 1-5-23　右侧摩擦球拉伸体

(4) 对摩擦球进行倒圆角。

单击【边倒圆】命令，出现【边倒圆】对话框，对两个摩擦球的边分别进行倒圆角，半径为 15，则生成了一个半球，效果如图 1-5-24 和图 1-5-25 所示。注意：因为两个摩擦球后面还需要分别进行镜像操作，所以两个球的倒圆要分开进行，不要一个命令下同时选择两条边。

图 1-5-24　顶部摩擦球创建圆角

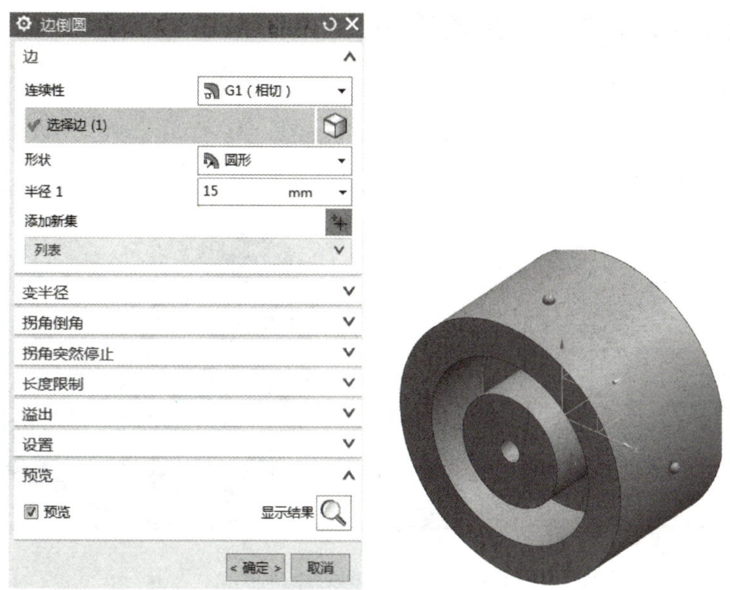

图 1-5-25 右侧摩擦球创建圆角

3. 摩擦球的关联复制

（1）镜像摩擦球。

执行【插入】→【关联复制】→【镜像特征】命令，弹出对话框，“要镜像的特征”选择导航器中图 1-5-21 创建的“拉伸”特征和图 1-5-24 创建的“边倒圆”特征，“镜像平面”选择 *XZ* 平面，得到 2 个摩擦球，如图 1-5-26 所示。

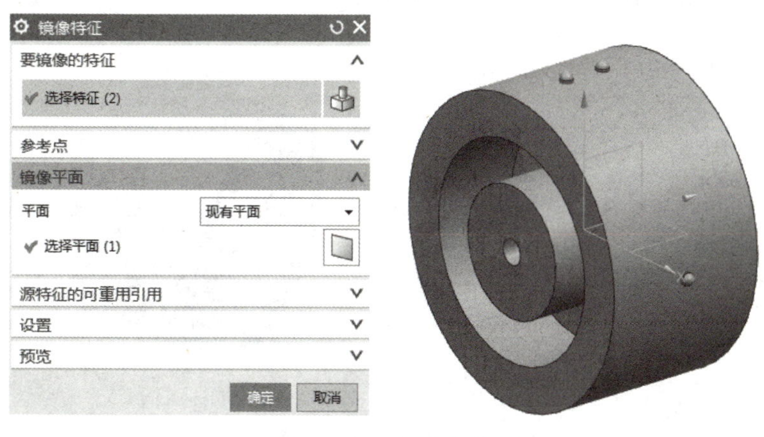

图 1-5-26 镜像摩擦球

（2）摩擦球的阵列面。

单击【阵列面】命令，弹出对话框，“面”选择图 1-5-26 创建的两个摩擦球中的四个面，“布局”选择 圆形，“旋转轴”选择 *Y* 的正轴，“指定点”为原点，“数量”为 6，“节距角”为 60°，单击“确定”，得到圆形阵列后的摩擦球，如图 1-5-27 所示。

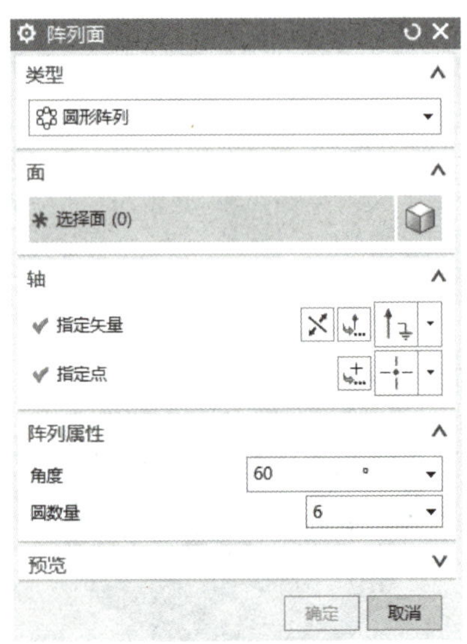

图 1-5-27　圆形阵列面

（3）阵列特征操作。

单击【阵列特征】命令，弹出对话框，“特征”选择导航器中图 1-5-23 创建的“拉伸”特征和图 1-5-25 创建的“边倒圆”特征，“布局”选择 线性，方向 1 中“指定矢量”选择 *Y* 的正轴，“数量”为 2，“节距”为 100，勾选“对称” ☑ 对称，单击“确定”，得到线性阵列后的 3 个摩擦球，如图 1-5-28 所示。

图 1-5-28　阵列特征

单击【阵列特征】命令，弹出对话框，“特征”选择导航器中图 1-5-23 创建的“拉伸”特征、图 1-5-25 创建的“边倒圆”特征和图 1-5-28 创建的“阵列特征”，“布局”选择 圆形，“旋转轴”选择 *Y* 的正轴，“指定点”为原点，“数量”为 6，“节距角”

为 60°，单击“确定”，得到圆形阵列后的摩擦球，如图 1-5-29 所示。

图 1-5-29 阵列特征

4. 倒圆角

单击【边倒圆】命令，弹出对话框，“边”选择轮的前后边，“半径 1”为 50，如图 1-5-30 所示，单击“确定”，创建边圆角。

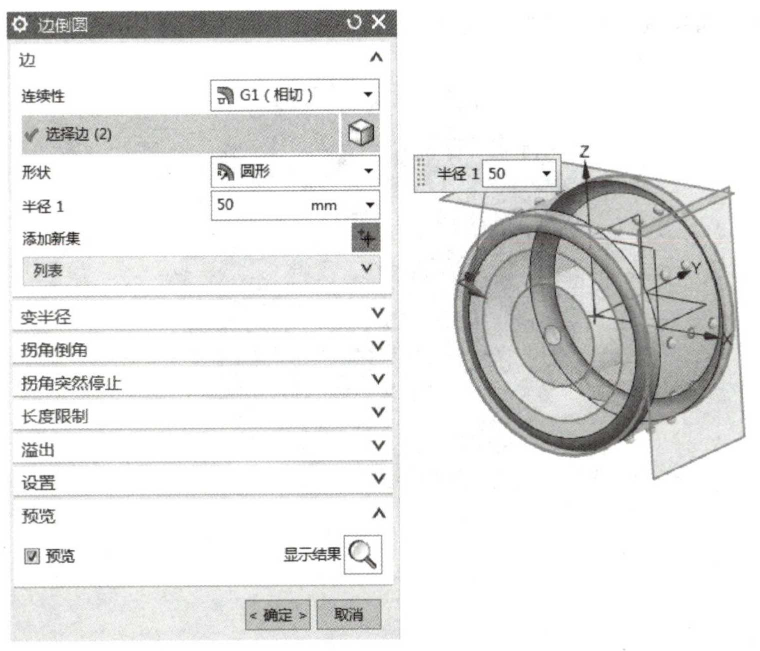

图 1-5-30 倒圆角

单击【边倒圆】命令，弹出对话框，“边”选择轮的轮辐边，“半径 1”为 25，如图 1-5-31 所示，单击“确定”，创建边圆角。

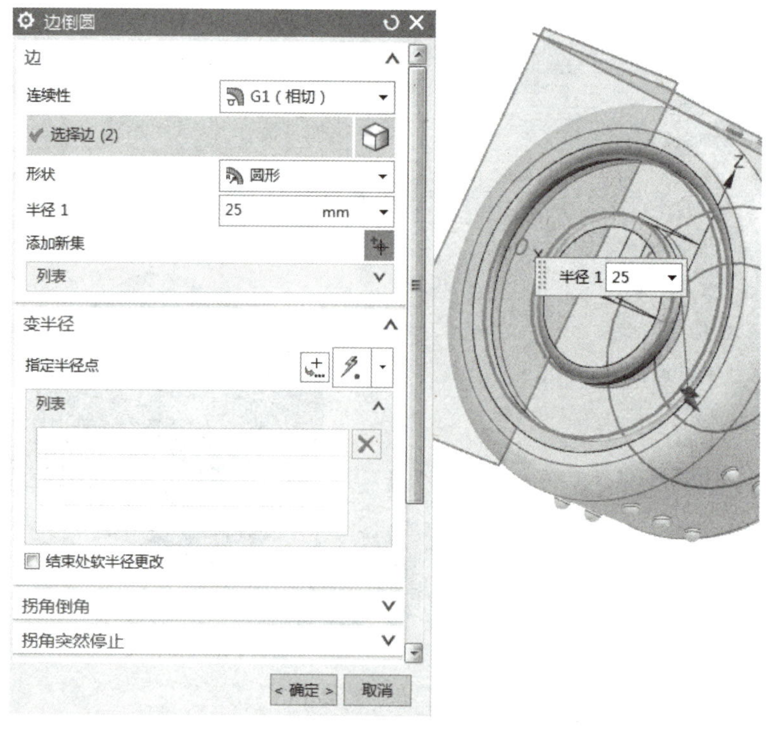

图 1-5-31　倒圆角

单击【显示和隐藏】命令，隐藏草图和基准，得到如图 1-5-32 所示车轮。

图 1-5-32　车轮

四、上机练习

上机练习如图 1-5-33 至图 1-5-35 所示。

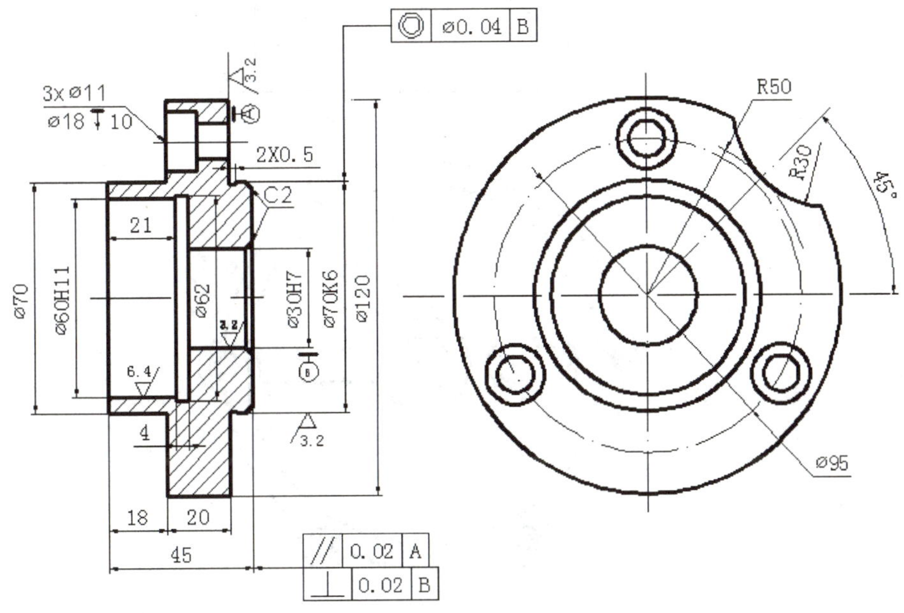

图 1-5-33 端盖

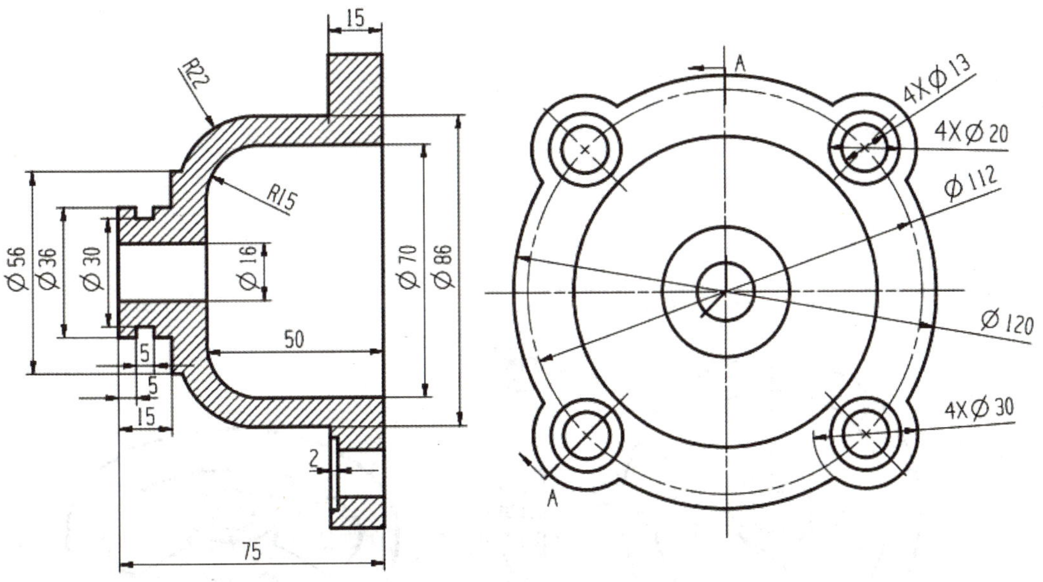

图 1-5-34 泵盖

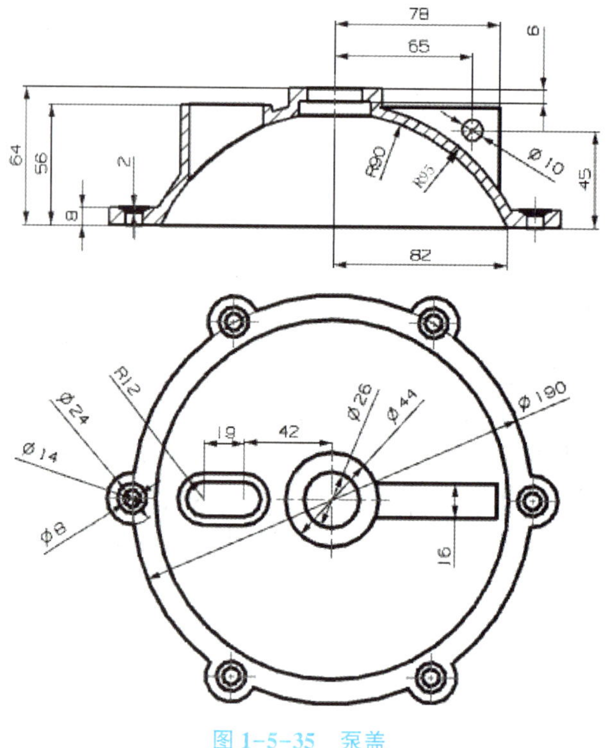

图 1-5-35　泵盖

任务六　方向盘的建模

一、实例分析

1. 学习任务

完成如图 1-6-1 所示方向盘零件的建模。

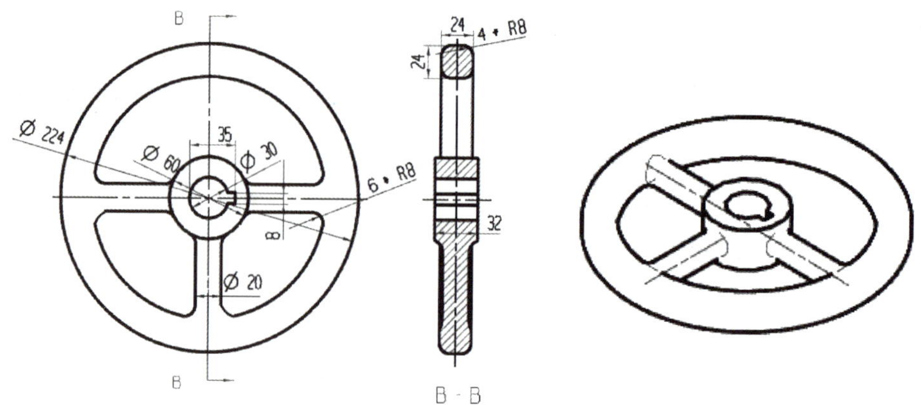

图 1-6-1　方向盘

2. 知识目标

（1）掌握扫掠的操作；

（2）掌握管道的创建方法。

二、知识链接

扫掠操作是将一个截面图形沿指定的引导线运动，从而创建出三维实体或片体。扫掠与拉伸的相同点是通过一截面在某个方向上的运动而形成曲面，不同的是扫略成形方式截面沿指定的轨迹运动，而不是单一的方向。拉伸和回转特征就是特殊的扫掠特征，其引导线为直线。常用的扫掠方法有沿引导线扫掠、扫掠和管道。

1. 沿引导线扫掠

使用沿引导线扫掠命令，可以通过一个截面沿一条引导线扫掠来创建体。执行【插入】→【扫掠】→【沿引导线扫掠】命令，出现如图 1-6-2 所示的对话框。

（1）截面：可以是草图、曲线或边。选择如图 1-6-3（a）所示的封闭曲线为截面曲线。

（2）引导线：用于选择曲线、边或曲线链，或是引导线的边。引导线串中的所有曲线都必须是连续的。选择如图 1-6-3（a）所示的样条曲线为引导线，则生成如图 1-6-3（b）所示的扫掠截面。

注意：

1）如果截面曲线为封闭图形，且远离引导曲线，二者没有交点，则不能得到希望的结果，系统会出现错误提示。

2）如果沿着具有封闭的、尖角的引导线串扫掠，建议把截面线串放置到远离尖角的位置。

3）如果引导线路径上两条相邻的线以锐角相交，或引导线路径上的圆弧半径对于截面曲线而言过小，则无法创建扫掠特征。路径必须是光顺的（连续相切）。

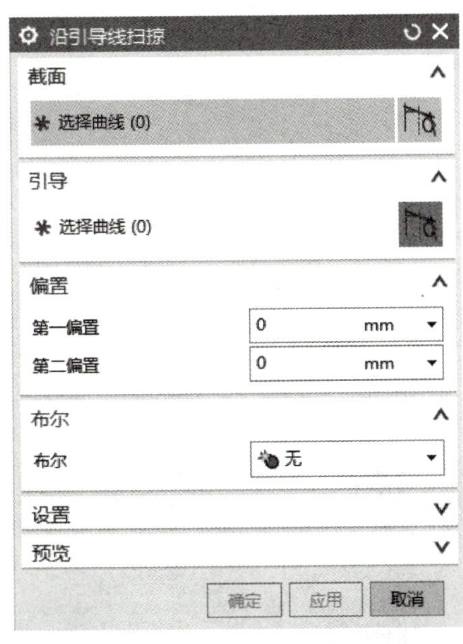

图 1-6-2 沿引导线扫掠对话框

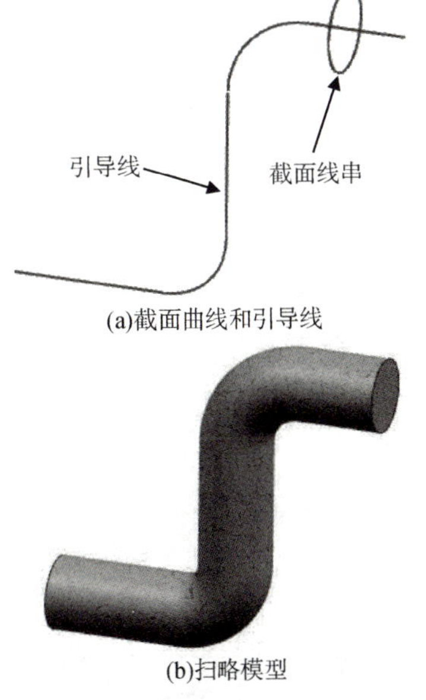

图 1-6-3 扫掠模型

（3）偏置：第一偏置是指将“扫掠”特征偏置以增加厚度。第二偏置是指使扫掠特征的基础偏离于截面线串。如图 1-6-4 所示各种偏置的效果。

图 1-6-4　偏置

（4）布尔运算：指定布尔运算以用于将扫掠特征与目标实体结合使用，包括合并、减去和相交。

（5）设置：设置输出模型的参数，包括“体类型”“公差”。

体类型：指定在截面封闭时，扫掠特征是实体还是片体。默认设置取决于在建模首选项对话框的常规选项卡“体类型”中的选项。

尺寸链公差：指定曲线之间的最大缝隙。

距离公差：指定输入几何体与得到的体之间的最大距离。默认值取决于在建模首选项对话框的常规选项卡“距离公差”选项中设置的值。

2. 扫掠

如果要选择多个截面、多条引导线或是要控制扫掠的位置、比例及方位，则使用扫掠命令。执行【插入】→【扫掠】→【扫掠】命令，出现如图 1-6-5 所示的对话框。

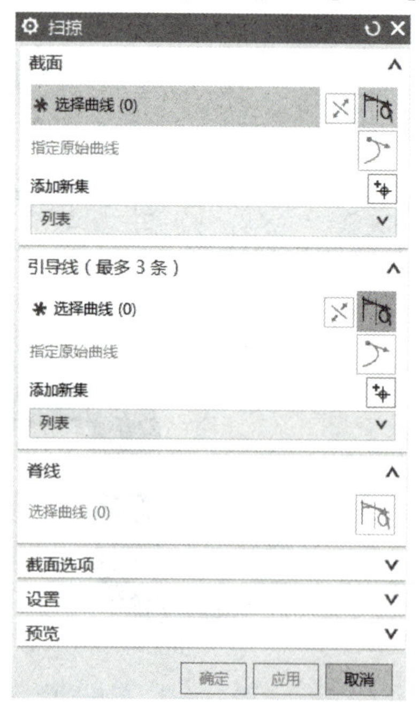

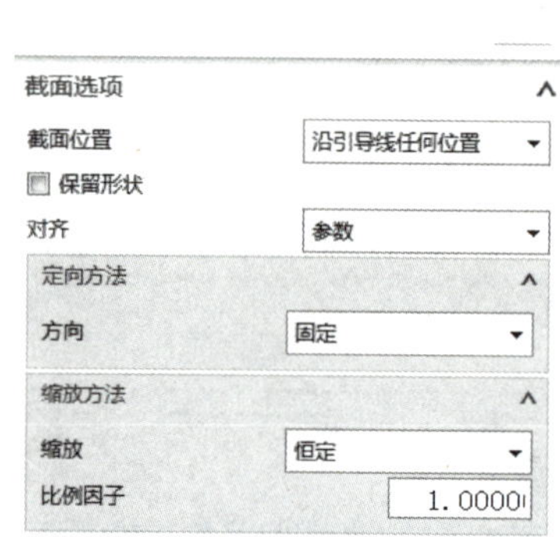

图 1-6-5　扫掠对话框

（1）截面。

截面用于选择曲线、曲线串或边，通过按鼠标中键来添加新集，最多可以选择 150 条截面曲线，选择的所有截面线串会出现在组的列表框中，选择线串的顺序可以确定产生的扫掠效果。如图 1-6-6 所示，选择的截面顺序不同，则产生了不同的曲面效果。点击列表中的“移除”，可以将选定的曲线删除，通过点击列表中的“向上移动”或者“向下移动”命令可以对线串的顺序进行重排。只有选择多个截面曲线，列表中的、才会起作用。

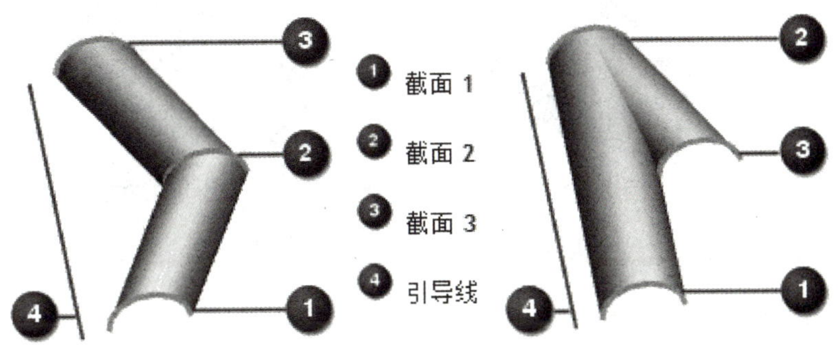

图 1-6-6 截面顺序对扫掠效果的影响

（2）引导线。

引导线可以是曲线、曲线串或边。引导线串中的所有曲线都必须是连续的，列表中会列出现有的引导线串，线串集的选择顺序不影响产生的扫掠。引导线串可以由一个对象或多个对象组成，并且每个对象既可以是曲线，也可以是实体边。每条引导线串的所有对象都必须是光顺且连续的。可以选择一条、两条或三条引导线。不同数量引导线的扫掠效果如图 1-6-7 所示。

1）一条引导线：沿一条引导线用于简单的平移扫掠。使用方位及缩放选项，可以沿扫掠控制截面线串的方位及比例，并使用恒定面积规律进行缩放。

2）两条引导线：沿扫掠定向截面时，使用两条引导线。使用两条引导线时，截面线串沿第二条引导线进行定向。可以使用缩放选项来缩放截面，缩放可以是横向的，也可以是均匀的。

3）三条引导线：要剪切独立轴上的体时，使用三条引导线。使用三条引导线时，第一条与第二条引导线用于定义体的方位与缩放，第三条引导线用于剪切该体。

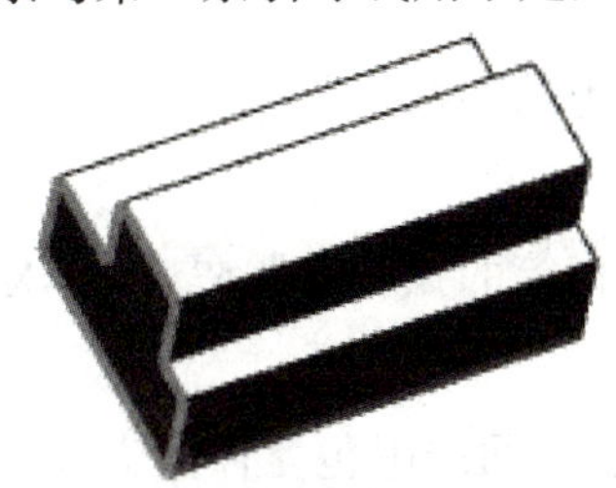

使用一条引导线扫掠

使用两条引导线扫掠

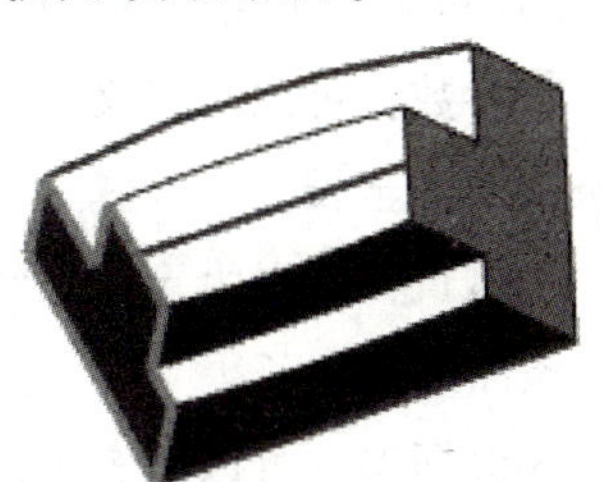

使用三条引导线扫掠

图 1-6-7 不同引导线数量的扫掠

（3）脊线。

使用脊线可以控制截面线串的方位，并避免在引导线上不均匀分布参数导致变形。当脊线串处于截面线串的法向时，该线串状态最佳。通过选择脊线，可以构造垂直于脊线并与引导线串相交的剖切平面，或将扫掠基于的等参数曲线与这些平面对齐。从图 1-6-8 中可以看出脊线主要影响的是曲面质量，而非形状。

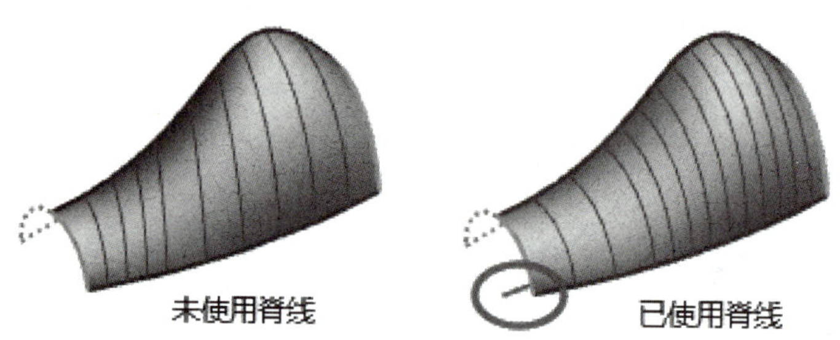

图 1-6-8　脊线对曲面的影响

（4）截面选项。

截面选项包括定义“截面位置”和“对齐”方式。

1）截面位置：该选项只有选择单个截面且截面在引导对象的中间时才可用，如图 1-6-9 所示为两种截面位置。

①沿引导线任何位置：可以沿引导线在截面的两侧进行扫掠。

②引导线末端：可以沿引导线从截面开始仅在一个方向进行扫掠。

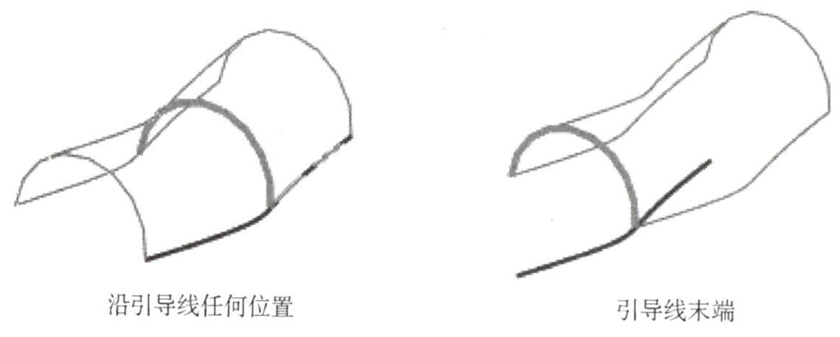

图 1-6-9　截面位置

2）对齐：定义曲线之间的等参数对齐方式。

①参数：可以沿定义曲线将等参数曲线所通过的点以相等的参数间隔隔开，NX 使用每条曲线的全长。

②弧长：可以沿定义曲线将等参数曲线将要通过的点以相等的弧长间隔隔开，NX 使用每条曲线的全长。

③根据点：可以对齐不同形状的截面线串之间的点。如果截面线串包含任何尖角，则建议使用根据点来保留它们。根据点在使用多个截面线串来定义扫掠曲面时可用。

3）定向方法：当使用单个引导线串时命令才起作用，用来控制截面沿引导线移动时截面的该方位。

①固定：可在截面线串沿引导线移动时保持固定的方位，且结果是平行的或平移的简单扫掠。

②面的法向：可以将局部坐标系的第二个轴与一个或多个面（沿引导线的每一点指定公共基线）的法矢对齐。这样可以约束截面线串以保持和基本面或面的一致关系。选择面选项可用。

③矢量方向：可以将局部坐标系的第二根轴与在引导线串长度上指定的矢量对齐。

④另一曲线：使用通过连接引导线上相应的点和其他曲线（就好像在它们之间构造了直纹片体）获取的局部坐标系的第二根轴，来定向截面。

⑤一个点：与另一曲线相似，不同之处在于获取第二根轴的方法是通过引导线串和点之间的三面直纹片体的等价物。

⑥角度：用于通过规律子函数来定义方位的控制规律，仅可用于一个截面线串的扫掠。

（5）缩放方法。

在截面沿引导线进行扫掠时，可以增大或减小该截面的大小，即定义缩放方法。

1）在使用一条引导线时，系统提供了以下六种缩放方法。

①恒定：可以指定沿整条引导线保持恒定的比例因子，并设置比例因子值，即缩放倍数。

②倒圆：该功能在指定的起始与终止比例因子之间允许线性或三次缩放，这些比例因子对应于引导线串的起点与终点。

③另一曲线：类似于定位方法组中的另一曲线方法。此缩放方法以引导线串和其他曲线或实体边之间的划线长度上任意给定点的比例为基础。

④一个点和另一曲线相同，但是使用点而不是曲线。当同时还使用用于方位控制的相同点构建一个三面扫掠体时，选择此方法。

⑤面积规律：用于通过规律子函数来控制扫掠体的横截面积。

⑥周长规律：类似于面积规律，不同之处在于可以控制扫掠体的横截面周长，而不是它的面积。

2）在使用两条引导线时，系统提供了以下三种缩放方法，不同的缩放方法产生的曲面效果如图 1-6-10 所示

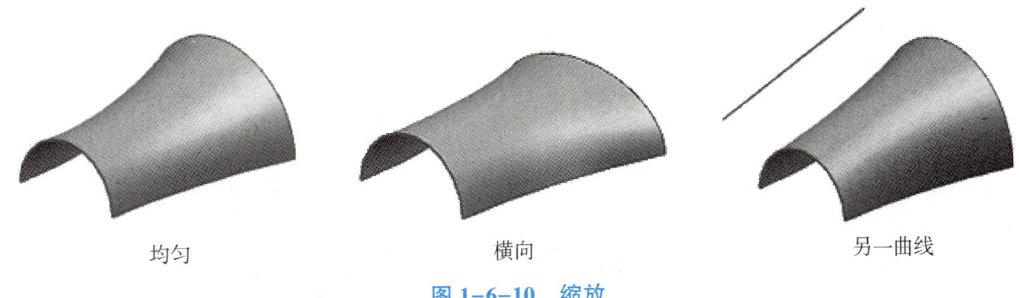

图 1-6-10 缩放

①均匀：可在横向和竖直两个方向缩放截面线串。

②横向：仅在横向上缩放截面线串。

③另一曲线：使用曲线作为缩放用以控制扫掠曲面的高度。此缩放方法无法控制曲面方位。使用此方法可以避免在使用三条引导线创建扫掠曲面时出现曲面变形问题。

（6）设置输出类型

1）体类型：实体和片体，要获取实体，截面线串必须形成闭环。

2）沿引导线拆分输出：如果未选择该复选框，则扫掠特征将始终为单个面，如果勾选了【沿引导线拆分输出】复选框，则输出体会根据引导线分段输出，如图 1-6-11 所示，引导线将生成的扫掠面分成 2 个面输出。

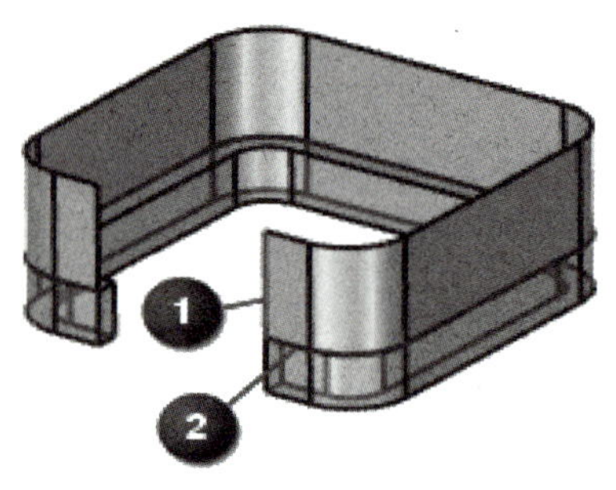

图 1-6-11　沿引导线输出

3. 管道

选择【插入】→【扫掠】→【管道】，弹出对话框，如图 1-6-12 所示。用【管道】命令创建模型可以省去绘制截面的步骤，直接选取管道中心线路径曲线后，在【管道】对话框中设置管道横截面的外径和内径，单击“确定”命令，即可创建管道。具体操作如下：

（1）选择管道的路径，选择如图 1-6-13 所示的路径。路径可以是多条曲线或边，必须光顺并相切连续，不得包含缝隙或尖角。如果路径是样条，则可以使用在公差中指定值来逼近。

（2）在横截面区域的外径和内径文本框中分别输入 30 和 18。外径不得为零，该值不得大于内径中指定的值，要创建实体线缆，内径使用的值为零。

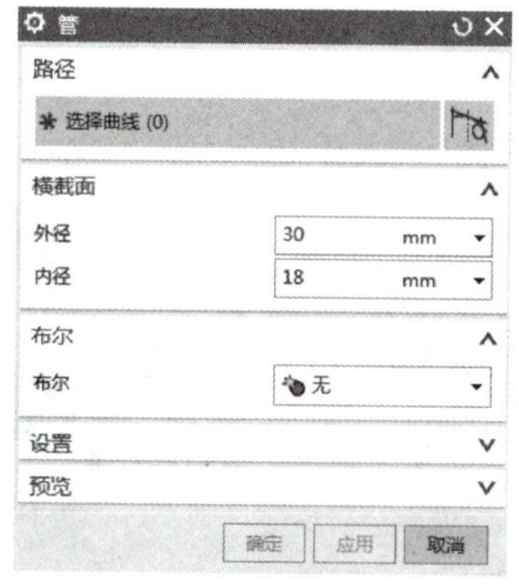

图 1-6-12　管道对话框图

图 1-6-13　管道路径

（3）设置输出：如果路径包含样条或二次曲线，则输出的管道需要设置为单段还是多段。

单段：为包含样条或二次曲线的路径的一部分创建一个面，如果有内径，则创建两个面，如图 1-6-14 所示。

多段：逼近具有一系列圆柱面及环形面的管道曲面。通过使用公差中指定的值来逼近具有直线及圆弧的路径。对于直线路径段，将把管道创建为圆柱，对于圆形路径段，将创建为圆环。仅当路径包含样条或二次曲线时才应用多段，如图 1-6-14 所示。

公差：指得是输入几何体与得到的体的中心线之间的最大距离。

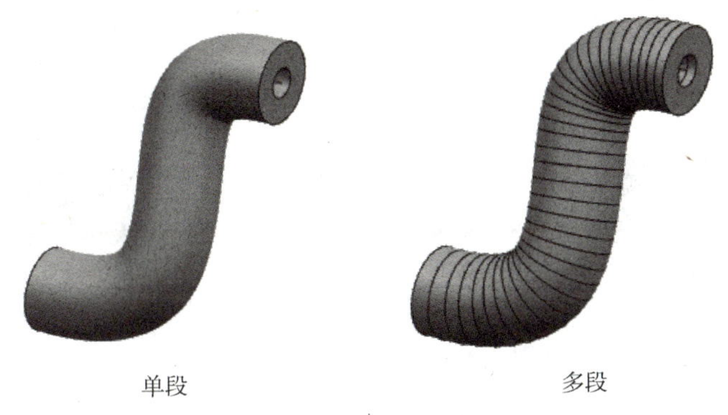

图 1-6-14　管道效果

三、操作过程

1. 创建方向盘外圈

（1）绘制引导线草图。

选择 *XY* 平面为草图平面，绘制一个圆心在原点，直径为 224 的圆，如图 1-6-15 所示。

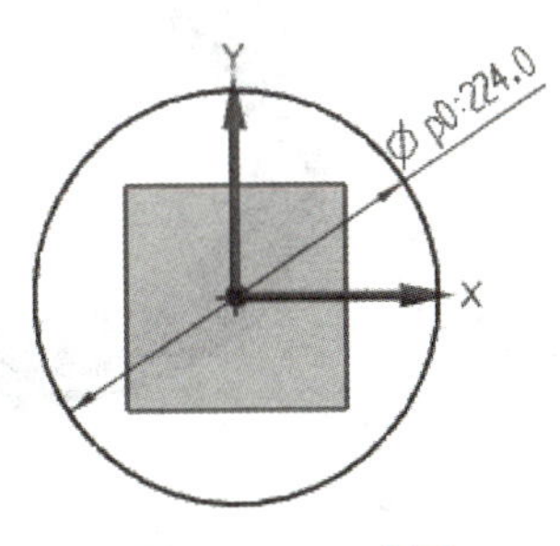

图 1-6-15　草图

（2）绘制截面草图。

单击【草图】命令，弹出对话框，设置类型为“基于路径”，轨迹是图 1-6-15 中绘制的圆，点击圆上任意一点，系统在该点创建一个与圆垂直的平面作为草图平面，该点为草图平面的原点，并自动生成一个坐标系，坐标系的方向可以在绘图区用箭头进行更改，创建如图 1-6-16 所示的草图。

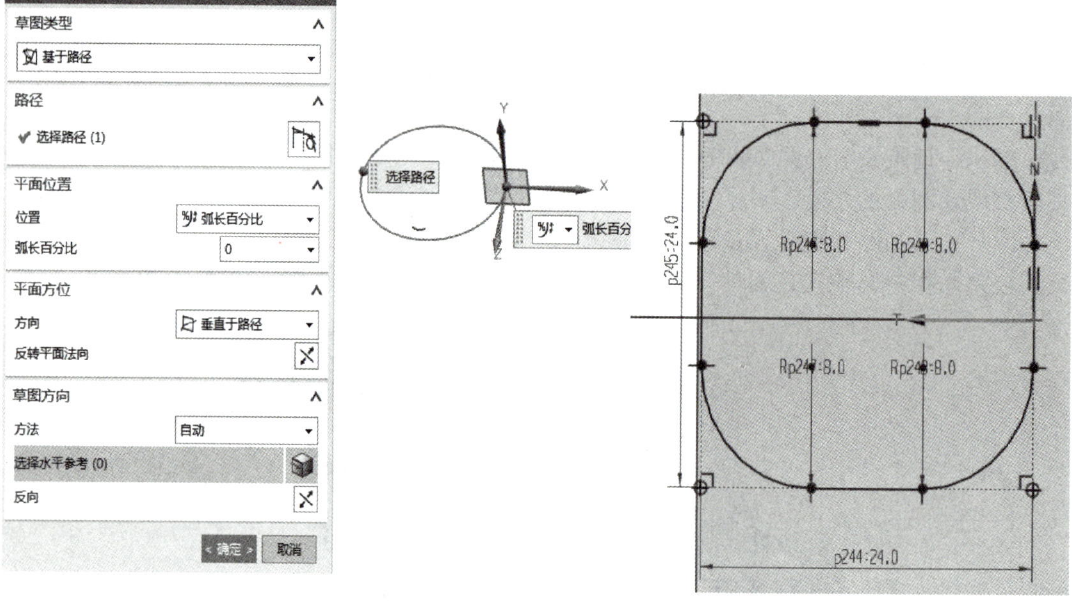

图 1-6-16 基于路径的草图

（3）生成外圈。

执行【插入】→【扫掠】→【扫略】命令，截面选择图 1-6-16 中的草图，引导线选择直径 224 的圆，结果如图 1-6-17 所示。

图 1-6-17 方向盘外圈

2. 创建方向盘中心模型

选择 *XY* 平面绘制草图，如图 1-6-18 所示，并对称拉伸，“距离”为 16。

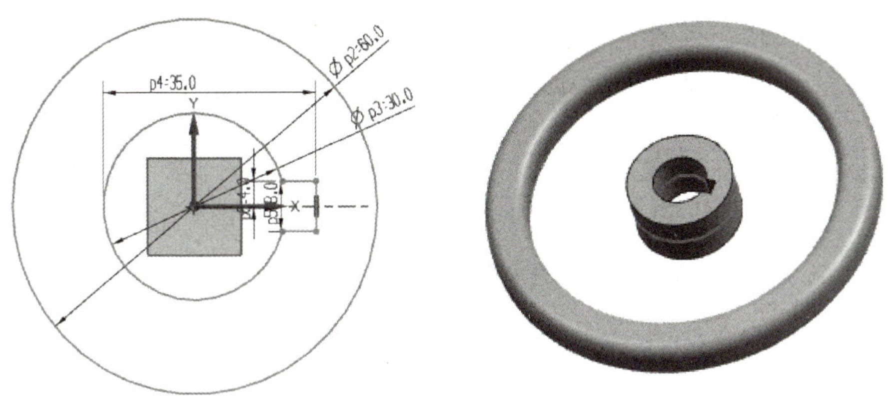

图 1-6-18　拉伸中间凸起

3. 创建轮辐

（1）轮辐草图。

选择 *X*-*Y* 平面绘制草图，如图 1-6-19 所示，线段要够长，其长度应与中间凸起和外圈相交。

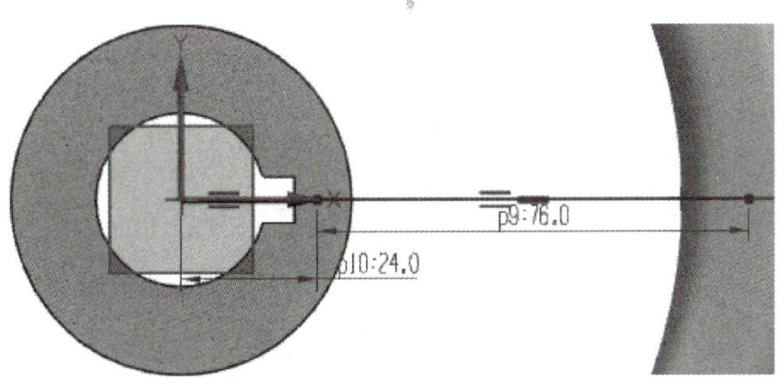

图 1-6-19　草图

（2）生成管道。

执行【插入→【扫掠】→【管道】命令，路径选择图 1-6-19 绘制的线段，外径为 20，效果如图 1-6-20 所示。

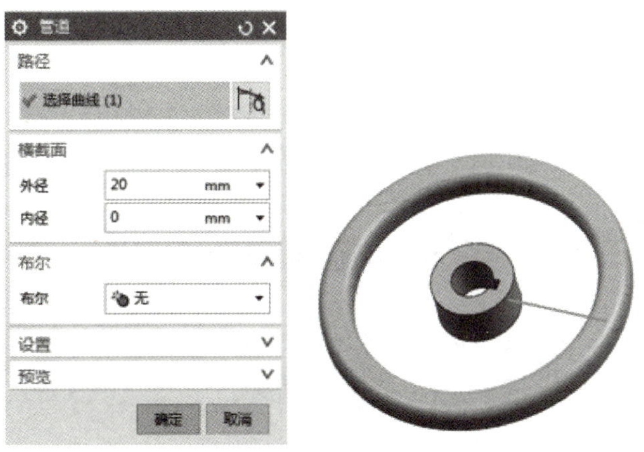

图 1-6-20　管道

（3）管道的圆形阵列。

单击【合并】命令，弹出对话框，“目标”选择刚生成的管道，“工具”选择中间凸起部分，单击“确定”，得到合并后的实体，如图1-6-21所示。再执行【插入】→【关联复制】→【阵列特征】命令，“特征”选择管道，“类型”选择圆形阵列，“轴”选择*Z*轴，“数量”为3个，“节距角”为90°，结果如图1-6-22所示。

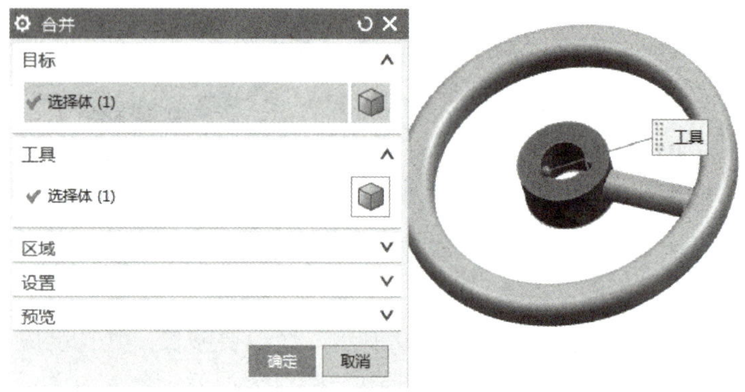

图1-6-21　合并

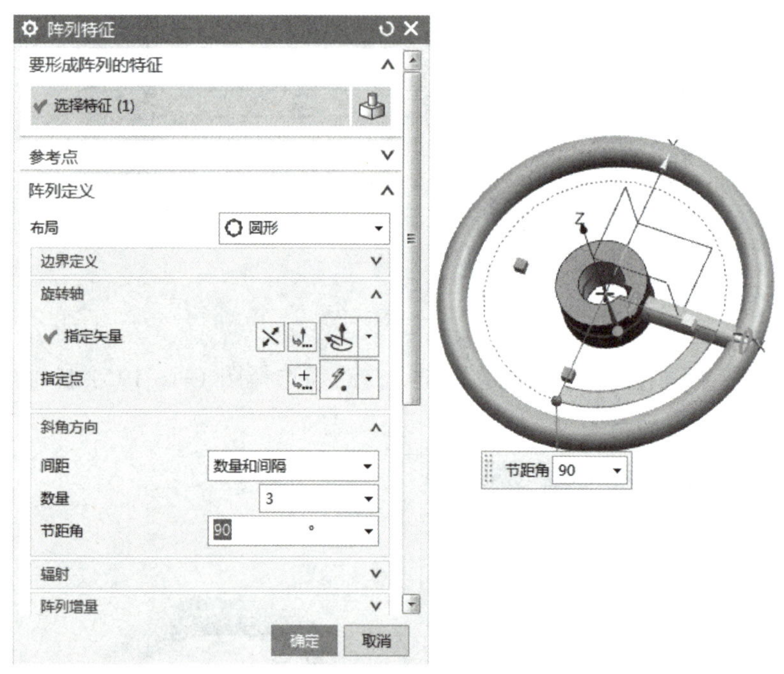

图1-6-22　管道的阵列

单击【边倒圆】命令，“边”选择内部过渡部分，“半径1”为8，如图1-6-23所示，单击“确定”，得到方向盘，如图1-6-24所示。

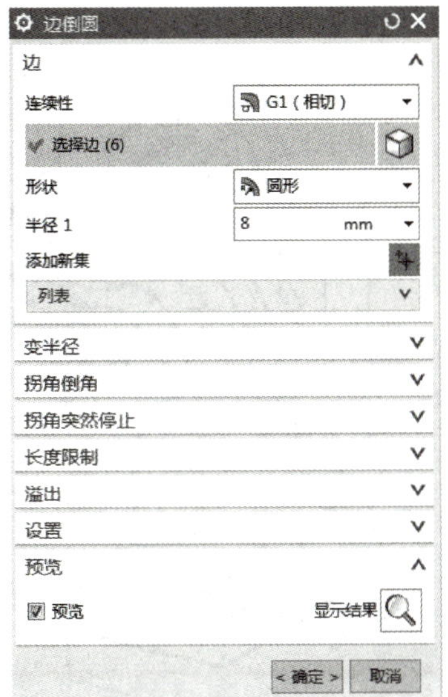

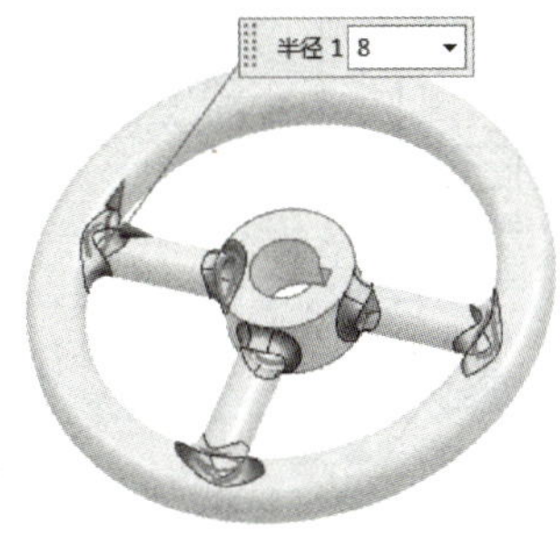

图 1-6-23 倒圆角

图 1-6-24 方向盘

四、上机练习

上机练习如图 1-6-25 至图 1-6-27 所示。

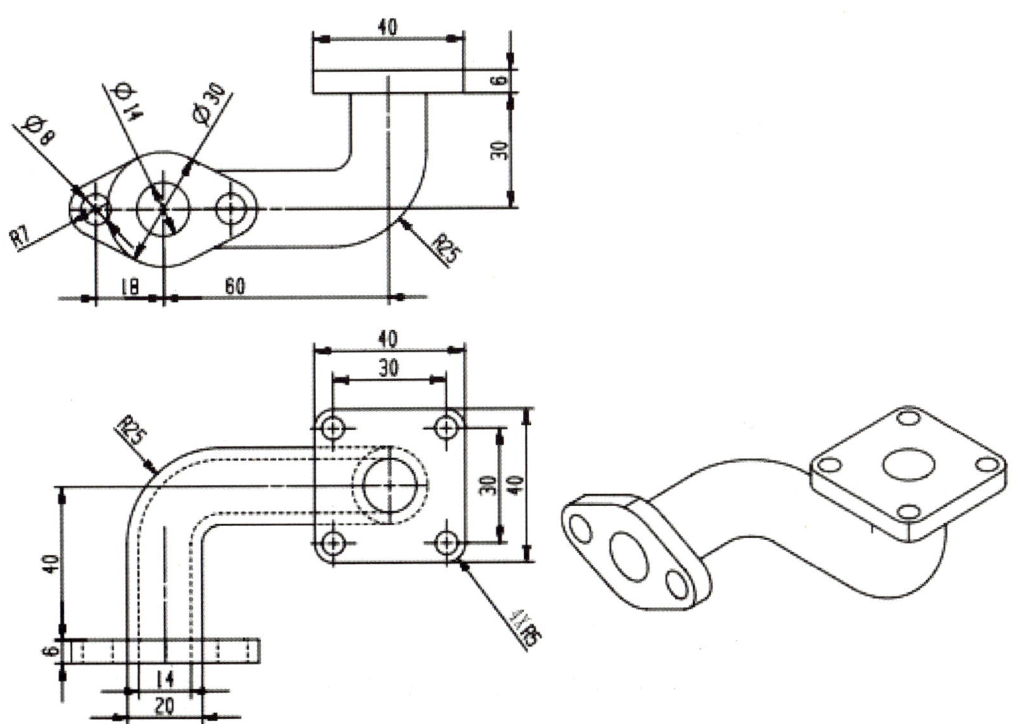

图 1-6-25 弯管

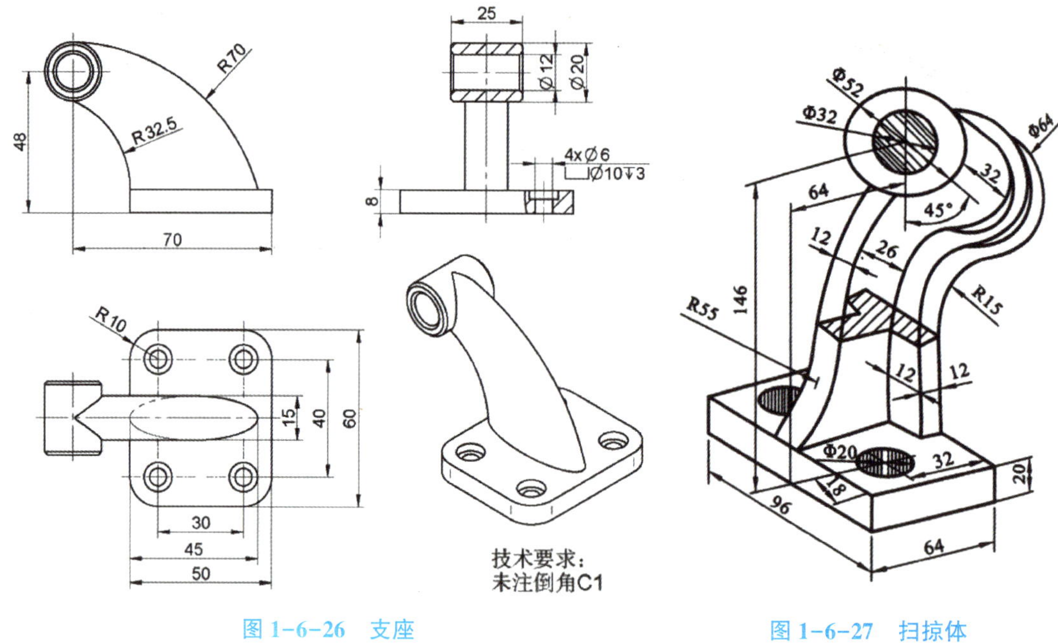

图 1-6-26　支座　　　　图 1-6-27　扫掠体

任务七　底盘的建模

一、实例分析

1. 学习任务

完成图 1-7-1 所示车身底盘的建模。

2. 知识目标

(1) 掌握长方体、圆柱、圆锥和球的生成方法；

(2) 掌握凸起的适用范围和操作方法；

(3) 掌握槽的适用范围和操作方法；

(4) 掌握抽壳的操作方法。

二、知识链接

1. 圆柱

执行【插入】→【设计特征】→【圆柱】，弹出对话框，如图 1-7-2 所示。创建圆柱的方法有两种，一是通过“轴、直径和高度”，二是“圆弧和高度”。

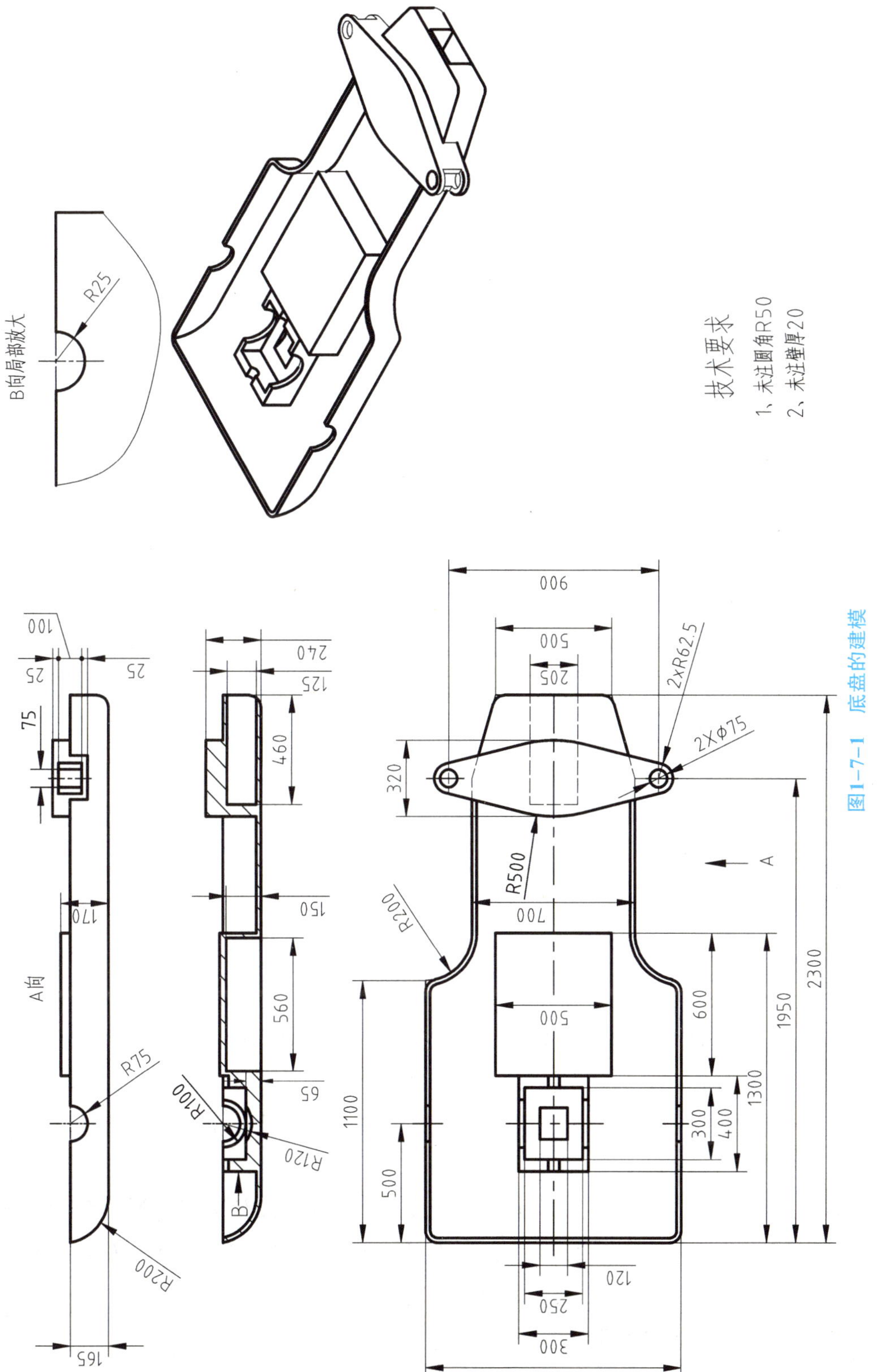

图1-7-1 底盘的建模

图 1-7-2　圆柱的类型

（1）类型 1：轴、直径和高度。

轴：通过单击“矢量构造器”，选择要生成圆柱体的轴线方向。

指定点：利用点构造器指定点的位置，该点是指沿轴的方向，圆柱起始端面圆心的位置。

尺寸：在直径文本框中分别输入圆柱的直径和高度。

布尔：选择与其他实体是否进行布尔运算。

（2）类型 2：圆弧和高度。

圆弧：选择已经绘制好的圆弧曲线。

高度：输入圆柱体的高度。

系统生成一个以圆弧曲线为起点，轴垂直于圆弧面，具有一定高度的圆柱体。

2. 长方体

用这种方法生成的长方体的方向只能沿着工作坐标系的 X，Y，Z 方向。执行【插入】→【设计特征】→【长方体】，弹出对话框，生成长方体的方法有三种，分别是通过“原点和边长”“两点和高度”和“两个对焦点”，如图 1-7-3 所示。

（1）类型 1：原点和边长。

原点：利用点构造器选择长方体的一个顶点，该顶点为长方体的定位原点，生成的长方体以原点为起点，分别沿着 XC，YC，ZC 的正方向生成长方体，如图 1-7-4 所示。

尺寸：分别输入长方体的长度、宽度和高度，即对应的 XC，YC，ZC 方向上的尺寸。

布尔：选择与其他实体是否进行布尔运算。

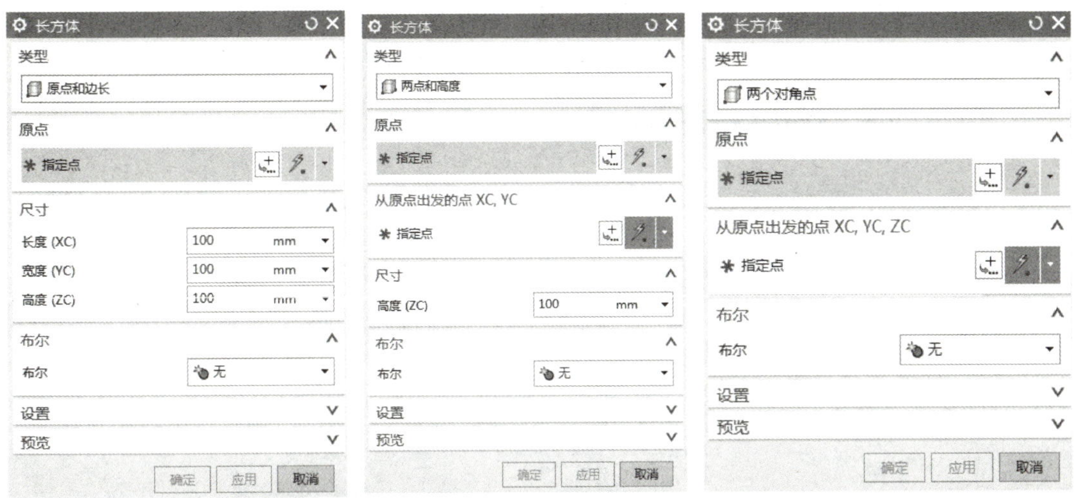

图 1-7-3　长方体的种类

(2) 类型 2：两点和高度。

原点：利用点构造器指定长方体的一个顶点，该顶点为长方体的定位原点。

从原点出发的 XC，YC：利用点构造器，指定长方体的另一个顶点，该顶点是原点在 XC-YC 平面上的对角点，效果如图 1-7-5 所示。

尺寸：ZC 方向上的高度值。

(3) 类型 3：两个对角点。

原点：利用点构造器指定一个顶点。

从原点出发的点 XC，YC，ZC：利用点构造器指定另外一个顶点，效果如图 1-7-6 所示。

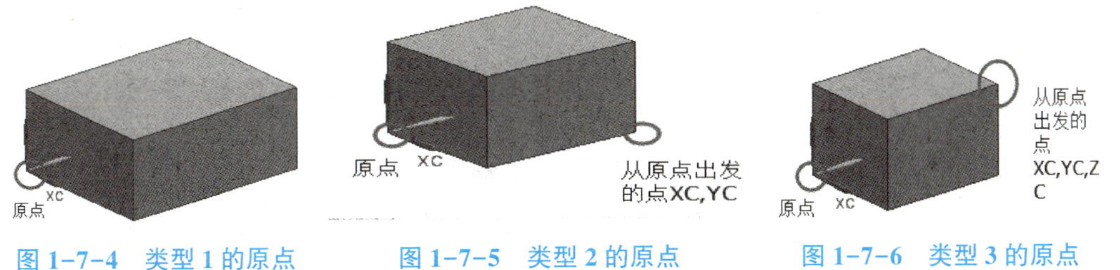

图 1-7-4　类型 1 的原点　　图 1-7-5　类型 2 的原点　　图 1-7-6　类型 3 的原点

3. 圆锥

执行【插入】→【设计特征】→【圆锥】，弹出对话框，如图 1-7-7 所示。

类型：【直径和高度】、【直径和半角】、【底部直径，高度和半角】、【顶部直径高度和半角】、【两个共轴的圆弧】。

轴：使用矢量构造器选择圆锥轴的方向。

指定点：使用点构造器选择圆锥底面直径的中心。

尺寸：根据圆台的表达方法，圆台有4个尺寸构成，分别是底部直径、顶部直径、高度、半角（素线和轴线的夹角），根据类型不同，输入相关尺寸，便可生成圆台。

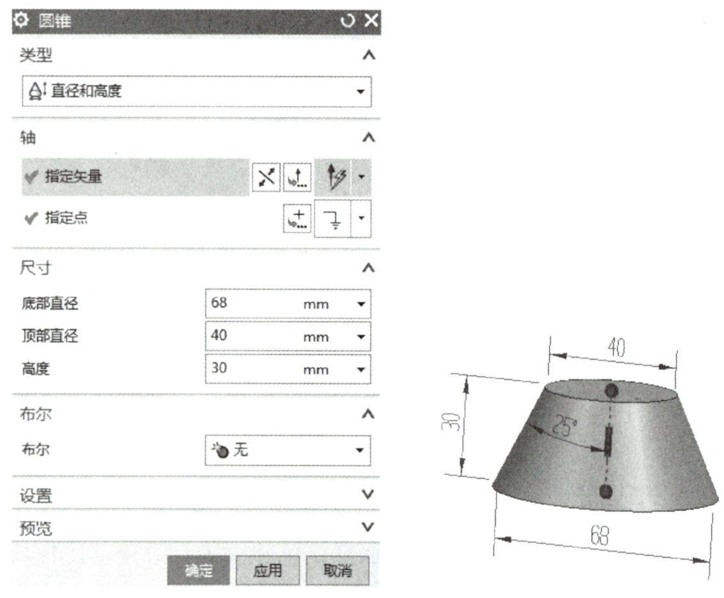

图 1-7-7　圆锥体的创建

4. 球

执行【插入】→【设计特征】→【球】，弹出对话框，如图 1-7-8 所示，可以通过“中心点和直径”或者“圆弧”两种方式创建球特征。第一种方式利用点构造器选择球体的中心，然后输入球的半径生成一个球体。第二种方式只需要选择一个圆弧，系统以该圆弧为截面生成一个球体。

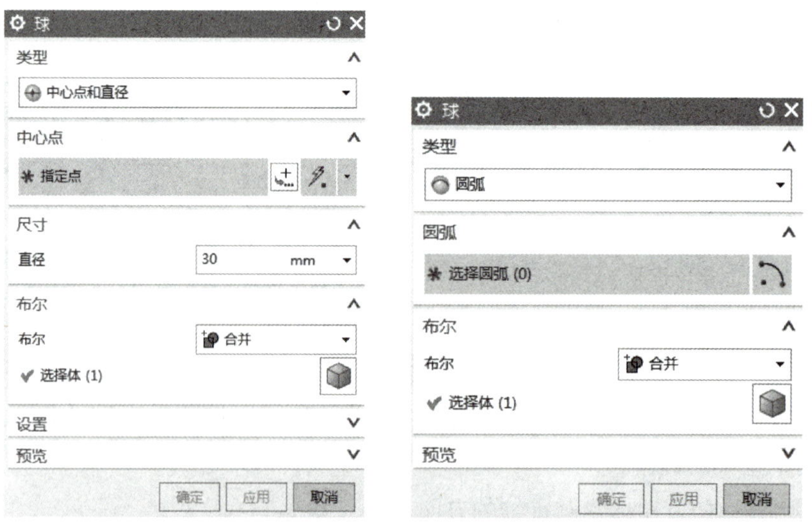

图 1-7-8　创建球对话框

5. 槽

槽是以旋转实体的内表面或外表面为放置面创建槽特征。该命令提供了矩形槽、球形槽和 U 形槽三种类型，如图 1-7-9 所示。

（a）矩形槽　　（b）球形槽　　（c）U形槽

图 1-7-9　槽的种类

这里以矩形槽为例说明槽的创建过程。执行【插入】→【设计特征】→【槽】命令，选择槽的类型，选择槽的放置面，然后设置槽特征的参数，利用【定位】对话框对槽进行定位，即可完成槽特征的创建，如图 1-7-10 所示。

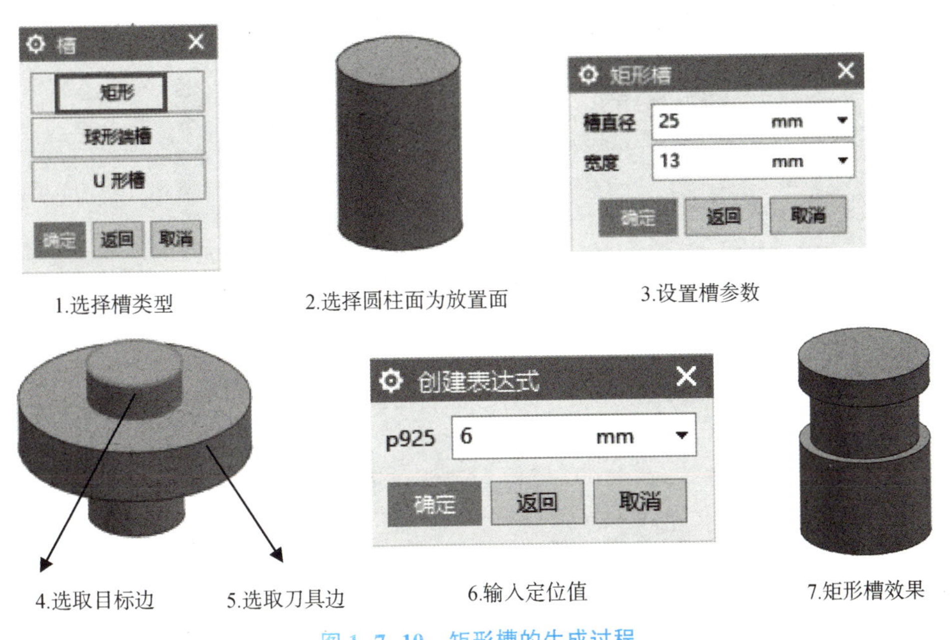

1.选择槽类型　　2.选择圆柱面为放置面　　3.设置槽参数

4.选取目标边　　5.选取刀具边　　6.输入定位值　　7.矩形槽效果

图 1-7-10　矩形槽的生成过程

6. 抽壳

抽壳指通过指定壁厚来抽空一个实体，其块状实体的内部按照一定的规律被挖空，可以通过使用抽壳命令创建具有一定壁厚的中空实体。一种是是“移除面，然后抽壳”，另外一种方式是“对所有面抽壳”，现在以图 1-7-11 为例，学习抽壳的操作过程，详见图 1-7-12。

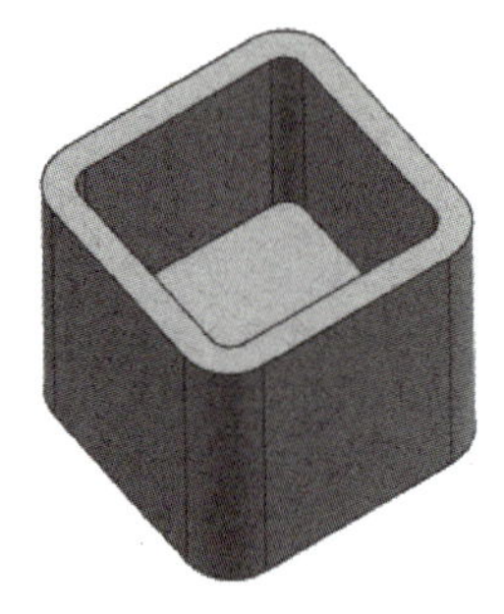
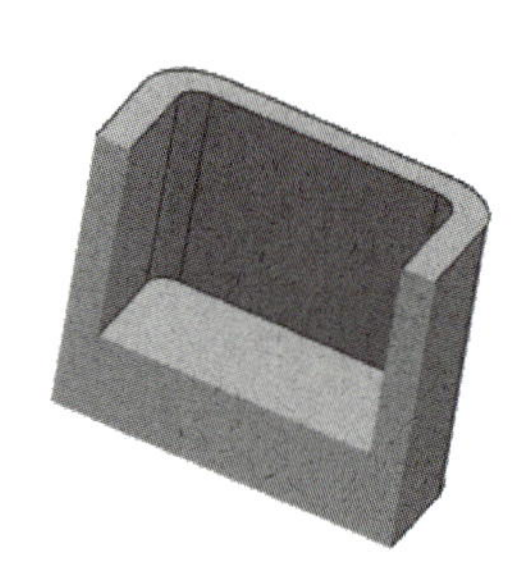

图 1-7-11 壳体

（1）执行【插入】→【细节特征】→【抽壳】，或单击工具条中的抽壳命令，系统弹出抽壳对话框，在类型下拉菜单中选择 移除面，然后抽壳 。

（2）定义穿透面：也就是要移除的面，选择最上面的面。

（3）定义抽壳厚度：在厚度文本框中输入壁厚。从图中可看出模型底部厚度与侧壁厚度不等，单击“备选厚度”，选择模型底面，在“厚度”文本框中输入底面厚度值。如果有几个面的厚度都不同，则通过厚度列表中的添加新集来实现。

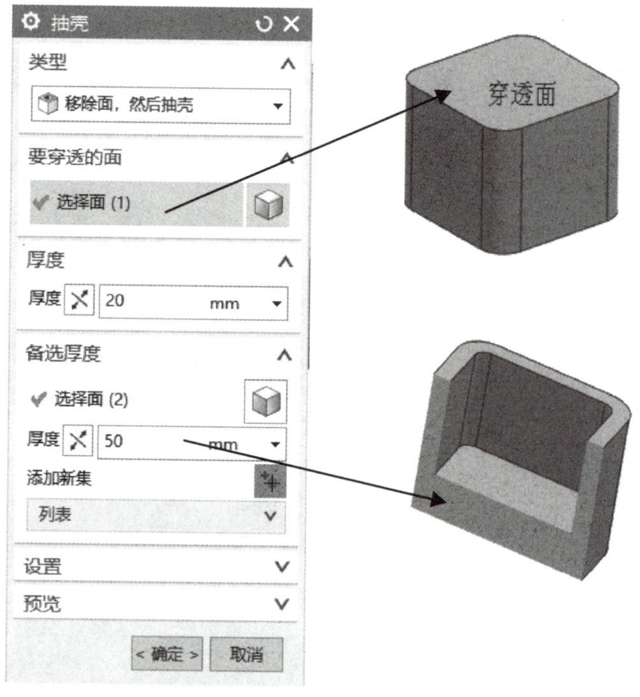

图 1-7-12 抽壳的操作过程

注意：如果设置的厚度是负值，那么实体将向相反方向抽壳。

“移除面，然后抽壳”的操作方式要先选择被移除的面，被选择的面将被删除，而“对所有面抽壳”，不需要移除面，操作过程与上述方法一致，不同的是抽壳的效果形成中空，如图 1-7-13 所示。

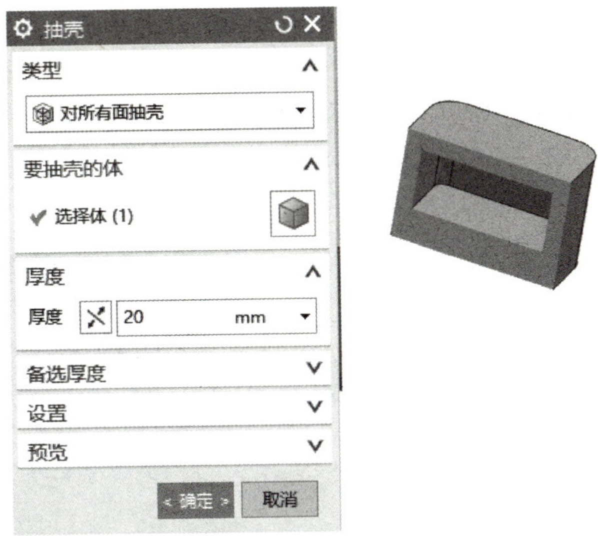

图 1-7-13 对所有面抽壳

三、操作过程

1. 创建底盘整体造型

（1）底盘。

在 *XY* 平面内绘制如图 1-7-14（a）所示的草图，单击【拉伸】操作，拉伸方向“向上”，拉伸起始值为“0”，结束值为“165”，效果如图 1-7-14（b）所示。

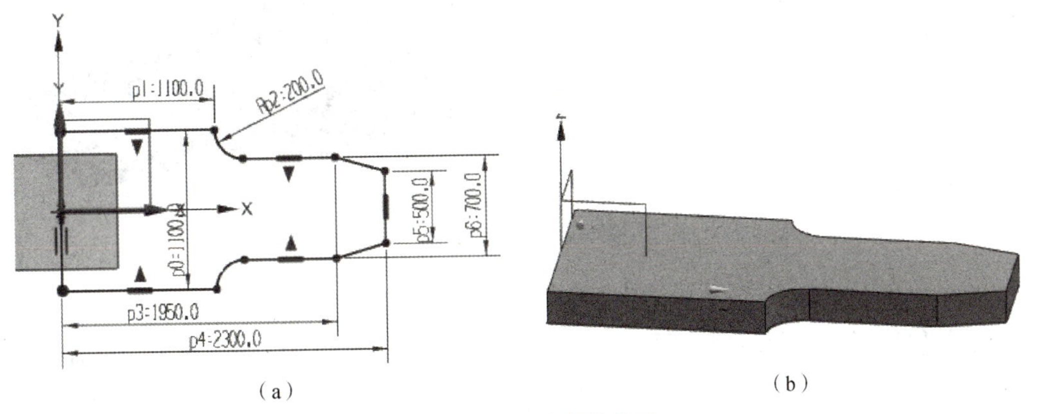

（a）

（b）

图 1-7-14 底盘整体造型

（a）草图；（b）对称拉伸

（2）实体倒圆角。

单击【边倒圆】命令，“选择边”选择左侧底边，在“半径 1”文本框中输入 200，单击“添加新集” ，选择其他边，底边和侧边，在“半径 2”文本框中输入 50，倒角效果如图 1-7-15 所示。

（3）抽壳。

执行【偏置或缩放】→【抽壳】命令，或直接单击工具条中的抽壳命令，选择最上面的面为要移除的面，壳厚度为 20，抽壳效果如图 1-7-16 所示。

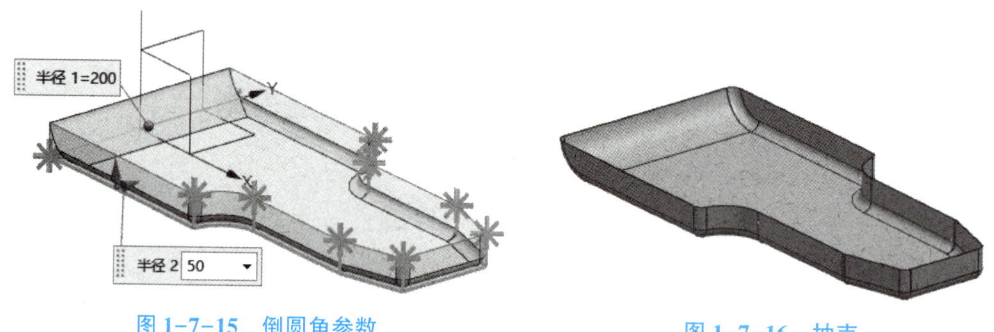

图 1-7-15　倒圆角参数

图 1-7-16　抽壳

2. 创建壳体内的支座

（1）绘制矩形块。

选择 *XY* 平面绘制草图，两个中心对齐的矩形，矩形尺寸分别为 400mm×300mm 和 600mm×500mm，分别拉伸，左侧小矩形拉伸 165mm，右侧长方体拉伸 170mm，如图 1-7-17 所示。

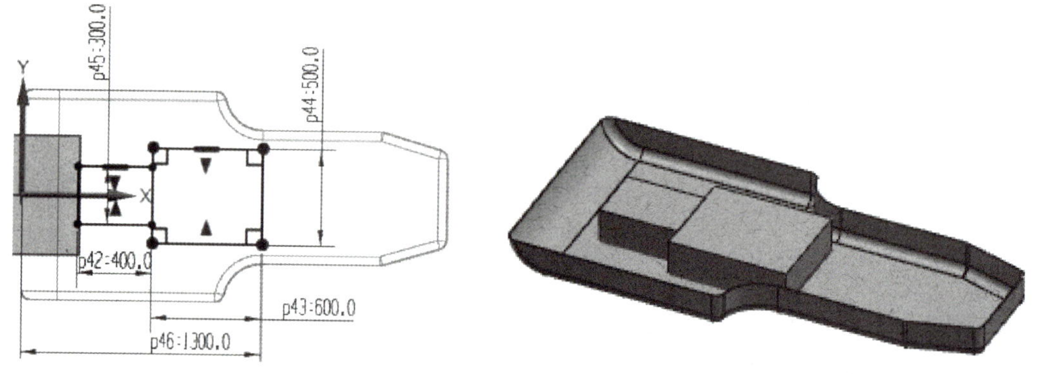

图 1-7-17　矩形块

（2）正面长方体腔体的生成

执行【插入】→【设计特征】→【长方体】，设置图 1-7-18（a）所示的对话框，类型选择“原点和边长”，在尺寸文本框中输入长宽高分别为 300，250，100，单击“指定点”中的，设置如图 1-7-18（b）所示的对话框，首先捕捉到图 1-7-18（c）所示的小长方体的“顶点 1”，现正生成的长方体的原点需要在“顶点 1”的位置基础上进行偏置，偏置值从图纸 1-7-1 中计算出来，并输入到 *X*，*Y*，*Z* 三个方向上的增量文本框中，分别为 50，25，-100，系统就会出现一个小球，球心即为偏置后点的位置，单击“确定”，回到 1-7-18（a）所示的对话框，布尔运算选择“减去”，生成的模型效果如图 1-7-18（c）所示。也可以通过绘制草图，进行拉升求差获得模型。

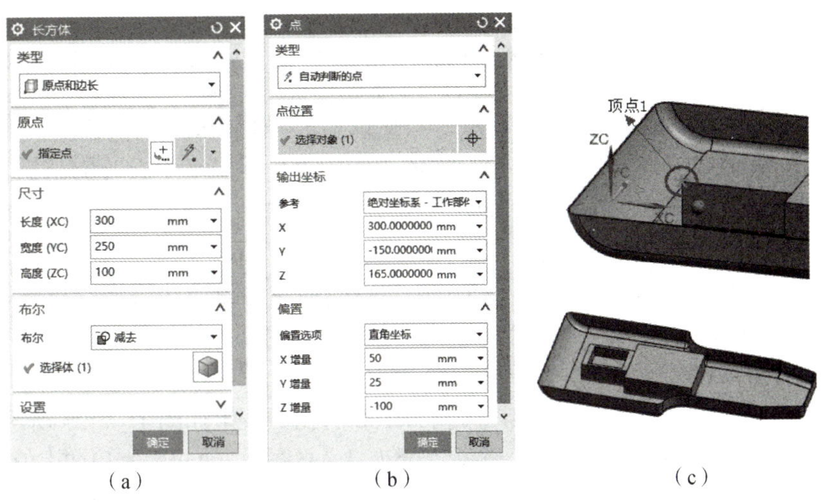

(a) (b) (c)

图 1-7-18 正面长方体腔体的生成过程

(3) 反面长方体腔体的生成

执行【插入】→【设计特征】→【长方体】，设置图 1-7-19（a）所示的对话框，类型选择“原点和边长”，在尺寸文本框中输入长宽高分别为 560，460，150，单击“指定点”中的，设置如图 1-7-19（b）所示的对话框，首先捕捉到图 1-7-19（c）所示的 *X*-*Y* 平面上正方形的顶点，坐标系如图 1-7-19（b）所示，偏置值也是需要从图纸 1-7-1 中计算出来，并输入到 *X*、*Y*、*Z* 三个方向上的增量文本框中，分别为 20，20，0，系统就会出现一个小球，球心即为偏置后点的位置，单击“确定”，回到 1-7-19（a）所示的对话框，布尔运算选择“减去”，生成的模型效果如图 1-7-19（c）所示。

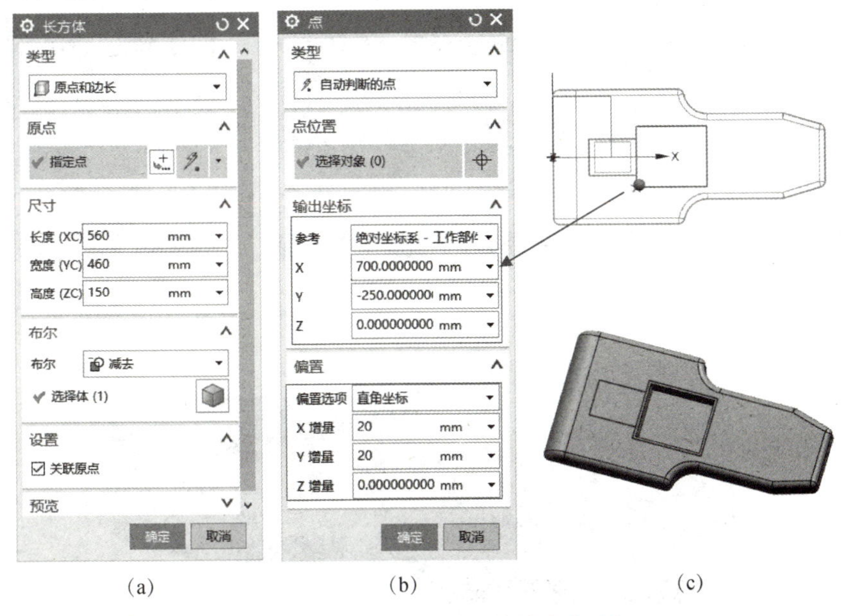

(a) (b) (c)

图 1-7-19 反面长方体腔体的生成过程

（4）支座细节操作。

1）在 *XZ* 平面内绘制一个半径为 120mm 的圆，定位方式如图 1-7-20 所示。

2）执行【孔】命令，单击“指定点”右侧的绘制截面命令，选择左侧长方体的左侧面为绘图截面，绘制一个点，位于长方体边的中点，即确定了孔心的位置，孔的方向沿“XC”向，在直径文本框中输入“50”，深度为“400”，锥顶角为“0”，完成 R25 的孔，效果如图 1-7-21 所示。

3）执行【拉伸】命令，选择图 1-7-20 绘制的圆作为截面曲线进行对称拉伸，拉伸值设为“60”，布尔运算选择“减去”，单击“应用”，生成的效果如图 1-7-22 所示。

4）继续拉伸 R120 的圆，设置单侧偏置量为“-20”，对称拉伸值设为“150”，布尔运算选择“减去”，单击“应用”，则完成了 *R*100 的孔，效果如图 1-7-23 所示。

5）继续拉伸 R120 的圆，设置单侧偏置量为“-45”，拉伸起始值和结束值都设为“贯通”，布尔运算选择“减去”，单击“确定”，则完成了 *R*75 的孔，效果如图 1-7-24 所示。

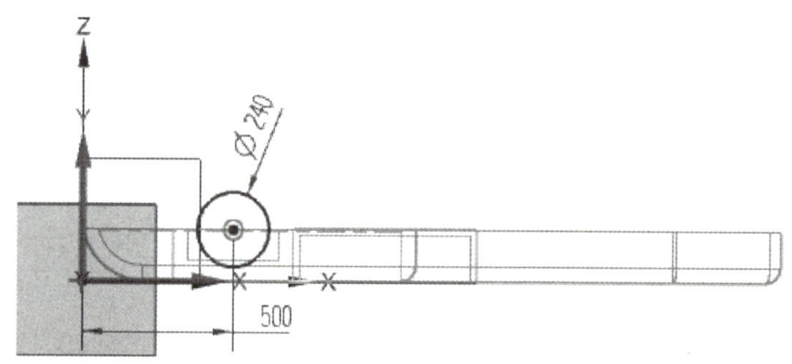

图 1-7-20　绘制草图

图 1-7-21　R25 的孔

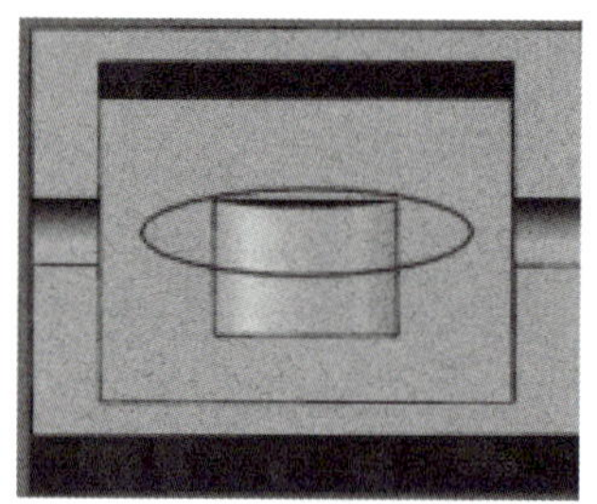

图 1-7-22　R120 的孔

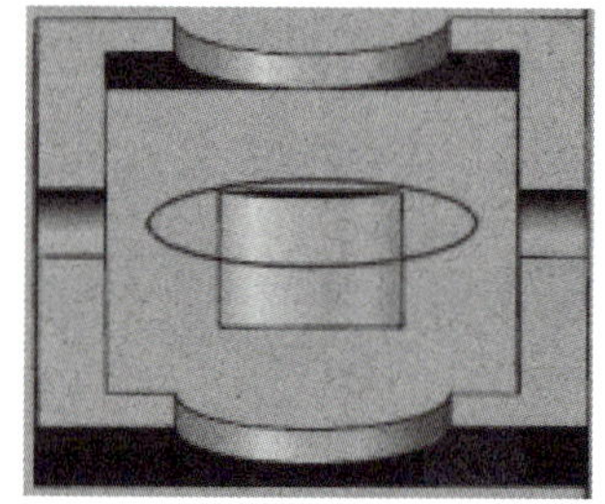

图 1-7-23　R100 的孔

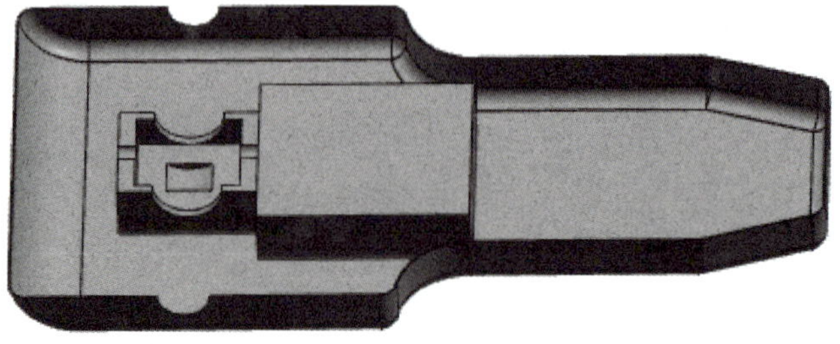

图 1-7-24　R75 的孔

3. 创建右侧支座

（1）支座建模。

选择底面作为草图平面绘制如图 1-7-25（a）所示的草图，并进行拉伸，开始拉伸值设为“90”，结束值设为“240”，布尔运算选择“合并”，单击“确定”完成右侧固定块，如图 1-7-25（b）所示。

（2）支座打孔。

执行【孔】操作，在 R62.5 的倒角圆心处创建一个 Ø75 的孔。效果如图 1-7-26 所示。

（3）支座的细节操作。

执行【草图】命令，创建一个新平面，与 *XZ* 平面的距离为 450，在该平面上绘制一个矩形，该矩形长度大于 130 即可，其它尺寸和约束关系如图 1-7-27（a）所示。拉伸该矩形，并与模型求差，并将该拉伸体以 *XZ* 平面进行镜像操作，效果如图 1-7-27（b）所示。

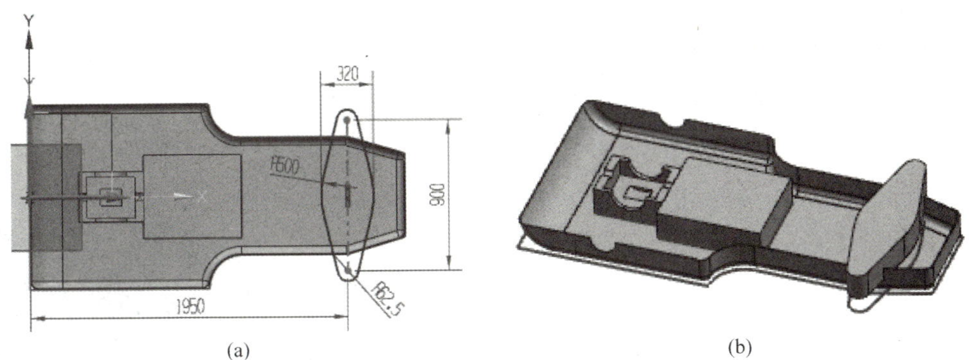

图 1-7-25　右侧支座的建模

（a）支座草图；（b）支座的拉伸

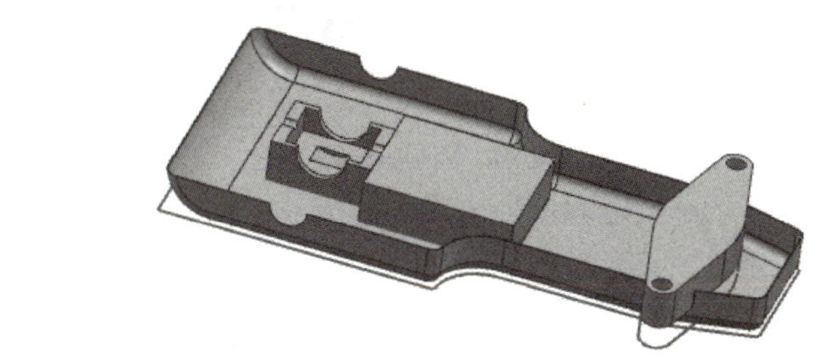

图 1-7-26　支座打孔

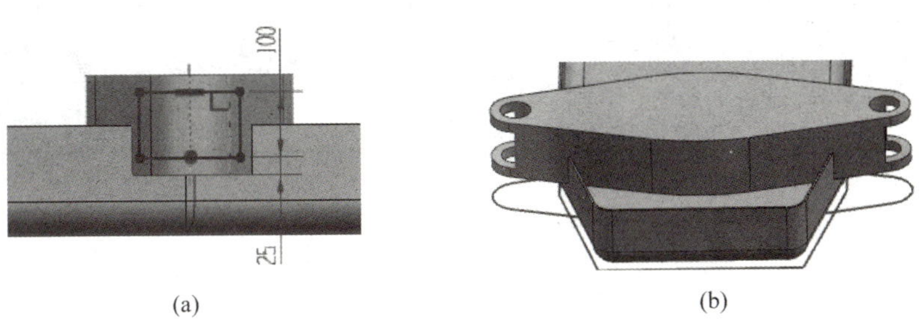

图 1-7-27　支座的细节操作

（a）绘制草图；（b）拉伸

4. 创建支座腔体

（1）支座延伸。

读图纸 1-7-1，发现右侧支座为完整实体，非壳体。单击【拉伸】命令，将模型显示切换到“静态线框”，视图切换到“仰视图”，选择条切换到“单条曲线”，“在相交处停止”，选取图 1-7-28（a）所示的空间曲线，拉伸开始值为“0”，结束值选择“直至下一个”，延伸支座到壳体内表面，拉伸效果如图 1-7-28（b）所示。

（2）延伸支座右侧壳体。

单击【拉伸】命令，选择条切换到“面的边”，选取图 1-7-29（a）所示的空间曲线，拉伸开始值为“0”，结束值选择“直至延伸部分”，延伸到的面选择壳体顶部，即高度 165mm 处，拉伸效果如图 1-7-29（b）所示。

（3）创建腔体。

在 *XZ* 平面内绘制一个矩形，长度是 460mm×125mm，如图 1-7-30（a）所示，对称拉伸 102.5mm，与之前的实体求差，最终效果如图 1-7-30（b）所示。

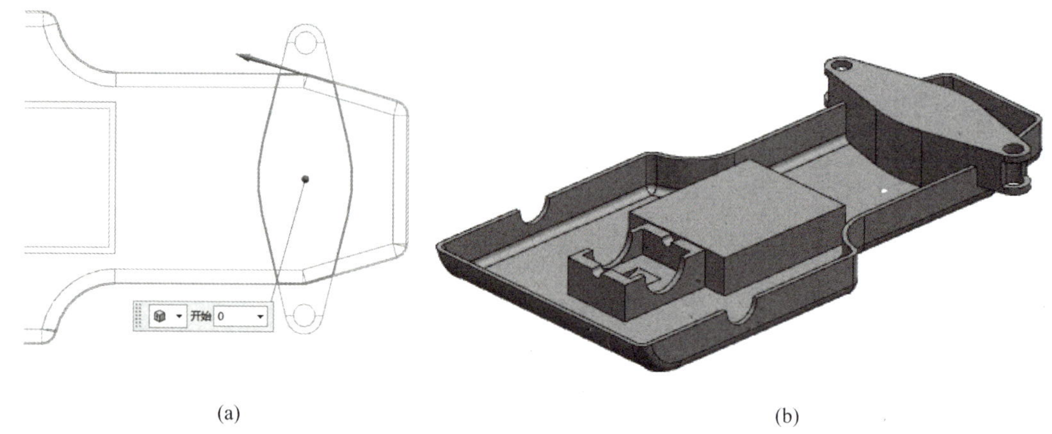

(a)　　(b)

图 1-7-28　支座延伸

（a）取拉伸曲线；（b）拉伸

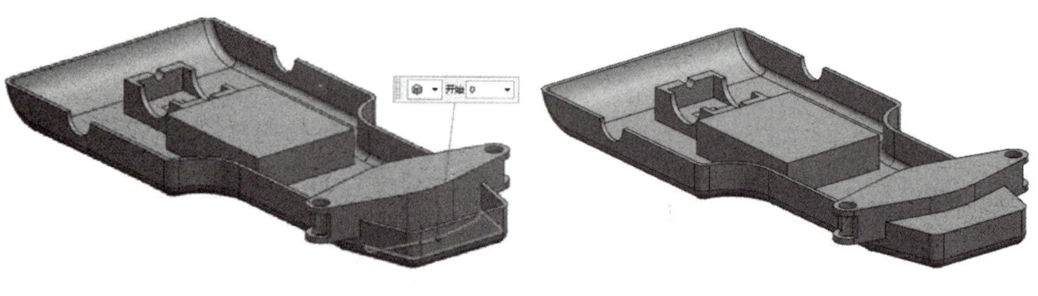

(a)　　(b)

图 1-7-29　支座右侧的拉伸

（a）选取拉伸曲线；（b）拉伸

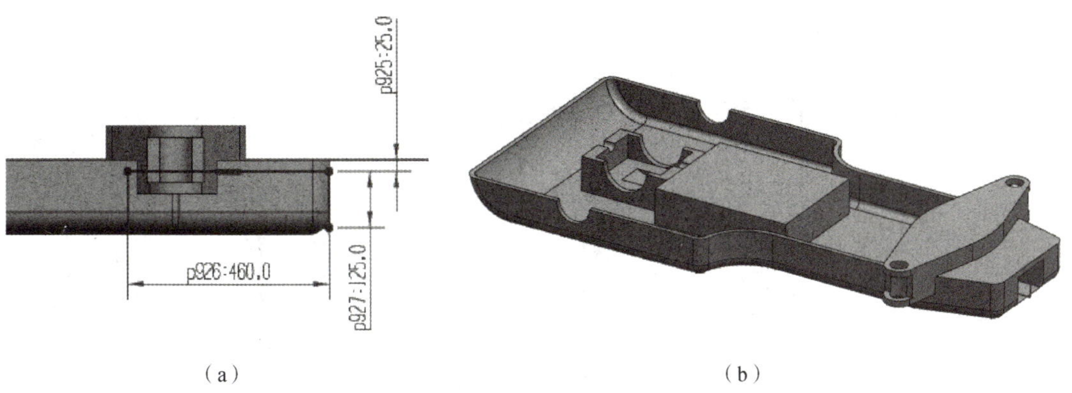

（a）　　　　　　（b）

图 1-7-30　底盘

（a）绘制矩形草图；（b）拉伸腔体

四、上机练习

上机练习如图 1-7-31 至图 1-7-32 所示。

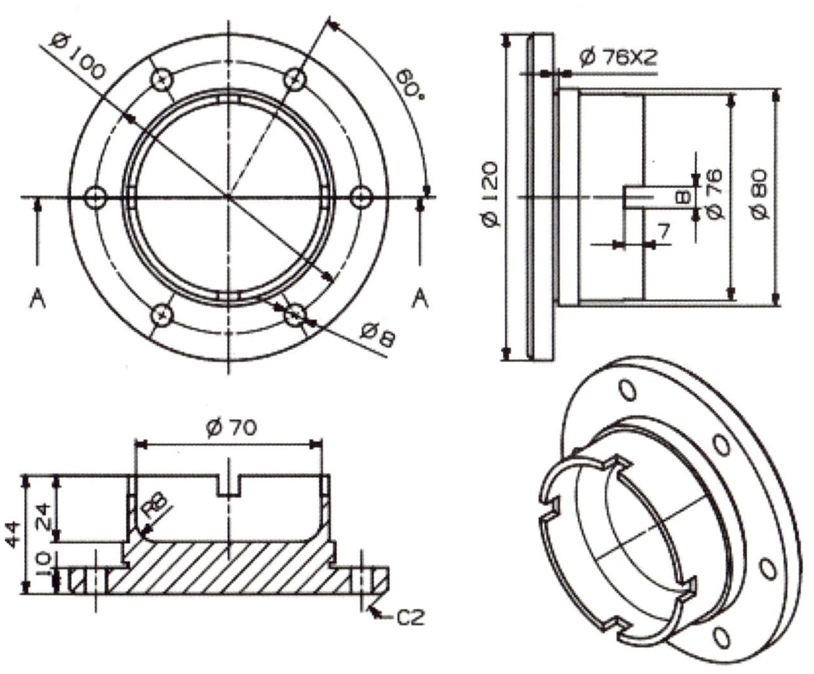

图 1-7-31　端盖

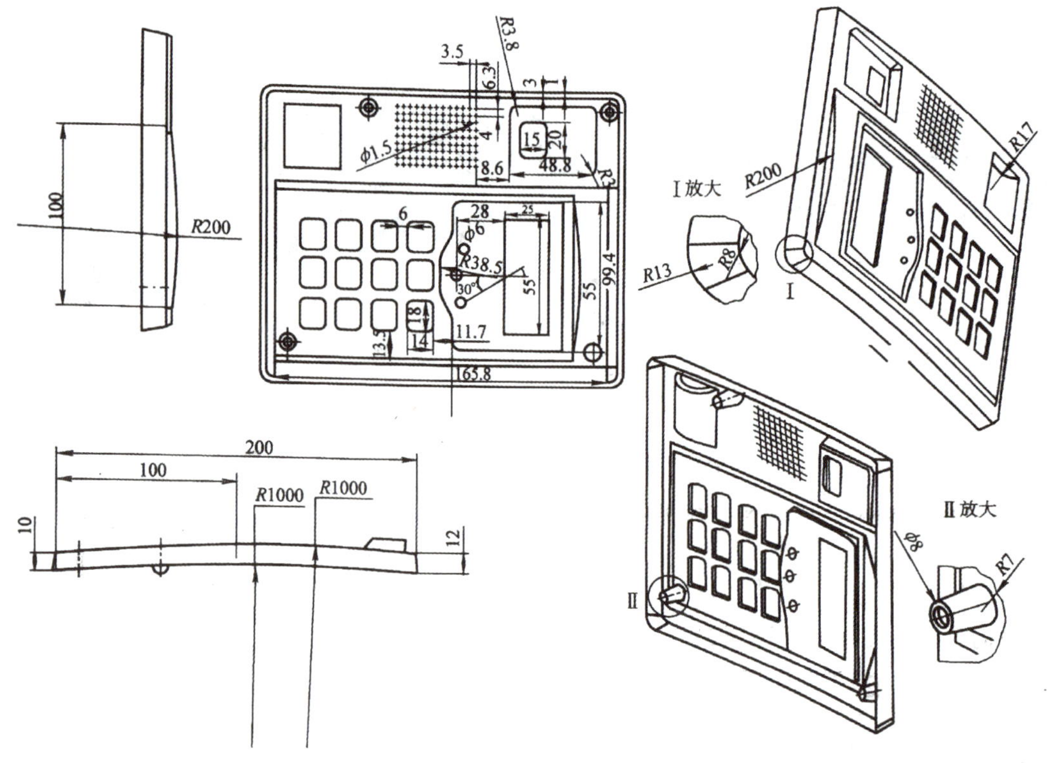

图 1-7-32　电话壳

任务八　车身的建模

一、实例分析

1. 学习任务

完成图 1-8-1 所示车身的建模。

2. 知识目标

（1）掌握修剪体的操作方法；

（2）掌握变半径倒角的操作。

二、知识链接

1. 变半径倒角

（1）变半径倒角。

如图 1-8-2（a）所示为等半径倒角，图 1-8-2（（b）所示为变半径倒角，区别在于整条边上的倒角半径不相等，圆角半径渐变过渡。

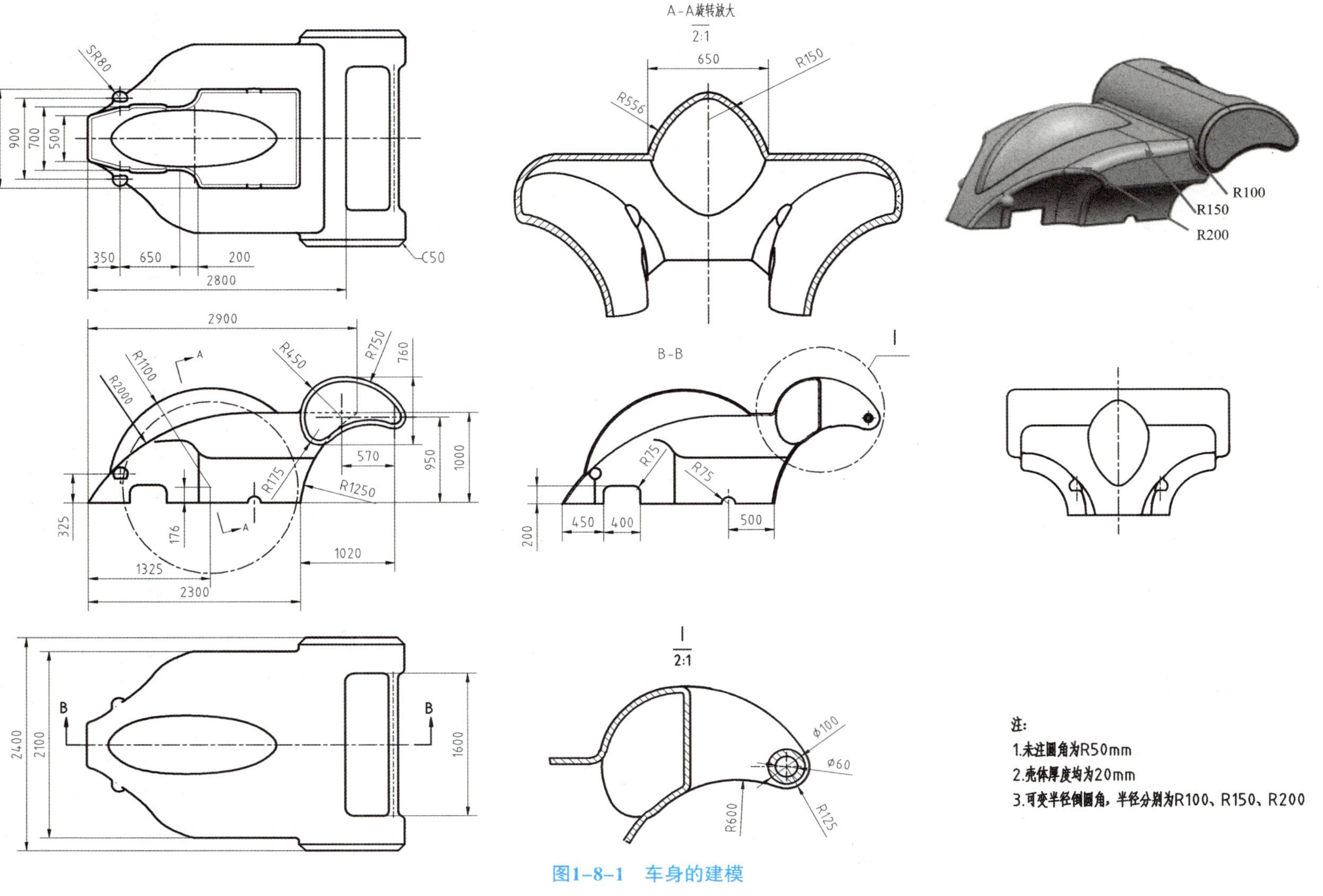

注：
1.未注圆角为R50mm
2.壳体厚度均为20mm
3.可变半径倒圆角，半径分别为R100、R150、R200

图1-8-1 车身的建模

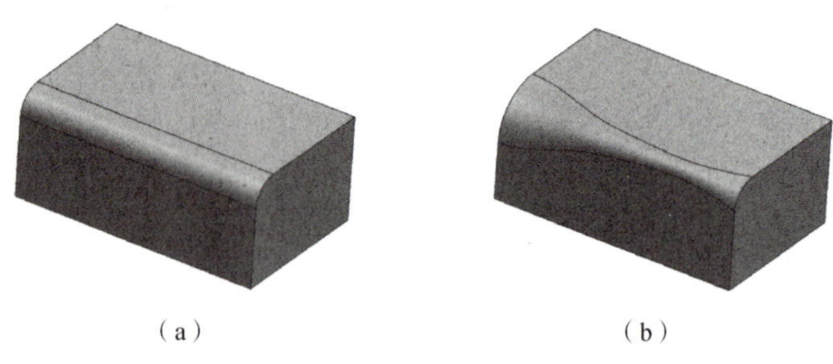

图 1-8-2

（a）等半径倒角；（b）可变半径倒角

操作步骤：

1）执行【插入】→【细节特征】→【边倒圆】命令，或直接执行工具条中的边倒圆命令，出现如图 1-8-3 所示的对话框；

2）选择要倒圆的边；

3）定义圆角形状：在对话框的“形状”下拉菜单中，选择圆形；

4）定义变半径点：单击“指定半径点”区域的点对话框，利用点构造器指定变半径的位置，也就是半径变化的控制点。

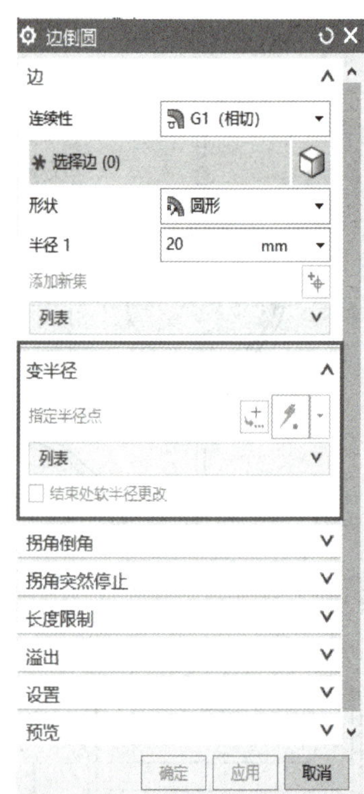

图 1-8-3 变半径对话框倒

单击，选择第 1 个控制点，双击列表，在 V 半径值中输入 10，为控制点指定半径，按回车键，此时列表中就会出现该点倒圆角参数；

指定第 2 点，弧长 20% 处，V 半径 5，按回车；

指定第 3 点，弧长 50% 处，V 半径 8，按回车；

指定第 4 点，弧长 100% 处，V 半径 20，按回车。

单击列表，检查每个变点的倒角变径是否正确。如需要修改，单击列表中的指定点，在 V 半径框中重新输入半径值即可，变半径倒角的效果如图 1-8-4 所示。

（2）拐角倒圆角。

该命令用于对相交于一点的三条边进行倒角，通过选择三边，在其三边的交点处选择其顶点，可以创建拐角倒圆角。通过拐角倒圆角创建出来的倒角，看起来非常美观。

操作步骤：

1）执行【插入】→【细节特征】→【边倒圆】命令，“倒圆边”选择图 1-8-5 所示的长方体一个顶点处的 3 条边；

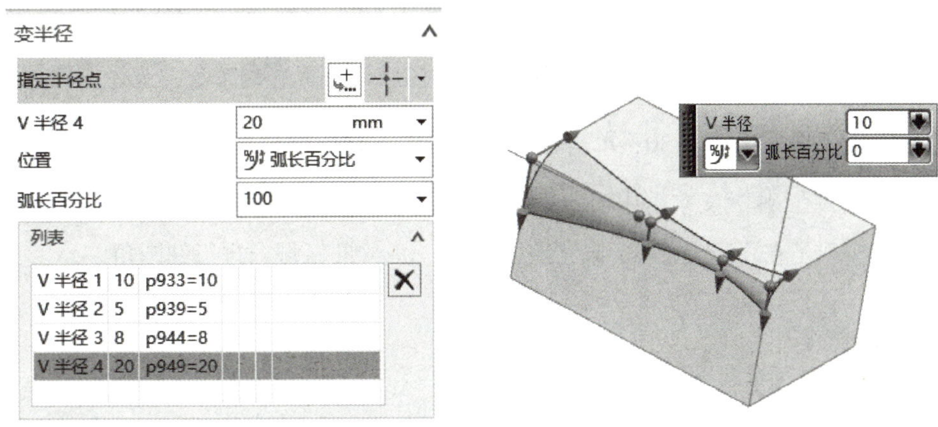

图 1-8-4 可变半径倒角操作

2）定义圆角形状：在对话框的形状下拉菜单中，选择圆形；

3）定义圆角半径：在半径文本框中输入 10；

4）定义拐点：单击拐角倒角区域中的自动判断命令，选择三条边的交点。

5）定义拐点的倒角距离，如图 1-8-5 所示。点击列表中的倒角，可以对倒角距离进行修改。

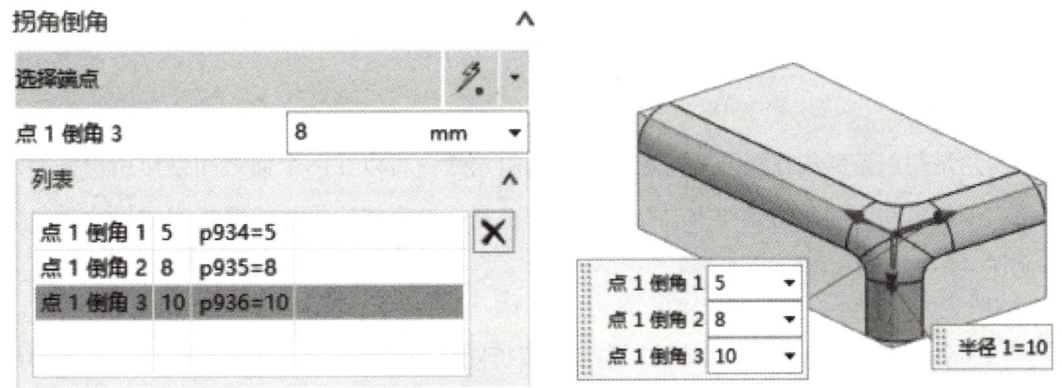

图 1-8-5 拐点倒角

（3）拐角停止倒圆角。

如想让一条边只进行部分长度倒圆角，就要使用“拐角停止倒圆角”命令了，选择一条边，并指定倒圆角的起点和终点位置。操作步骤如下：

1）执行【插入】→【细节特征】→【边倒圆】命令，要倒圆的边选择图 1-8-6 所示的长方体的一条边。

2）定义圆角形状：在对话框的形状下拉菜单中，选择圆形。

3）定义圆角半径：在半径文本框中输入 10。

4）定义倒角位置：单击 拐角突然停止 区域中的自动判断 命令，选择倒圆边的左侧端点，在 弧长 文本框中输入 30；单击在 拐角突然停止 区域中的自动判断 命令，选择倒圆边的右侧端点，在 弧长 文本框中输入 10；则完成了拐角停止倒圆角操作，如图 1-8-6 所示，该操作实现了在距离左侧 30mm 与距离右侧 10mm 的区域内进行倒圆角。

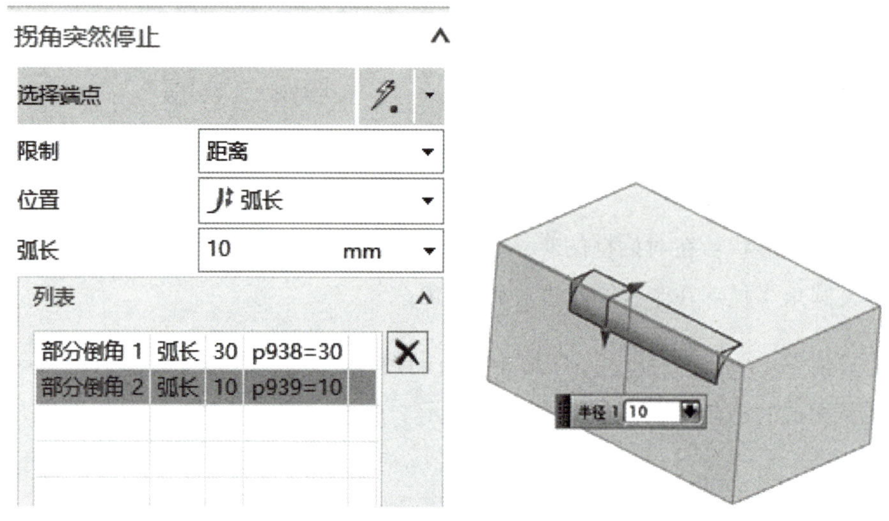

图 1-8-6　拐角停止倒圆角

2. 倒斜角

斜角是用一条斜线连接两个对象。使用倒斜角命令可以在两个面之间创建用户需要的斜角。倒斜角和倒圆角的操作方法极其相似，都是选取实体边缘并按照指定的尺寸进行倒角操作。

（1）执行【插入】→【细节特征】→【倒斜角】 命令，或直接执行工具条中的倒斜角命令，出现如图 1-8-7（a）所示的倒斜角对话框。

（2）在倒斜角对话框中，单击“选择边” ，选择要倒斜角的一条或多条边。

（3）设置偏置尺寸：

1）对称：如果选择了对称，沿两个方向的偏置量是相同的。在距离文本框中键入一个距离值即可，斜边角度默认 45°，如图 1-8-7（b）所示。

2）非对称：如果选择了非对称，则沿两个方向的偏置量不等。对于不对称偏置，可利用反向命令 ，偏置顺序从边缘一侧反转到另一侧。

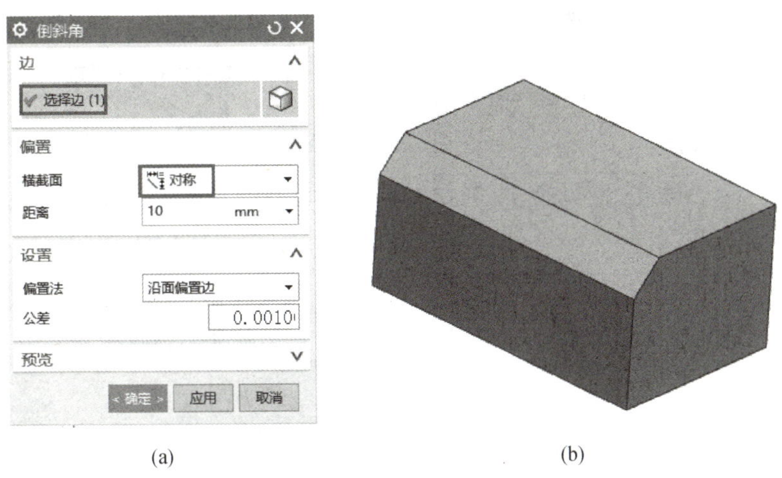

(a) (b)

图 1-8-7 对称倒斜角

在距离 1 和 2 中输入具体数值，将鼠标点到“距离 1”，则图中用蓝色箭头指示了距离 1 的方向，在文本框中输入 5，鼠标点到“距离 2”，则蓝色箭头切换到距离 2 的方向，在文本框中输入 10。非对称倒斜角的操作过程如图 1-8-8 所示。

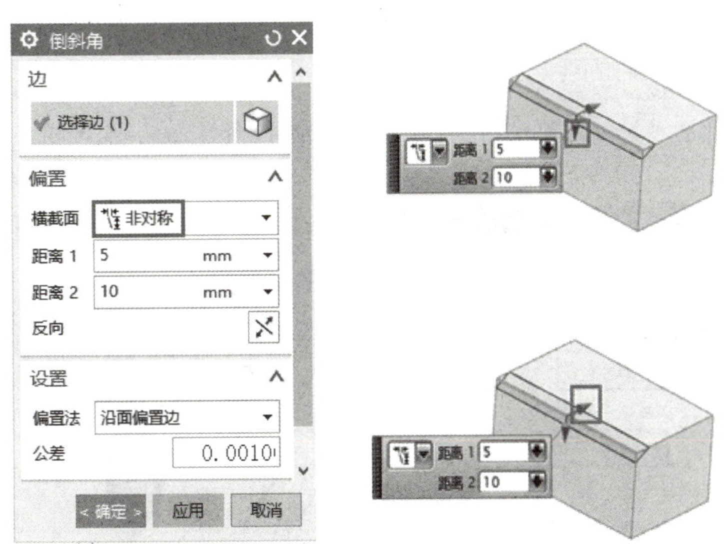

图 1-8-8 非对称倒斜角

(4) 偏置和角度。

如果选择了“偏置和角度”，则在“距离”框中键入一个距离值，并在“角度”框中键入一个角度值。操作过程如图 1-8-9 所示，通过执行反向命令，使角度从一侧反转到另一侧，预览并选择需要的结果。

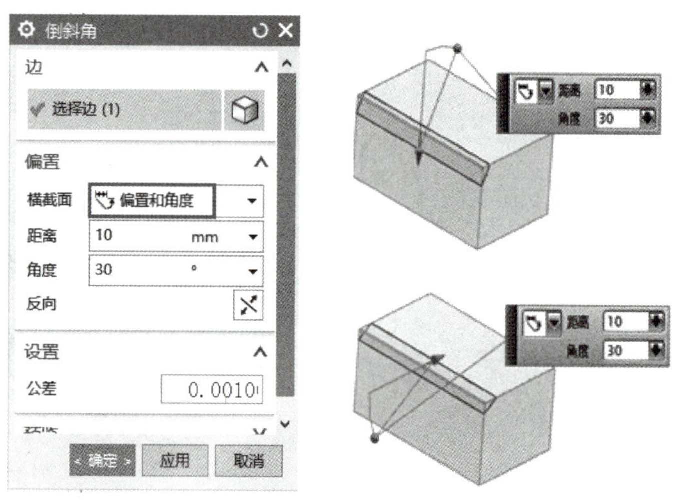

图 1-8-9 偏置倒斜角

3. 面倒圆

面倒圆是指在选定面组之间添加相切圆角面，圆角形状可以是圆形或二次曲线。可以任意在两组面之间生成一个圆角面，两组面可以不用相交，或没有公共边。当两组面有交线时，一般使用边倒圆进行倒角。面倒圆命令下选定的面组不需要进行布尔运算，通常是一些片体。其操作步骤如下：

（1）执行【插入】→【细节特征】→【面倒圆】命令，出现图 1-8-10 所示的面倒圆对话框。

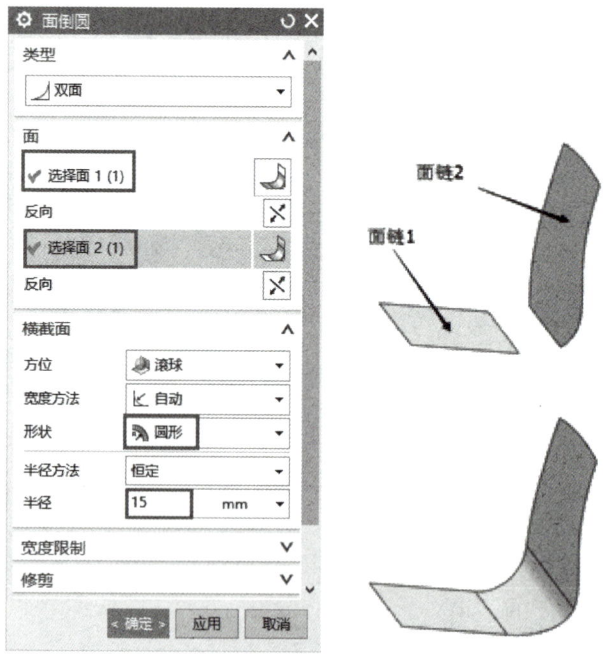

图 1-8-10 面倒圆

（2）选择面链：在 * 选择面链 1 中选择一个面，按中键确认，激活 * 选择面链 2，选择绘图区域的另一个面。

注意：选择面链时，面的方向应该指向生成的倒圆角面的圆心。

（3）设置面倒圆横截面：截面方向 为滚球，形状 为圆形，并在半径文本框中输入半径值为 15。点击“确定”，即生成图 1-8-10 所示的面倒圆效果。

4. 修剪体

修剪体是用面去修剪实体。执行【插入】→【修剪】→【修剪体】命令，或单击“特征”工具栏“修剪体”命令，弹出“修剪体”对话框，目标体是修剪的对象，工具体是修剪的工具，如图 1-8-11 所示。

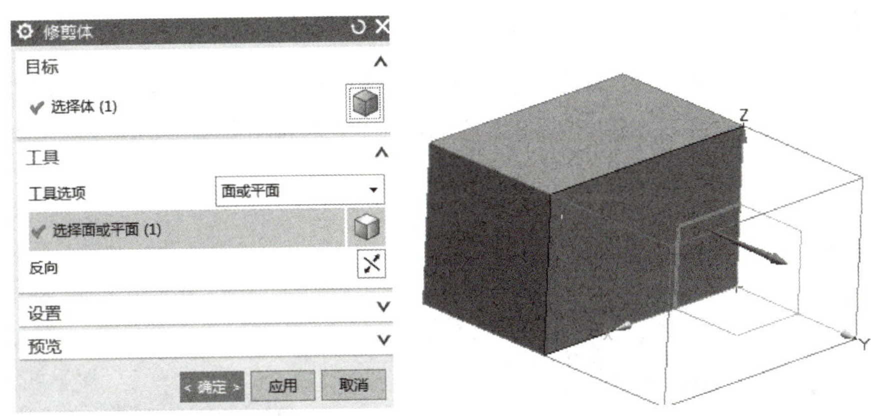

图 1-8-11　修剪实体

三、操作过程

1. 车身主体建模

在 *XZ* 平面绘制草图并约束，草图尺寸如图 1-8-12 所示，完成草图，执行【拉伸】命令，对称拉伸，拉伸值为 1 050。

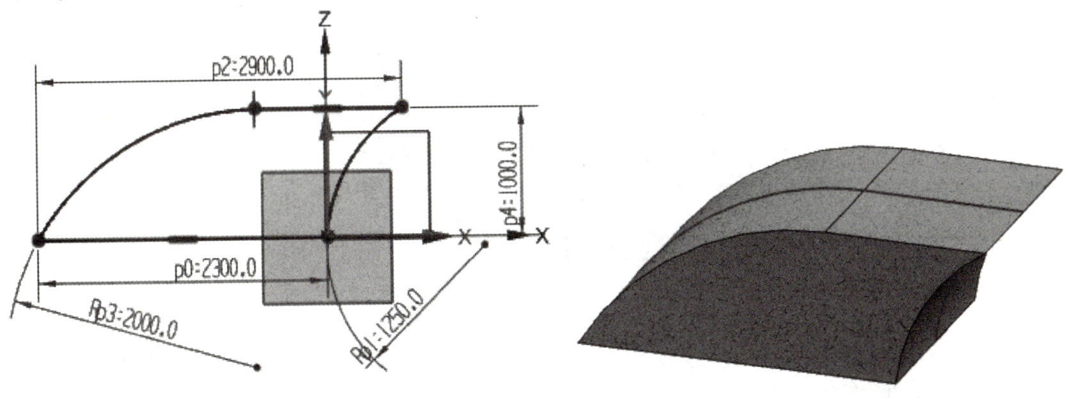

图 1-8-12　主体拉伸

2. 车尾的建模

（1）车尾主体。

在 X–Z 平面绘制草图，草图尺寸见图 1–8–13 所示，完成草图，执行【拉伸】命令，对称拉伸，拉伸值为 1 200，与图 1–8–12 拉伸的实体求和，结果如图 1–8–14 所示。

注意：该草图包含的曲线都是圆弧，在约束过程中容易发生变形，且比较难拖动，打开草图工作条中的【延时评估】命令，对草图中的尺寸进行标注，此时草图形状不变，再单击【评估草图】，则此时草图会按照草图中的约束，自动判断出草图形状。

（2）倒斜角。

单击【插入】→【细节特征】→【倒斜角】，或直接执行工具条中的【倒斜角】命令，出现倒斜角对话框。“选择边”为车身尾部端面的曲线，“横截面”的方式选择“对称”，在距离框中键入距离值 50，单击“确定”，结果如图 1–8–14 所示。

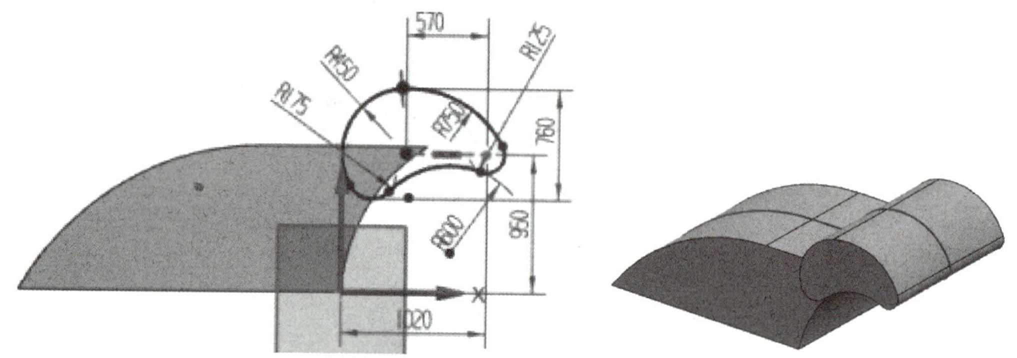

图 1–8–13　车尾拉伸

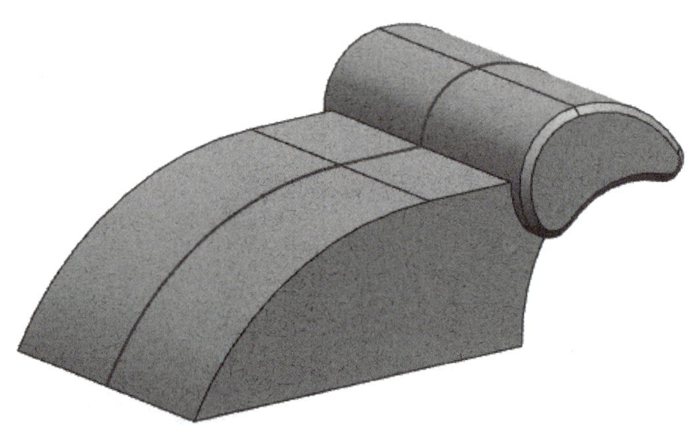

图 1–8–14　车身尾部倒斜角操作

（3）修剪车尾。

在 XY 平面绘制如图 1–8–15 所示的草图，并拉伸，拉伸距离要够大，穿过整个车尾，与前一步创建的模型求差；在 *XZ* 平面绘制一个直径为 100mm 的圆，与车尾模型中 R125 的圆弧同心，对称拉伸圆弧，拉伸值为 800，与现有模型求和，效果如图 1-8-16 所示。

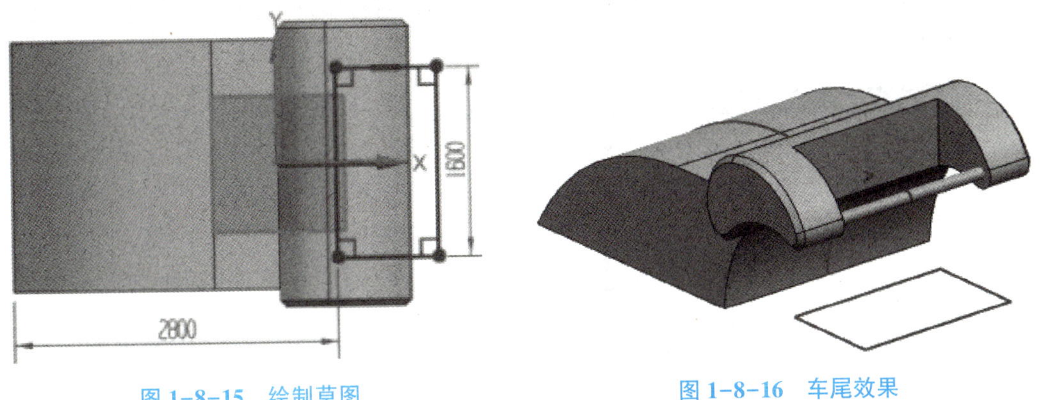

图 1-8-15　绘制草图　　　　图 1-8-16　车尾效果

3. 车身底部建模

（1）绘制草图。

执行【草图】命令，以车身底面为草图平面绘制如图 1-8-17 所示的草图。先绘制一半草图并约束，对约束好的曲线执行【镜像】操作。

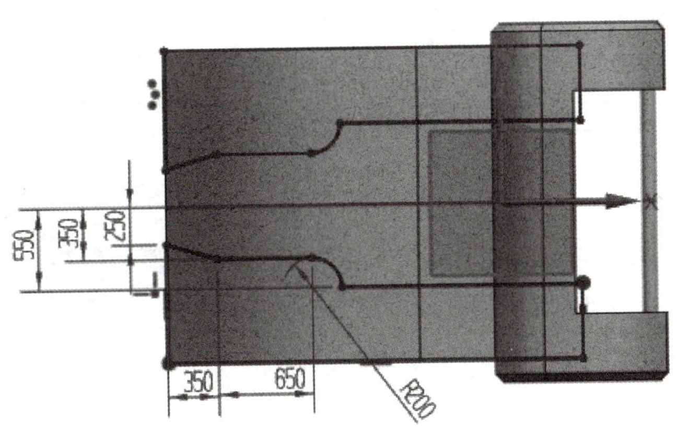

图 1-8-17　绘制草图

（2）回转操作。

执行【回转】命令，设置如图 1-8-18 所示的对话框。

截面：首先在选择条过滤器里设置为“相连曲线”，然后选择图 1-8-17 所示草图中其中一半曲线为回转截面；

轴线：使用“自动判断”的方法，选择草图中的底边为旋转轴；

旋转角度：系统默认所选的曲线截面为 0°面，旋转角度顺时针转动为负，逆时针转动为正，角度开始值为“0”，结束值为“360”，完成整周旋转；

布尔运算：选择“差集”，求差运算是将刀具体从目标体中移出。

注意：在进行实体求差时，工具体必须与所选的目标体相交，否则系统会发出警告工

具体完全在目标体外，布尔运算只能用于实体与实体间的操作，所以本操作中如果旋转角度即使没有设置成360°，角度也要够大，旋转体与车身要完全相交。

单击“应用”，用同样的方法选择另一半草图作为回转截面完成车身底部建模，结果如图 1-8-19 所示。

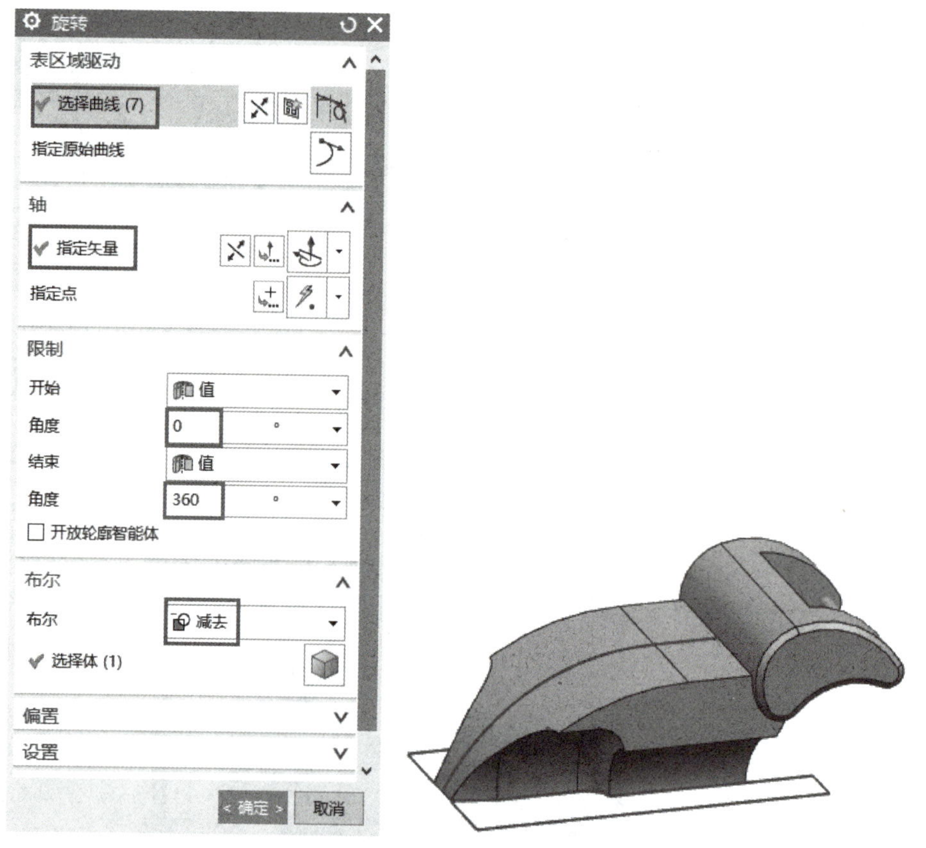

图 1-8-18　车身底部回转

4. 车身中间凸起部分的建模

（1）绘制草图。

在距离底面 176mm 的平面上绘制草图，并约束，草图形状和尺寸如图 1-8-19 所示。

（2）回转操作。

单击【回转】命令，在回转命令对话框中设置回转参数。

截面：选择图 1-8-19 所示的草图；

矢量：在指定矢量的下拉菜单中选择“YC”；

指定点：此时必须指定点，输入坐标（-975，0，176），说明该轴线与 Y 轴平行，且通过点（-975，0，176），也就是图 1-8-1 车身图纸中主视图辅助圆的圆心坐标。

旋转角度：角度开始值为“0”，结束值为“360”，完成整周旋转；

布尔运算：选择“无”，不进行布尔运算；

单击“确定”，效果如图 1-8-20 所示。

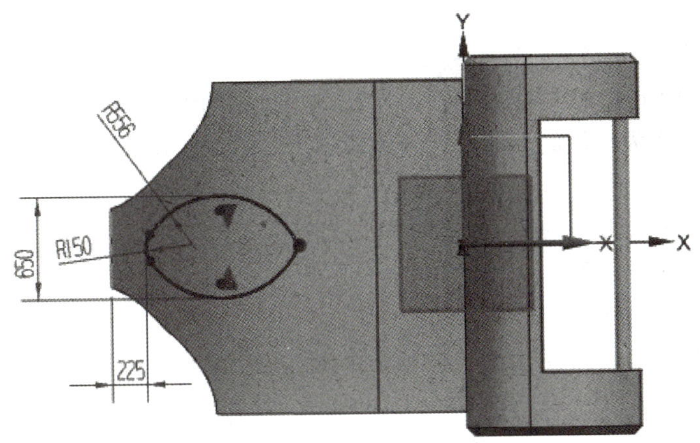

图 1-8-19 绘制凸起截面曲线

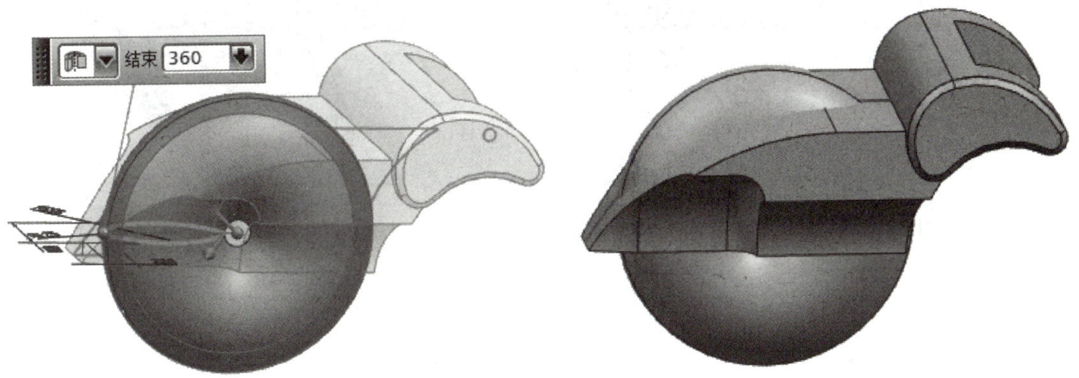

图 1-8-20 回转轴线及效果

（3）修剪。

执行【插入】→【修剪】→【修剪体】命令，选择目标体是图 1-8-20 中的回转体，工具平面是车身上表面，位于该平面下方的回转体被修剪掉。执行【合并】操作，将凸起和车身进行求和，效果如图 1-8-21 所示。

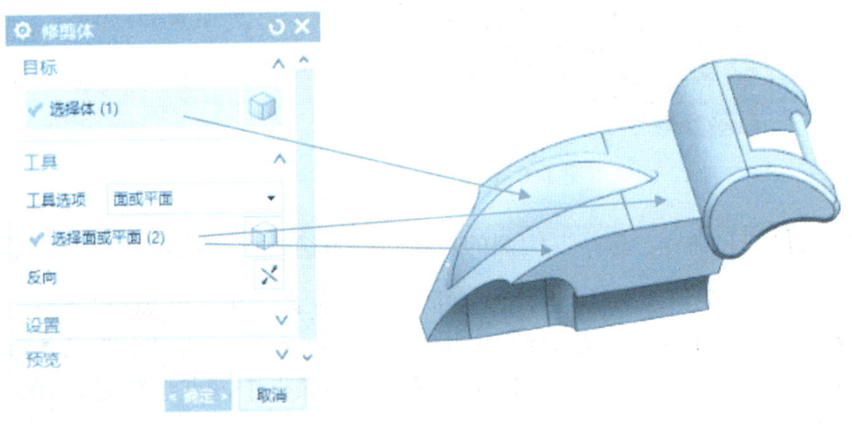

图 1-8-21 修剪操作

5. 车灯建模

(1) 绘制草图。

在距离 *XY* 平面上方 325mm 的平面上绘制草图，并约束。注意要多绘制一条过圆心的参考线，该参考线作为车灯的回转轴，结果如图 1-8-22 所示。

(2) 回转操作。

执行【回转】命令，在回转命令对话框中设置回转参数。

截面：选择图 1-8-22 所示草图中的一个圆弧。

回转轴：选择过圆弧截面的参考线。

布尔运算：与之前的实体合并，单击“应用”，完成另外一个车灯的回转操作。结果如图 1-8-23 所示。

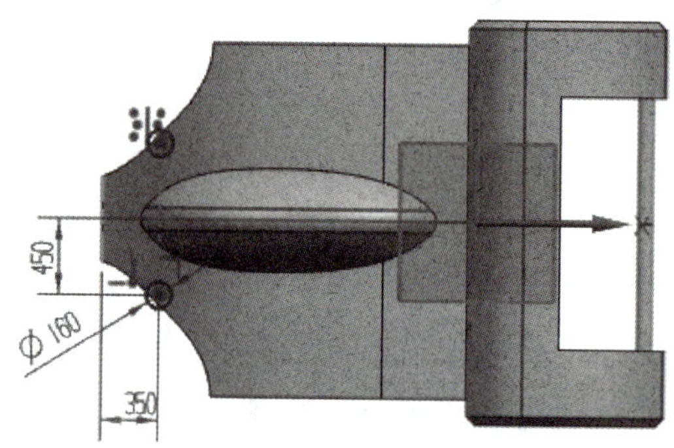

图 1-8-22　车灯草图

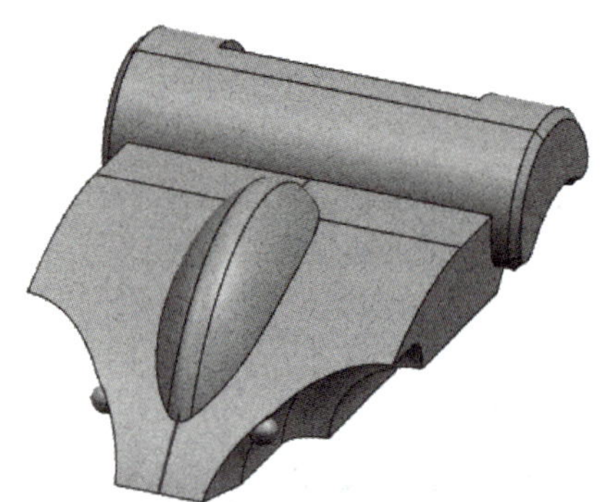

图 1-8-23　车灯建模

6. 倒圆角

(1) 变半径倒圆角。

图 1-8-24 所示为变半径倒圆角的边和控制点，两条侧边的控制点对称。

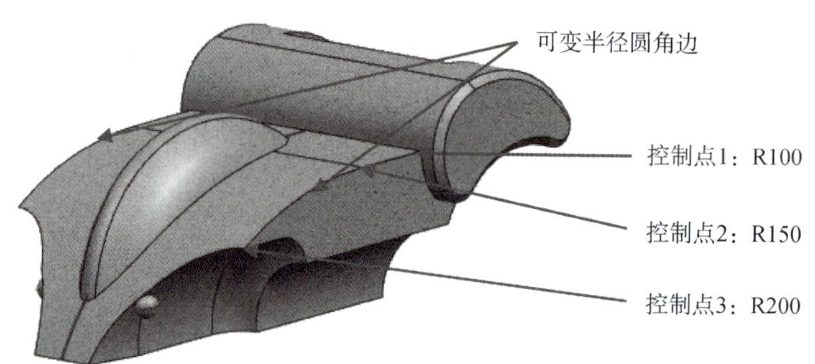

图 1-8-24　可变变径倒角参数

执行【边倒圆】命令，选择要倒圆的一条边，对话框中“指定半径点”激活，如图 1-8-25 (a) 所示，单击点对话框，选中“控制点 1”，单击“确定”，则在“指定半径点”的列表框中出现第一个控制点，双击列表框中的点，在“V 半径”文本框中输入该点的倒角半径为 100，在键盘上按“回车”键，则列表框中该点半径变成 100，如图 1-8-25 (b) 所示。

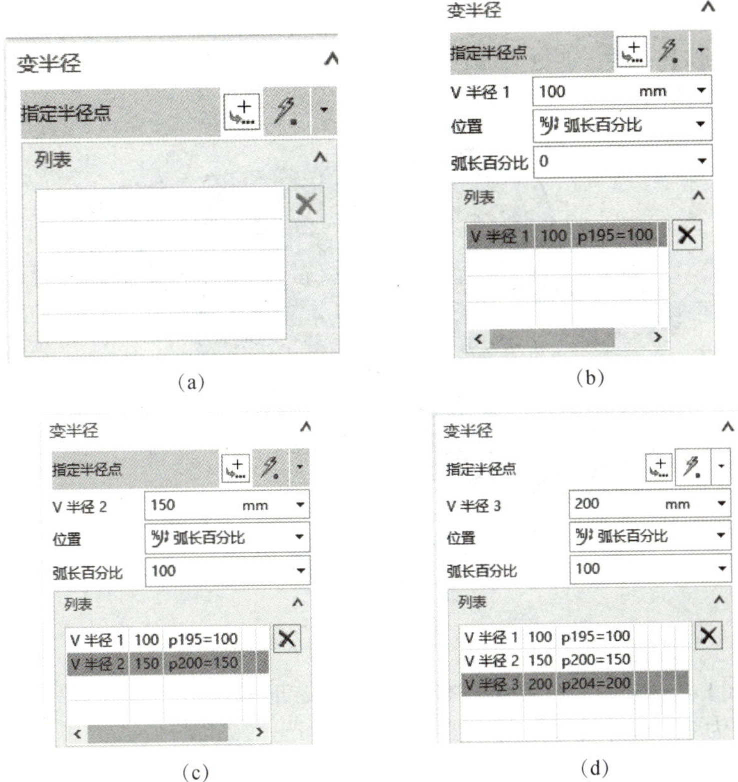

图 1-8-25　控制点半径的指定方法

单击点对话框，指定第 2 点的位置，V 半径为 150，按回车，结果如图 1-8-25（c）所示；

单击点对话框，指定第 3 点的位置，V 半径为 200，按回车，结果如图 1-8-25（d）所示。

单击“应用”完成第一条边的倒角操作，用同样的方法做对称边的变半径倒角，半径参数相同，结果见图 1-8-26 所示。

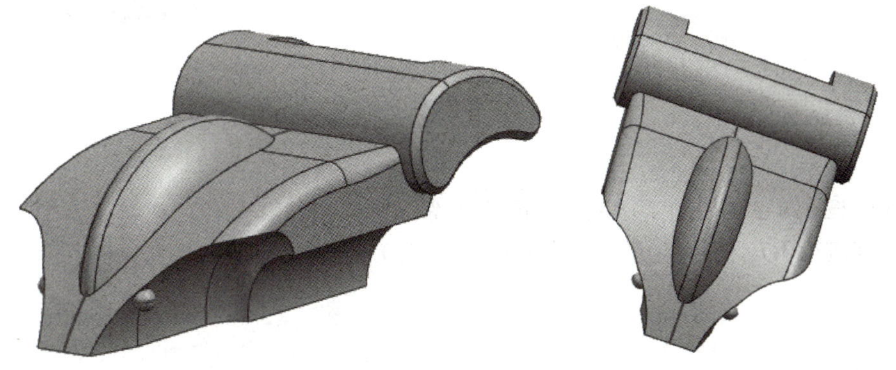

图 1-8-26　可变径倒角的效果

（2）恒定半径倒角。

单击【边倒圆】命令，选择要倒圆的边，输入半径尺寸为 50，单击“确定”，效果如图 1-8-27 所示。

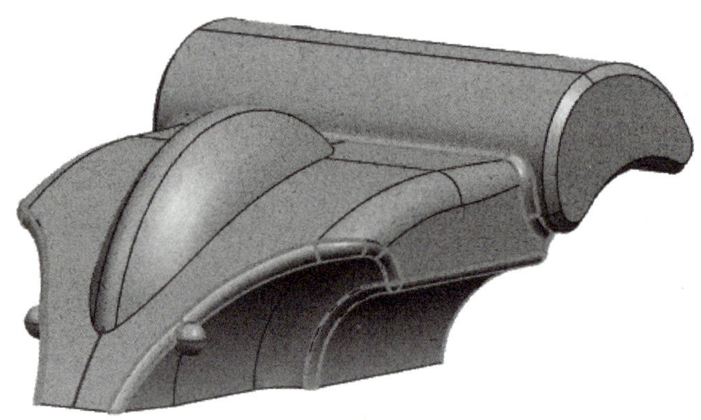

图 1-8-27　车身倒圆角

7. 抽壳

单击【抽壳】命令，选择“移除面，然后抽壳”方式，“要穿透的面为”车身底面，“厚度”为 20mm，效果如图 1-8-28 所示。

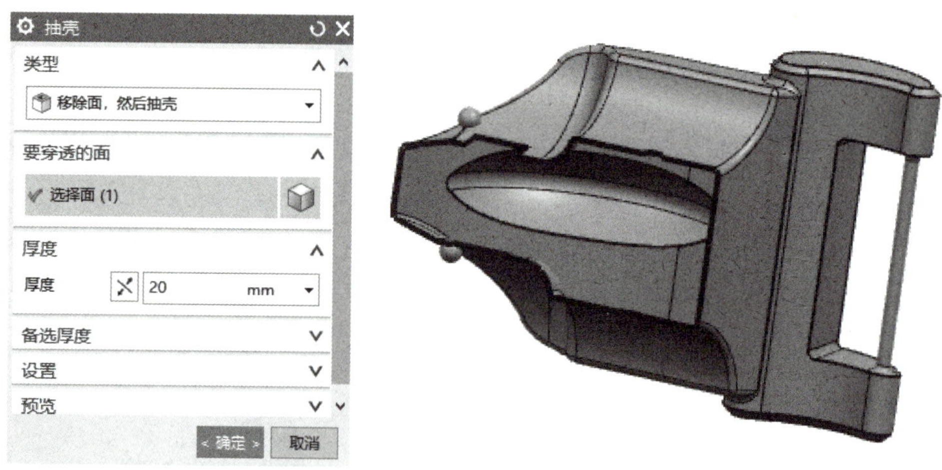

图 1-8-28　抽壳的效果

8. 车身底部修剪

在 *XZ* 平面内绘制如图 1-8-29 所示的草图，对称拉伸，拉伸值要过大，穿过整个车身，求差并进行 R75 的倒圆角，效果如图 1-8-30 所示，完成了车身的建模。

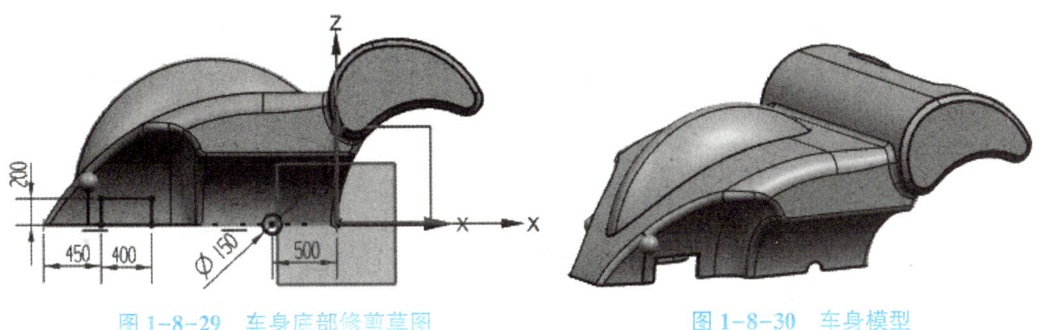

图 1-8-29 车身底部修剪草图

图 1-8-30 车身模型

四、上机练习

上机练习如图 1-8-31 至图 1-8-32 所示。

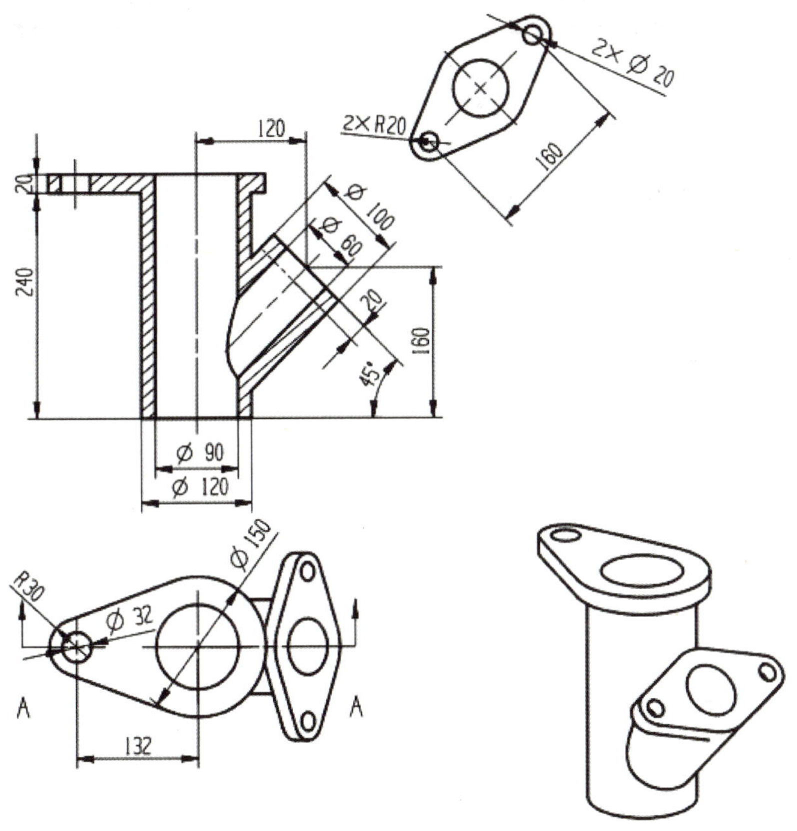

图 1-8-31 斜三通

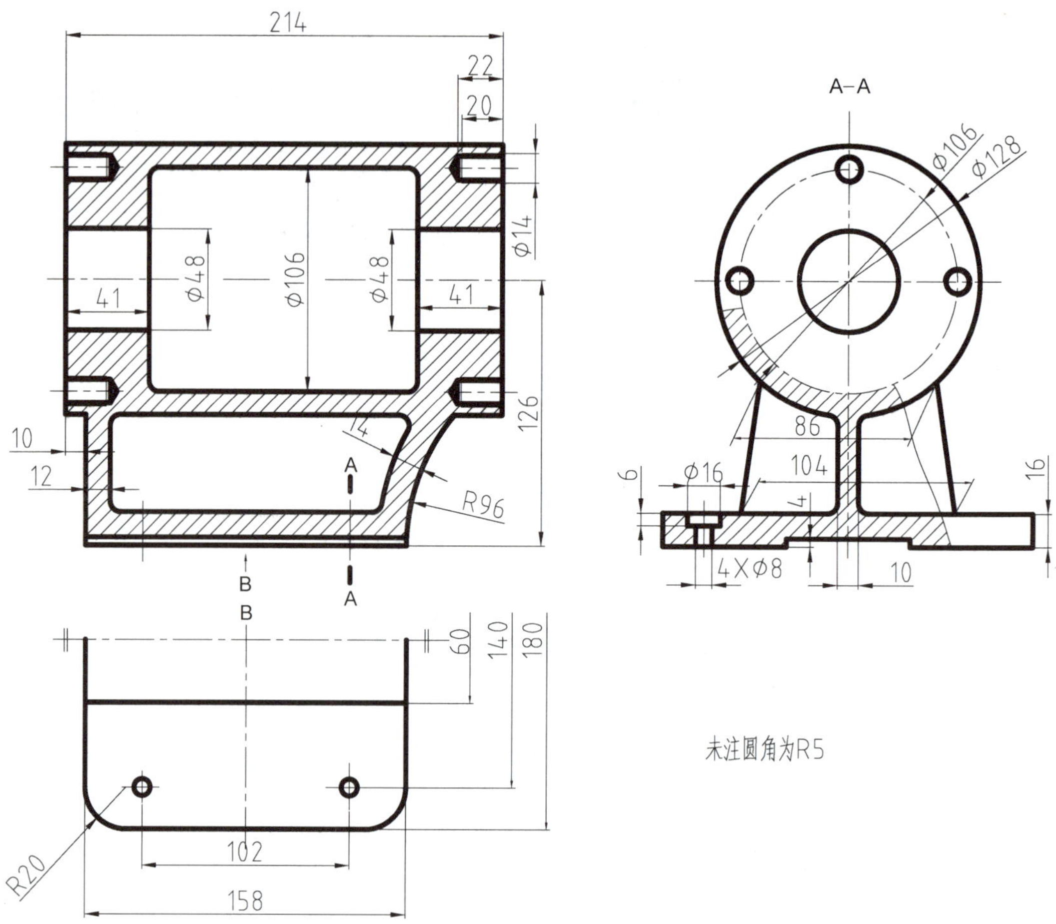

A–A

未注圆角为R5

图 1-8-32　轴承座

任务九　传动件的建模

一、实例分析

1. 学习任务

完成如图 1-9-1 所示卡丁车内部传动件齿轮与齿条的建模。

2. 知识目标

（1）掌握单个齿轮的创建方法；

（2）掌握啮合齿轮的创建方法；

（3）掌握弹簧的创建方法；

（4）掌握齿条的创建方法。

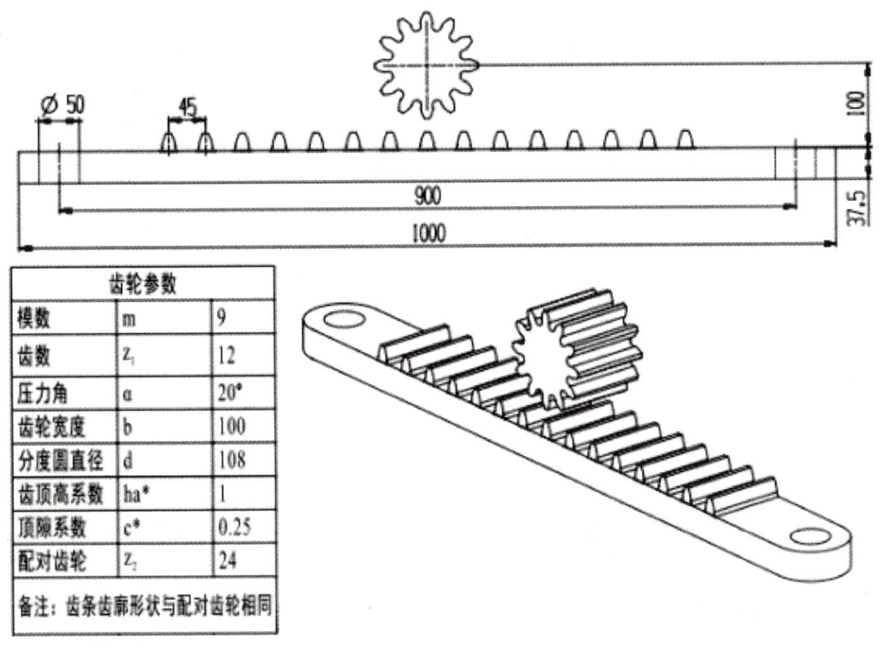

齿轮参数		
模数	m	9
齿数	z_1	12
压力角	α	20°
齿轮宽度	b	100
分度圆直径	d	108
齿顶高系数	ha*	1
顶隙系数	c*	0.25
配对齿轮	z_2	24
备注：齿条齿廓形状与配对齿轮相同		

图 1-9-1　齿轮齿条

二、知识链接

1. 齿轮

“齿轮建模”工具箱可以创建柱齿轮和锥齿轮的参数化几何模型，既可以编辑齿轮与其他实体的几何关系，也可以显示齿轮的几何信息。“齿轮建模”工具箱创建的齿轮类型包括渐开线直齿圆柱外齿轮、渐开线直齿圆柱内齿轮、渐开线斜齿圆柱外齿轮、渐开线斜齿圆柱内齿轮、直齿锥齿轮、螺旋锥齿轮、格里森螺旋锥齿轮和欧瑞康螺旋锥齿轮。

不同齿轮进行创建、修改和啮合等的操作方法大致相同，其不同点主要是不同类型的齿轮需要输入的参数不一样。如斜齿轮除了要输入齿数、模数和压力角外，还需要输入螺旋角，现在以渐开线圆柱齿轮为例，说明使用 GC 工具箱创建齿轮的方法。

（1）创建齿轮。

单击“齿轮”工具条中【柱齿轮建模】命令 ，弹出【渐开线圆柱齿轮建模】对话框，可以进行创建齿轮、修改齿轮、啮合齿轮、移动齿轮、删除齿轮等操作，如图 1-9-2 所示。选择“创建齿轮”，然后单击“确定”，进入齿轮类型的设置，如图 1-9-3 所示。选择齿轮的形状“直齿轮”或“斜齿轮”，啮合方式为“外啮合”或“内啮合”，加工方法为“滚齿”或“插齿”，单击“确定”，进入齿轮参数的设置，如图 1-9-4 所示。“标准齿轮”中输入名称必须是英文字母，字母后面可以加数字，参数设置包括模数、齿数、齿宽和压力角。“变位齿轮”如图 1-9-5 所示，变位齿轮的分度圆直径和顶圆直径可以通过单击【参数估计】命令估算。单击“确定”命令，弹出【矢量】对话框，可以选择齿轮轴线，如图 1-9-6 所示。矢量可以是一条边，或者坐标系的某个轴，选择方向后，单击“确定”命令，设置中心点，单击“确定”命令，则系统生成一个齿轮。

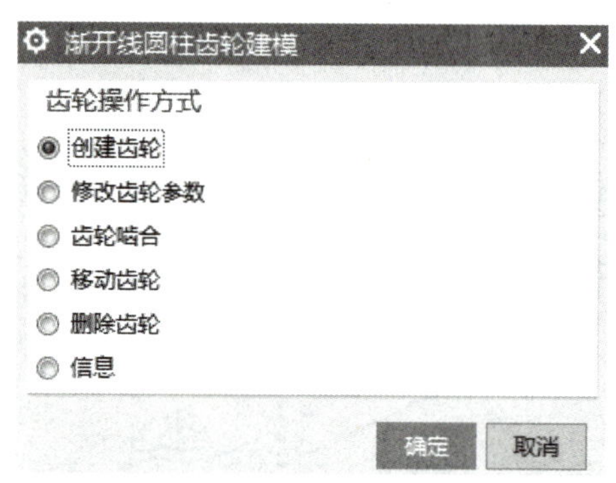

图 1-9-2　齿轮建模对话框

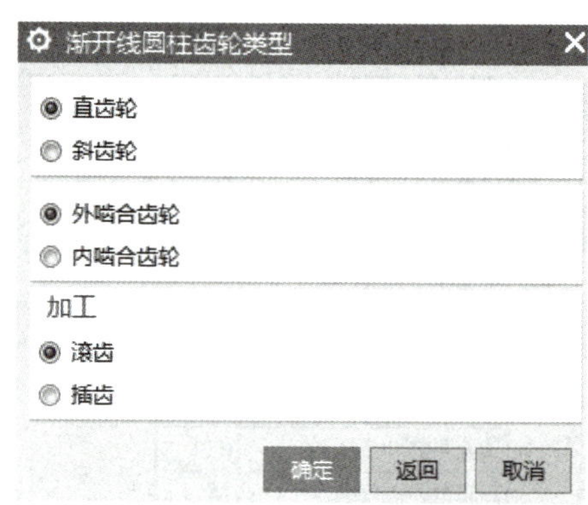

图 1-9-3　设置齿轮类型

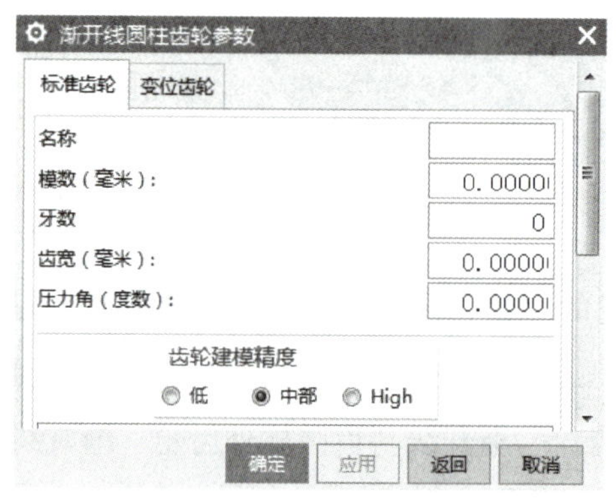

图 1-9-4　标准齿轮对话框

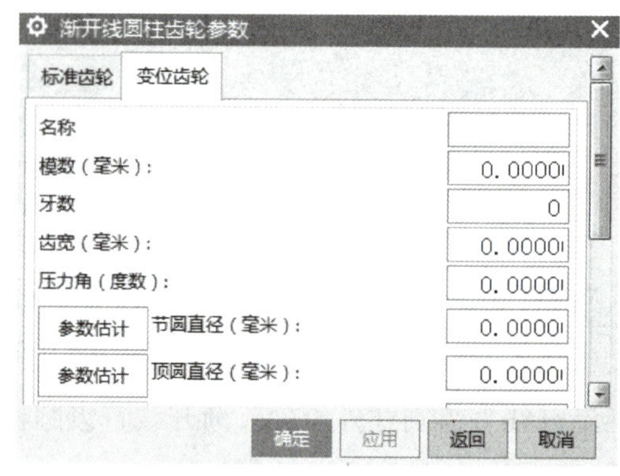

图 1-9-5　变位齿轮对话框

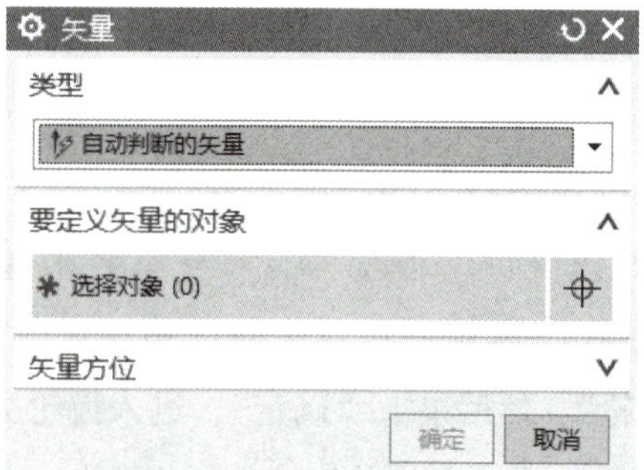

图 1-9-6　矢量构造器

（2）编辑齿轮参数。

在图 1-9-2 所示的【渐开线圆柱齿轮建模】对话框中，选择“修改齿轮参数”，单击“确定”，则弹出【选择齿轮进行操作】对话框，如图 1-9-7 所示，建模中所有的齿轮都会显示在列表框中。选择要进行修改的齿轮名称，单击“确定”，则此时弹出齿轮的类型信息，可以进行参数修改，包括齿形、内外啮合和加工方法，如图 1-9-3 所示。修改后，按“确定”命令，则弹出如图 1-9-4 所示对话框，输入新的齿轮参数，但不能更改齿轮名称。如果勾选“保持啮合关系”复选框，系统会自动将所有啮合齿轮更新到新的位置并保持他们的啮合关系。

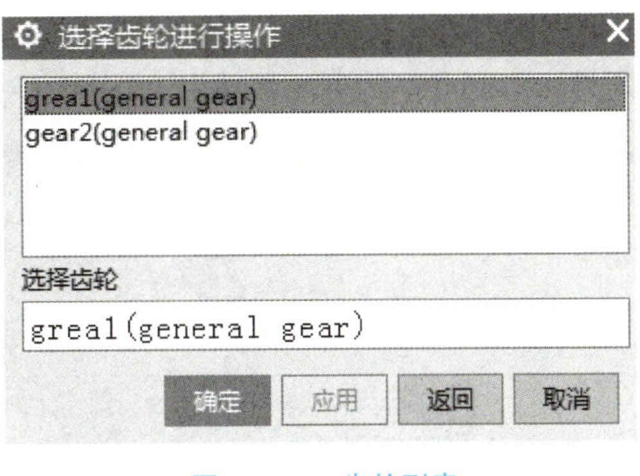

图 1-9-7 齿轮列表

（3）啮合齿轮。

在图 1-9-2 所示的【渐开线圆柱齿轮建模】对话框中，选择“啮合齿轮”选项，单击“确定”，进入“选择齿轮啮合”对话框，如图 1-9-8 所示，会列出所有创建的齿轮名称。分别设置啮合的主动轮和从动轮，单击“中心连线向量”，则弹出 1-9-6 所示的【矢量】对话框，利用矢量构造器确定两个齿轮的啮合位置。该向量方向总是由主动轮指向从动轮，单击“确定”，则从动轮自动移动位置，并与主动轮相啮合。

注意：必选先完成齿轮的建模，才能进行啮合齿轮操作。

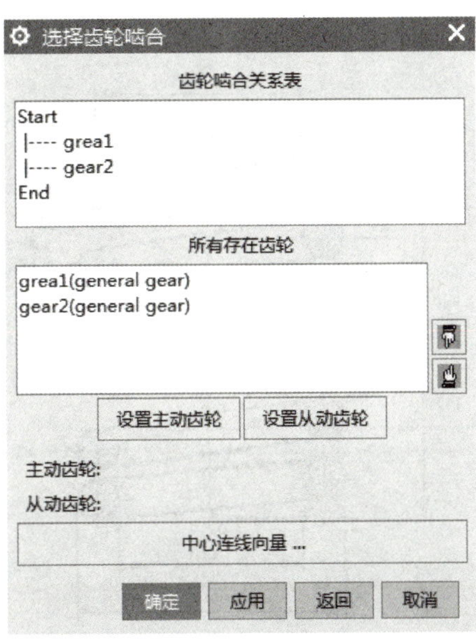

图 1-9-8 设置齿轮啮合关系

（4）移动齿轮。

在图 1-9-2 所示的【渐开线圆柱齿轮建模】对话框中，选择“移动齿轮”，单击“确定”，选择要移动的齿轮，进入【移动齿轮】对话框，如图 1-9-9 所示。可以直接输入齿轮中心坐标移动齿轮，在“DXC，DYC，DZC”的文本框中直接输入新位置的坐标系，或是通过“点到点”等方法移动齿轮。

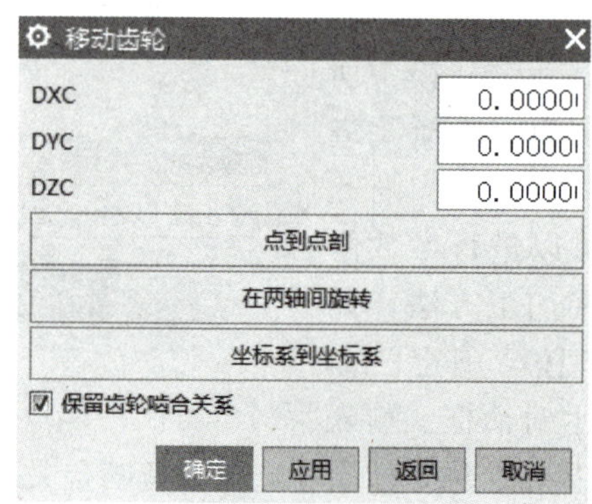

图 1-9-9　移动齿轮对话框

（5）删除齿轮。

在图 1-9-2 所示的【渐开线圆柱齿轮建模】对话框中，选择“删除齿轮”，单击“确定”，选择要删除的齿轮。

2. 弹簧

GC 工具箱中的另外一个常用命令是“弹簧”工具箱，系统提供了创建圆柱压缩弹簧、圆柱拉伸弹簧和蝶形弹簧的操作方式。绘制弹簧，首先需要了解弹簧的尺寸参数，如图 1-9-10 所示。

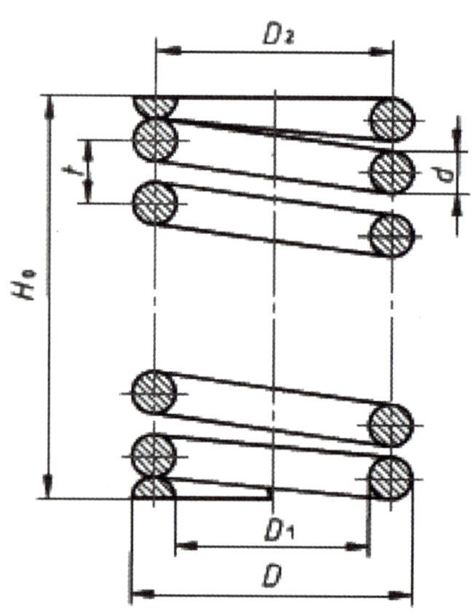

图 1-9-10　弹簧的几何尺寸

D—弹簧外径；D_1—弹簧内径；D_2—弹簧中径；

d—簧丝直径（制成弹簧的钢丝直径）；t—节距；H_0—弹簧自由高度

其他参数：

n—有效圈数，保持节距相等的圈数；

n_2—弹簧端部支撑或固定的圈数，可以取 1.5，2，2.5 三种；

n_1—弹簧总圈数 $n_1=n+n_2$；

L—弹簧的展开长度；

旋向—左旋和右旋。

以卡丁车中的压缩弹簧为例说明弹簧的建模方法。单击【圆柱压缩弹簧】命令，弹出对话框，如图 1-9-11 所示。“类型”有“输入参数”和“设计向导”，前者是通过输入弹簧的尺寸直接生成弹簧，后者是通过输入弹簧的工作条件和一部分尺寸参数完成弹簧的建模。

“类型”选择“输入参数”，弹簧名称输入 SPRING1，然后指定弹簧放置的位置，即指定轴向和定位点，单击“下一步”，进入“输入参数”设置，如图 1-9-12 所示，检查参数是否正确，单击“下一步”，显示结果，单击“完成”，完成弹簧的建模，如图 1-9-13 所示。

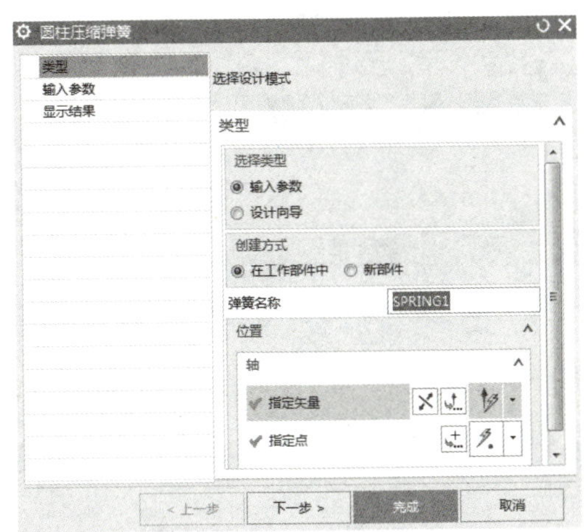

图 1-9-11 圆柱压缩弹簧对话框

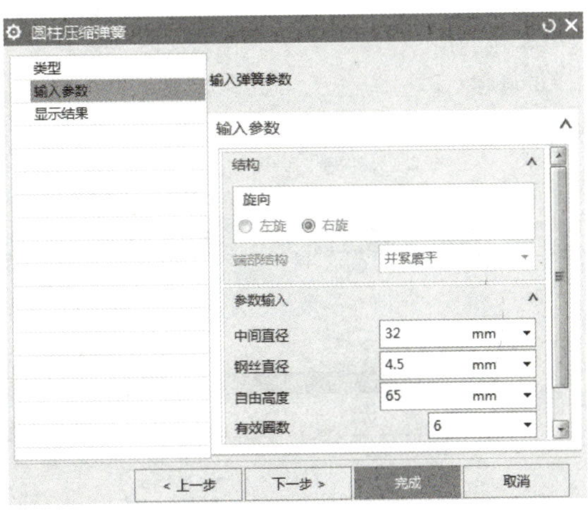

图 1-9-12 输入参数

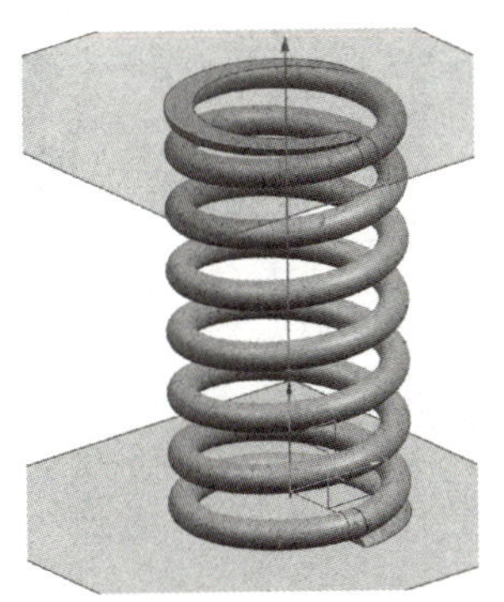

图 1-9-13 弹簧

三、操作过程

1. 创建小齿轮

单击【齿轮建模】工具条中【柱齿轮建模】命令，弹出操作方式对话框，选择“创建齿轮”，单击“确定”，弹出类型对话框，选择“直齿轮”“外啮合齿轮”和“滚齿”，弹出“渐开线圆柱齿轮参数”对话框，名称为“gear1”，齿轮模数为“9”，牙数即齿数为“12”，齿宽为“100”，标准齿轮的压力角为“20°”，如图 1-9-14 所示，单击“确定”，弹出“矢量”对话框设置齿轮轴向，选择 Y 轴，如图 1-9-15 所示，单击“确定”，弹出点对话框设置齿轮底面中心位置，输入图 1-9-16 所示点坐标值，单击“确定”，生成如图 1-9-17 所示齿轮。

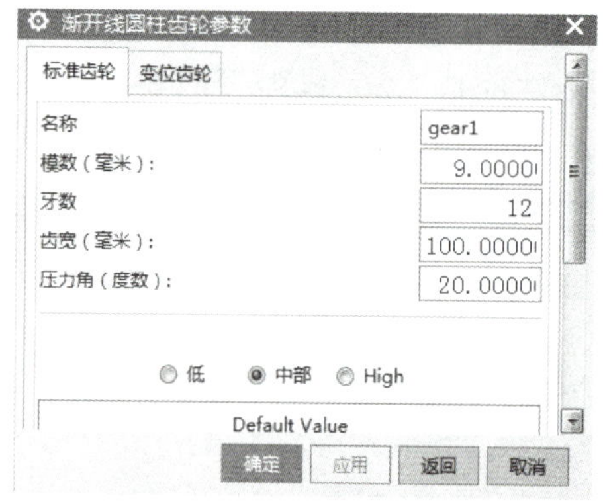

图 1-9-14　设置齿轮的参数

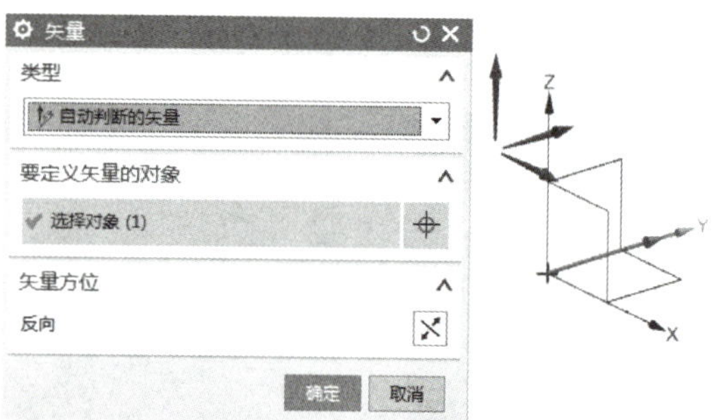

图 1-9-15　设置齿轮的轴向

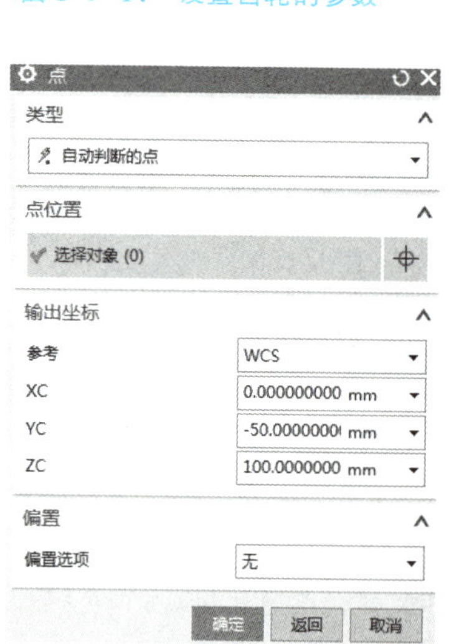

图 1-9-16　点构造器

图 1-9-17　齿轮

2. 创建大齿轮

创建与图 1-9-17 啮合的大齿轮。单击“齿轮建模”工具条中【柱齿轮建模】命令，弹出操作方式对话框，选择“创建齿轮”，单击“确定”，弹出类型对话框，选择

“直齿轮”、“外啮合齿轮”和“滚齿”，单击“确定”，弹出参数对话框，设置名称为“gear2”，模数为“9”，牙数为“24”，齿宽为“100”，压力角为“20°”，如图 1-9-18 所示，单击“确定”，弹出“矢量”对话框，选择 Y 轴，单击“确定”，弹出“点”构造器，设置如图 1-9-19 所示，单击“确定”，完成创建，创建好的大小齿轮如图 1-9-20 所示。

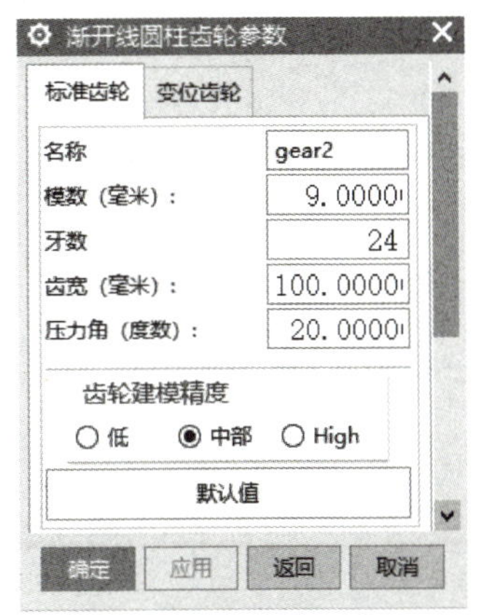

图 1-9-18 参数设置

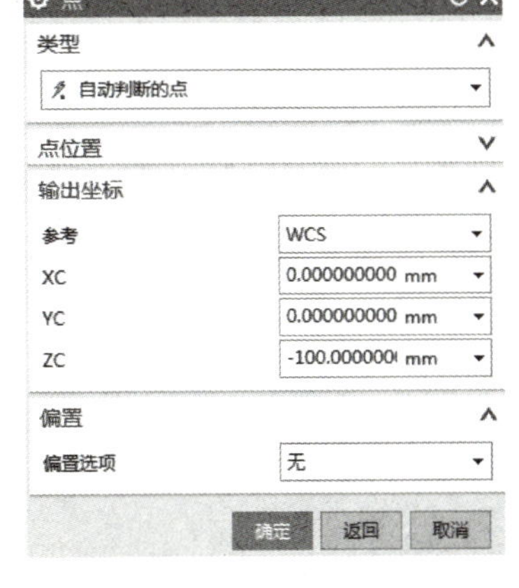

图 1-9-19 点构造器

图 1-9-20 大小齿轮

3. 设置齿轮啮合

单击“齿轮建模”工具条中【柱齿轮建模】命令，弹出操作方式对话框，选择“齿轮啮合”，单击“确定”，进入【选择齿轮啮合参数】对话框。在“所有存在齿轮”列表中选择“gear1”，单击“设置主动齿轮”，再选择“gear2”，单击“设置从动齿轮”，如图 1-9-21 所示。“中心连线向量”表示两个齿轮啮合后的中心线连线的矢量方向，利用矢量构造器选择一条线，即使两个齿轮不再同一个面内也可以使用，从动轮会自动转至啮合位置。单击“中心连线向量”，弹出“矢量”对话框，按照图 1-9-22 确定中心连线向量，单击“确定”，即可完成两个齿轮啮合。

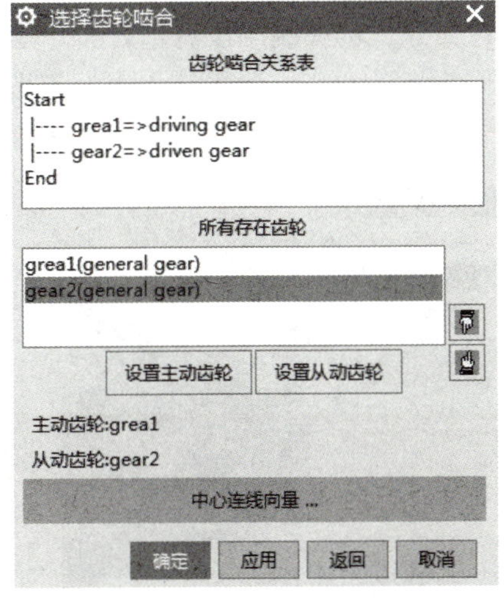

图 1-9-21 设置主从动轮

图 1-9-22 确定啮合向量

3. 创建齿条

（1）绘制齿条底座。

选择 *XY* 平面绘制如图 1-9-23 所示的草图，向下拉伸距离为 37.5，并分别在两端圆弧圆心处打两个直径为 50 的孔，效果如图 1-9-24 所示。

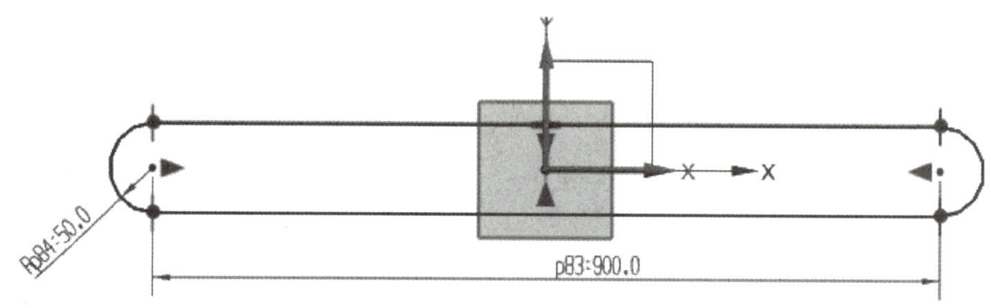

图 1-9-23　草图

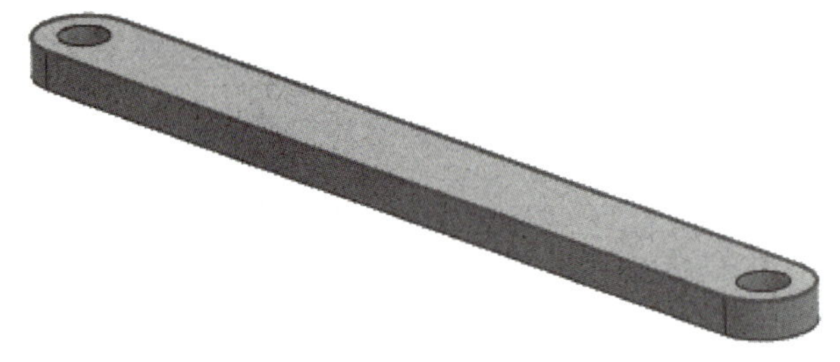

图 1-9-24　齿条底座

（2）齿条上齿的建模。

将第 2 步创建的大齿轮显示出来，打开“gear2”的部件导航器，它有 24 个轮齿构成，将位于最上方且呈 *YZ* 平面对称分布的轮齿的布尔运算关闭，如图 1-9-25 所示。

1）抽取轮齿。

执行【插入】→【关联复制】→【抽取几何特征】命令，选择刚刚没有进行布尔运算的轮齿，如图 1-9-26 所示，即抽取大齿轮的一个轮齿作为齿条的齿，测量该齿底面与齿条底座的表面之间的角度，为“0°”，但是该轮齿的底面与齿条的底座不同面，需要进行移动。

图 1-9-25　部件导航器

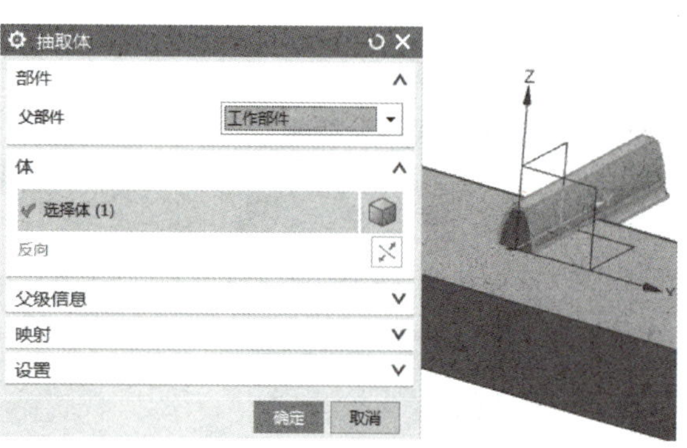

图 1-9-26　抽取几何体

2）阵列轮齿。

单击【阵列几何特征】命令，“要形成阵列的几何特征”选择抽取的轮齿，“布局”选择常规，在布局操作区单击点对话框，“类型”选择两点之间，捕捉轮齿底边的两个端点，点之间的位置设置成 50%，则系统自动判断出这两个点之间连线的中点，如图 1-9-27 所示，单击“确定”，至“指定点”选择齿条的底座长边的中点，如图 1-9-28 所示，单击“确定”，隐藏图 1-9-26 的抽取体，效果如图 1-9-29 所示。

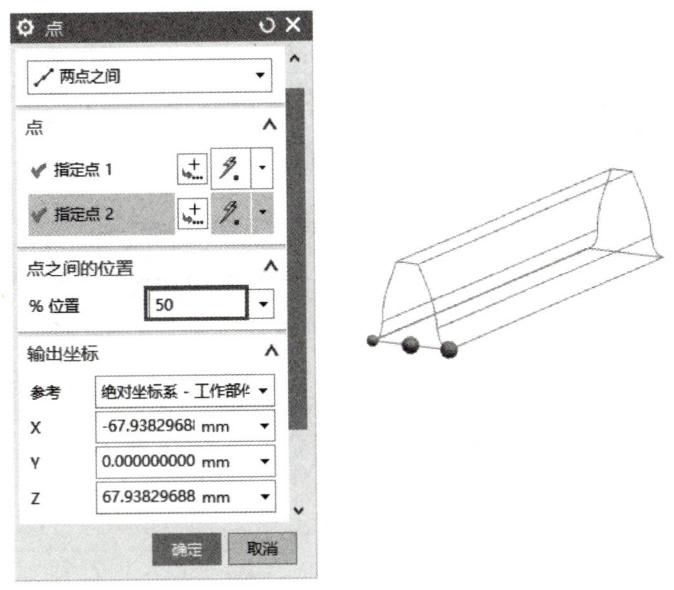

图 1-9-27 点对话框

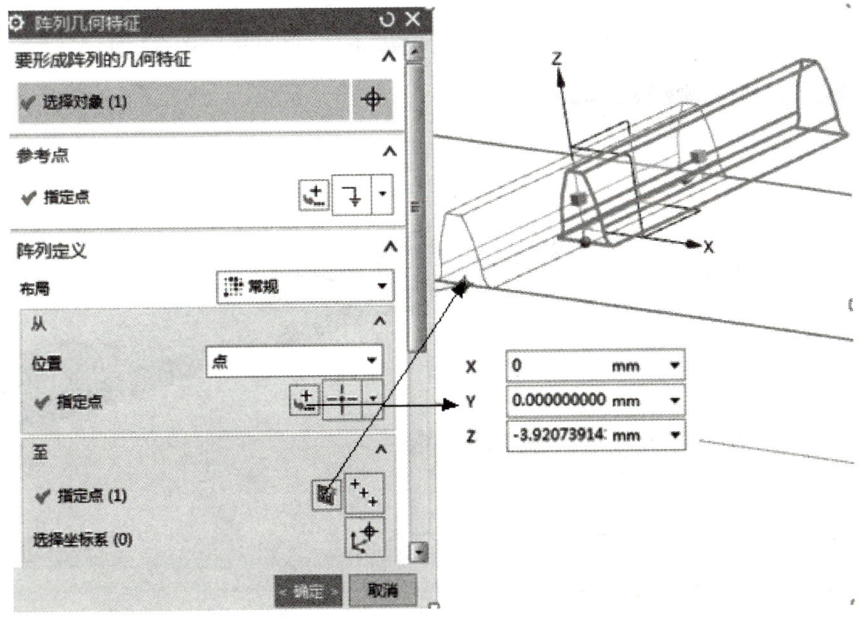

图 1-9-28 阵列几何特征

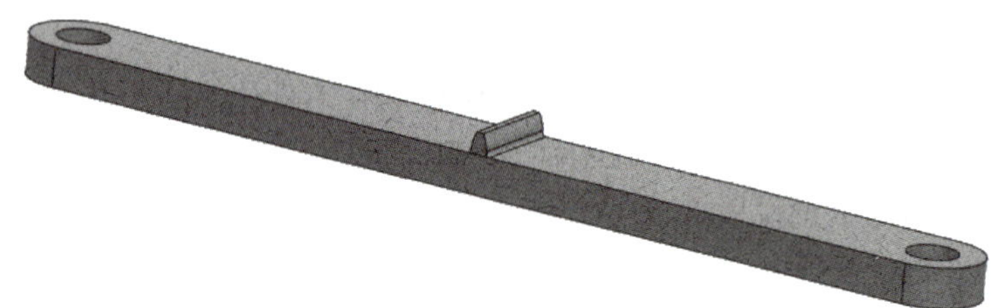

图 1-9-29 创建的一个齿

3）求和。

使用【合并】命令，将齿条和齿合并，如图 1-9-30 所示。

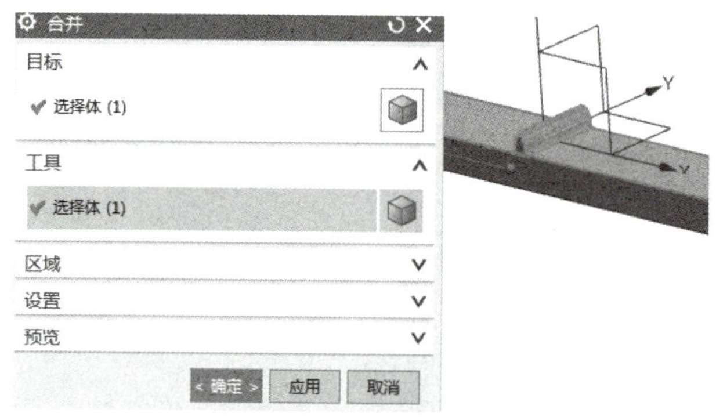

图 1-9-30 合并

4）阵列齿。

单击【阵列特征】命令，弹出对话框，“要形成阵列的特征”选择图 1-9-29 创建的齿，“布局”选择线性，“数量”为 7，“节距”为 45，勾选“对称”，单击“确定”，完成齿的阵列，如图 1-9-31 所示，最终的齿轮齿条模型如图 1-9-32 所示。。

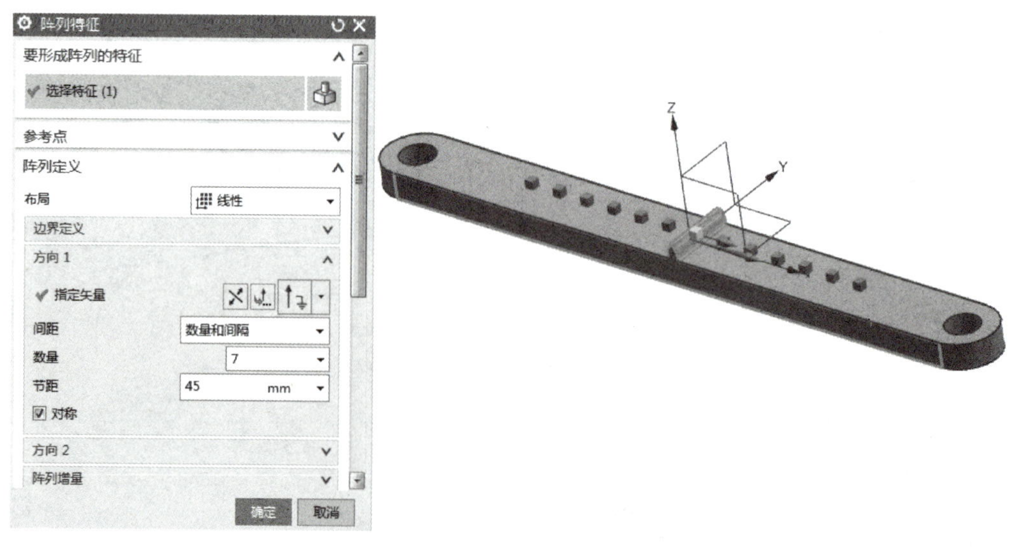

图 1-9-31 阵列齿

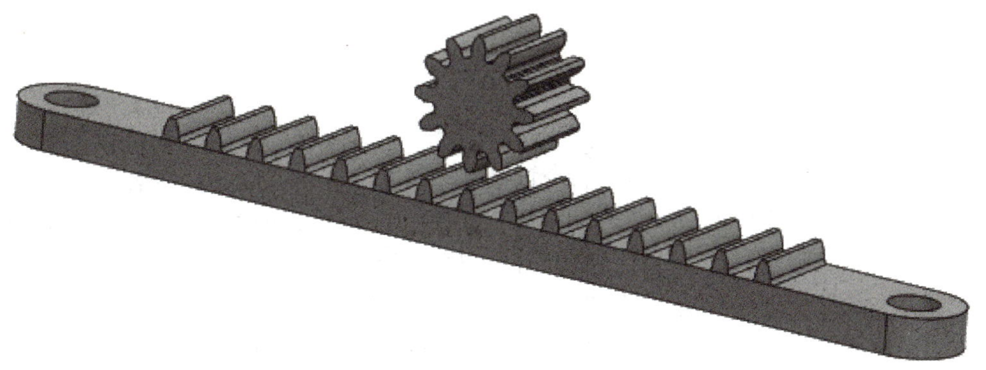

图 1-9-32 齿轮齿条

四、上机练习

上机练习如图 1-9-33 所示。

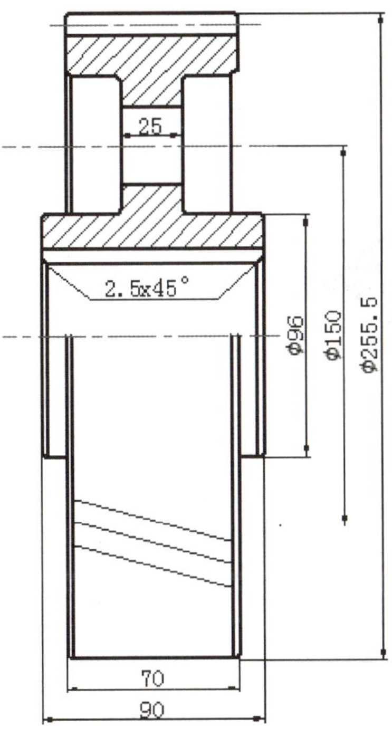

技术要求:
1.未注倒圆角为R2。
2.未注倒斜角为1.5x45°。
3.与该图配合的小齿轮结构为实心式。

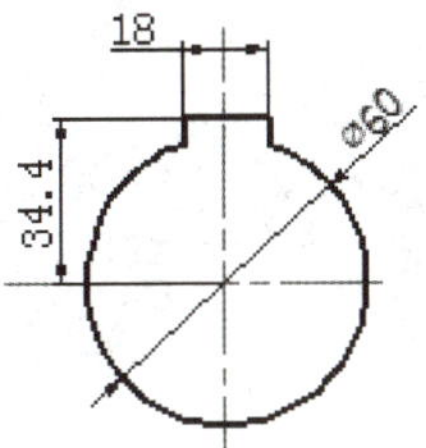

标题	大齿轮结构图	
法向模数	m_n	4
齿数	Z_2	60
齿顶高系数	ha*	1
螺旋角	β	14°
螺旋线方向		右
精度等级		8
齿数	Z_1	20

图 1-9-33 斜齿轮

任务十 装 配

零件装配过程是在装配中建立部件之间的链接关系，通过关联条件在部件间建立约束关系来确定部件在产品中的位置。在装配中，部件的几何体被装配引用，而不是复制到装配中。不管如何编辑部件或在何处编辑部件，整个装配部件保持关联性，如果某部件修改，则引用它的装配部件自动更新，反应部件的最新变化。装配模型生成后，可建立爆炸视图，并可将其引入到装配工程图中；同时，在装配工程图中可自动产生装配明细表，并能对轴测图进行局部挖切。本任务主要学习 UG 装配模块的操作方法。

一、实例分析

1. 学习任务

完成玩具车的装配，如图 1-10-1 所示。

图 1-10-1 玩具卡丁车的装配效果

2. 知识目标

(1) 组件的添加方法；
(2) 装配约束的设置；
(3) 爆炸图的生成。

二、知识链接

1. 装配概念

UG 装配模块不仅能快速组合零部件成为产品，而且在装配中，可参照其他部件进行部件关联设计，并可对装配模型进行间隙分析、重量管理等操作。执行装配操作时，先在主菜单条上选择【装配】菜单项，系统将会弹出下拉菜单，如图 1-10-2 所示，用该菜单中的各单项可进行相关装配操作，选择【装配】菜单项后，系统将会弹出装配工具栏，如图 1-10-3 所示，UG NX 装配建模是在装配中建立零件、部件间的连接关系。下面介绍装配中相关的术语和基本概念。

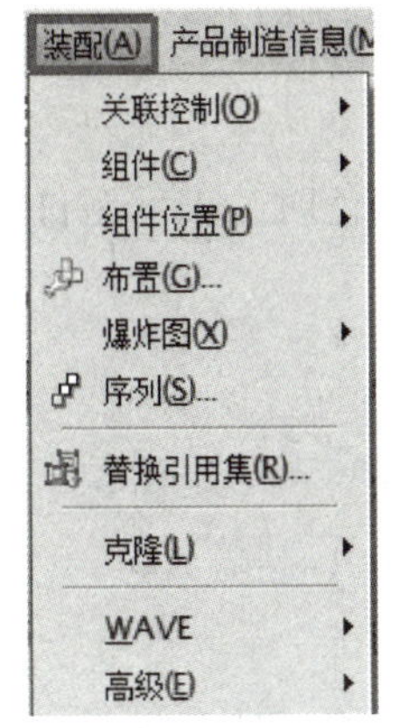

图 1-10-2 装配菜单

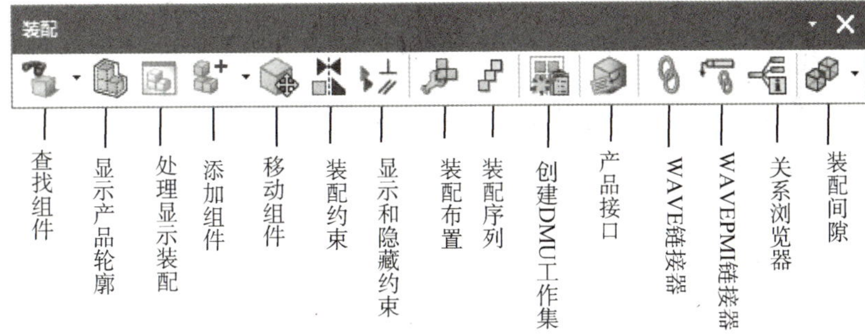

图 1-10-3 装配工具条

（1）装配。

装配是指装配部件和子装配的集合，是 UG NX 在装配过程中建立的部件之间的连接功能。

（2）装配部件。

由零件和子装配构成的部件叫装配部件。在 UG NX 中，任何一个 PRT 文件都可以作为装配部件，因此在 UG NX 中，零件和部件不必严格区分。子装配也可以作为装配部件添加到装配中去。

（3）子装配。

子装配是指高一级别装配中被用作装配部件（组件）的装配，子装配是一个相对概念，任何一个装配部件都可以在更高级的装配中用做子装配。

（4）单个零件。

单个零件是指在装配外存在的零件几何模型，它可以添加到一个装配中去，但它本身不能含有下级组件。

（5）组件对象和组件。

组件对象是一个从装配部件连接到部件主模型的指针实体。一个组件对象记录的信息有部件名称、图层、颜色、线型、线宽、引用集和配对条件等。组件是装配由组件对象所指的部件。组件可以是单个部件（零件），也可以是一个子装配。组件是由装配部件引用而不是复制到装配部件中。

（6）装配导航器。

装配导航器也称装配导航工具，它可以在一个单独窗口中以图形的方式装配结构，又称“装配树”。在装配树结构中，每一个组件作为一个节点显示，能够清楚地反映装配中各个组件的装配关系，可以进行各种操作和装配管理功能。例如，用户可以在“装配导航器”中选择组件、改变显示部件和工作部件等，如图 1-10-4 所示。各图标的含义如下：

图 1-10-4 装配导航器

图标表示装配或子装配，当它为黄色时，表示装配或子装配被加载；当它为灰色时，表示装配或子装配未被加载。

图标表示组件，当它为黄色时，表示该组件被加载；当它为灰色时，表示组件未被加载。

☑ 表示当前组件或装配处于显示状态，

☑表示当前组件或装配处于隐藏状态，如图1-10-4中的“组件1”和“组件5”。

⬚表示当前组件或装配处于未加载状态，如图1-10-4中的“组件4”。

（7）装配方法。

1）自顶向下装配：是指在装配级中创建与其他部件相关的部件模型，是在装配部件的顶部向下产生子装配和部件的装配方法。

2）自底向上装配：是先创建部件几何模型，再组合成子装配，最后生成装配部件的装配方法。

3）混合装配：是指将自顶向下装配和自底向上装配结合在一起的装配方法。例如，先创建几个主要部件模型，再将其装配在一起，然后在装配中设计其他部件，即为混合装配。在实际设计中，可根据需要在两种模式下切换。

2. 引用集

在装配中，由于各部件含有草图、基准平面及其他辅助图形数据，如果要显示装配中各部件和子装配的所有数据，一方面容易混淆图形，另一方面由于引用零部件的所有数据，需要占用大量内存，因此不利于装配工作的进行。通过引用集可以减少这类混淆，提高机器的运行速度。

引用集是用户在零部件中定义的部分几何对象，它代表相应的零部件参入装配。引用集一旦产生，就可以单独装配到部件中，一个零部件可以有多个引用集，如图1-10-5所示为引用集的种类。

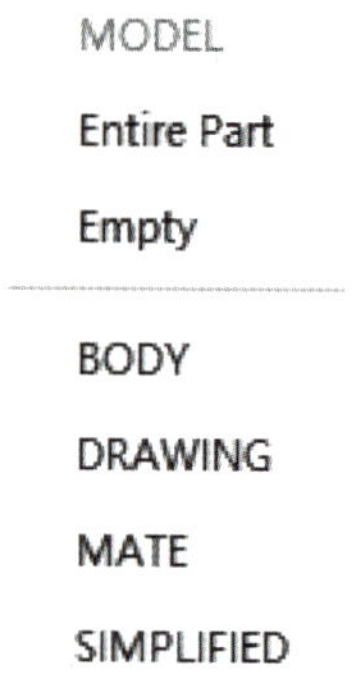

MODEL
Entire Part
Empty
BODY
DRAWING
MATE
SIMPLIFIED

图1-10-5　引用集的种类

1）MODEL模型：该引用集包含了组件中的实体与曲面，在添加装配组件时，系统默认采用此方式。

2）Entire Part（整个部件）：该缺省引用集表示整个部件，即引用部件的全部几何数据。在添加部件到装配中时，如果不选择其它引用集，默认使用该引用集。

3）Empty（空集）：该缺省引用集为空的引用集。空的引用集是不含任何几何对象的引用集，当部件以空的引用集形式添加到装配中时，在装配中看不到该部件。如果部件几何对象不需要在装配模型中显示，可使用空的引用集，以提高显示速度。

4）Body体：仅显示零件中的所有实体。

5）DRAWING工程图：该模式显示部件的工程图，一般在工程图装配时会替换成该模式。

3. 组件的操作

单击【装配】→【组件】命令，出现如图 1-10-6 所示的子命令，组件操作包括新建组件、添加组件、替换组件、删除组件、抑制组件、取消抑制组件、组件装配约束、组件阵列、镜像装配、显示和隐藏约束以及显示自由度等。

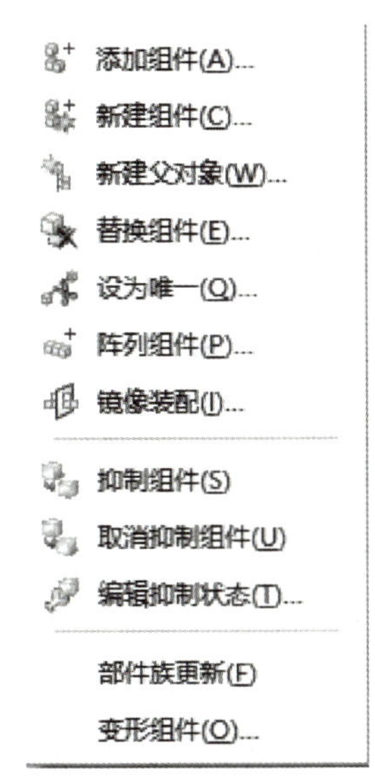

图 1-10-6 组件的操作

图 1-10-7 添加组件

（1）新建组件。

新建组件有两种方法，第一种是先在装配中建立一个几何模型，然后创建一个新组件，同时将该几何模型链接到新建组件中；第二种是先建立一个空的新组件，它不含任何几何对象，然后使其成为工作部件，再在其中建立几何模型。

（2）添加组件。

先设计好了装配中部件的几何模型，再将该几何模型添加到装配中，该几何模型将会自动的成为该装配的一个组件。图 1-10-7 所示为添加组件对话框，通过单击对话框中的“打开” 将已创建的模型添加到装配文件中，并设置组件的定位方式和显示模式。

1）位置。

该列表框用于指定部件在装配中的定位方式。

①组件锚点。

系统按组件的“绝对坐标”为参考点在装配中进行定位，即确定组件建模时的绝对坐标在装配中的位置。

②装配位置。

系统提供了四种确定组件装配位置的方法：

◆对齐：利用“点对话框”选择装配文件中的一个点，使组件的绝对坐标与该点对齐。

◆绝对坐标-工作部件：选择此方式时，组件的绝对坐标定位到装配中工作部件的绝对坐标。

◆绝对坐标-显示部件：选择此方式时，组件的绝对坐标定位到装配中显示部件的绝对坐标。

◆工作坐标：选择此方式时，组件的绝对坐标定位到装配的工作坐标系。

2）放置方式。

系统共提供了两种放置方式，一是“移动”，即组件按定位方式移动到该点；二是“约束”，该选项是按关联条件确定部件在装配中的位置。选择该选项后，系统会弹出“装配约束”对话框，则该部件会按照约束关系在装配图中进行定位。

3）设置参数。

设置的参数包括组件的名称，引用集和图层，如图 1-10-8 所示。其中图层选项下拉列表框用于指定组件放置的目标层。

工作图层：选择该选项，是将组件放置到装配部件的工作层。

原先图层：选择该选项，仍保持组件原来的图层位置。

指定图层：该选项是将组件放到指定层中。选择该选项，其下方指定层的文本输入框激活，可输入层号。

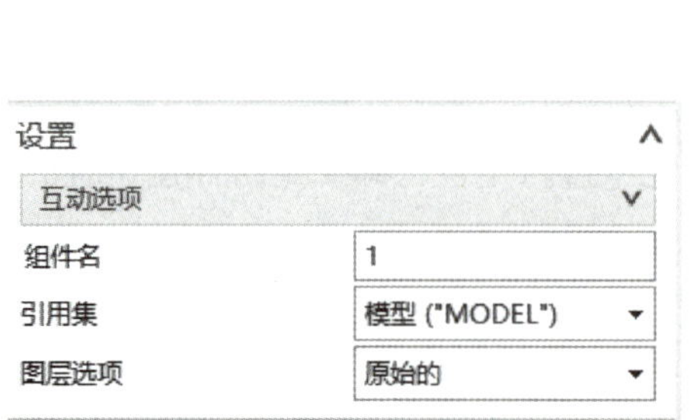

图 1-10-8　设置对话框

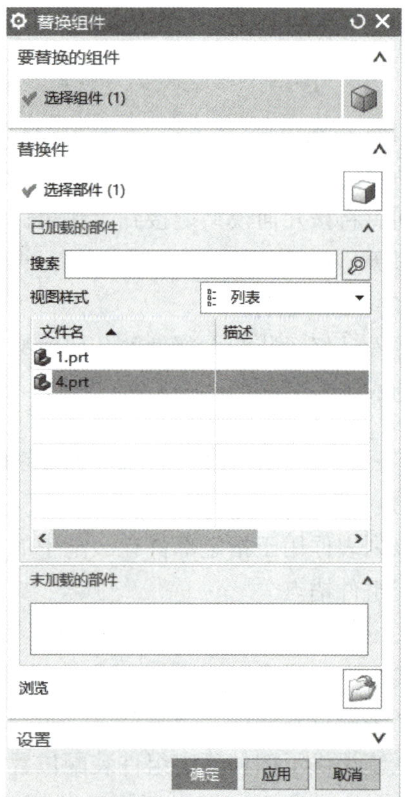

图 1-10-9　替换组件

（3）替换组件。

【替换组件】命令可以移除现有组件，并按原组件的方向和位置添加其他组件。选择下拉菜单中的【装配】→【组件】→【替换组件】命令，系统弹出【替换组件】对话框，如图 1-10-9 所示。分别选择“要替换的组件”和“替换件”即可完成组件替换。

（4）抑制组件。

抑制组件是指在当前显示中移去组件，使其不执行装配操作。抑制组件并不是删除组件，组件的数据仍然在装配中存在，只是不执行一些装配功能，可以用“取消抑制组件”命令恢复组件的抑制。

执行【装配】→【组件】→【抑制组件】命令，系统将会打开一个类选择对话框。选择组件后单击“确认”，则在图形窗口移去了所选组件。抑制组件不能进行干涉检查和间隙分析，不能进行质量计算，也不能在装配报告中查看有关信息。

执行【装配】→【组件】→【取消抑制组件】命令，系统弹出所有被抑制的组件名称，如图 1-10-10 所示，选中组件名，点击“确定”，即可解除被抑制的组件，重新显示在装配体中。

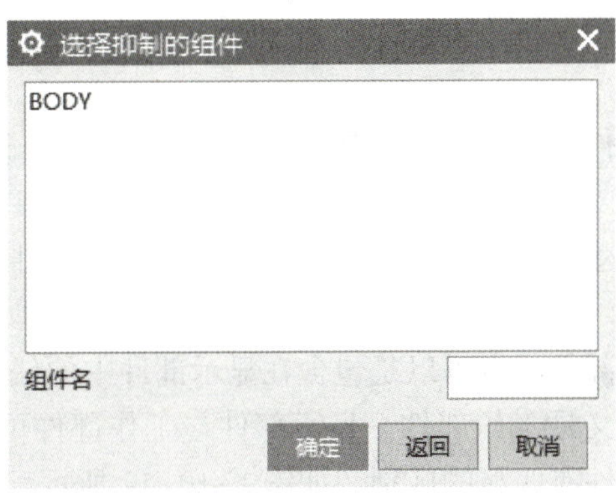

图 1-10-10　取消抑制组件

（5）镜像装配。

镜像装配命令可以创建一个镜像组件。单击【组件】命令下的【镜像装配】，弹出“镜像装配向导”对话框，单击“下一步”，在图形窗口选择要进行镜像的组件，单击“下一步”，进入镜像平面选择对话框，单击“基准平面”命令，选择镜像组件的镜像平面。单击“下一步”，在镜像类型对话框的列表框中选择镜像的组件，再指派镜像类型，该命令为关联镜像，镜像装配的参数随原组件变化，该命令为非关联镜像，镜像后的组件只继承了原组件的模型，必须指定一种镜像类型，然后单击“下一步”，最后在“镜像组件”提示对话框中单击“确定”，图 1-10-11 为镜像装配操作过程图。

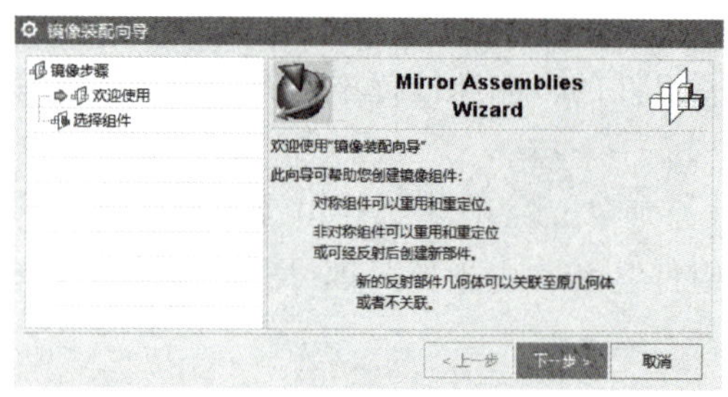

镜像装配向导

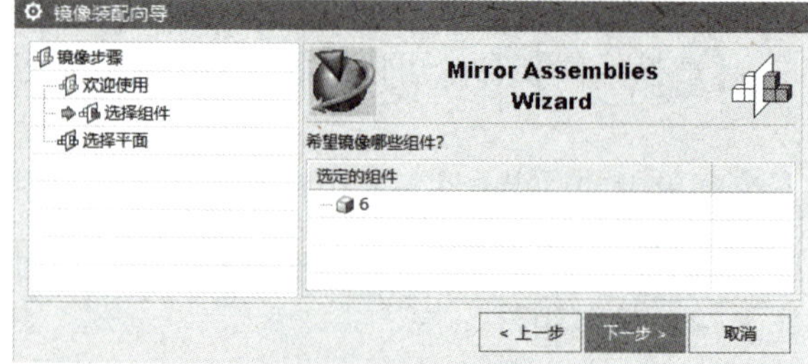

选择要镜像的组件

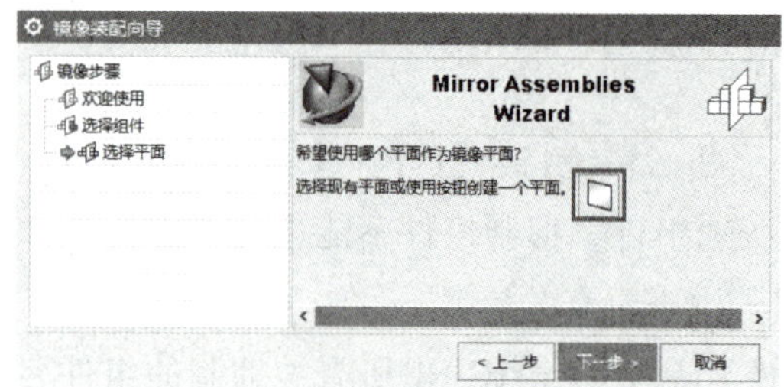

指定镜像平面

指派镜像类型

图 1-10-11　镜像装配操作

4. 装配部件的显示

（1）显示部件。

在图形窗口显示的部件、组件和装配都称为显示部件。

（2）工作部件。

工作部件是可在其中建立和编辑几何对象的部件。工作部件的文件名称显示在图形窗口的左上角。

工作部件可以是显示部件，也可以是包含在显示部件中的任一部件。当打开一个部件文件时，它既是显示部件又是工作部件。显示部件与工作部件可以不同，在这种情况下，工作部件的颜色与其他部件有明显的区别。如图 1-10-12 所示，工作部件的颜色比其他部件的颜色要深。

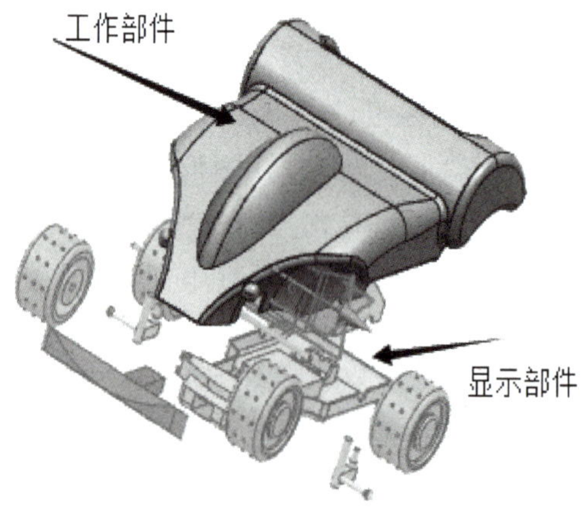

图 1-10-12　工作部件与显示部件的状态

注意：如果当前的工作部件是装配件，只想保存该装配件，而不想保存该装配件中的任何组件，可以选择菜单【文件】→【仅保存工作部件】。

5. WAVE 几何链接器

它是一种能实现部件间相关建模的技术，可以基于一个部件去设计另一个部件，即利用“WAVE 几何链接器”，可引用其他部件中的几何对象（如边、面、体等）到当前工作部件中。WAVE 几何链接器是用于组件之间关联性复制几何体的工具，一般来讲，关联性复制几何体可以在任意两个组件之间进行。链接几何体主要有 9 种类型，包括复合曲线、点、基准、草图、面、面区域、体、镜像体、管线布置对象，对于不同连接对象，对话框中部的选项会有些不同。

链接的几何体相关到它的父几何体，改变父几何体会引起所有部件中链接的几何体自动地更新。如下面的例子中，轴的尺寸被修改，底板上孔的尺寸自动更新。孔的成形曲线通过 WAVE 复制，链接到轴，无论轴尺寸更改还是轴位置移动，都可自动更新孔。操作方法如下：

（1）创建一个新的装配，命名为“asm1”，如图 1-10-13 所示。

（2）执行【新建组件】命令 ，新建类型为“模型”，命名为“zhou”，如图 1-10-14 所示，单击“确定”，则在“asm1”装配树下添加了一个空组件。双击装配导航器中的“zhou”，将“zhou”组件设置为“工作部件”，则可以给轴组件创建模型，创建一根直径为 20、高度为 80，中心在原点的轴，即为装配添加了组件 1。

（3）双击装配导航器中的“asm1”，将“asm1”设置为工作部件，执行【新建组件】命令，新建类型为“模型”，命名为“diban”，点击确定命令，则在“asm1”装配树下添加了一个空组件“diban”。双击装配导航器中的“diban”，将“diban”设置为“工作部件”，创建一个长宽高分为为 100×100×40 的长方体，长方体中心在原点，则为“diban”添加了一个正方体模型。

（4）执行【WAVE 几何链接器】命令 ，链接的类型为“复合曲线”，选择“zhou”组件中圆柱上表面的圆边，点击确定，如图 1-10-15 所示。则在“diban”组件中链接了“zhou”组件中的圆。可以去【部件导航器】中去查看，会发现存在【链接的复合曲线】，如图 1-10-16 所示，绘图区域也出现了该条链接曲线。执行【拉伸】命令，截面线串选择【WAVE】的复合曲线，输入拉伸参数，并和“diban”模型进行求差布尔运算，即在底板上打一个圆柱孔。

（5）双击装配导航器中的“asm1”，使“asm1”为工作部件，绘图区域的显示效果如图 1-10-17（a）所示，双击装配导航器中的“zhou”，使“zhou”组件为工作部件，修改圆柱的直径为 60，再将“asm1”设为工作部件，绘图区域的显示效果如图 1-10-17（b）所示。如果修改了轴的参数，则底板上孔的参数会自动更新。

注意：WAVE 几何链接器与抽取几何体（Extract Geometry）命令的功能很相似，要注意两者的主要区别：

- 抽取几何体（Extract Geometry：在同一个 Part 文件抽取几何体（关联性复制）；
- WAVE 几何链接器：在两个不同的 Part 文件关联性复制几何体。

图 1-10-13　创建一个新的装配文件

图 1-10-14　新建组件

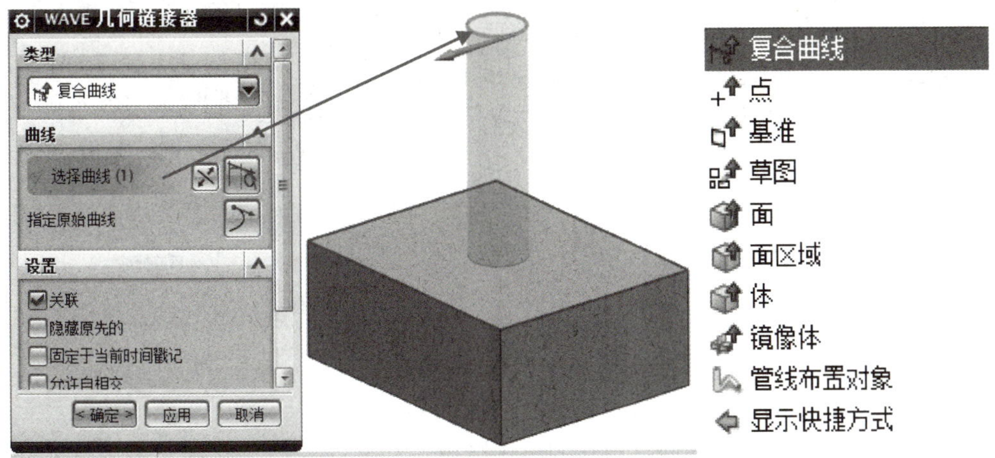

图 1-10-15　WAVE 几何链接器的操作

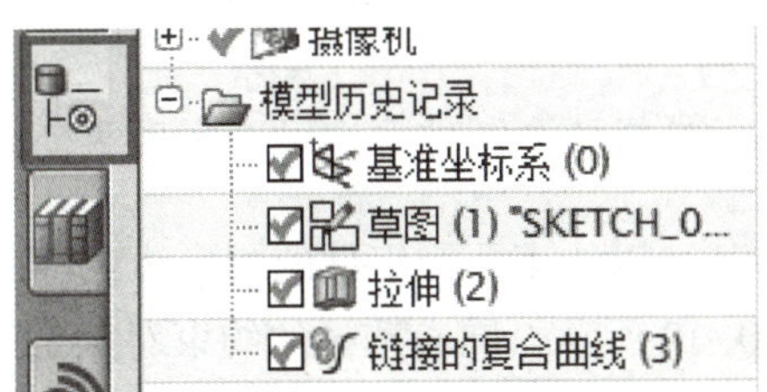

图 1-10-16　组件的部件导航器

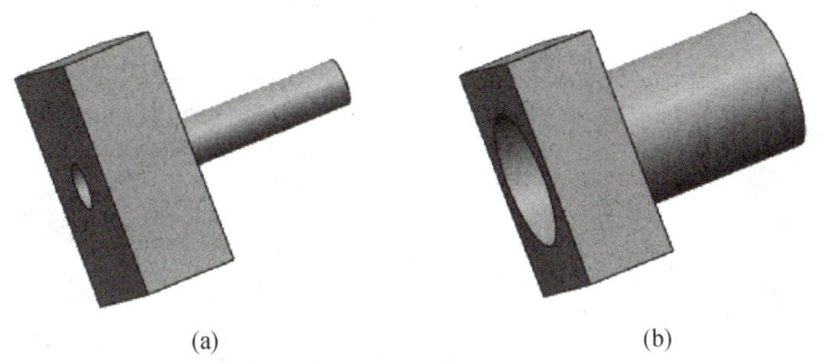

(a)　　(b)

图 1-10-17　WAVE 链接器的效果

6. 装配约束

“装配约束”通过定义两个组件之间的约束条件来确定组件在装配中的位置。在装配部件时，可以在添加组件时对组件进行装配约束，也可以在添加组件后，使用“装配约束”命令对组件进行约束。

执行菜单栏【装配】→【组件位置】→【装配约束】命令，系统弹出“装配约束”对话框，在“类型”下拉菜单中，有“接触对齐”、“同心”、“距离”等 11 种类型，如图 1-10-18 所示。

（1）接触对齐。“接触对齐”可以将两个组件的面接触或对齐。“接触对齐”设置框如图 1-10-18 所示，在“要约束的几何体”选项组的“方位”下拉菜单中含有 4 个选项：“首选接触”“接触”“对齐”和“自动判断中心/轴”。

1）首选接触：此选项为默认选项，选择该选项时，两个组件共面且法线方向相反。

2）接触：选择该方式时，指定的两个相配合的对象会接触（贴合）在一起。对于平面，两个平面贴合且默认法向相反，用户可以单击“反向”图标进行设置，对于圆柱面，两个圆柱面以相切的形式接触。

3）对齐：选择该方式时，指定的两个对象，包括两个面或两条边会对齐。对于平面，两个平面共面且法向相同。

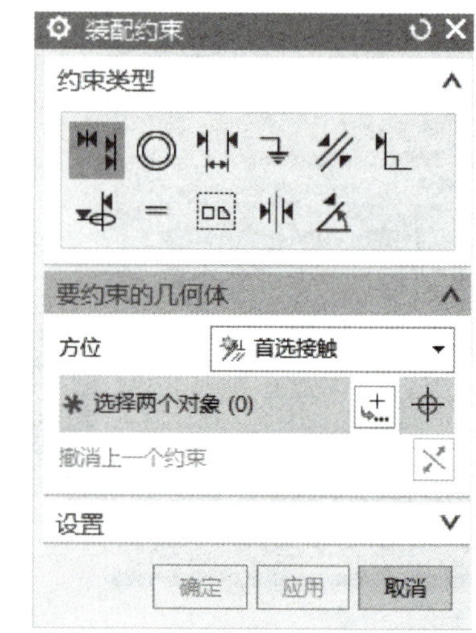

图 1-10-18　装配约束对话框和种类

4）自动判断中心线/轴：选择两个圆柱面，可以实现两个圆柱面的中心线对齐。

（2）同心。“同心”可以约束两个组件的圆形边或椭圆形边，使其中心重合，并使边的平面共面。如图 1-10-19 所示，同心选择的约束对象是圆弧。

（3）距离。该约束用于指定两个组件之间的距离，距离可以是正值也可以是负值，正负号是相对于静止组件而言的，如图 1-10-20 所示。

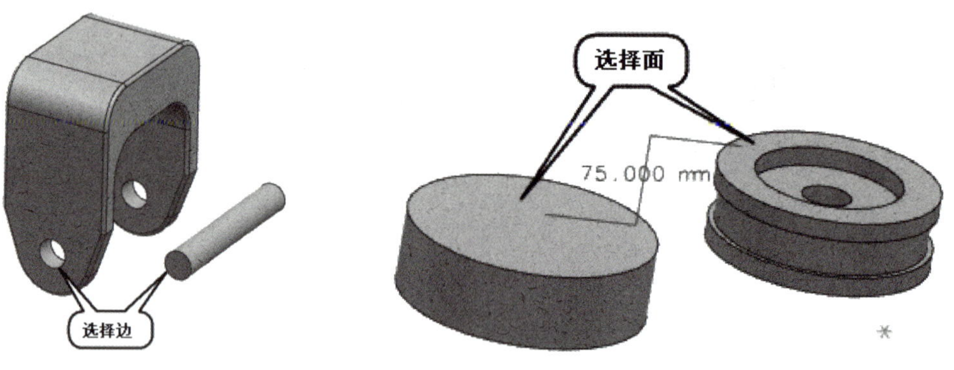

图 1-10-19　同心约束　　图 1-10-20　距离约束

（4）固定。该约束将组件固定在其当前位置不动，当确定组件在合适位置且要由它约束其他组件时，常用此约束。

（5）平行。该约束将两个组件对象的方向矢量约束为平行。

（6）垂直。该约束将两个组件对象的方向约束为互相垂直。

（7）对齐/锁定 。该约束将不同对象的两根轴对齐，同时防止绕公共轴旋转。

（8）适合窗口 。该约束将相等半径的两个圆柱面结合在一起，常用在孔中销或螺栓定位，如果组件的半径不相等，则该约束无效。

（9）胶合 。该约束将组件焊接在一起，以使其可以像刚体那样移动。选择需要胶合的组件，单击“胶合”图标即可创建胶合约束。

（10）中心 。该约束可以约束两个对象的中心，使其中心对齐。当选择“中心”时，“子类型”下拉菜单被激活，其中包括“1 对 2”“2 对 1”和“2 对 2”。

1）1 对 2。

将装配组件上的一个参考对象的中心与另一个组件中的两个参考对象的中心对齐，如图 1-10-21 所示。

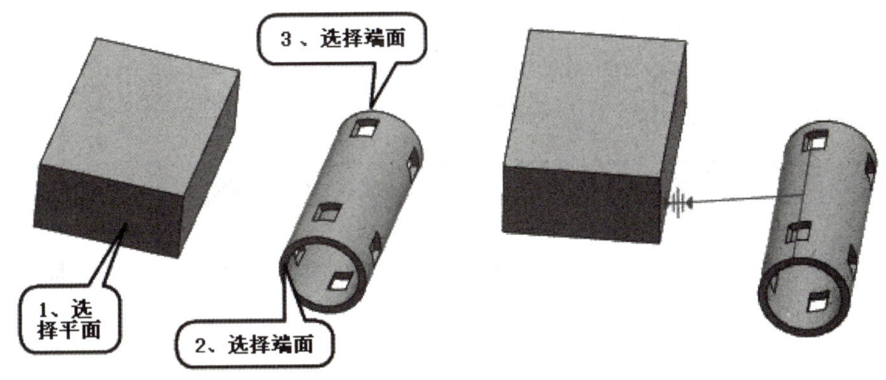

图 1-10-21　1 对 2 中心对齐约束

2）2 对 1。

将装配组件上的两个参考对象的中心与另一个组件中的一个参考对象的中心对齐。

3）2 对 2。

将装配组件上的两个参考对象的中心与另一个组件中的两个参考对象的中心对齐。

（11）角度 。该约束用于控制两个对象之间的角度，从而使装配组件旋转到正确的位置，如图 1-10-22 所示。

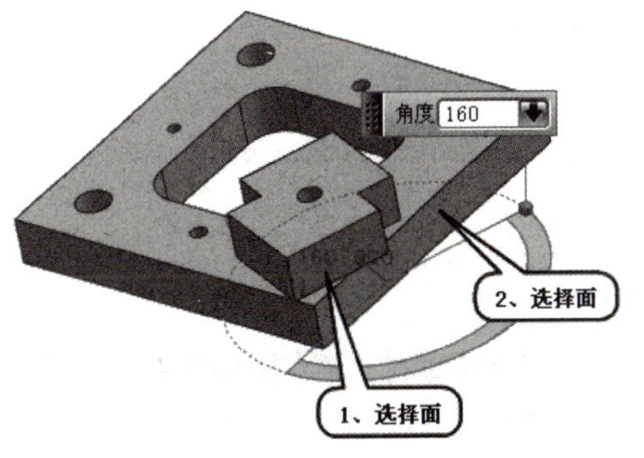

图 1-10-22　角度约束

7. 爆炸图

爆炸视图是装配结构的一种图示说明。在该视图中，各个组件或一组组件分散显示，就像各自从装配件的位置爆炸出来一样。利用装配视图可以清楚地显示装配或者子装配中各个组件的装配关系。一旦已经建立了装配图，便可以为其中的组件定义爆炸图了，爆炸图可以被加到任意需要的视图布置中。在该视图中，各个组件或子装配已经从它们的装配位置移走，如图 1-10-23 所示。爆炸图与显示部件相关联，并且可以和显示部件一起保存。

爆炸图是一个已经命名的视图，一个模型中可以有多个爆炸图。默认状态 UG 使用的爆炸图名为“Explode”，后缀为数字。用户也可以根据需要指定自己的爆炸图名称。单击下拉菜单【装配】→【爆炸图】选项，选择相应的命令生成爆炸图，图 1-10-24 所示为爆炸图的工具条。爆炸图的特点如下：

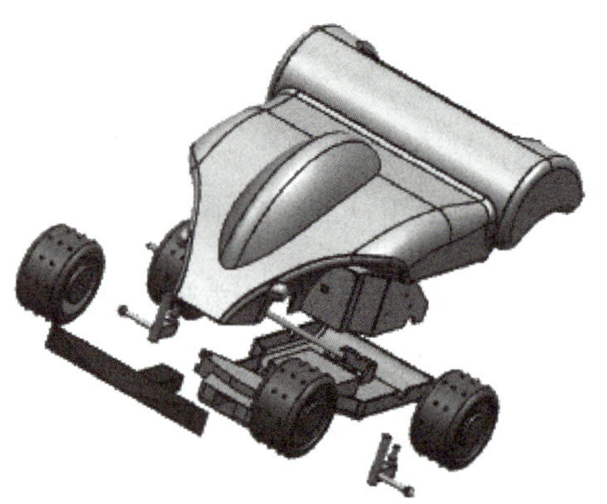

图 1-10-23　爆炸图

1）可对爆炸图中的组件进行所有的 UG 操作，如编辑特征参考；

2）任何对爆炸图中组件的操作均会影响到非爆炸图中的组件；

3）爆炸图可随时在任意视图中显示或不显示；

4）不能爆炸装配部件中的实体，只能爆炸装配部件中的组件；

5）爆炸图不能从当前模型中输入或输出。

图 1-10-24　爆炸图工具条

（1）建立爆炸图

单击下拉菜单【装配】→【爆炸图】→【创建爆炸图】选项，或单击“建立爆炸图”命令，弹出如图 1-10-25 所示的“创建爆炸视图”对话框，在对话框中输入爆炸图名称，此时当前工作视图名是显示此爆炸图名。爆炸图与非爆炸图之间可相互切换。在图 1-10-24 的“工作视图爆炸”下拉菜单中选择【无爆炸】，则显示非爆炸图，选择爆炸图名，则显示相应的爆炸图。

（2）自动爆炸组件。

自动爆炸组件就是按组件的配对约束输入偏置距离来建立爆炸图。单击下拉菜单【装配】→【爆炸图】→【自动爆炸组件】选项，或单击“自动爆炸图”命令，系统弹出“类选择”对话框，可以从装配导航器或图形区域选择要爆炸的组件，单击“确定”，弹出如图 1-10-26 所示的对话框，指定自动爆炸后各组件之间的距离值。

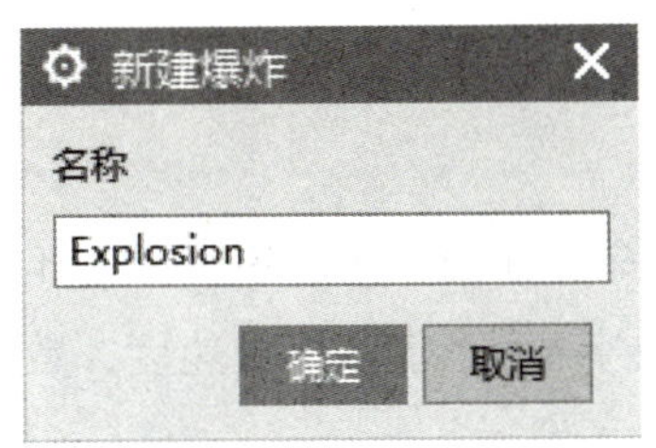

图 1-10-25 建立爆炸视图对话框

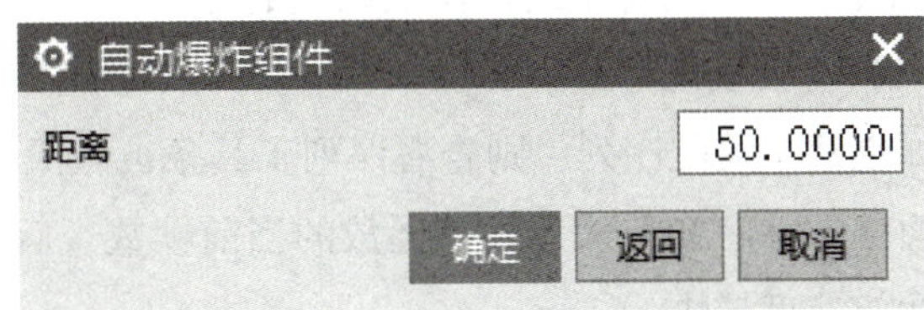

图 1-10-26 设置爆炸距离

(3) 编辑爆炸图。

编辑爆照的作用是重新定位当前爆炸中的组件。执行【装配】→【爆炸图】→【编辑爆炸图】命令，或单击“编辑爆炸图”命令，弹出如图 1-10-27 所示的“编辑爆炸图”对话框，首先从装配导航器或图形区域选择要重新定位的爆炸组件，操作方式选择“移动对象”，用动态手柄直接拖动组件到合适的位置，完成编辑爆炸参数设置后，单击“应用”或“确定”。

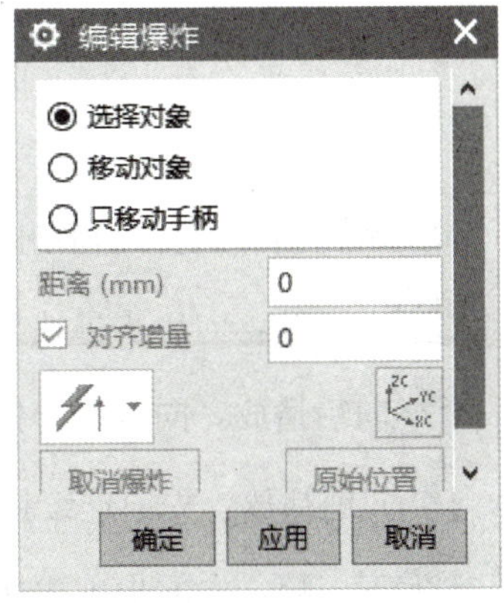

图 1-10-27 编辑爆炸图对话框

8. 装配序列

装配序列控制组件的装配或拆卸顺序，并仿真组件的运动，为用户提供了很方便查看装配过程的工具即装配动画，创建装配动画可以很形象地表达各个零部件之间的装配关系和整个产品的装配顺序。

(1) 新建装配序列。

单击【装配序列】命令，即进入装配序列任务环境。单击【新建序列】，系统将会自动创建一个新的装配动画，默认名称为序列_ 1，且装配序列工具条被激活，常用命令如图 1-10-28 所示。

图 1-10-28 装配序列工具条

装配动画的编辑操作实质上就是将装配零件按一定的顺序加入到装配动画之中去。单击工具条中的【装配】或【拆卸】，将会弹出一个类选择对话框，在图形窗口中选择一个组件，单击“确定”，该零件即被加入到装配动画之中，同时系统将在装配动画导航窗口中自动显示该零件名称。按照这种方法可以将各个装配组件依次加入到装配动画之中。用这种办法生成的装配序列组件被拆卸后则不会显示出来，使用【插入运动】

命令，可以为每个组件添加确定的运动。

（2）查看装配序列。

如创建了装配序列，则查看序列工具条被激活，常用命令如图 1-10-29 所示。工具条中前面的数字“33”表示序列播放的当前帧数，后面的数字“6”表示播放速度，数字越大，播放速度越快。

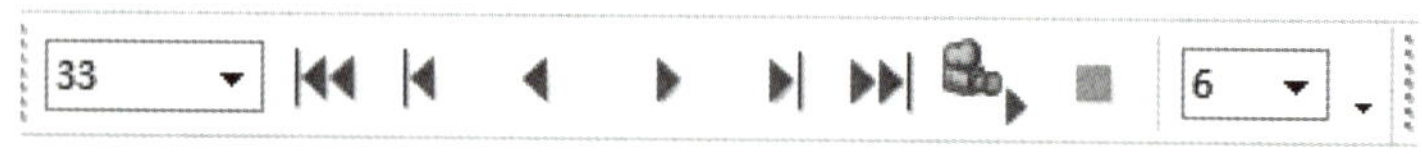

图 1-10-29　播放序列工具条

倒回到开始：回到动画的初始位置；

上一帧：向后步进式播放动画；

向后播放：向后连续播放动画；

向前播放：先前连续播放动画；

下一帧：先前步进式播放动画；

快进到结尾：前进到动画的终点。

导出到电影：导出序列帧到电影，可使用播放器播放。

三、操作过程

1. 创建装配文件

单击【新建】命令，类型为“装配”，命名为“kadingche”，进入装配界面环境，显示装配工具条，如图 1-10-30 所示。

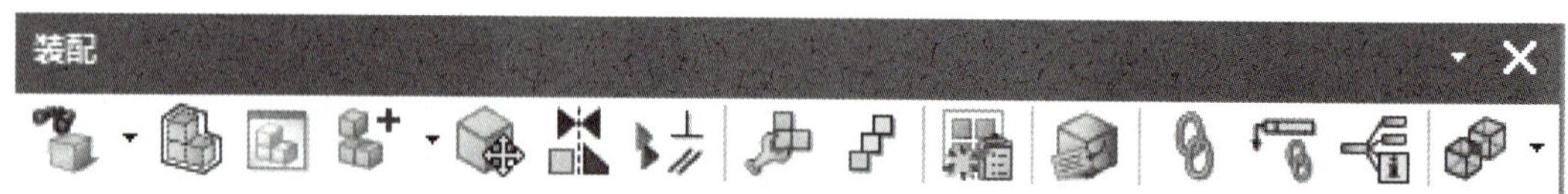

图 1-10-30　装配工具条

2. 添加组件底盘

单击添加组件命令，弹出添加组件对话框，如图 1-10-31 所示，单击对话框中的【打开】，根据保存路径打开零件“dipan”，将“dipan”文件的绝对坐标定位至装配文件的绝对坐标位置，单击“确定”，则在图形区域显示第一个组件“dipan”模型。

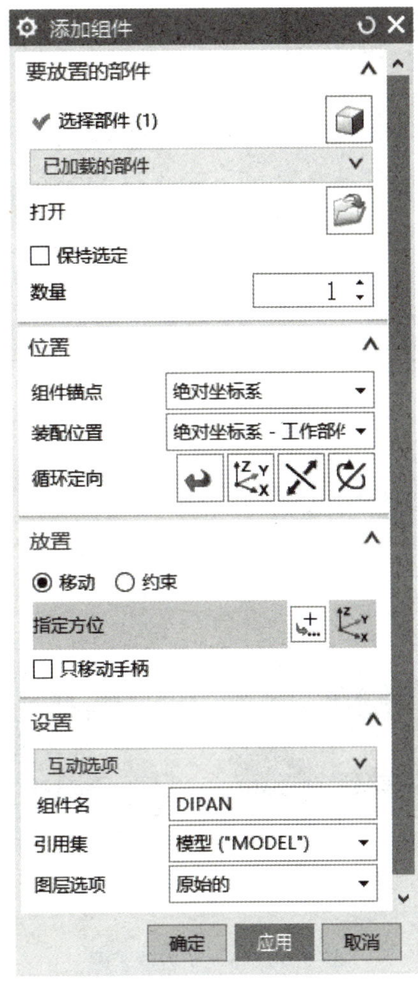

图 1-10-31 添加组件对话框

3. 装配动力箱

（1）添加组件。

单击添加组件命令，弹出添加组件对话框，单击对话框中的【打开】，根据保存路径打开零件“donglixiang”，将“donglixiang”文件的绝对坐标定位至装配文件的绝对坐标位置，单击“确定”，则在图形区域显示第二个组件“donglixiang”模型。

（2）约束组件。

单击工具条中的【装配约束】命令，系统弹出“装配约束”对话框，如图 1-10-32 所示。在“类型”下拉菜单中选择“接触对齐”，在“方位”下拉菜单中选择“对齐”，按照图 1-10-33（a）分别选择两个组件上的两个平面和两条边对齐，当选择完第二个平面和第二条边时，则图形区域的两个组件按照约束条件自动跳至对齐状态。然后再“方位”区域选择“首选接触”，选择两个相接触的面，装配结果如图 1-10-33（b）所示。

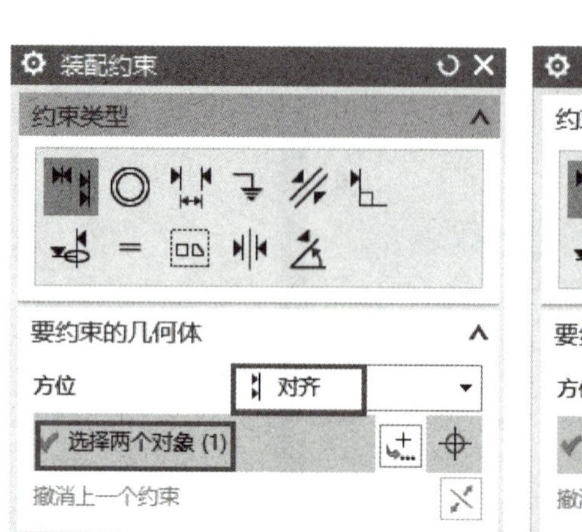

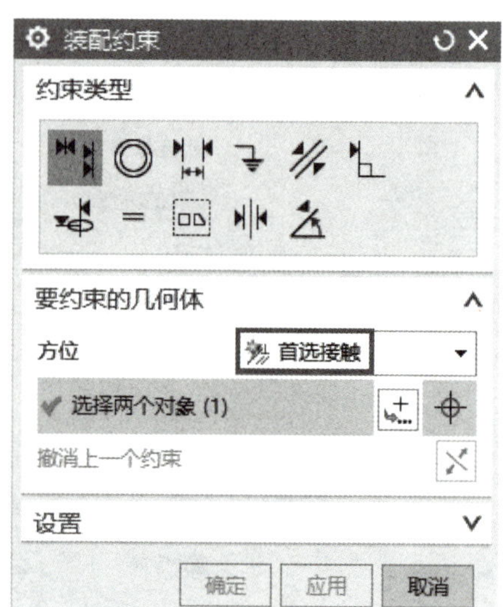

图 1-10-32 接触对齐约束

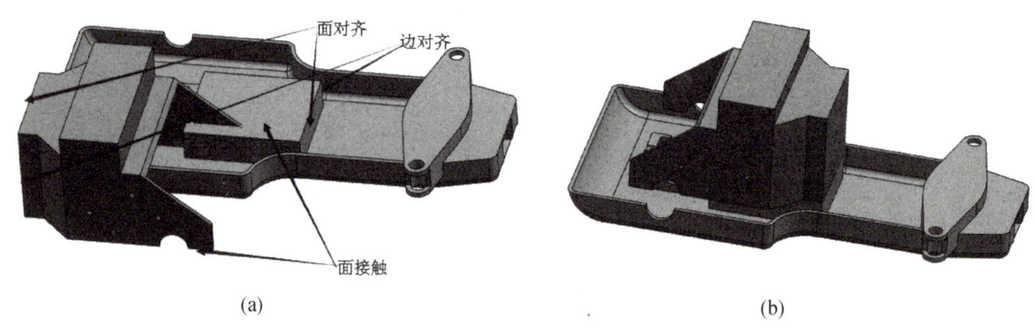

图 1-10-33 动力箱装配

（a）装配条件；（b）装配效果

4. 装配支座

（1）单个支座。

单击添加组件命令 ，出现添加组件对话框，点击对话框中的【打开】命令，根据保存路径打开零件“zhizuo”，单击【移动组件】 命令，在变换方式的运动栏中，选择“动态”，拖动活动坐标系，使组件绕 Z 轴旋转至图 1-10-34 所示状态。执行工具条【装配约束】 命令，选择“同心”，约束支座圆柱底面的圆心与底盘孔的底面圆心同心，然后使用“平行”功能，约束两个面平行。

（2）镜像支座。

执行【装配】→【组件】→【镜像装配】命令，或直接点击工具条中的【镜像装配】命令 ，出现镜像装配对话框，选择图 1-10-34 中的支座，使用 按钮创建一个基准平面作为镜像平面，该基准平面为底盘两个侧面的二等分面，选择要镜像的组件名称，单击“关联镜像”，完成镜像装配，效果如图 1-10-35 所示。

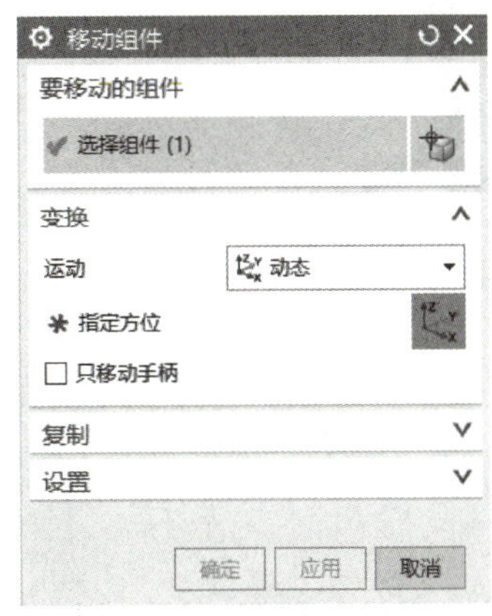

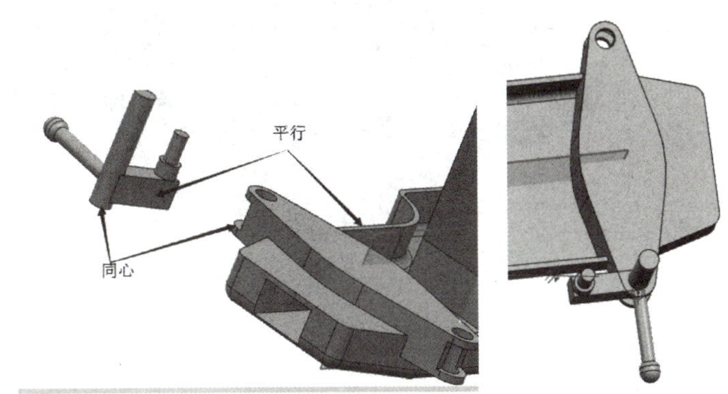

图 1-10-34 支座的装配

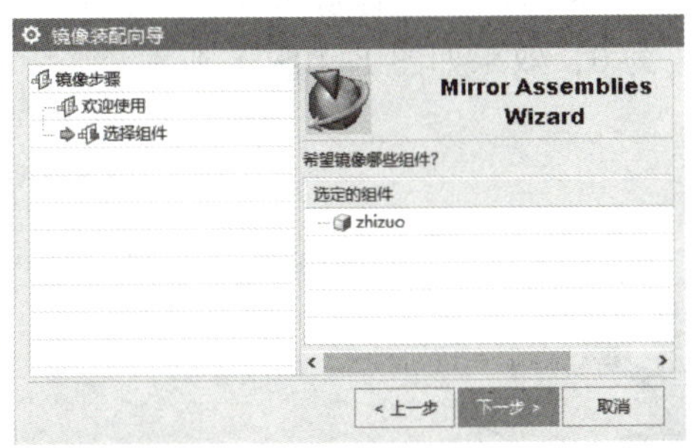

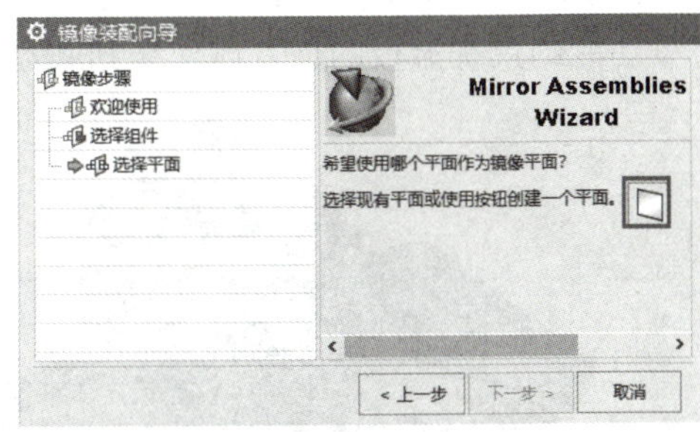

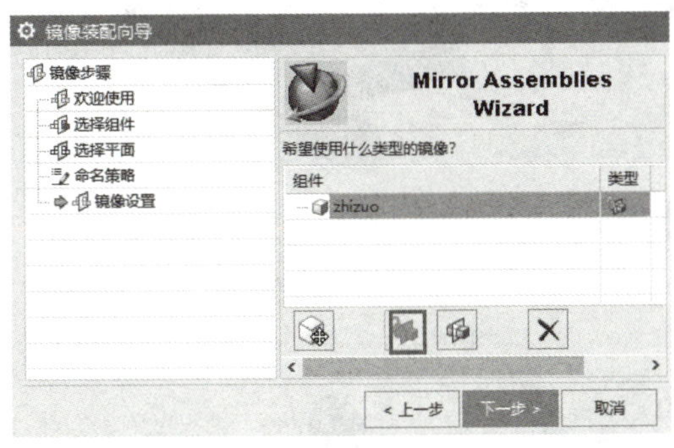

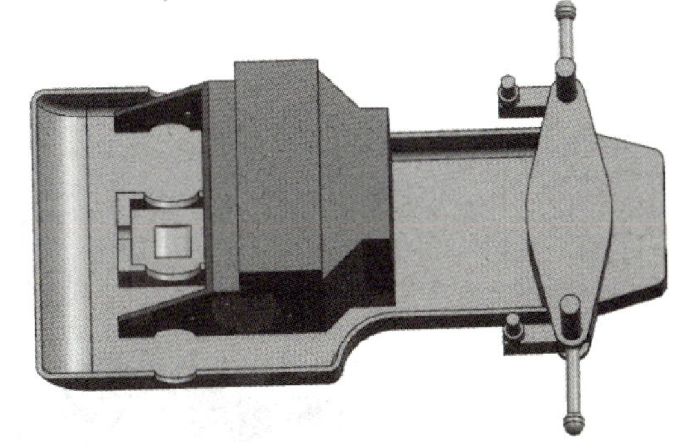

图 1-10-35 支座的镜像支配

5. 装配轴

执行【添加组件】命令，选择“zhou”文件，首先利用“中心”2 对 2 功能，约束轴的两个端面中心与动力箱两个端面的中心重合，然后使用“接触对齐”中的自动判断轴线功能，约束孔的轴线与轴的轴线对齐，效果如图 1-10-36 所示。

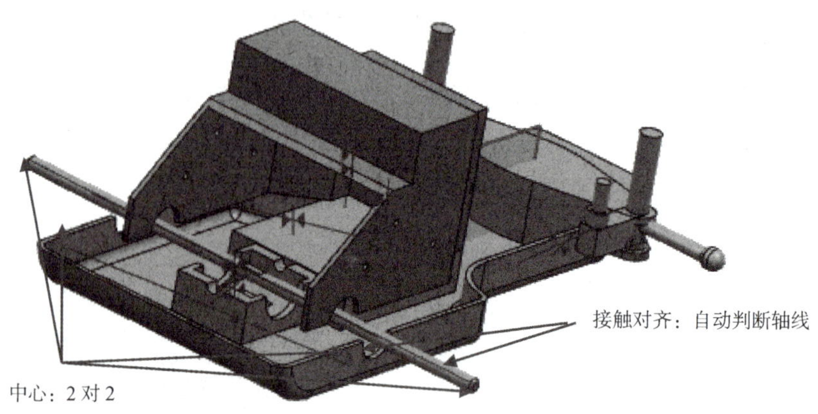

图 1-10-36　轴的装配

6. 装配扰流板

执行【添加组件】命令，选择文件“raoliuban”，将扰流板端面与底盘侧面端口相对，如图 1-10-37 所示。使用“中心”2 对 2 对齐功能，约束扰流板的对称轴与底盘的对称轴对齐，使用“接触对齐”的对齐功能，约束扰流板底面与底盘腔体底面接触，使用“距离”功能约束扰流板的长方体交线到底盘端面距离为 0，效果如图 1-10-38 所示。

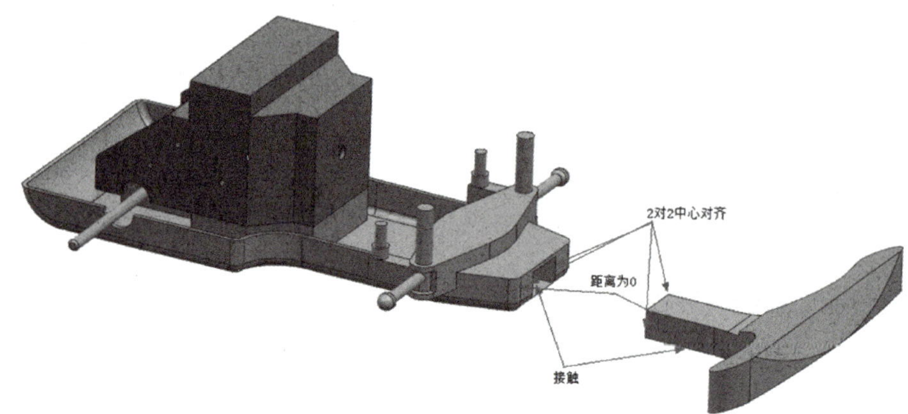

图 1-10-37　装配条件

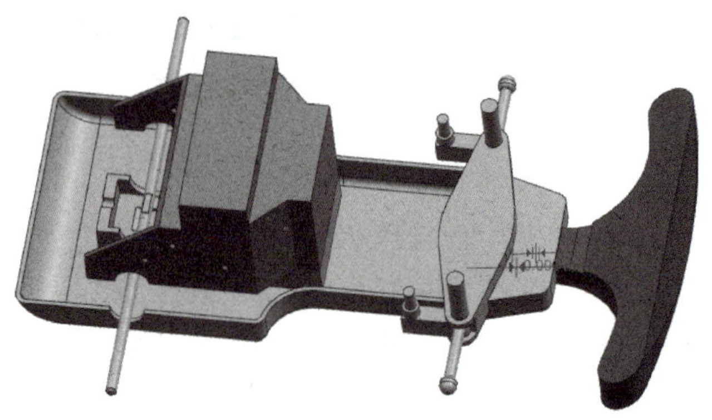

图 1-10-38　扰流板的装配效果

7. 装配车身

执行【添加组件】命令，根据保存路径选择文件“body”，移动车身，将车身拖动至大概位置，使用“中心”2对2对齐功能，约束车身对称平面与底盘对称平面对齐，使用“接触对齐”的对齐功能，约束车身的底面边线与底盘的上表面边线对齐，装配效果如图1-10-39所示。

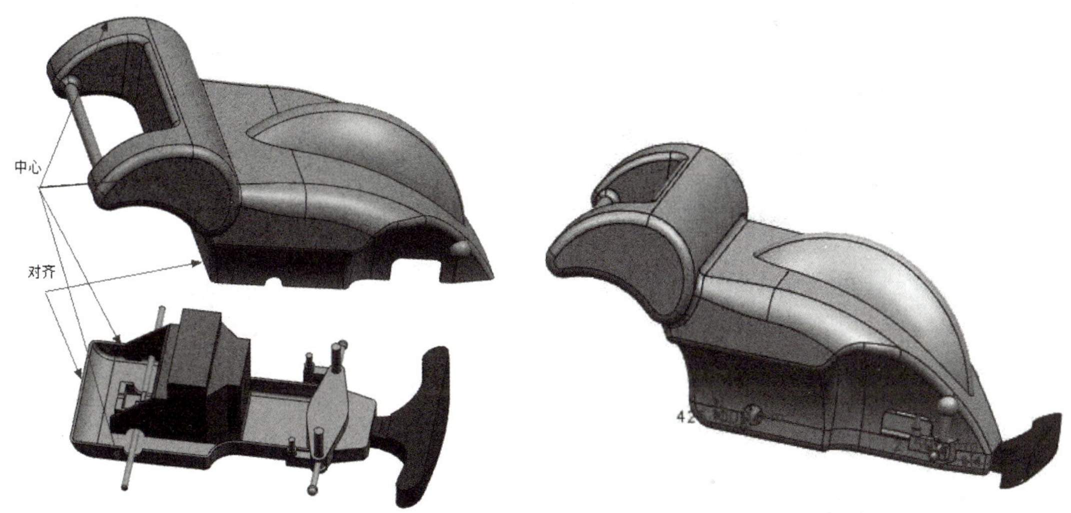

图 1-10-39 车身的装配

8. 装配车轮

执行【添加组件】命令，选择文件“lun”，将车身拖动至大概位置。单击工具条【装配】→【装配约束】，使用“接触对齐”中的自动判断中心线功能，约束支座的中心线与轮胎中心线对齐，再使用“首选接触”功能约束轮胎孔的内表面与轴的外端面接触。

执行【镜像装配】命令，将装配好的车轮，以车身的对称面为镜像平面，进行镜像装配，装配效果如图1-10-40所示。

9. 生成爆炸图

（1）自动爆炸。

执行【新建爆炸】命令，在对话框中输入爆炸图名称，单击【自动爆炸组件】，系统显示“类选择”对话框，可以从装配导航器或图形区域选择所有组件，单击“确定”，弹出距离对话框，在文本框中输入距离500，单击“确定”生成爆炸图。

（2）编辑爆炸。

执行【编辑爆炸】命令，出现“编辑爆炸图”对话框，选择爆炸方向不合理的组件，如“轴”，单击“移动对象”，在绘图区出现动态坐标系，直接拖动坐标系将组件拖到合适的位置，效果如图 1-10-41 所示。

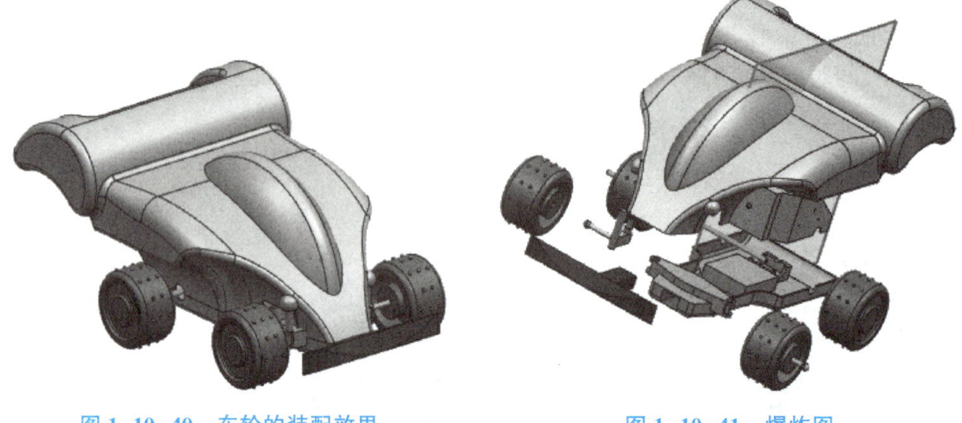

图 1-10-40　车轮的装配效果　　图 1-10-41　爆炸图

四、上机练习

完成如图 1-10-42 所示抽水泵的装配，并生成爆炸图和装配序列。

图 1-10-42　抽水泵的装配

项目二 曲面造型

UG 曲面建模技术是体现 CAD/CAM 软件建模能力的重要标志，直接采用前面章节的方法就能够完成设计的产品是有限的，大多数实际产品的设计都离不开曲面建模。曲面建模用于构造用标准建模方法无法创建的复杂形状，它既能生成曲面（在 UG 中称为片体，即零厚度实体），也能生成实体。本项目主要介绍曲面模型建立和编辑。

任务一 花瓶的造型

一、实例分析

1. 学习任务

根据图 2-1-1 所示线架完成花瓶的造型。

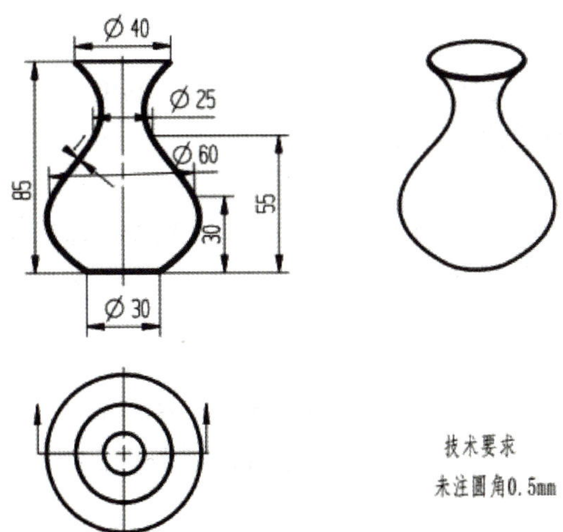

图 2-1-1 花瓶

2. 知识目标

（1）掌握通过曲线组的基本应用和操作；

（2）掌握有界平面的操作；

（3）掌握缝合命令的操作；

（4）掌握加厚命令的操作。

二、知识链接

1. 通过曲线组

通过曲线组是指通过一系列轮廓曲线（大致在同一方向）建立曲面或实体。单击执行【插入】→【网格曲面】→【通过曲线组】，或单击【曲面】工具条中【通过曲线组】命令，弹出“通过曲线组”对话框，如图2-1-2所示。

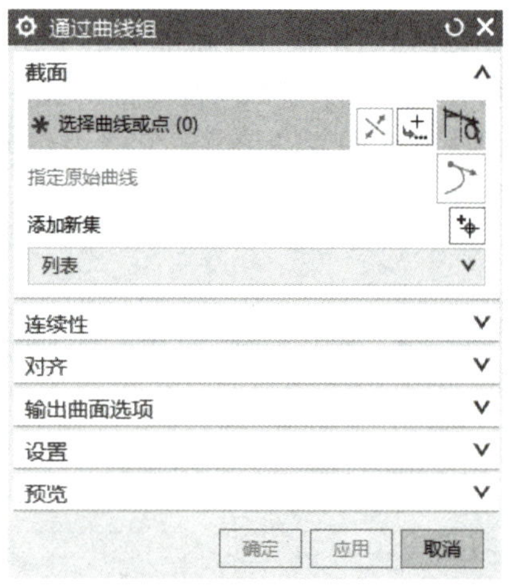

图2-1-2 【通过曲线组】对话框

（1）截面。

截面可以是曲线、实体边界或实体表面等几何体。其生成特征与截面线串相关联，当截面线串编辑修改后，特征会自动更新。

（2）连续性。

可以设置第一截面和最后截面的连接方式，连续性包含了G0（位置），G1（相切）和G2（曲率）、如果选择相切或者曲率，则需要选择约束面。

（3）对齐。

保留形状复选框是指在截面上保留线串的形状，一般要勾选。

对齐方式是指截面线串上连接点的分布规律和两条截面线串的对齐设置。

1）参数是系统初始默认的对齐方式，是指在指定的截面线串上等参数分布连接点，一般都是选择参数对齐。

2）弧长是指两组线串按照等弧长方式建立连接点。

3）根据点是指将不同形状截面线串间的点对齐。

4）距离指在指定矢量上将点沿每条曲线以等距离隔开。

5）角度指在每个截面上，绕着规定轴等角度间隔生成。

6）脊线是指把点放在选择的曲线和正交于输入曲线的平面的交点上。

（4）设置体类型。

可以选择生成片体和实体。如果要生成实体，则截面线串都必须是封闭曲线。

2. 有界平面

有界平面命令用于创建平整的曲面。它也具有平面特性，可以在有界平面上绘制草图。执行【插入】→【曲面】→【有界平面】命令，弹出对话框，定义截面线串，点击“确定”即可完成。

3. 缝合

缝合曲面是将两个或者多个平面或者曲面组合成一个面。执行【插入】→【组合】→【缝合】，或是在【特征】工具栏单击【缝合】命令，在【缝合】对话框中“类型”选择片体，“目标”选取一个曲面，“工具”选择其余曲面，设置公差一般默认。如图 2-1-3 所示。

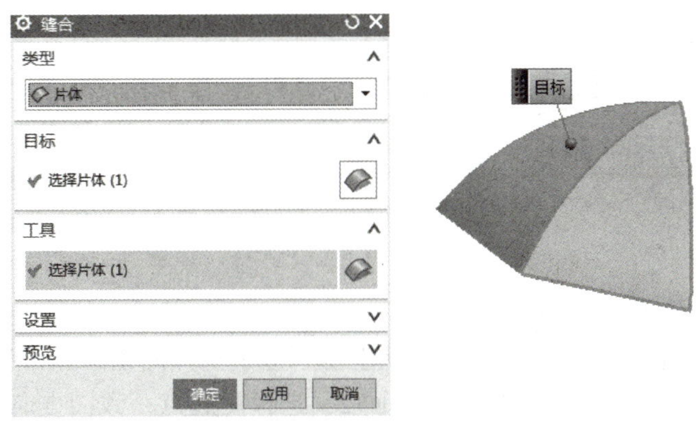

图 2-1-3 【缝合】对话框

4. 加厚

加厚使片体具有一定的厚度而成为实体。执行【插入】→【偏置/缩放】→【加厚】命令，或单击【特征】工具栏【加厚】命令，弹出【加厚】对话框，“面”选择需要加厚的面，“厚度”中“偏置 1”设置为 0.5，单击“确定”，片体变成有一定厚度的实体，如图 2-1-4 所示。

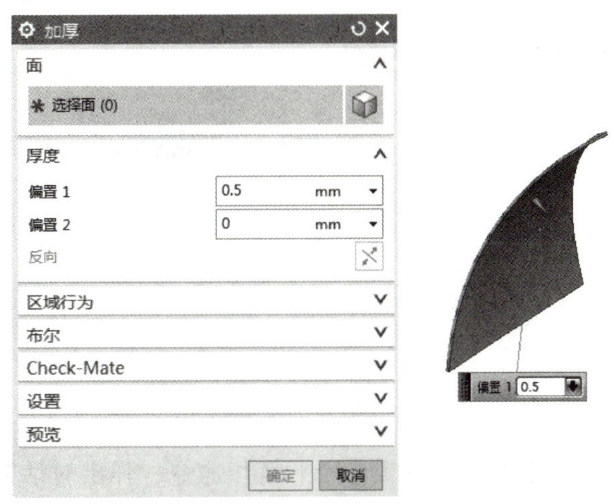

图 2-1-4 【加厚】对话框

三、操作过程

1. 绘制线架

（1）选择 *XY* 平面绘制如图 2-1-5 所示草图。

（2）分别在距离 *XY* 平面 30，55 和 85 的平面中绘制直径为 60，25 和 40 的圆，圆心与上一步绘制圆同心，结果如图 2-1-6 所示。

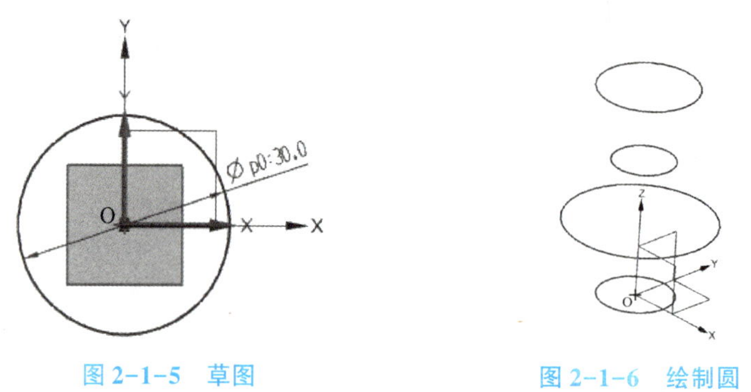

图 2-1-5　草图　　　　图 2-1-6　绘制圆

2. 创建瓶身和底面

（1）单击【通过曲线组】命令，从上至下分别选择四条圆弧作为四个截面，注意选完截面 1 后要单击鼠标中键后再选择截面 2，选择时起点一致，方向一致，“体类型”设置为片体，如图 2-1-7 所示，单击“确定”，得到瓶身。

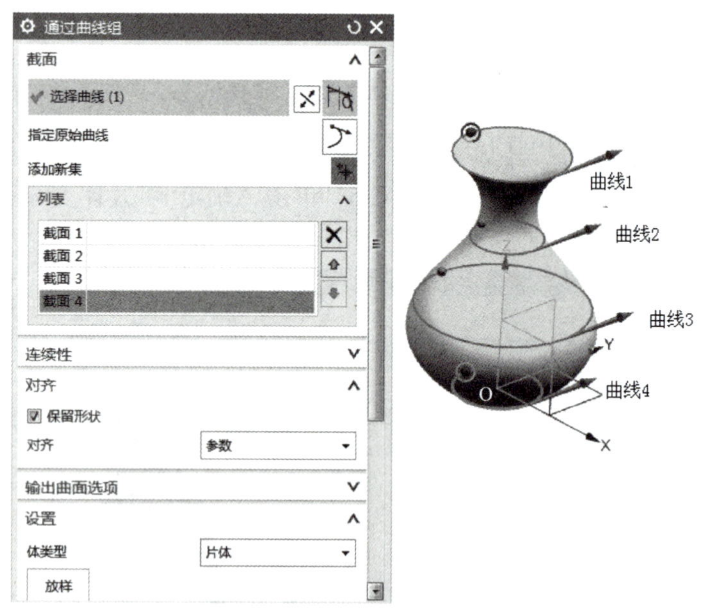

图 2-1-7　创建瓶身

（2）执行【插入】→【曲面】→【有界平面】命令，弹出对话框，“平截面”选择 *XY* 平面上的圆，如图 2-1-8 所示，单击“确定”，得到底面。

（3）单击【缝合】命令，“目标”选择瓶身，“工具”选择瓶底，如图 2-1-9 所示，单击“确定”，两片体成为一个整体。

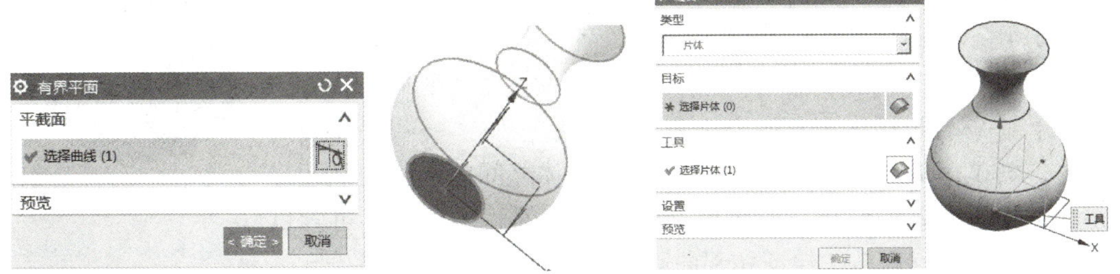

图 2-1-8 创建底面

图 2-1-9 将片体缝合

3. 片体加厚成实体

（1）单击【加厚】命令，输入偏置厚度 1，方向向内，如图 2-1-10 所示，单击“确定”得到花瓶实体。

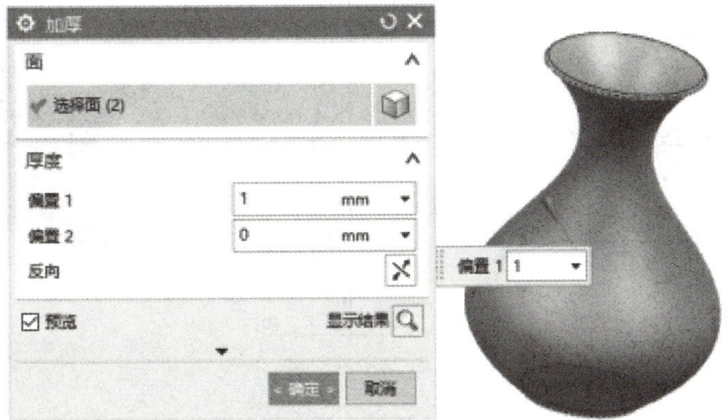

图 2-1-10 对花瓶加厚

（2）单击【边倒圆】命令，选择瓶口的两条圆弧，倒角为 0.5，如图 2-1-11 所示。

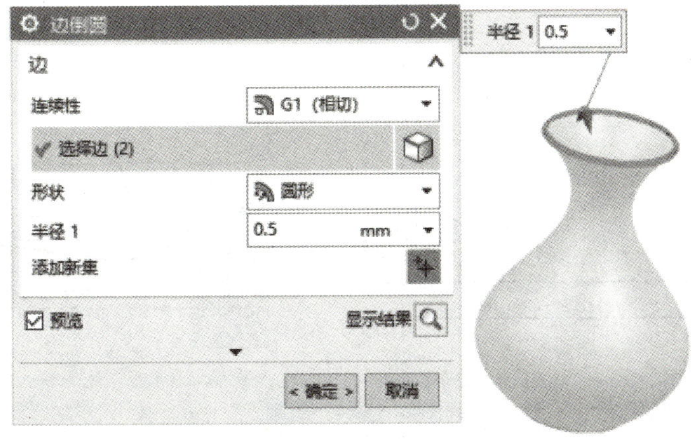

图 2-1-11 边倒圆

(3) 单击"显示/隐藏"命令，隐藏片体和草图，得到如图 2-1-12 所示的花瓶。

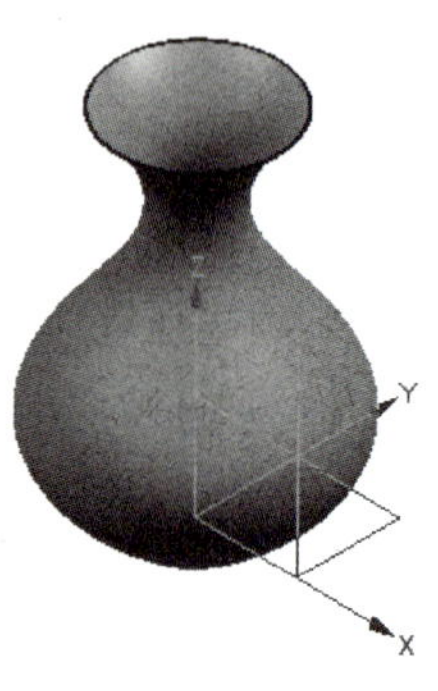
图 2-1-12 花瓶

任务小结：

(1) 用"通过曲线组"创建曲面时，各个截面的起点和方向要一致；一般勾选"保留形状"，使截面形状不发生太大变形。

(2) 在缝合过程中，有时会出现错误提示，如"一些片体脱离目标体，尝试用更大的公差"，意思是两个片体之间的距离已经超过了缝合的设置公差。但是加大公差并不是最好的解决方法，可尝试绘制草图时用交点命令，保证相邻曲面之间的相交。

四、上机练习

(1) 使用有界平面、缝合等命令创建如图 2-1-13 所示正五角星实体。

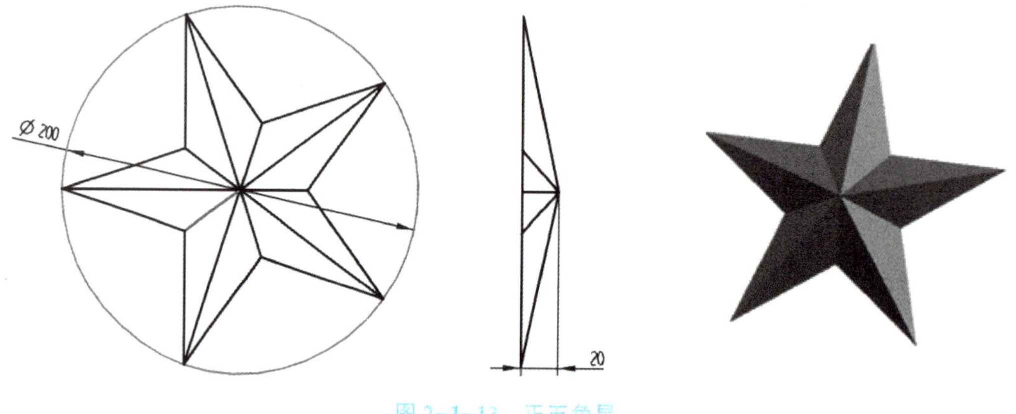

图 2-1-13 正五角星

(2) 根据如图 2-1-14 所示线架，使用回转实体、阵列几何特征、通过曲线组、镜像、修剪体、抽壳和边倒圆等命令，创建如图 2-1-15 所示旋钮。

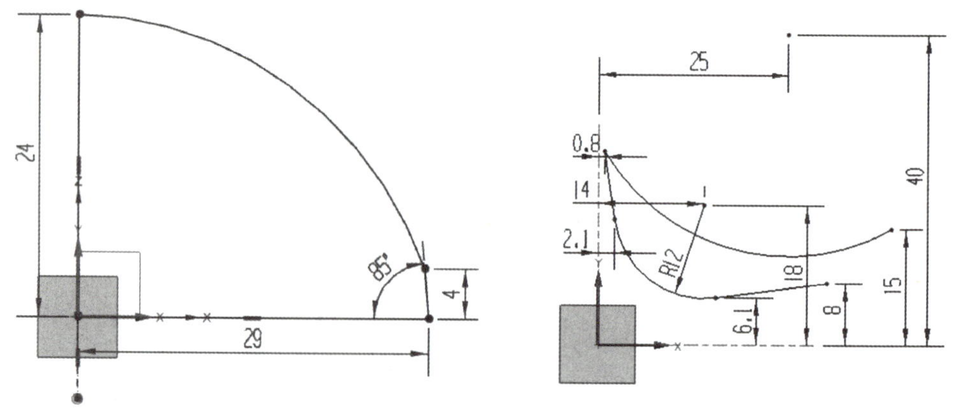

图 2-1-14 线架

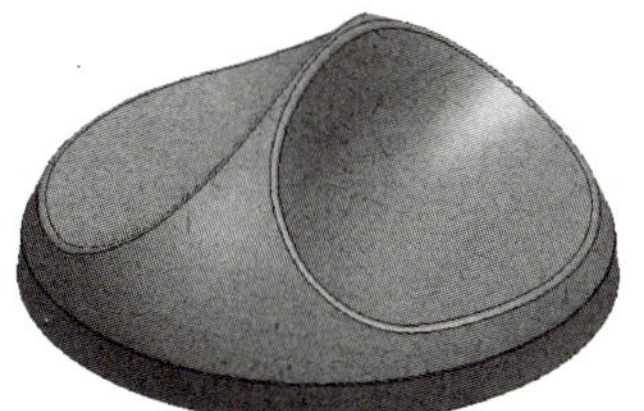

图 2-1-15　旋钮

操作提示：

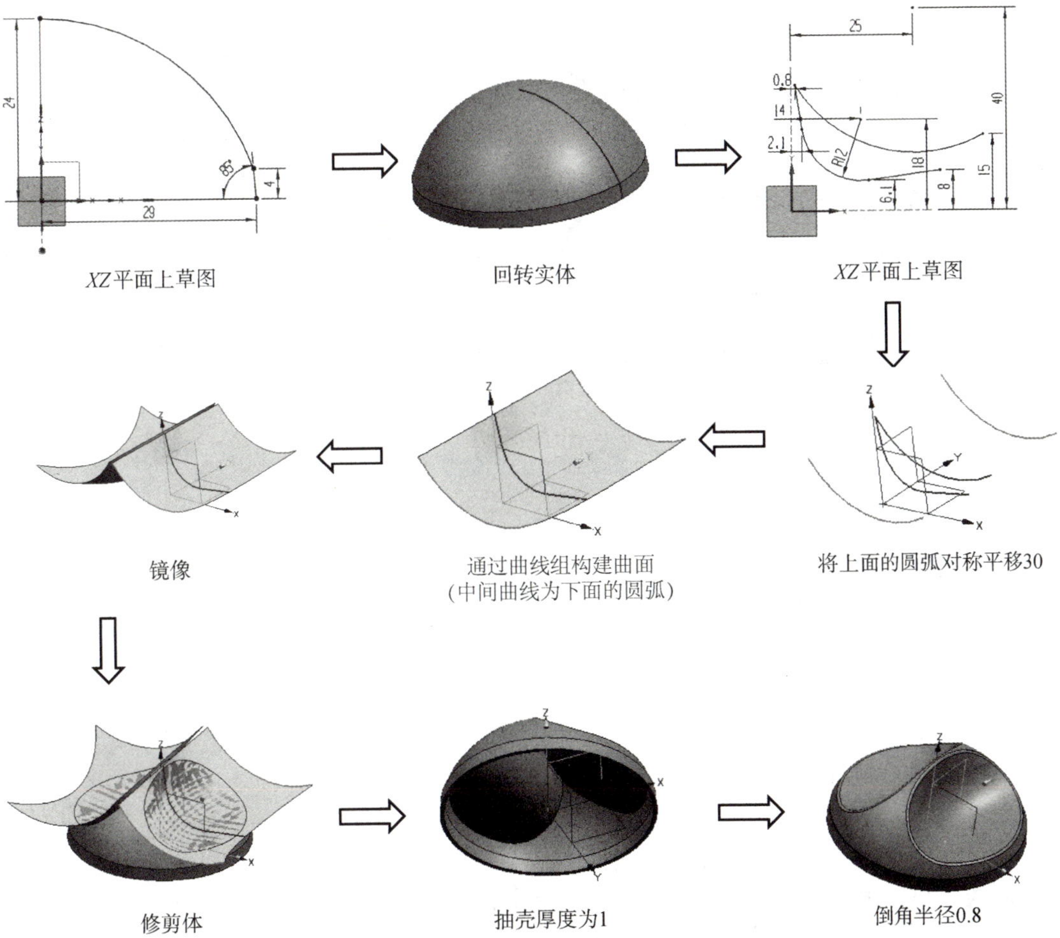

XZ平面上草图

回转实体

XZ平面上草图

将上面的圆弧对称平移30

通过曲线组构建曲面
(中间曲线为下面的圆弧)

镜像

修剪体

抽壳厚度为1

倒角半径0.8

任务二　肥皂盒的造型

一、实例分析

1. 学习任务

根据图 2-2-1 所示线架完成肥皂盒的造型。

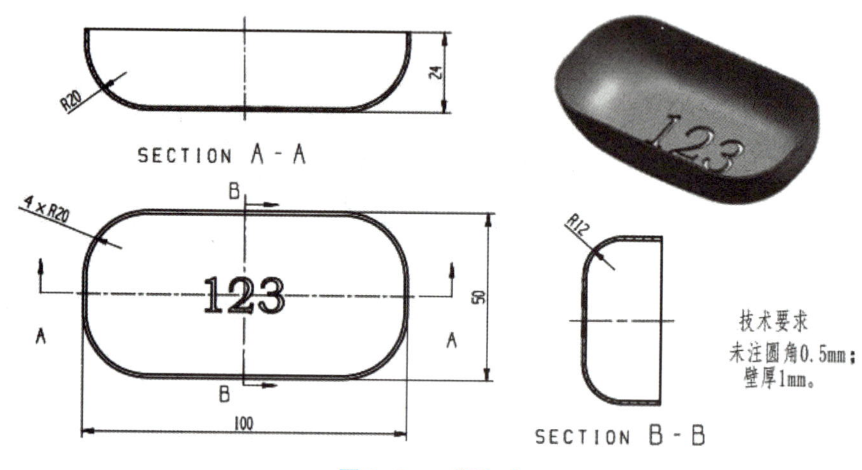

图 2-2-1　肥皂盒

2. 知识目标

（1）掌握通过曲线网格的基本应用和操作；

（2）掌握插入文本的操作。

二、知识链接

1. 通过曲线网格

通过网线网格命令就是沿着不同方向的两组曲线轮廓生成片体或实体。一组同方向的曲线定义为主曲线，另外一组和主曲线不再同一平面的曲线定义为交叉曲线，定义的主曲线和交叉曲线必须在设定的公差范围内两两相交。这种创建曲面的方法定义了两个方向的控制曲线，可以很好地控制曲面形状，因此是最常用的创建曲面的方法之一。

执行【插入】→【网格曲面】→【通过网线网格】，或单击【曲面】工具栏中的【通过网线网格】命令，弹出【通过网线网格】对话框，如图 2-2-2 所示。

（1）主曲线。

主曲线可以是曲线也可以是点。

（2）交叉曲线。

交叉曲线和主曲线必须在设定的公差范围内两两相交。

（3）连续性。

连续性可以设置第一主曲线、最后主曲线、第一交叉曲线和最后交叉曲线的 G0（位置）、

G1（相切）和 G2（曲率）。默认为 G0（位置），如果是和相邻面相切，要选择相切面。

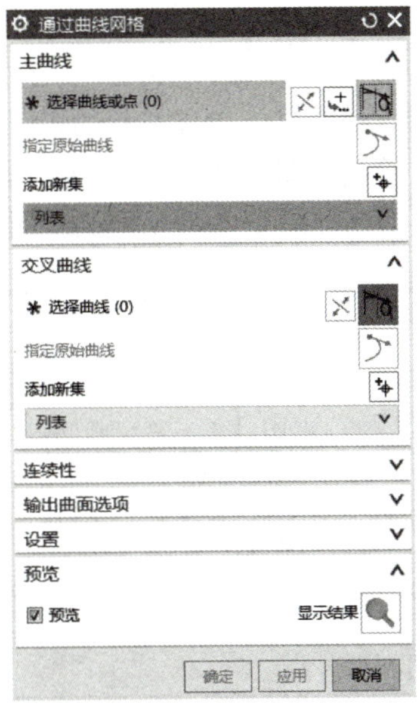

图 2-2-2　通过网线网格对话框

2. 文本

文本命令可以在面或曲线上插入文字。执行【插入】→【曲线】→【文本】命令，弹出对话框，如图 2-2-3 所示，"类型"有平面副、曲线上、面上三种，"文本属性"输入文字，"线型"选择字体，"锚点位置"选择文本的中心或中下等，"锚点放置"指定文本放置于绘图区域中的某一点。

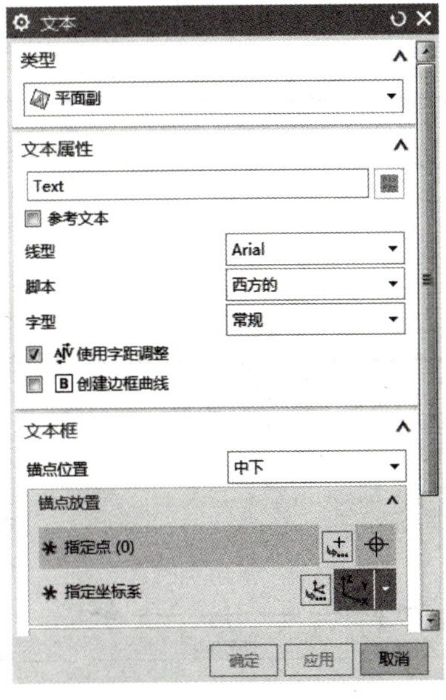

图 2-2-3　文本对话框

三、操作过程

1. 绘制线架

选择 *XY* 平面为草图平面，绘制如图 2-2-4 所示的草图。

选择 *XZ* 平面为草图平面，绘制如图 2-2-5 所示的草图。

选择 *YZ* 平面为草图平面，绘制如图 2-2-6 所示的草图。

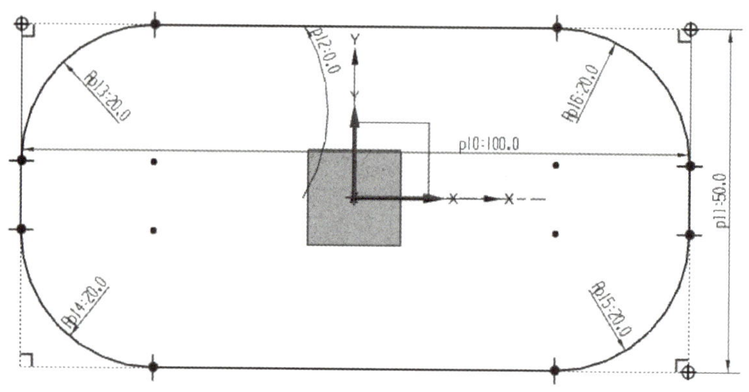

图 2-2-4　草图

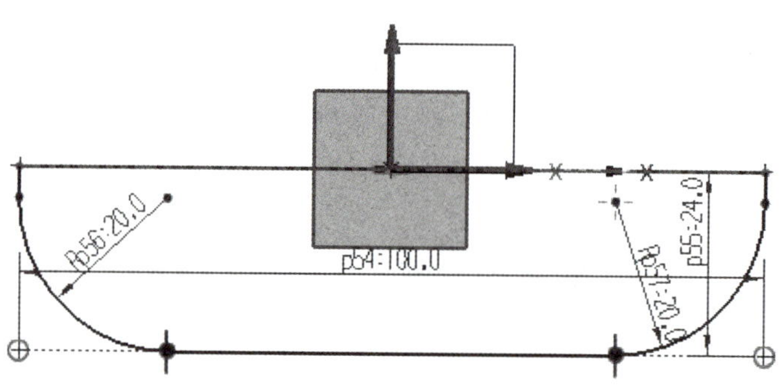

图 2-2-5　草图

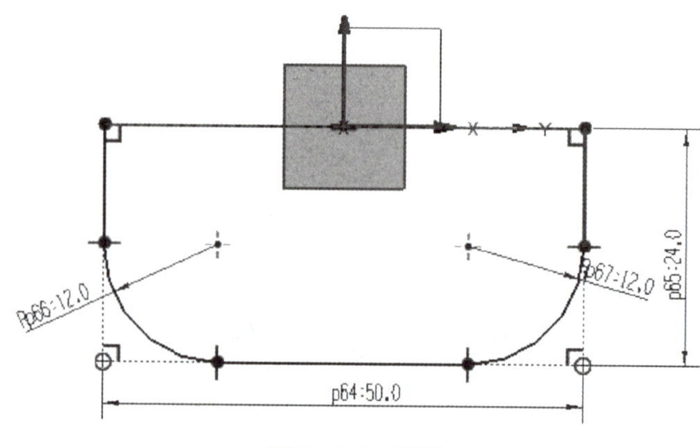

图 2-2-6　草图

2. 创建肥皂盒曲面

单击【通过曲线网格】命令，分别选择主曲线和交叉曲线，如图 2-2-7 所示，主曲线 1 是两条曲线的交点，选择交叉曲线时要注意单击“在相交处停止”命令，依次选完四条交叉曲线后再要选交叉曲线 1 作为交叉曲线 5，“设置”中“体类型”选择片体，单击“确定”，得到肥皂盒片体。

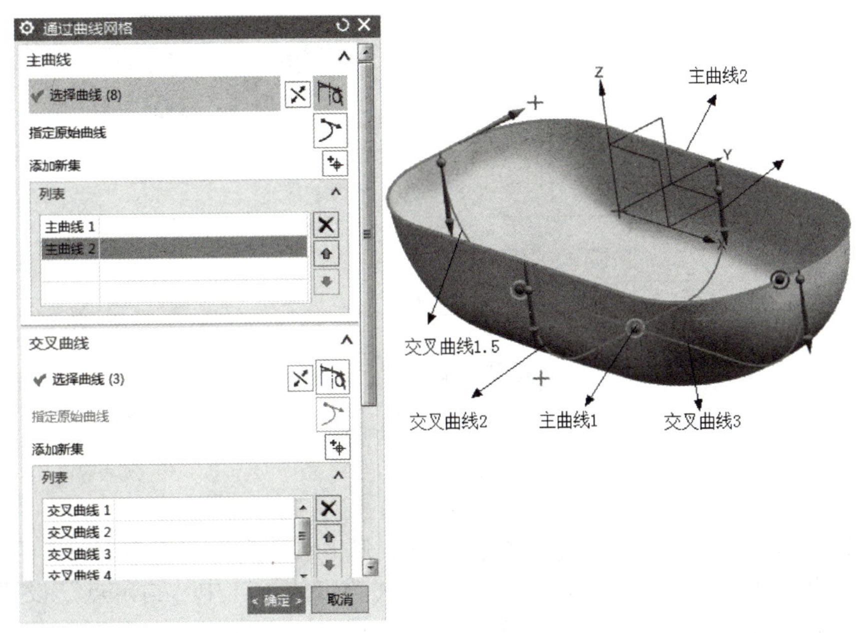

图 2-2-7 创建曲面

3. 创建肥皂盒实体

单击【加厚】命令，输入厚度偏置 1，方向向内，如图 2-2-8 所示。

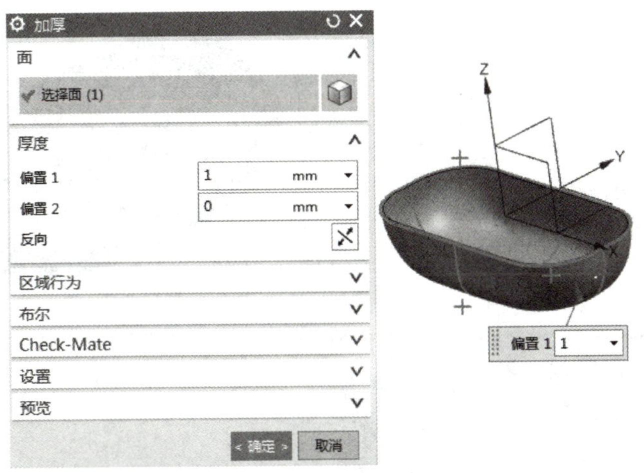

图 2-2-8 加厚肥皂盒

【边倒圆】命令，选择肥皂盒顶面的两条边，倒角0.5，如图2-2-9所示。

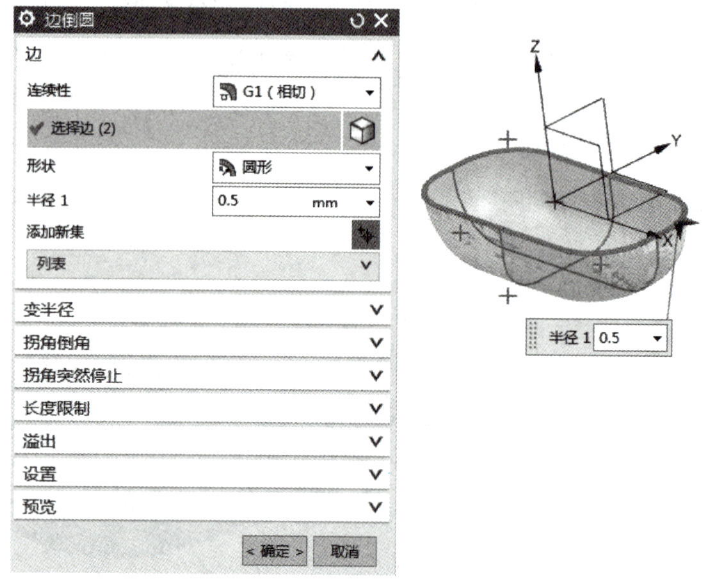

图 2-2-9　边倒圆

4. 创建肥皂盒底漏

执行【插入】→【曲线】→【文本】命令，弹出对话框，“文本属性”输入123，“线性”选择华文中宋，“锚点位置”选择中心，“锚点放置”中“指定点”设置为肥皂盒内表面底部的中心坐标值（0，0，-23），单击“确定”，得到文本，如图2-2-10所示。

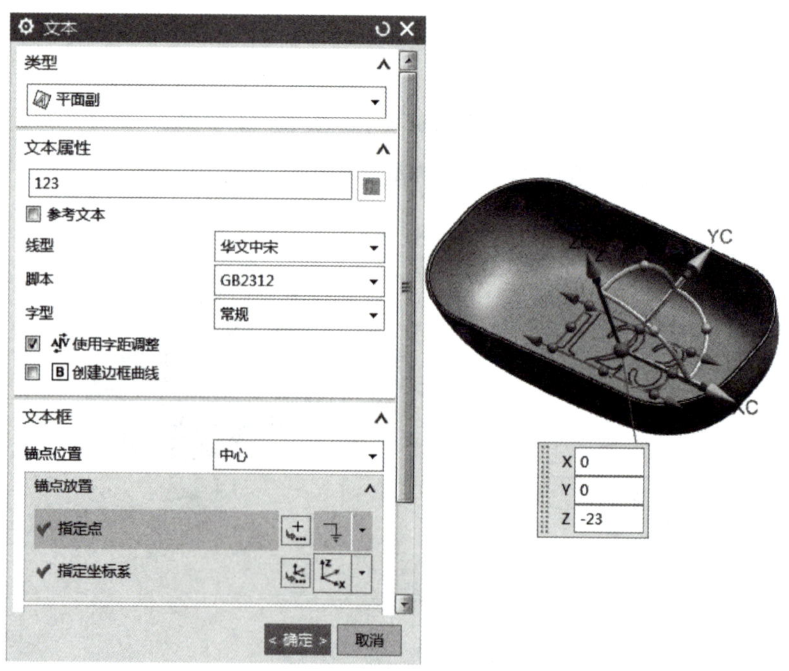

图 2-2-10　输入文本

单击【拉伸】命令，“曲线”选择文本 123，“方向”向下，“限制”中结束为贯通，“布尔”为减去，“选择体”选择肥皂盒实体，如图 2-2-11 所示，单击“确定”，得到肥皂盒的底漏。

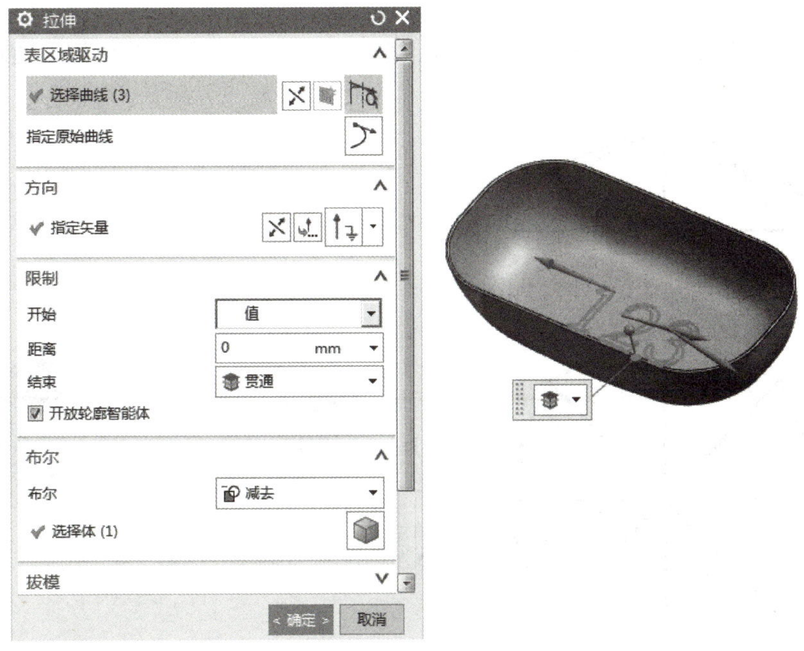

图 2-2-11 拉伸

执行“显示/隐藏”命令，隐藏所有的片体、草图和曲线，得到如图 2-2-12 所示肥皂盒。

图 2-2-12 肥皂盒

任务小结：

【通过曲线网格】命令中主曲线可以是点也可以是曲线；选择主曲线和交叉曲线时要按照一定的顺序，从左到右、从右到左都可以，不能先选中间，再选两边；选取主曲线和交叉曲线时，选完线串后，一定要按中键后再选另一线串；如果所作的曲面要求是封闭的，选完其它交叉曲线后交叉曲线1还需要选一次，作为最后一条交叉曲线。

四、上机练习

根据如图2-2-13所示创建顶面，用到正多边形、草图、实例几何体、通过曲线网格和缝合等命令。

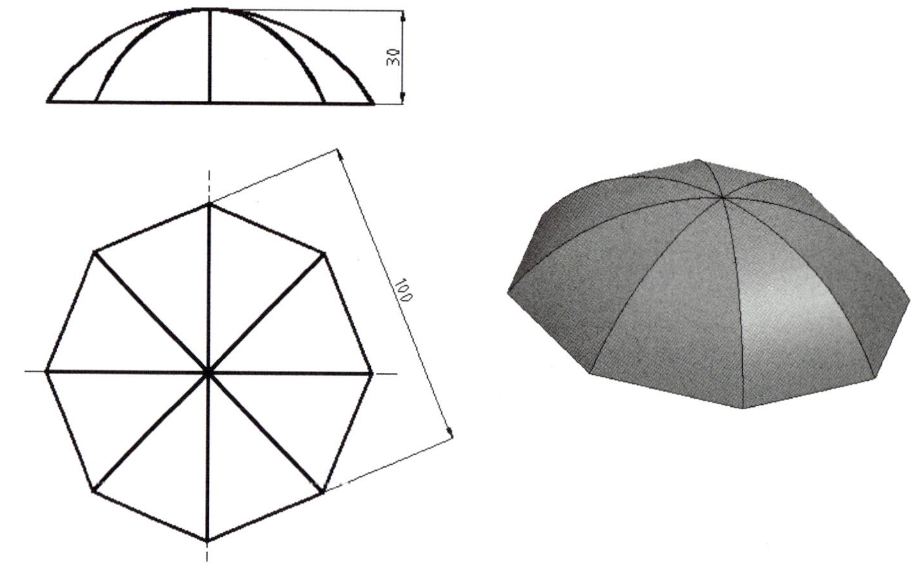

图2-2-13　顶面

任务三　耳塞的造型

一、实例分析

1. 学习任务

完成如图2-3-1所示耳塞的造型。

图2-3-1　耳塞

2. 知识目标

(1) 掌握直线命令的操作；

（2）掌握艺术样条曲线的操作；

（3）掌握桥接曲线的操作。

二、知识链接

曲线是构建模型的基础。只有曲线构造良好，才能保证以后的面或是实体质量良好。曲线功能主要包括曲线的生成、编辑和操作方法。【曲线】工具条如图 2-3-2 所示。

图 2-3-2 “曲线”工具条

1. 直线

直线一般是指通过两个点构造的线段。其作为一个基本的构图元素，在实际建模中无处不再。执行【插入】→【曲线】→【直线】命令，或单击【曲线】工具栏【直线】命令，进入【直线】对话框。输入两个端点坐标值可以生成一条直线，如图 2-3-3 所示；捕捉两个点可以生成一条直线，如图 2-3-4 所示；捕捉一个点沿某个方向可以生成一条一定长度的直线，如图 2-3-5 所示。

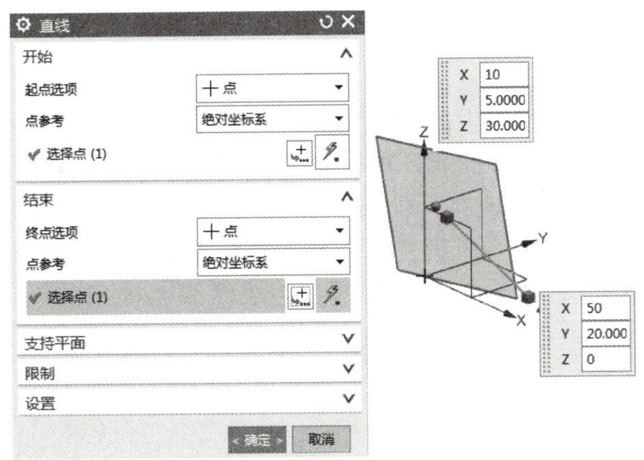

图 2-3-3 输入两个端点坐标值生成直线

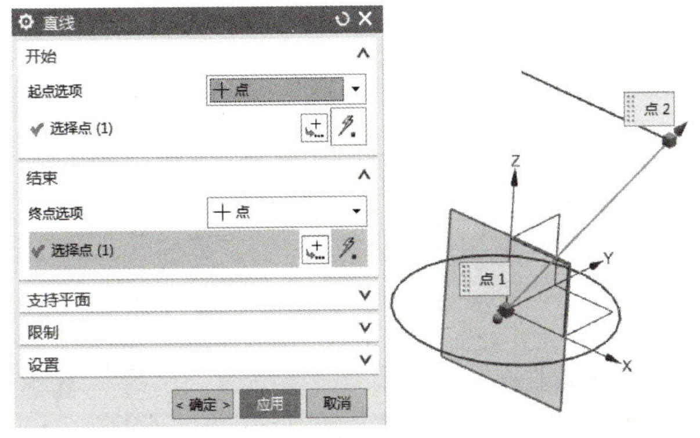

图 2-3-4 捕捉两个点生成一条直线

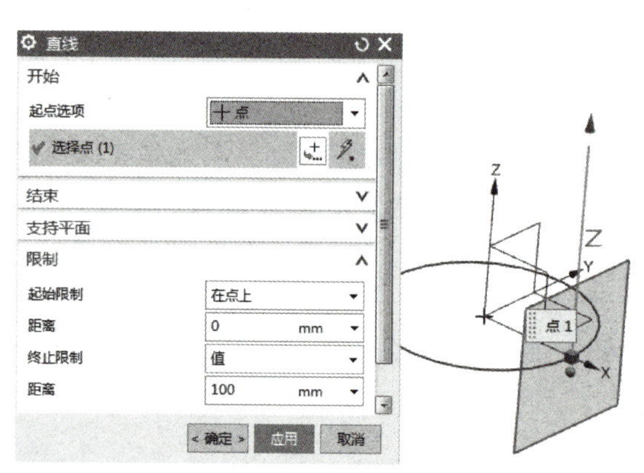

图 2-3-5　捕捉一个点沿某个方向生成直线

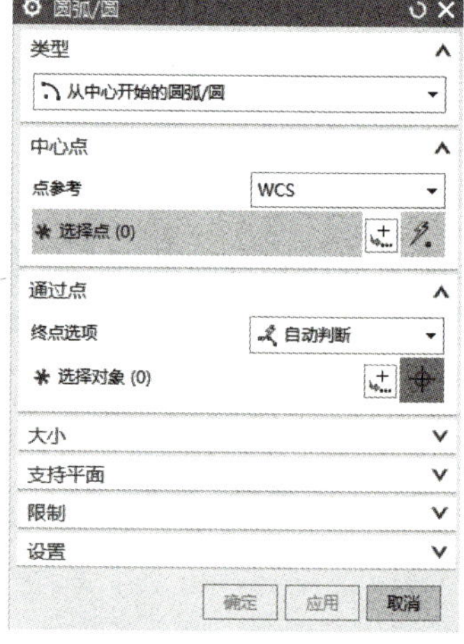

图 2-3-6　【圆弧/圆】对话框

2. 圆弧

圆弧/圆是指在平面上到定点的距离等于定长的一些点（或所有点）的集合。执行【插入】→【曲线】→【圆弧/圆】，或在【曲线】工具栏中单击【圆弧/圆】命令，进入【圆弧/圆】对话框，如图 2-3-6 所示，可以利用起点、终点和圆弧上一点生成圆弧，也可以利用中心点、起点和终点生成圆弧。

3. 艺术样条曲线

该选项是指利用一些指定点生成一条光滑曲线。通常在创建一些复杂的曲面时使用该选项。其是构造曲面的一种重要曲线，可以是二维的，也可以是三维的。执行【插入】→【曲线】→【艺术样条曲线】，或在【曲线】工具栏中单击【艺术样条曲线】命令，弹出【艺术样条曲线】对话框，系统提供了下面四种样条曲线的生成方式。

通过点：是指利用设置样条曲线的数据点生成曲线，样条曲线通过这些定义的数据点，如图 2-3-7 所示。

根据极点：是指通过指定样条曲线的数据点（即极点），使样条向各个极点移动，但并不通过该点，端点处除外，如图 2-3-8 所示。

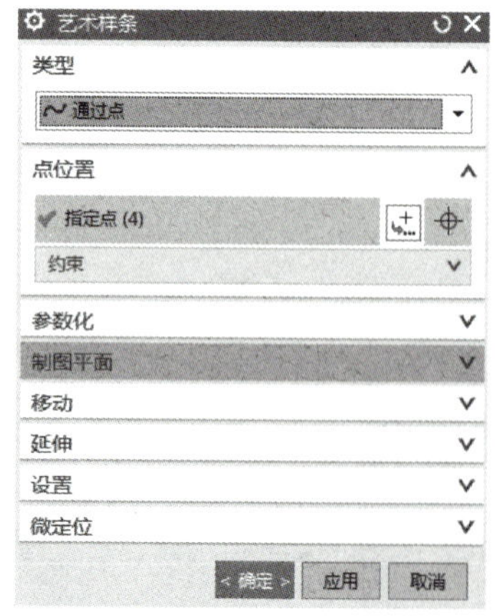

图 2-3-7　"通过点"绘制

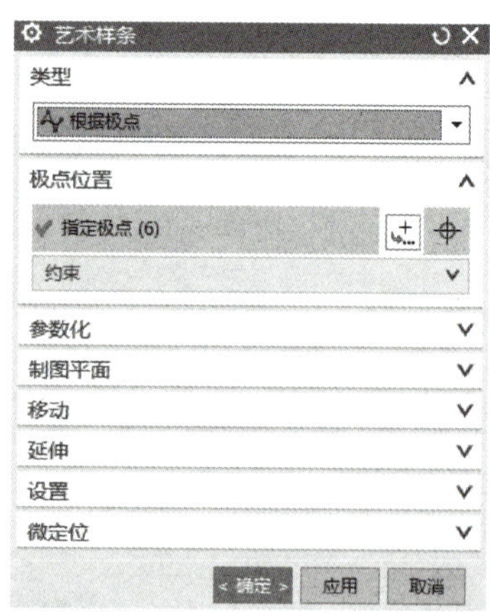

图 2-3-8　"通过极点"绘制

4. 偏置曲线

偏置曲线是指对已有的二维曲线（如直线、弧、二次曲线、样条线以及实体的边缘线等）进行偏置，得到新的曲线。可以选择是否使偏置曲线与原曲线保持关联，如果选择“关联”选项，则当原曲线发生改变时，偏置生成的曲线也会随之改变。曲线可以在选定几何体所定义的平面内偏置，也可以使用拔模角和拔模高度选项偏置到一个平行平面上，或者通过“规律控制”，或者沿着指定的“3D 轴向”矢量偏置。多条曲线只有位于连续线串中时才能偏置。生成的曲线的对象类型与其输入曲线相同。

执行【插入】→【曲线】→【偏置】，或在【曲线】工具栏中单击【偏置】命令，弹出“偏置曲线”对话框，如图 2-3-9 所示。所选择的曲线上出现一箭头，表示偏置方向。如果向相反的方向偏移，则单击对话框中的“反向”命令。设置偏置方式，并设定相应的参数，单击“确定”即可。

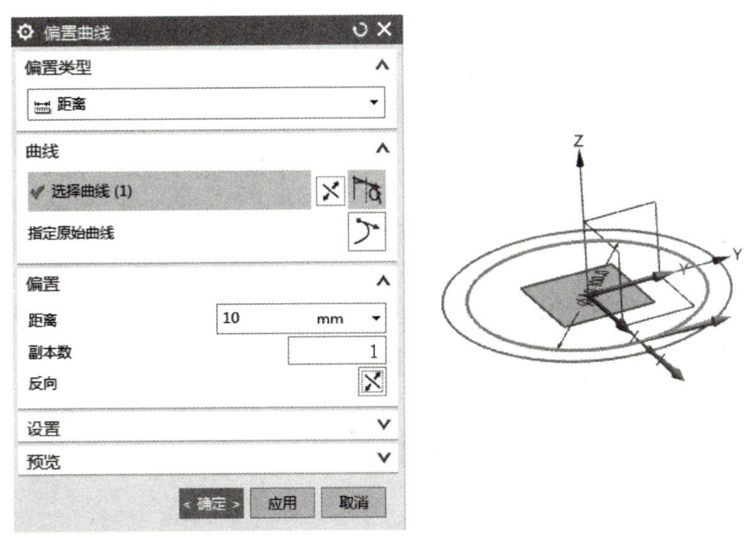

图 2-3-9 【偏置曲线】对话框

5. 桥接曲线

桥接是指在现有几何要素之间创建桥接曲线并对其进行约束，可用于光顺连接两条分离的曲线（包括实体、曲面的边缘线）。在桥接过程中，系统实时反馈桥接的信息，如桥接后的曲线形状、曲率梳等，有助于分析桥接效果。单击【曲线】工具栏中的【桥接曲线】命令，进入“桥接曲线”对话框，如图 2-3-10 所示。“起始对象”中“截面”选择一个定义曲线起点的截面，可以是曲线、边，“对象”选择一个对象以定义曲线的起点，可以是面、点；“终止对象”中“截面”“对象”同上，“基准”可以选择一个基准，并且曲线与该基准垂直，“矢量”可以选择一个矢量。

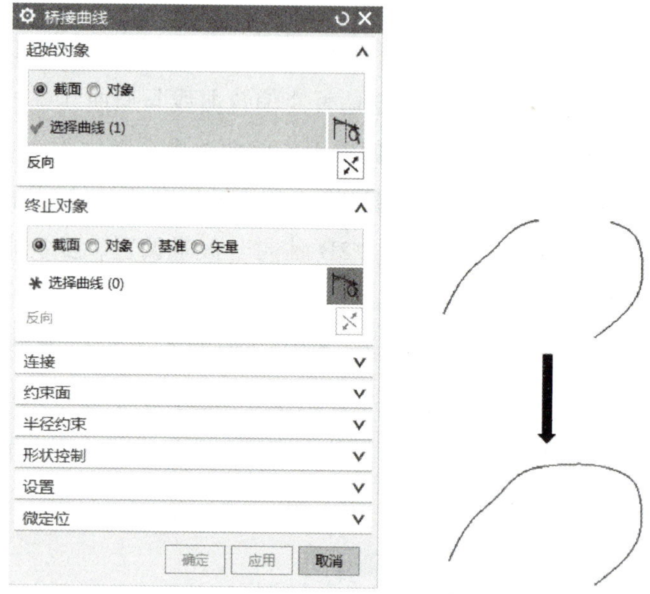

图 2-3-10 【桥接曲线】对话框

三、操作过程

1. 绘制耳塞线架

（1）单击【基准平面】命令，弹出【基准平面】对话框，类型选择“按某一距离”，“平面参考”选择 *XZ* 平面，“偏置距离”设为 10，“平面的数量”设为 2，方向为 Y 的正方向，创建了两个基准平面，如图 2-3-11 所示。

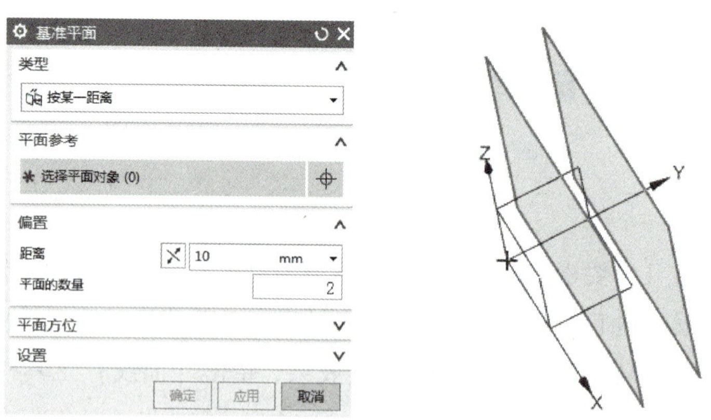

图 2-3-11 创建 2 个基准平面

（2）选 *XY* 平面为草图平面，绘制圆心在原点上的直径为 15 的圆，如图 2-3-12 所示。

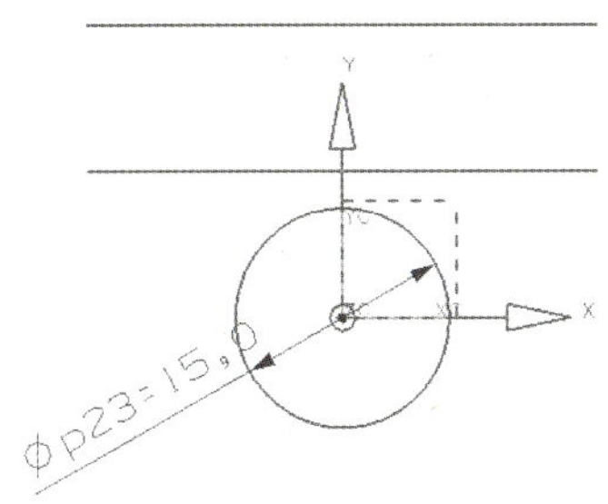

图 2-3-12 绘制圆

(3) 以图 2-3-13 所示基准平面为绘图平面，绘制半径为 3×3.2 的椭圆，如图 2-3-14 所示。

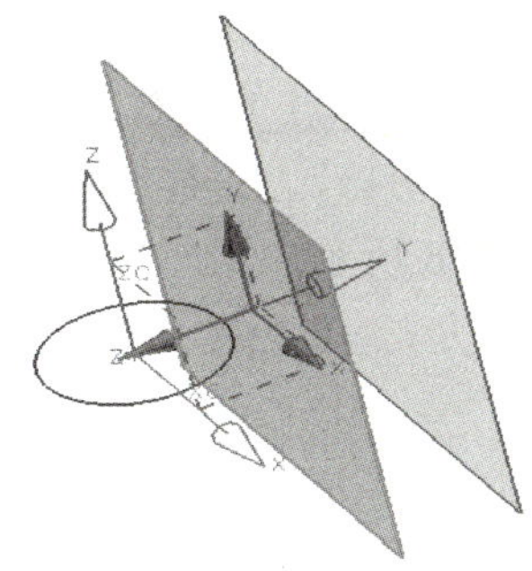

图 2-3-13 选择绘图平面

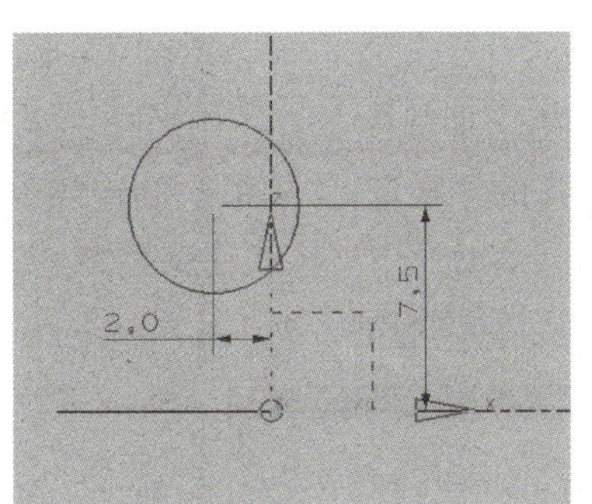

图 2-3-14 绘制椭圆

(4) 以图 2-3-15 所示基准平面为草图平面，绘制与椭圆同心的直径为 7 的圆，完成后如图 2-3-16 所示。

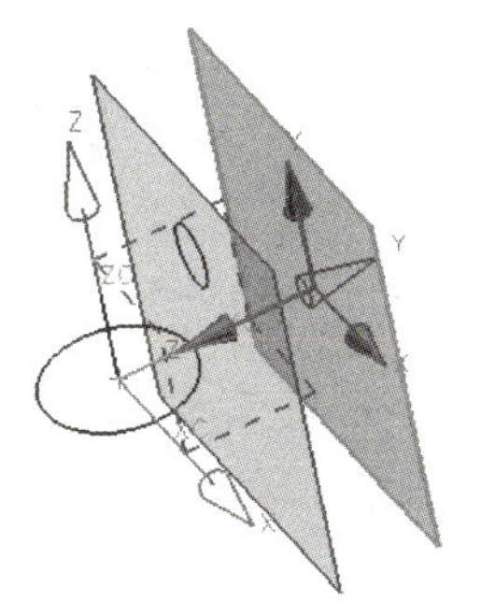

图 2-3-15 选择绘图平面

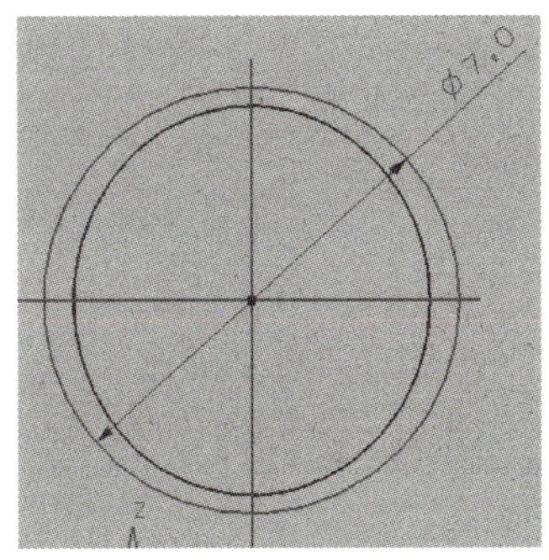

图 2-3-16 绘制圆

(5) 单击“曲线”工具条中的【直线】命令 ，绘制如图 2-3-17 所示 4 条直线，注意直线的起点在圆的象限点上，长度任意，参考方向选择 Y 轴。此四条直线的主要作用是为创建耳塞的线架有相切的依据。选择第（1）步中创建的两个基准平面，按 Ctrl+B 隐藏。

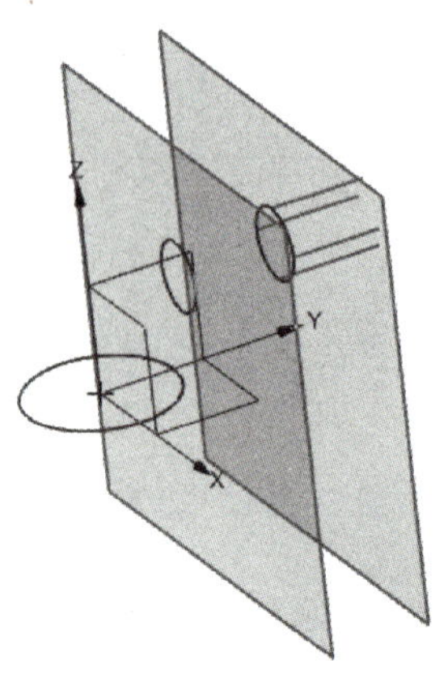

图 2-3-17 绘制 4 条直线

（6）单击“曲线”工具条中的“艺术样条曲线”命令，点 1 为右边直线的端点，不要选到圆弧的象限点，“约束”的连续类型选择“G1（相切）”，这样绘制的曲线会与直线相切，其余的点用默认的连续类型“无”，如图 2-3-18 所示。用同样的方法绘制如图 2-3-19 中下方样条曲线。

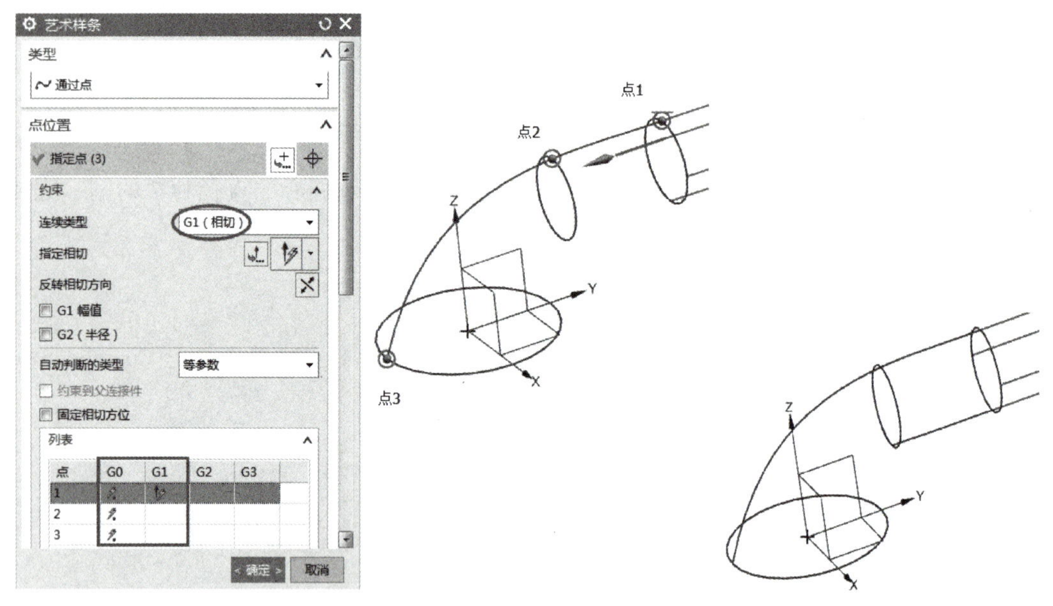

图 2-3-18 绘制上方样条曲线　　　图 2-3-19 绘制下方样条曲线

（7）单击“曲线”工具条中的“直线”命令，弹出如图 2-3-20 所示对话框，“开始”选项捕捉 X-Y 平面上处于 Y 的正向的圆的象限点，如图 2-3-21 所示，移动鼠标捕捉 Z 向，长度输入 2。单击“桥接曲线”命令，“起始对象”和“终止对象”分别选择如图 2-3-22 所示直线，相切幅值为 1，得到如图 2-3-23 所示结果。

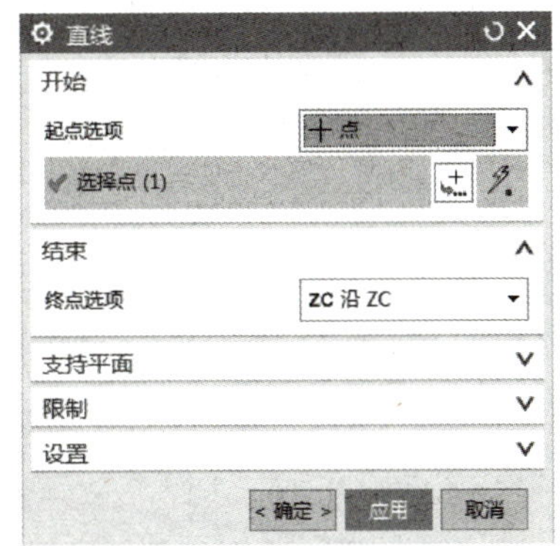

图 2-3-20 绘制直线

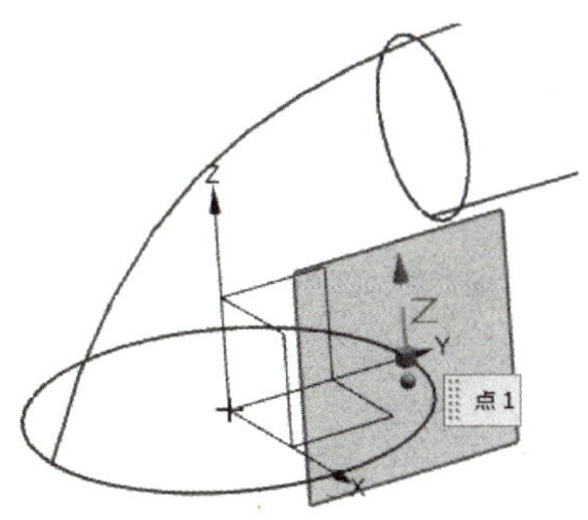

图 2-3-21

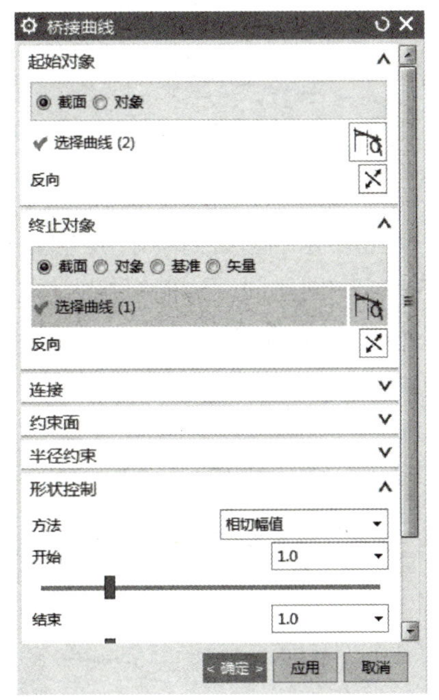

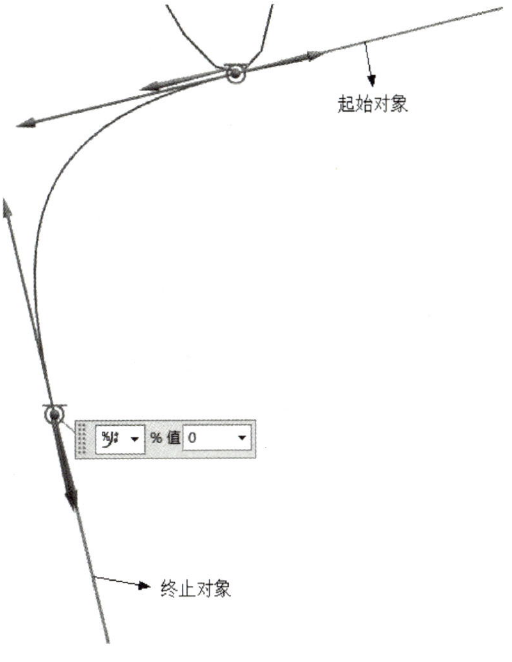

图 2-3-22 绘制桥接曲线

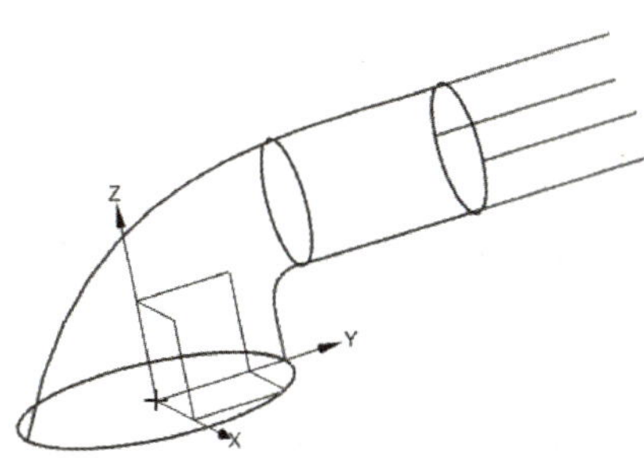

图 2-3-23 桥接曲线

（8）选择 XZ 平面为草图平面，分别绘制与 X 轴方向成 70°和 110°的两条直线，“启用捕捉点”中打开四等分点，约束两条直线的起点在直径 15 的圆的四等分点上，线段长度任意，如图 2-3-24 所示。这两条直线是为创建耳塞的左右线架提供相切的依据。

（9）单击“样条曲线”命令，绘制左右两条骨架线，如图 2-3-25 所示。选择样条曲线的起点为直线的端点，不要选到圆弧的象限点。

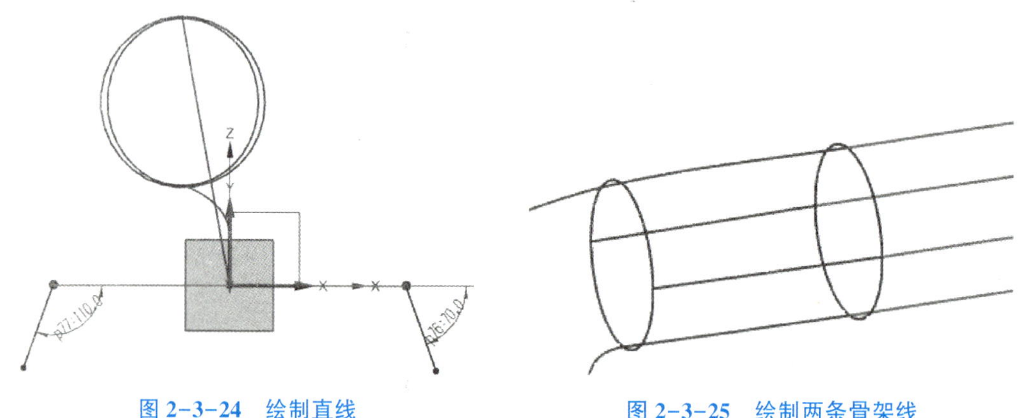

图 2-3-24　绘制直线　　　图 2-3-25　绘制两条骨架线

（10）单击“桥接曲线”命令，创建如图 2-3-26 所示的桥接曲线 1，“起始对象”为上一步创建的左边的直线，“终止对象”为图 2-3-24 中创建的左边的直线，注意相切幅值为 1。用同样的方法创建另一条桥接曲线 2，如图 2-3-27 所示。

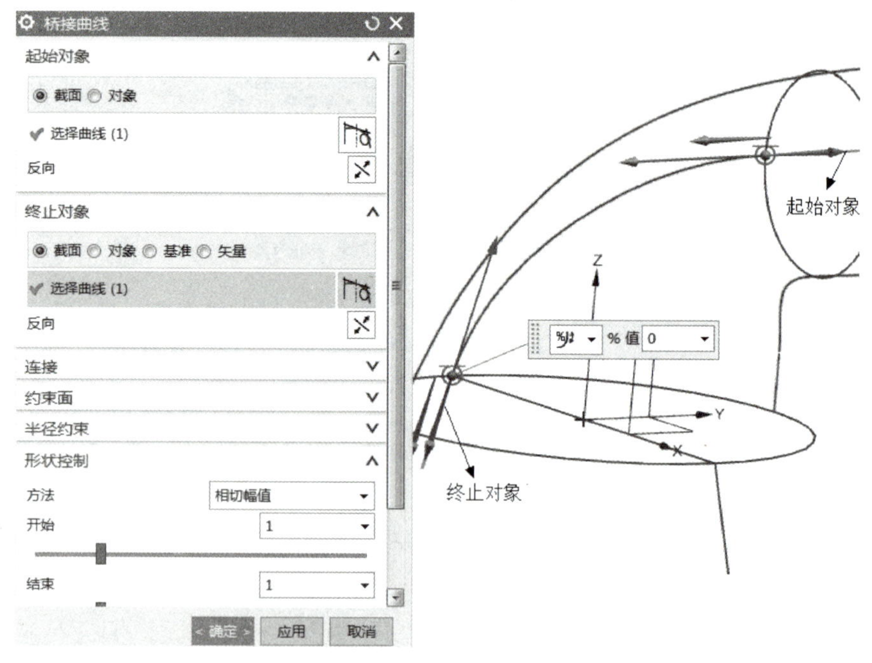

图 2-3-26　创建桥接曲线 1

将图 2-3-24 和图 2-3-25 中创建的辅助直线选中，按 Ctrl+B 隐藏，如图 2-3-28 所示。

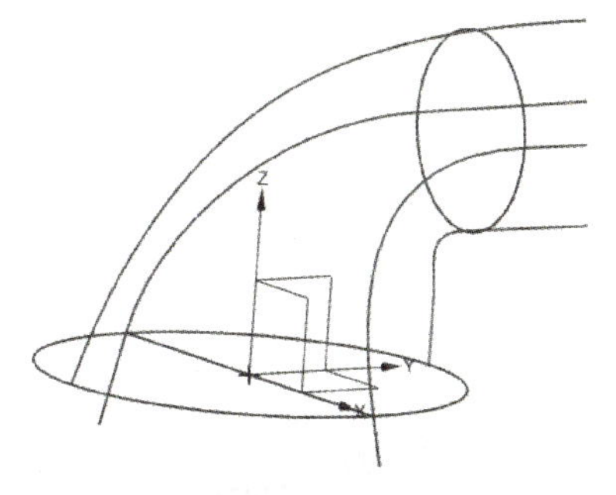

图 2-3-27 创建桥接曲线 2

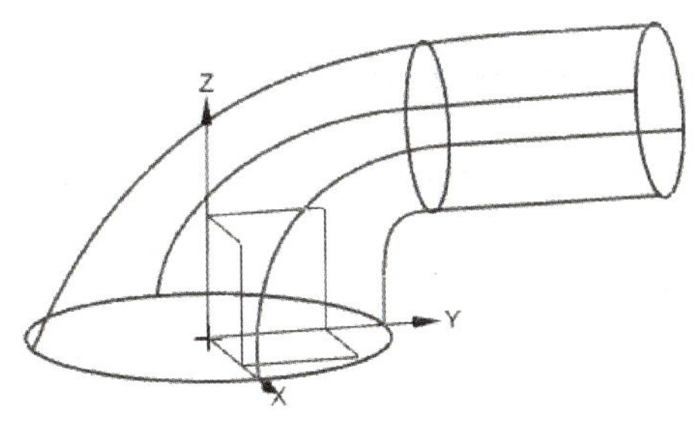

图 2-3-28 隐藏辅助线

2. 创建耳塞曲面

单击“曲线”工具条中的“通过曲线网格”命令，依次选择 3 条主曲线，依次选择 5 条交叉曲线，注意选择完主曲线 1 后要按中键后再选择主曲线 2，交叉曲线 1 和交叉曲线 5 为同一条曲线，选择完成后“确定”，如图 2-3-29 所示。

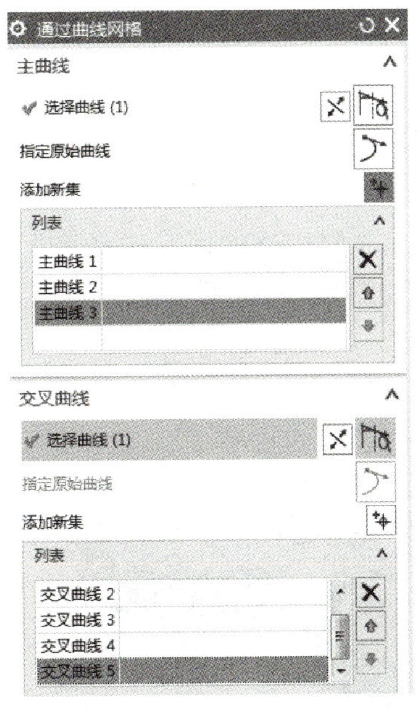

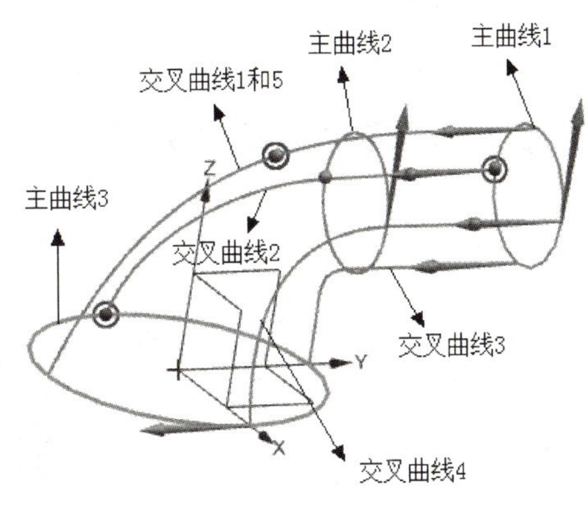

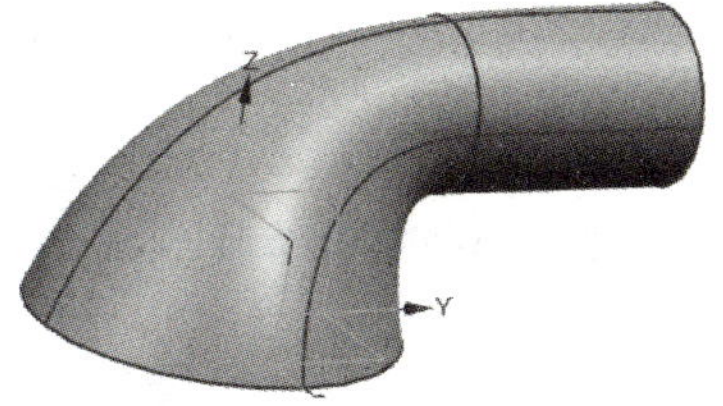

图 2-3-29 创建耳塞曲面

3. 完成细节部分

（1）拉伸接口部分特征。单击“拉伸”命令，“表区域驱动”选取直径15的圆，方向向下，拉伸高度为2，与耳塞实体合并，单击“确定”，如图2-3-30所示。

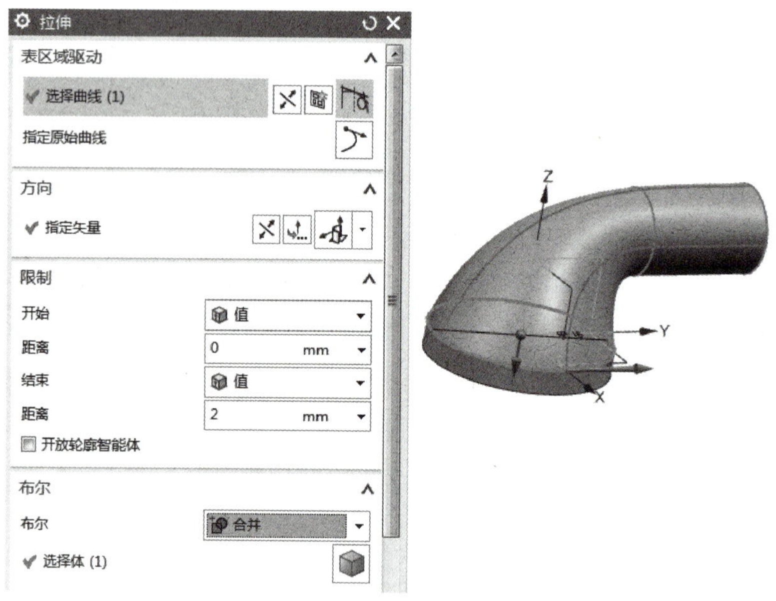

图 2-3-30　拉伸接口

（2）对实体进行抽壳。单击“抽壳”命令，“要穿透的面”选择上下两个面，“厚度”为1，方向向内，单击“确定”，得到耳塞，如图2-3-31所示。

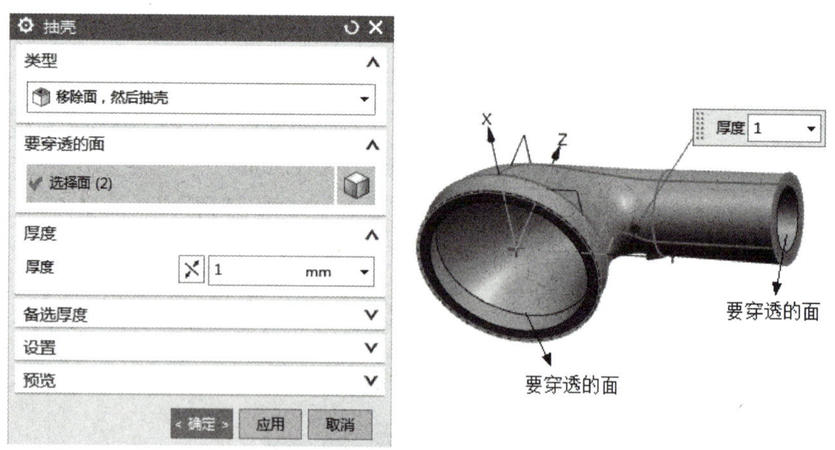

图 2-3-31　实体抽壳

四、上机练习

创建如图2-3-32所示壳体，用到通过曲线网格和抽壳等命令。

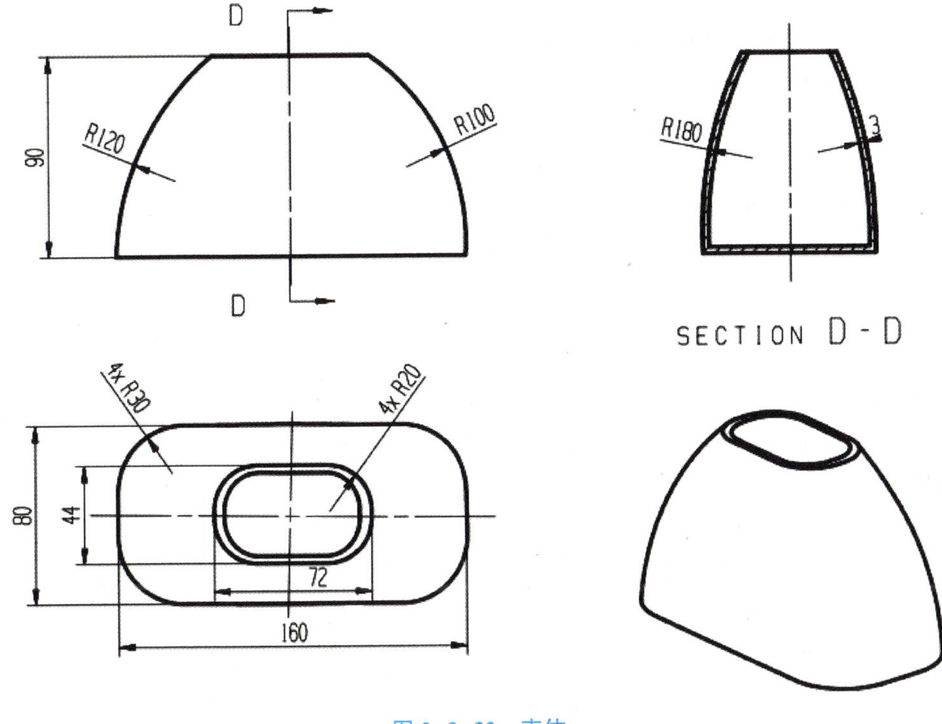

图 2-3-32 壳体

任务四 CD 机的造型

一、实例分析

1. 学习任务

完成如图 2-4-1 所示 CD 机的造型。

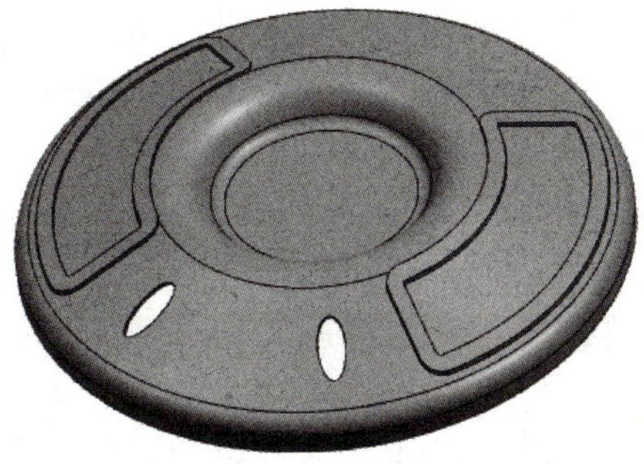

图 2-4-1 CD 机

2. 知识点

（1）掌握 *N* 边曲面的创建方法和应用；

（2）掌握修剪片体命令的操作方法；

（3）掌握凸台的创建方法和应用。

二、知识链接

1. N 边曲面

执行【插入】→【网格曲面】→【N 边曲面】，或单击【曲面】工具栏中【N 边曲面】命令，弹出【N 边曲面】对话框，如图 2-4-2 所示。

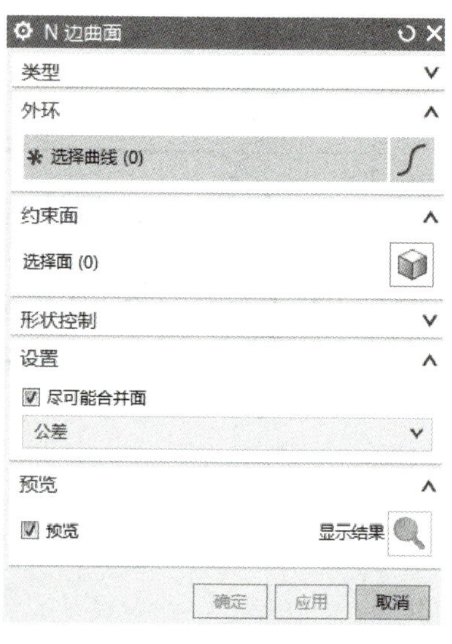

图 2-4-2 【N 边曲面】对话框

（1）类型。在“类型”选项栏中有两种类型：

已修剪：该选项可以根据选择的封闭曲线建立单一曲面，曲面可以覆盖整个选择的整个区域。

三角形：该选项可以在所选择的边界区域中创建的曲面由一组多个单独的三角曲面片体组成，这些三角曲面片体相交于一点，该点为 *N* 边曲面的公共中心点。

（2）外环。选择定义 *N* 边曲面的边界，可以选择的边界曲线对象包括封闭的环状曲线、边、草图和实体边界、实体表面。注意：当选择的 *N* 边曲面为多边形时，选取时一定要按照多边形的顺序，否则无法创建曲面。

（3）约束面。指的是生成的曲面与约束面的关系，并在形状控制中设定约束关系。

（4）UV 方位。该选项包含三种类型。

脊线：指定脊线串控制 *N* 边曲面的 V 方向，*N* 边曲面的 U 方向等参数则与指定的脊线串相垂直。

矢量：指定一个矢量方向来作为 *N* 边曲面的 V 方向。

面积：指定 *N* 边曲面的 UV 方向为由指定的两个对角点定义的一矩形。

（5）形状控制。该选项用来设置 *N* 边曲面的形状。如果“类型”中选择“三角形”，“形状控制”栏中出现如图 2-4-3 所示“形状控制”对话框。

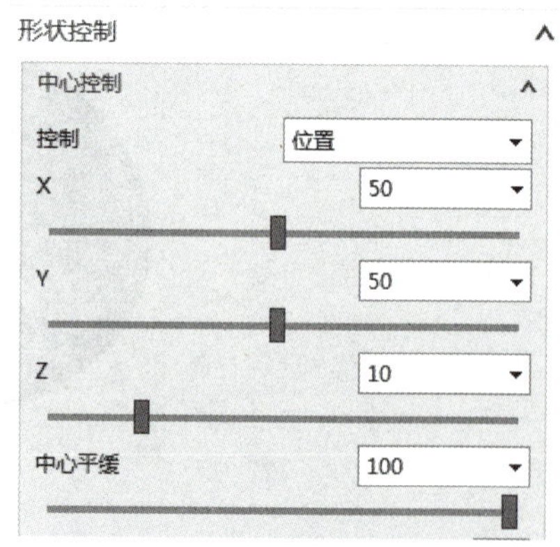

图 2-4-3 【形状控制】对话框

“控制”选项栏中包括“位置”和“倾斜”两个选项。

位置：可以控制 *N* 边曲面的曲面中心位置，可以通过改变下面的 *XYZ* 及“中心平缓”的位置来调节控制中心的位置。

倾斜：可以调整 *XY* 两个参数来改变 *XY* 平面的法向矢量，但并不改变所生成的 *N* 边曲面的中心位置。

XYZ 控制选项可以通过调节 *XYZ* 的数值，控制 *N* 边曲面的中心位置或 *N* 边曲面中心的倾斜。

“中心平缓”选项通过改变数值，来调节 *N* 边曲面的中心与边界之间的丰满度。

（6）设置。“类型”为“已修剪”时，勾选“修剪到边界”，做出的面会已边界为边缘；“类型”为“三角形”时，勾选“尽可能合并面”，做出的面是一个合并后的面。

“外环”曲线为圆，类型为“已修剪”，“设置”勾选“修剪到边界”，得到一个以圆为边界的平面，如图 2-4-4 所示；“外环”曲线为圆，类型为“三角形”，对形状控制的 *X*、*Y*、*Z* 和中心平缓进行设置，得到一个以圆为边界的曲面，如图 2-4-5 所示。

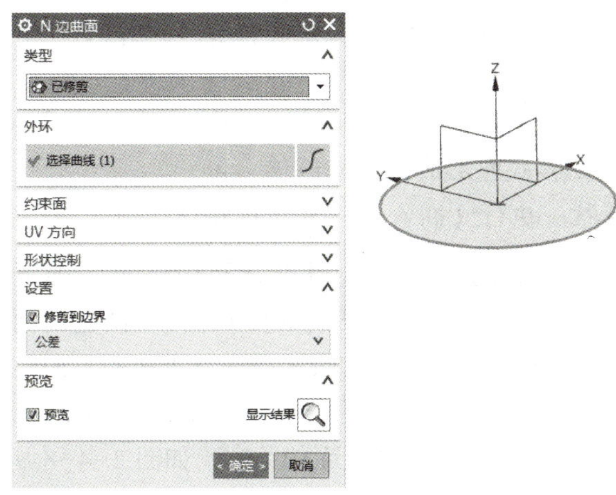

图 2-4-4　*N* 边曲面 1

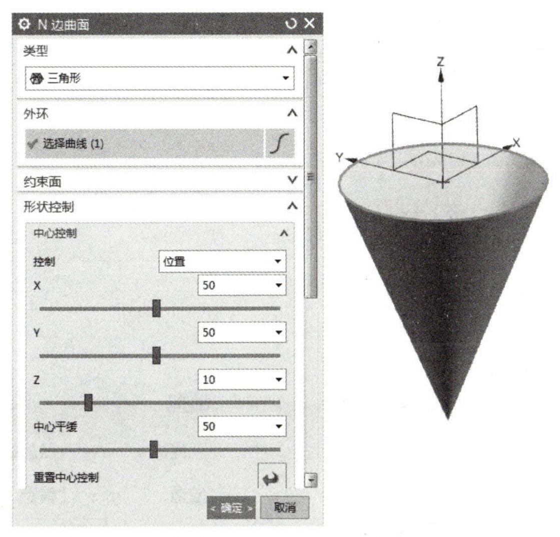

图 2-4-5　*N* 边曲面 2

2. 修剪片体

修剪片体是指对已存在的曲面进行裁剪。执行【插入】→【修剪】→【修剪片体】，或单击【特征】工具栏中【修剪片体】命令，弹出【修剪片体】对话框，如图2-4-6所示。“目标”是被修剪的对象，选择曲面，“边界”是修剪的边界，可以是面、边缘、曲线和基准平面，“投影方向”用来定义修剪曲线或边的投影方向，其中 垂直于面 指投影方向垂直于被修剪的面， 垂直于曲线平面 指投影方向垂直于修剪曲线所在的平面， 沿矢量 指投影方向沿构建的矢量，“区域”用于选择在曲面修剪时将保留或舍弃的区域。

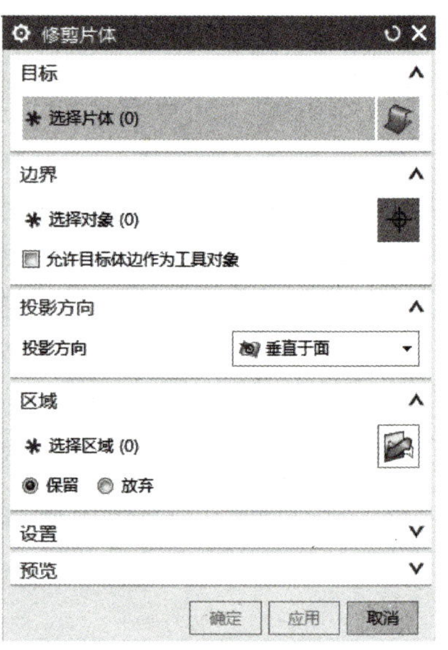

图2-4-6 【修剪片体】对话框

3. 凸起

凸起是用沿着矢量投影截面形成的面修改体，可以选择凸起的位置和形状。执行【插入】→【设计特征】→【凸起】，或单击【特征】工具栏中【凸起】命令，弹出【凸起】对话框，如图2-4-7所示。“表区域驱动”用于定义凸起的形状，“要凸起的面”用于定义凸起的放置面，“凸起方向”用于指定凸起的方向，如 Z 向或垂直面的方向，端盖“几何体”用于定义凸起的深度，“几何体”的类型有三种，“截面平面”用于定义几何体到截面平面，“凸起的面”用于定义几何体凸起面距放置面的距离，如图2-4-8所示，图中箭头可以对凸起进行换向，“基准平面”用于定义凸起几何体到选中的基准平面。

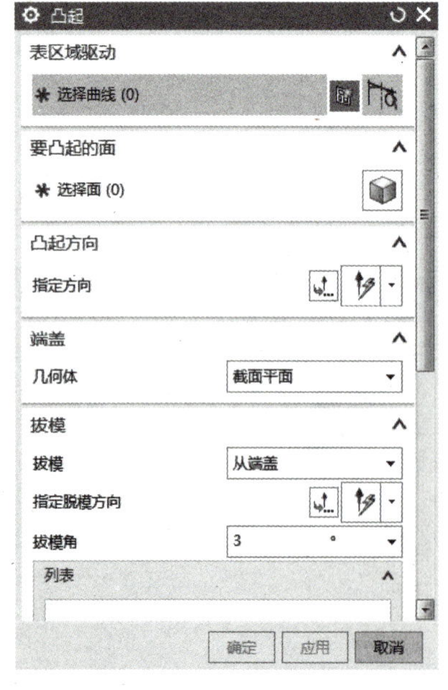

图2-4-7 【凸起】对话框

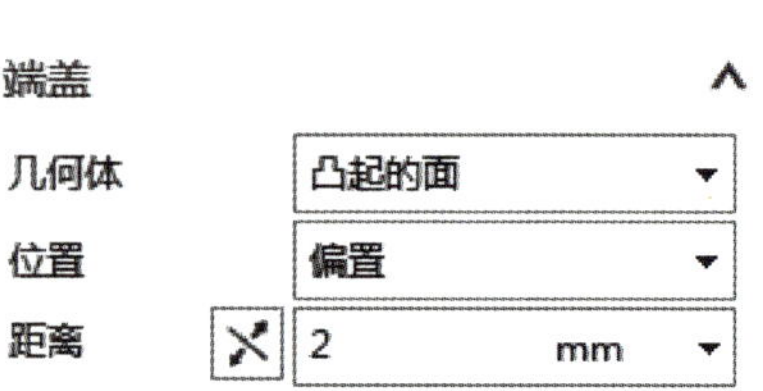

图2-4-8 端盖设置

三、操作过程

1. 创建轮廓外形

选 *XZ* 平面为草图平面绘制如图 2-4-9 所示草图，注意竖直线的下面端点在 *X* 轴上。

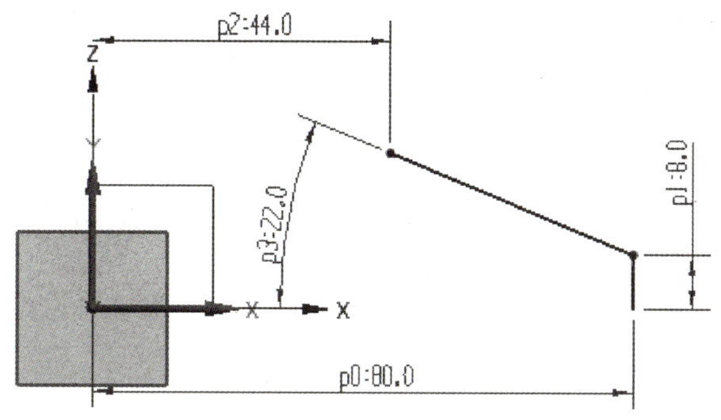

图 2-4-9　绘制草图

单击“旋转”命令，“表区域驱动”选择上一步绘制的草图曲线，“轴”选择 *Z* 轴，指定点选择原点，开始和结束角度分别为“0”和“360”，“体类型”中选择“片体”，单击“确定”，得到如图 2-4-10 所示 CD 机外形。

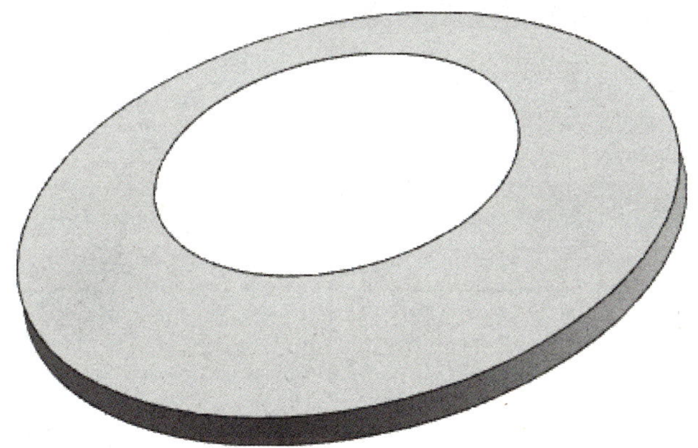

图 2-4-10　创建外形

2. 建立中间部分

单击“*N* 边曲面”命令，弹出对话框。“类型”选择“三角形”，“外环线”选择内边缘线，“约束面”选择上一步创建的曲面，生成的 *N* 边曲面与选择的约束面会相切，“形状控制”中 *X*、*Y*、*Z* 的文本框中输入数值 50，50，10，“中心平缓”输入 100，“设置”勾选“尽可能合并面”，单击“确定”，如图 2-4-11 所示。

单击“基准平面”命令，“类型”选择“按某一距离”，在 *Z* 的正方向上创建与 *XY* 平面距离为 14 的基准平面，如图 2-4-12 所示。

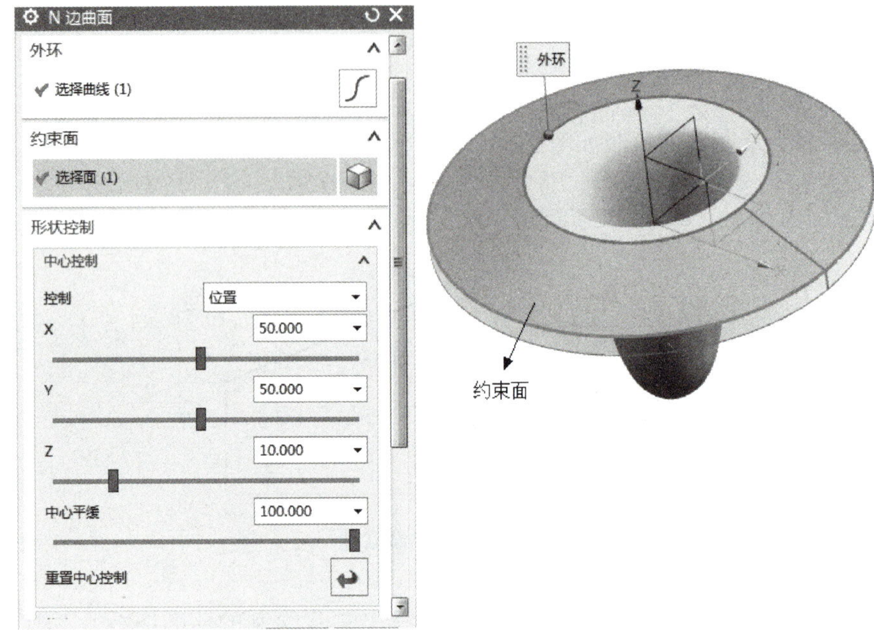

图 2-4-11　创建 *N* 边曲面

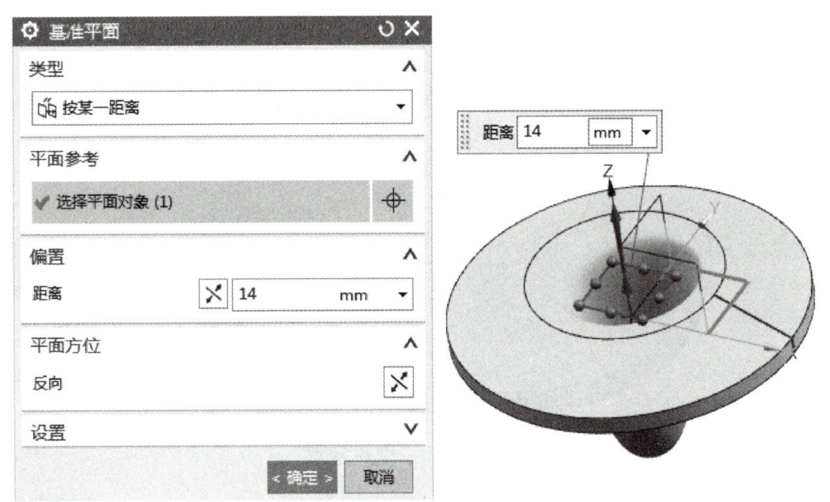

图 2-4-12　创建基准平面

单击【修剪片体】命令，"目标"选择图 2-4-11 中创建的 N 边曲面，"边界对象"选择上一步创建的基准平面，单击"确定"。将基准平面隐藏，结果如图 2-4-13 所示。

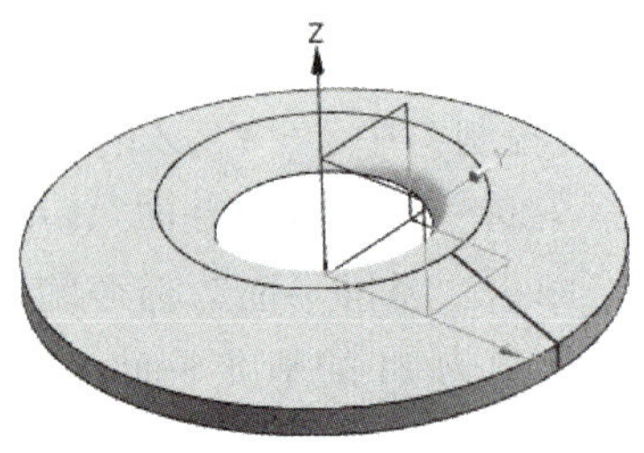

图 2-4-13　修剪片体

执行【插入】→【曲面】→【有界平面】，弹出对话框，"平截面"选择圆孔的边线，单击"确定"，如图 2-4-14，创建底面平面。

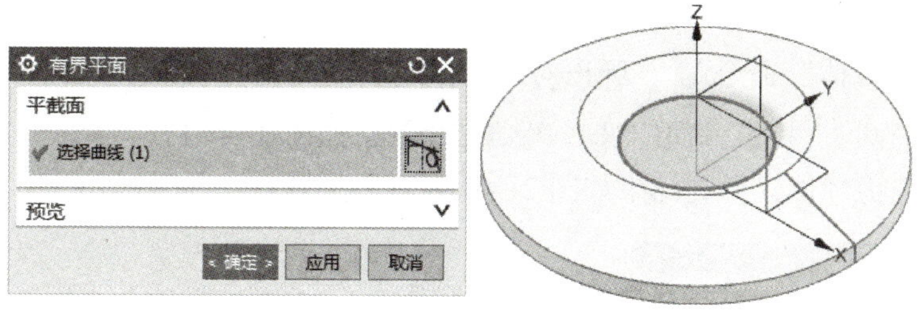

图 2-4-14 底面补片

单击【缝合】命令，“目标”选择中间 N 边曲面，“工具”选择其余两个曲面，如图 2-4-15 所示，单击“确定”。

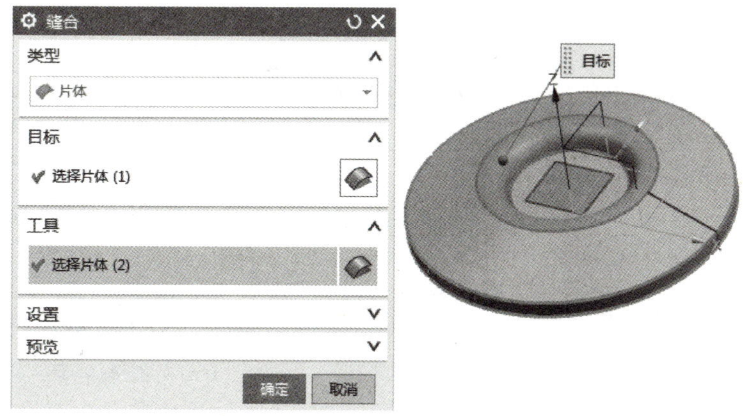

图 2-4-15 缝合片体

3. 创建按键凹槽

（1）绘制椭圆。

执行【插入】→【曲线】→【椭圆】，一个椭圆的中心点为（-23，-49，0），长半轴和短半轴分别为 3.3 和 10，旋转角度为-25°，然后将该椭圆以 Y 轴镜像到 X 轴的正向，结果如图 2-4-16 所示。

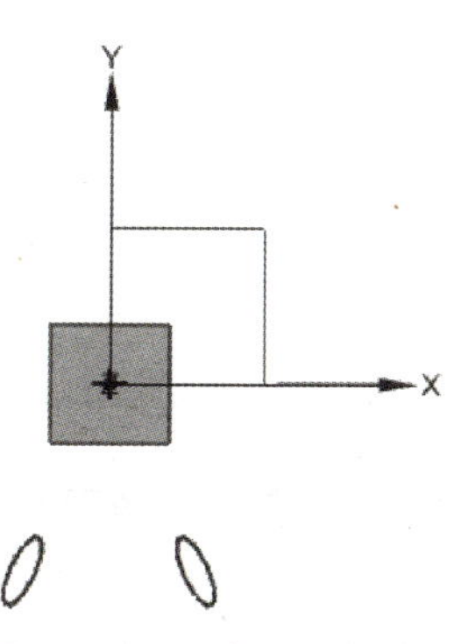

图 2-4-16 绘制两个椭圆

（2）用椭圆修剪片体。

单击“修剪片体”命令，弹出对话框，“目标”选择外形轮廓面，“边界对象”选择左边第一个椭圆，“投影方向”选择 垂直于面，如图 2-4-17，单击“确定”。然后用第二个椭圆去修剪片体，得到结果如图 2-4-18 所示。

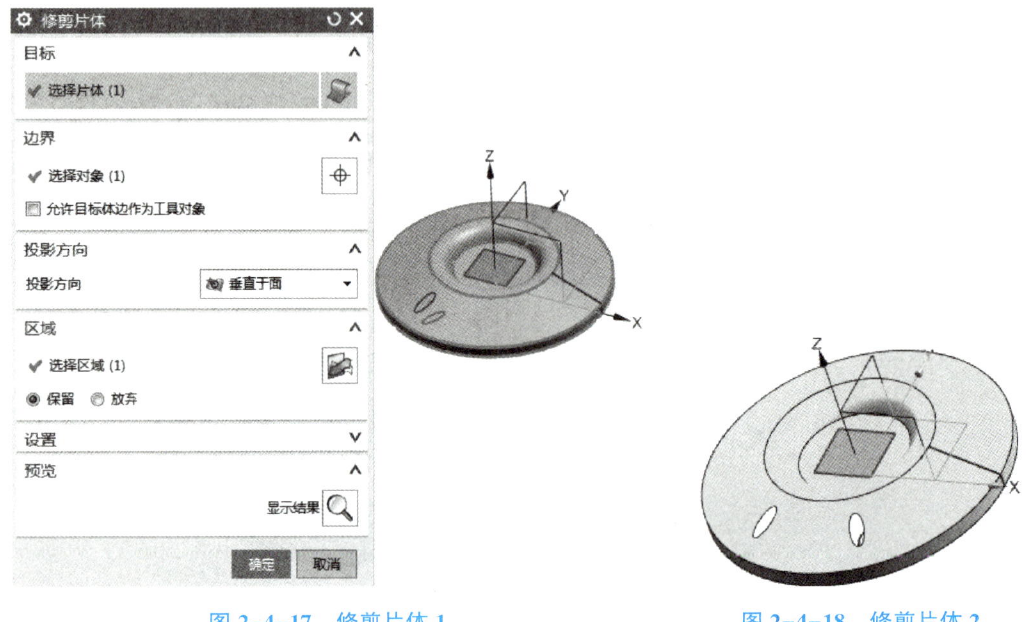

图 2-4-17　修剪片体 1　　图 2-4-18　修剪片体 2

单击【边倒圆】命令，“边”选择图 2-4-19 中的边，“半径 1”设置为 5，单击“确定”。

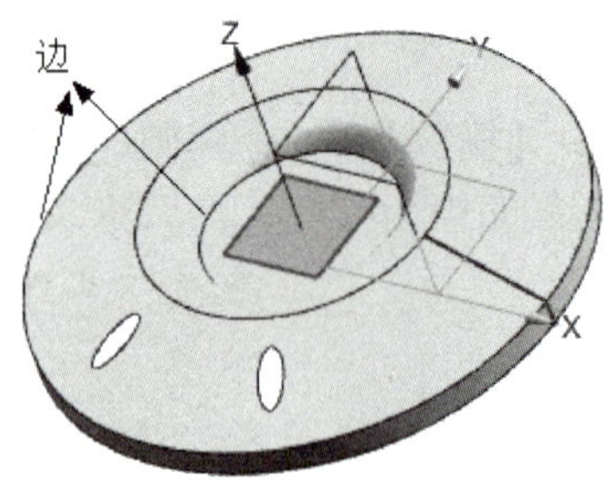

图 2-4-19　倒圆角

4. 创建表面装饰

选择 *XY* 平面为草图平面绘制如图 2-4-20 所示草图。完成草图创建后，单击【曲面】工具栏中【偏置曲线】命令，将上一步创建的草图曲线向内偏置 3，得到如图 2-4-21 所示曲线。

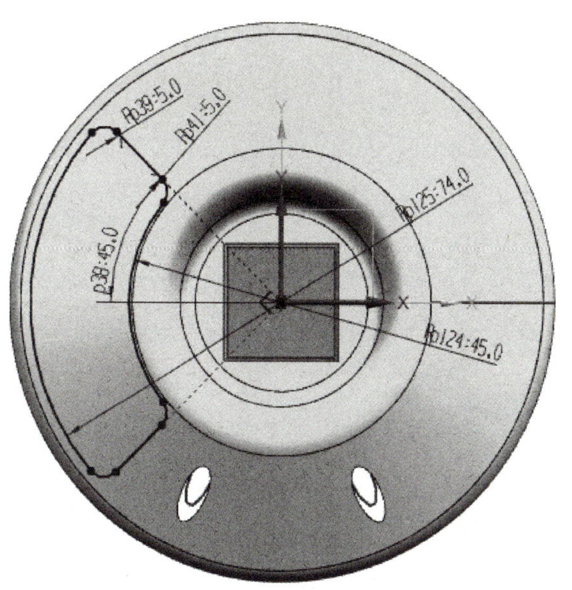

图 2-4-20 草图曲线

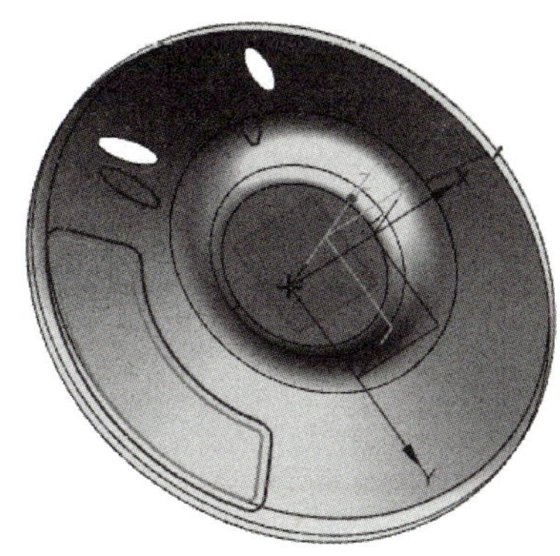

图 2-4-21 偏置曲线

单击【凸起】命令，弹出对话框，“表区域驱动”选择图 2-4-20 中创建的草图曲线，“要凸起的面”选择 CD 机的旋转面，端盖“几何体”选择“凸起的面”，“距离”为 1，“拔模方向”为 Z 的正向，角度 1 为 3°，如图 2-4-22 所示，单击“确定”，得到凸台。

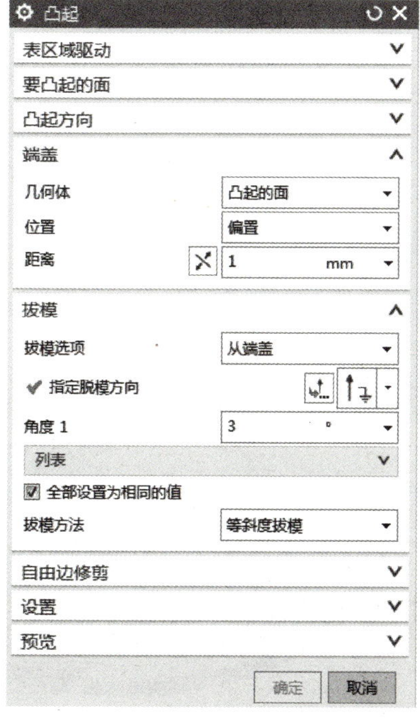

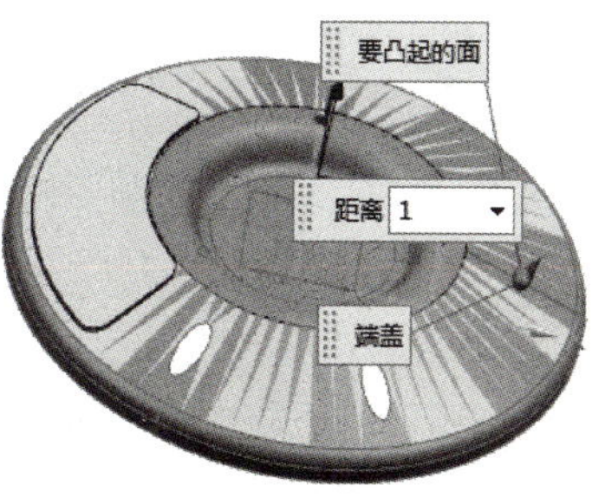

图 2-4-22 创建凸起

单击【凸起】命令，弹出对话框，“表区域驱动”选择图 2-4-21 的偏置曲线，“要凸起的面”选择图 2-4-22 中创建的凸起面，端盖“几何体”选择“凸起的面”，“距离”为 1，单击换向箭头换向，确保创建的凸起是凹下去的，角度 1 为 3°，如图 2-4-23 所示，单击“确定”，得到如图 2-4-24 所示凸台。

单击【镜像】命令，弹出对话框，“要镜像的特征”选择前面创建的两个凸起特征，“镜像平面”选择 *YZ* 平面，单击“确定”，得到如图 2-4-25 所示结果。

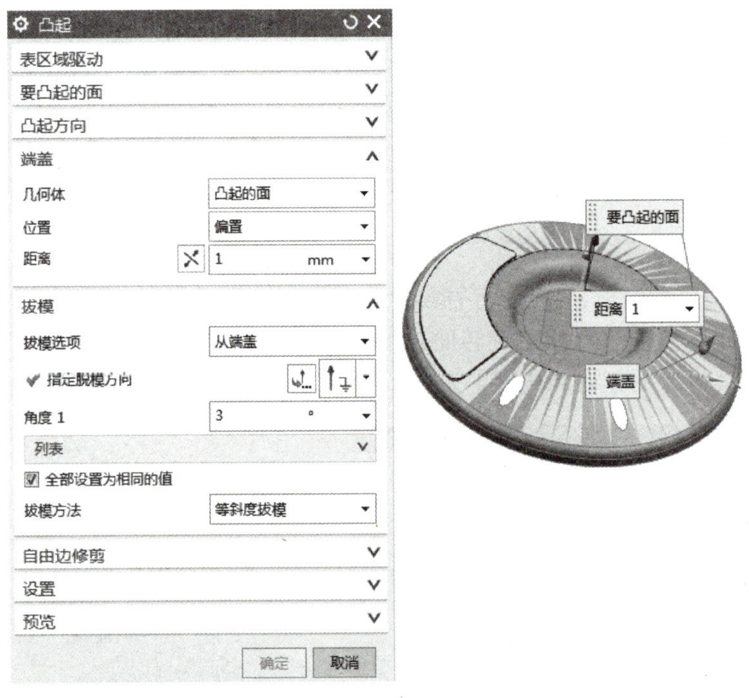

图 2-4-23　创建凸起

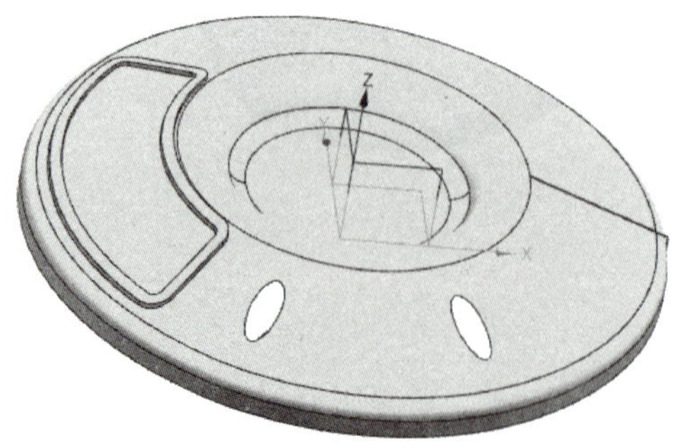

图 2-4-24　凸台结果

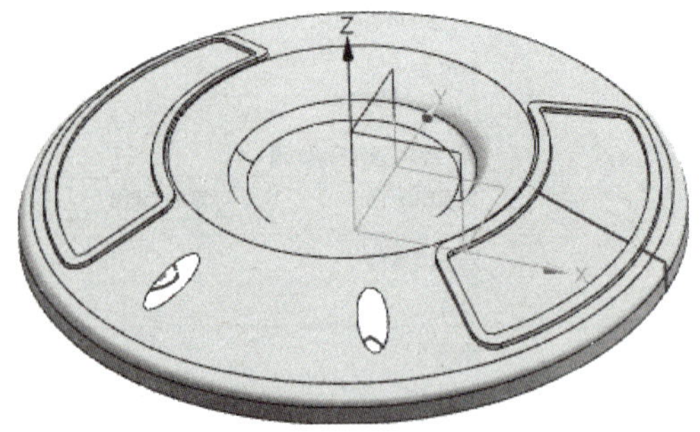

图 2-4-25　镜像特征

5. 创建实体

单击【加厚】命令，“面”选择片体，“厚度”偏置1为1，方向向内，单击“确定”，隐藏草图、曲线和基准，得到如图2-4-26所示CD机实体。

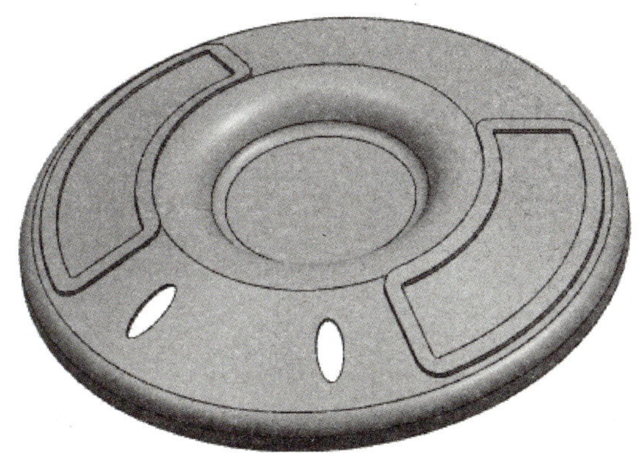

图2-4-26 CD机

四、上机练习

如图2-4-27所示曲面上缺了一块，请使用“N边曲面”命令补齐。

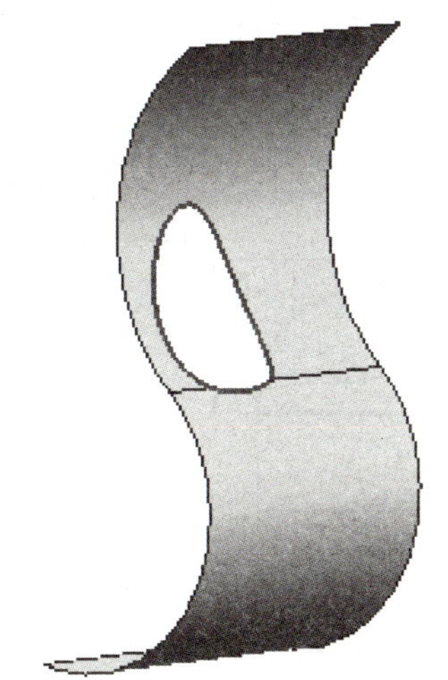

图2-4-27 破面

任务五　鼠标的造型

一、实例分析

1. 学习任务

完成如图 2-5-1 鼠标的造型。

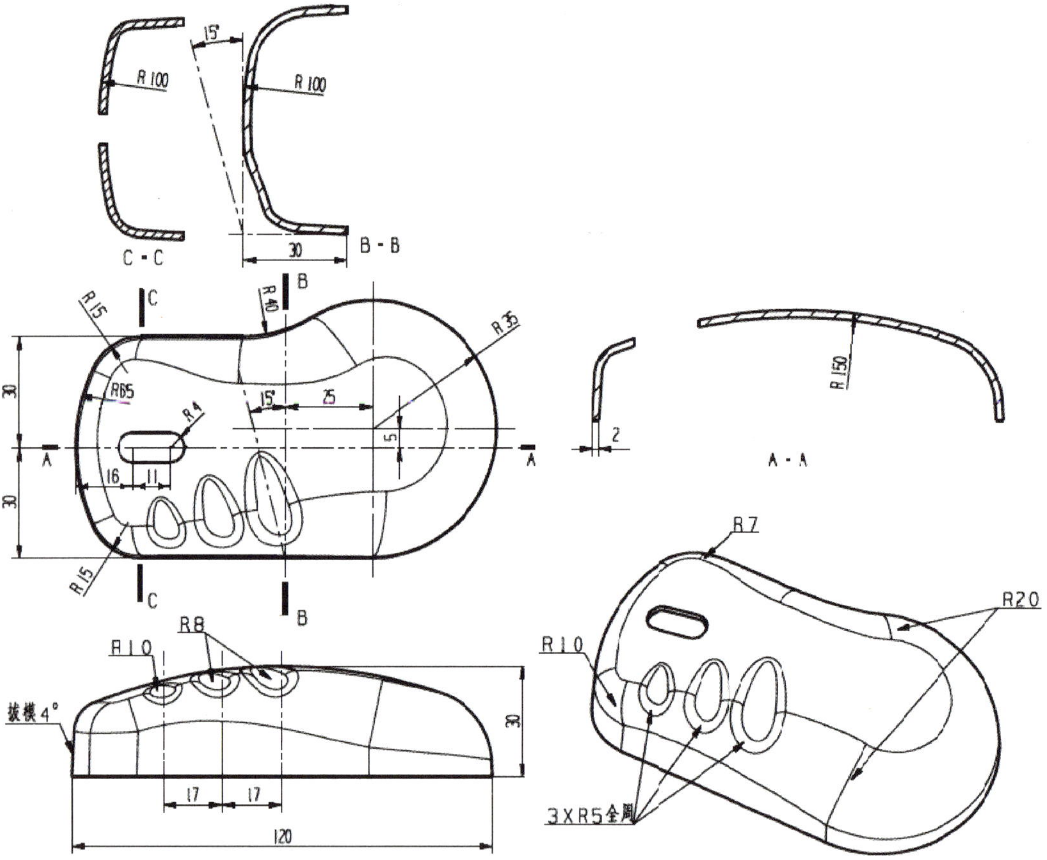

图 2-5-1　鼠标

2. 知识目标

(1) 掌握修剪体命令的操作；

(2) 掌握组合曲线投影的操作。

二、知识链接

1. 修剪体

修剪体是用面去修剪实体。执行【插入】→【修剪】→【修剪体】命令，或单击

“特征”工具栏“修剪体”命令，弹出“修剪体”对话框，目标体是修剪的对象，工具体是修剪的工具，如图 2-5-2 所示。

2. 组合曲线投影

组合投影是组合两个现有曲线链的投影交集以新建曲线。如图 2-5-3 所示，*XY* 平面上绘制草图曲线 1，*YZ* 平面上绘制曲线 2，单击【组合投影】命令，分别选择曲线 1 和曲线 2，单击“确定”，将曲线 1 投影在曲线 2 所在的面上生成新的曲线，这条曲线从 *X* 轴的正向看与曲线 2 重合，从 *Z* 轴的正向看与曲线 1 重合。

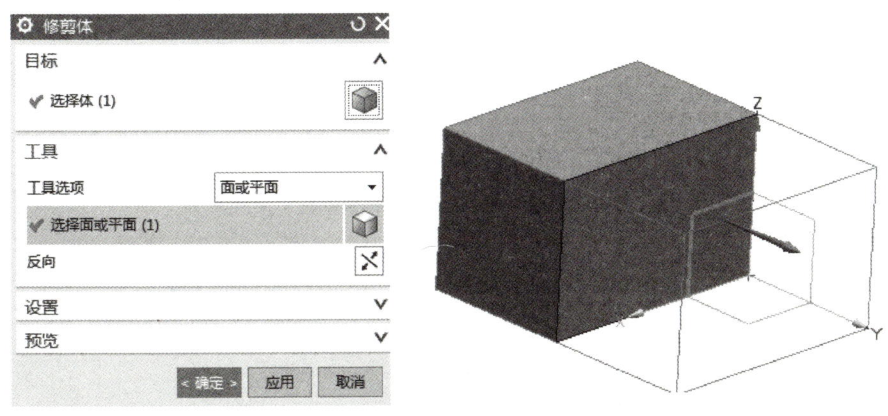

图 2-5-2 修剪实体

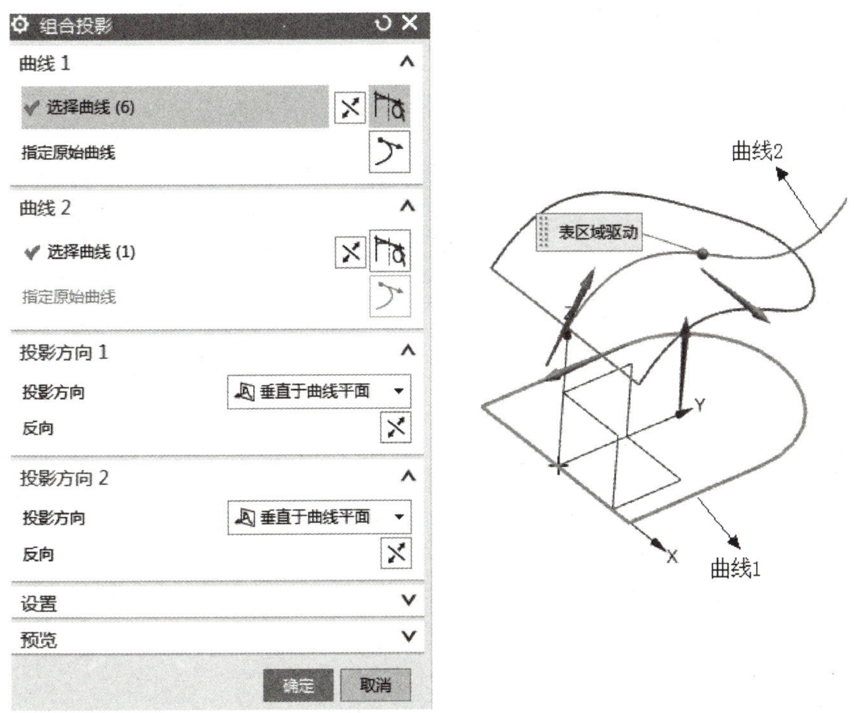

图 2-5-3 组合曲线投影

三、操作过程

1. 创建鼠标主体

选择 X-Y 平面为草图平面，绘制如图 2-5-4 所示草图。单击【拉伸】命令，弹出对话框，“曲线”选择上一步创建的草图曲线，“方向”选择 *Z* 向，“限制”中结束值为 30，“拔模”中“角度”设置为 4°，如图 2-5-5 所示，单击“确定”，得到拉伸体。

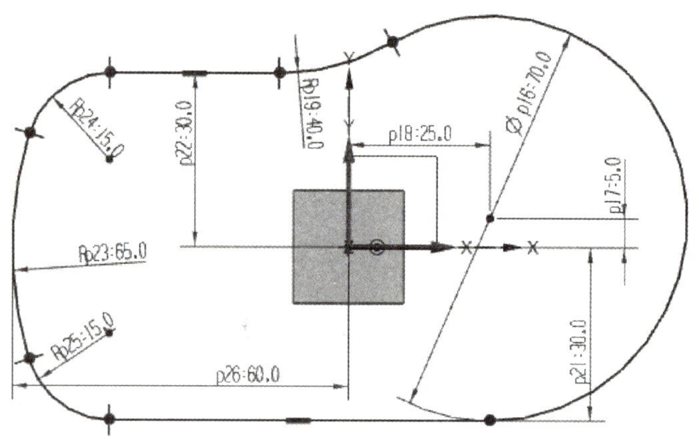

图 2-5-4　草图

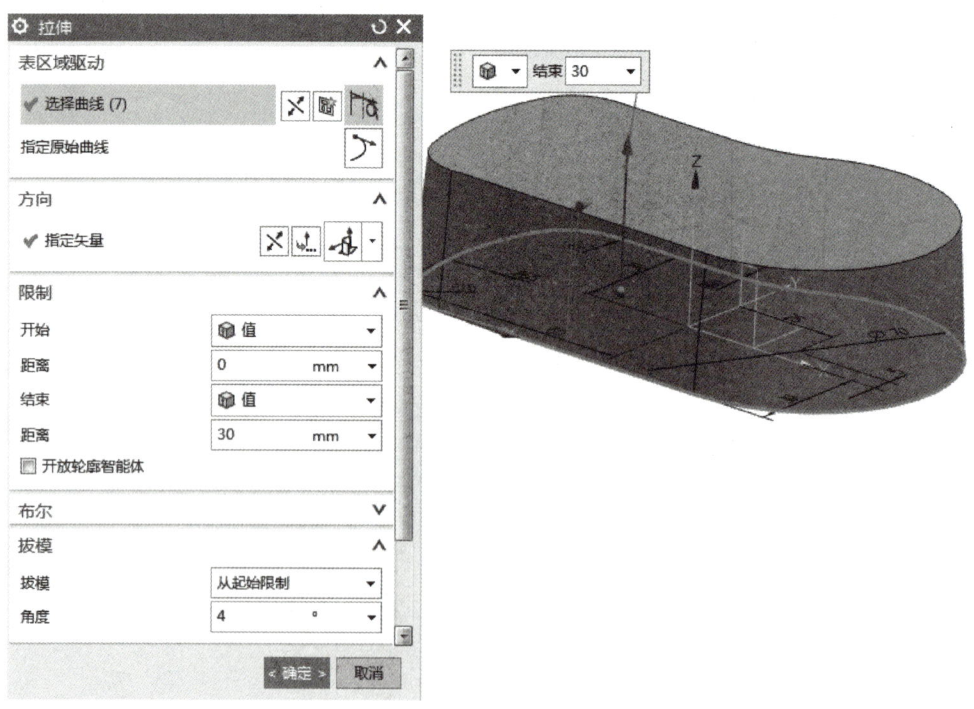

图 2-5-5　拉伸体

选择 *XZ* 平面为草图平面，绘制如图 2-5-6 所示草图，该圆弧圆心在草图中 *Y* 轴上，与图中拉伸体上顶面相切。选择 *YZ* 平面为草图平面，绘制如图 2-5-7 所示草图，该圆弧圆心在草图中 *Y* 轴上，与图中拉伸体上顶面相切。

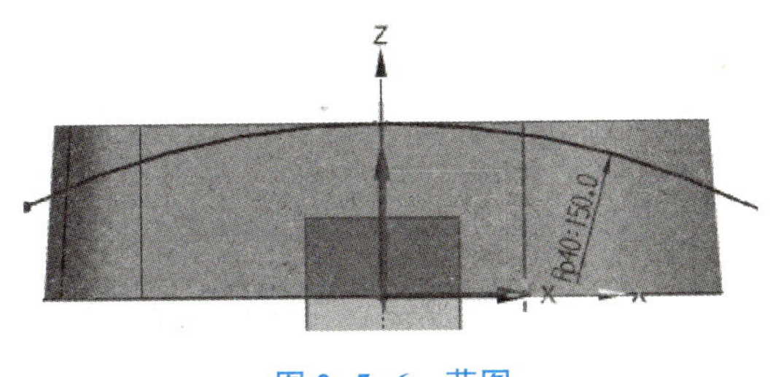

图 2-5-6 草图

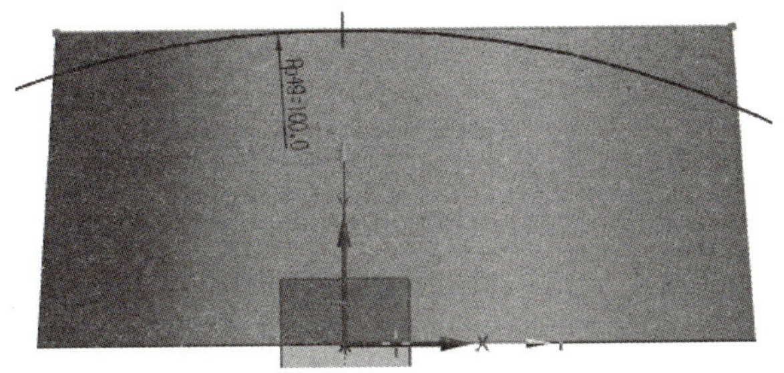

图 2-5-7 草图

执行【插入】→【扫掠】→【扫掠】命令，弹出对话框，“截面”和“引导线”分别选择图 2-5-8 所示曲线，单击“确定”，得到扫掠片体。

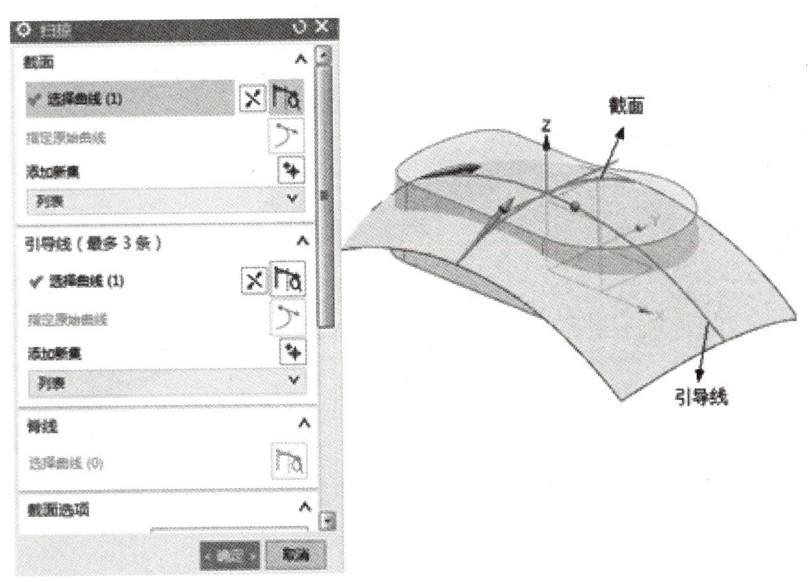

图 2-5-8 扫掠

单击【修剪体】命令，弹出对话框，“目标”选择拉伸体，“工具”选择片体，片体方向向上，如果方向向下，可以通过“反向”箭头来控制，如图 2-5-9 所示，单击“确定”，得到被片体修剪的鼠标主体。单击【显示和隐藏】命令，隐藏曲线和片体。

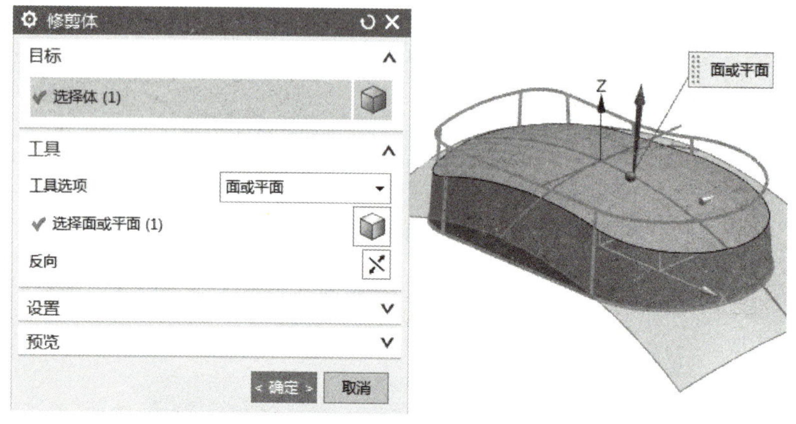

图 2-5-9 修剪体

单击【边倒圆】命令，弹出对话框，去掉对话框中最下面的“预览”中的勾选，“边”选择顶部的边线，“半径 1”为 20，变半径中“指定半径点”依次捕捉图中 4 个端点为 V 半径 1、V 半径 2、V 半径 3 和 V 半径 4，并在相对应的文本中依次输入 10、20、20 和 7，如图 2-5-10 所示，单击“确定”，对顶部倒变半径圆角，如图 2-5-11 所示。

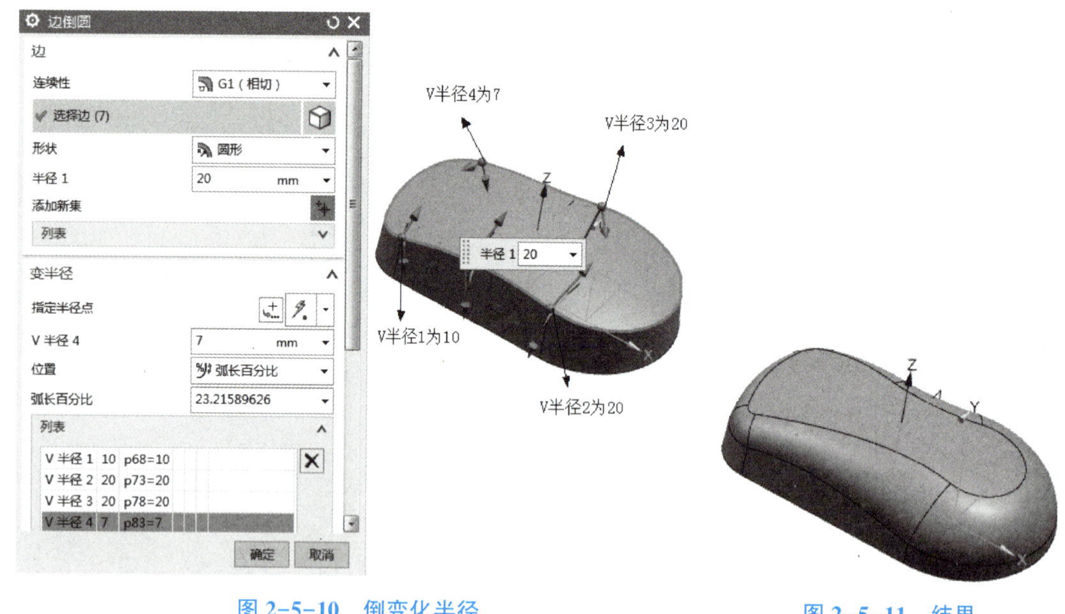

图 2-5-10 倒变化半径

图 2-5-11 结果

2. 创建顶部凹槽

选择 *XY* 平面为草图平面，绘制如图 2-5-12 所示草图，线的下面端点在 *Y* 轴上。选择 *XZ* 平面为草图平面，绘制如图 2-5-13 所示草图。

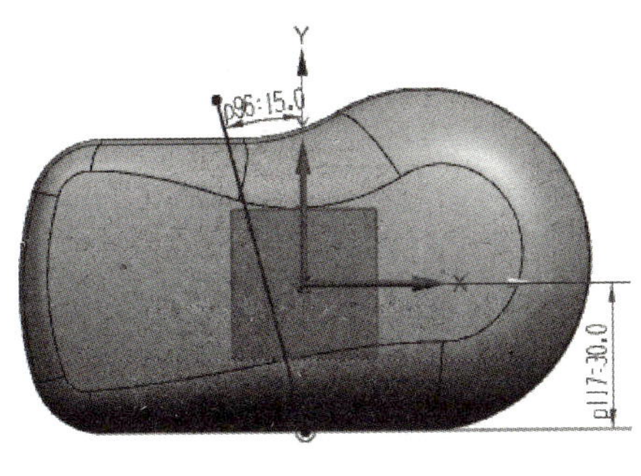

图 2-5-12 草图

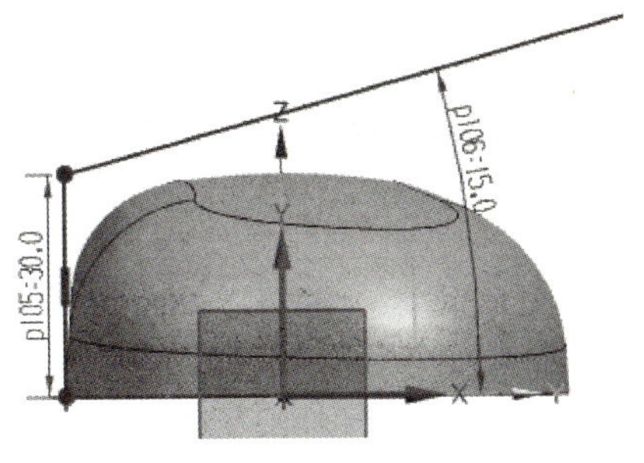

图 2-5-13 草图

单击【组合投影】命令，弹出对话框，曲线 1 和曲线 2 分别选择图 2-5-14 中所示曲线，生成组合投影曲线。

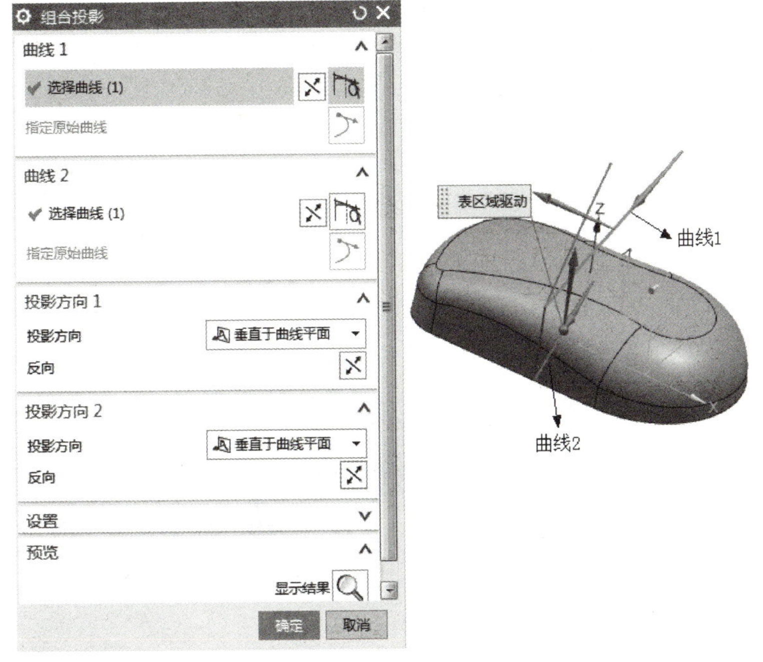

图 2-5-14 组合投影

单击【阵列几何特征】命令，弹出对话框，“要形成阵列的几何特征”选择图 2-5-14 中生成的组合投影曲线，“布局”选择线性，“方向 1”选择 X 轴的负向，“数量”为 3，“节距”为 17，如图 2-5-15 所示，单击“确定”，得到阵列后的两条曲线。

执行【插入】→【扫掠】→【管道】命令，弹出对话框，“路径”选择图 2-5-16 中所示曲线，“外径”为 16，“布尔”选择减去，“选择体”选择鼠标主体，单击“确定”，得到有凹槽的鼠标主体，如图 2-5-17 所示。

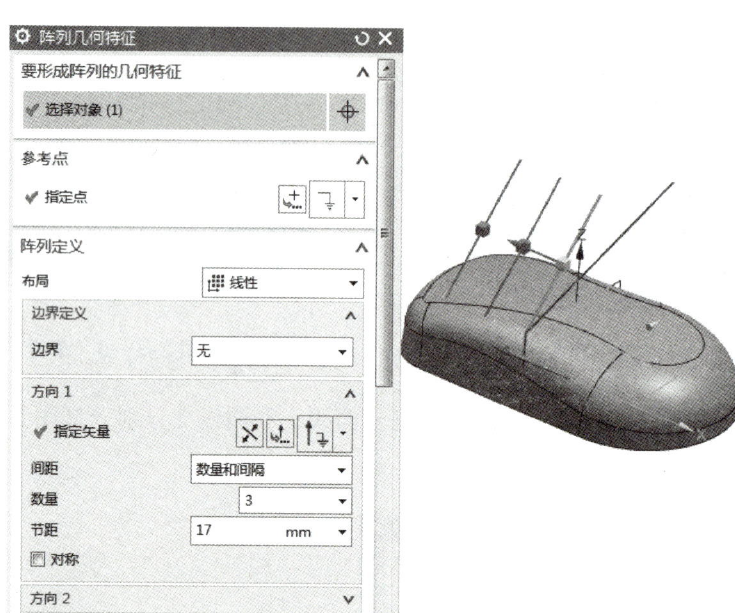

图 2-5-15　阵列几何特征

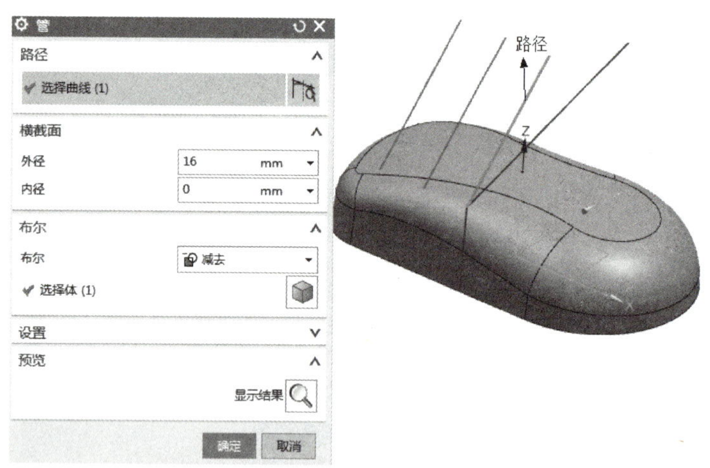

图 2-5-16　创建管道

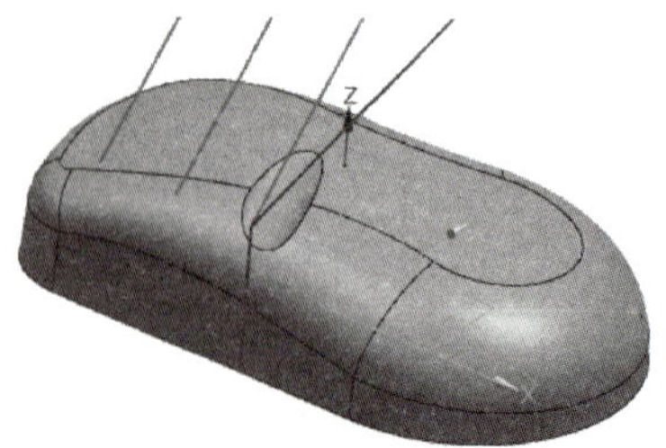

图 2-5-17　鼠标

执行【插入】→【扫掠】→【管道】命令，弹出对话框，“路径”选择图 2-5-18 中所示曲线，“外径”为 16，“布尔”选择减去，“选择体”选择鼠标主体，单击“确定”。执行【插入】→【扫掠】→【管道】命令，弹出对话框，“路径”选择图 2-5-19 中所示曲线，“外径”为 20，“布尔”选择减去，“选择体”选择鼠标主体，单击“确定”。

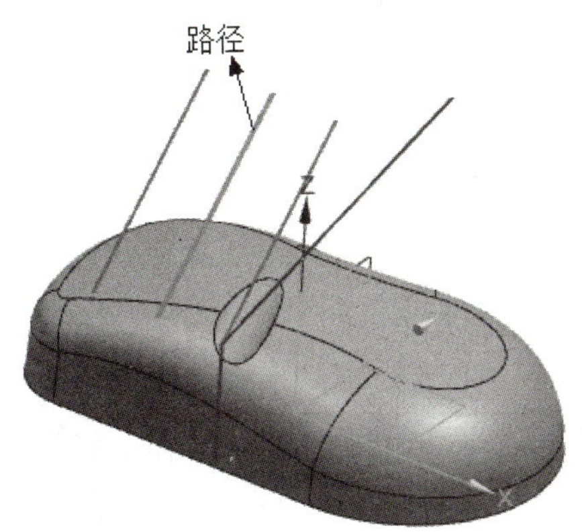

图 2-5-18 创建管道

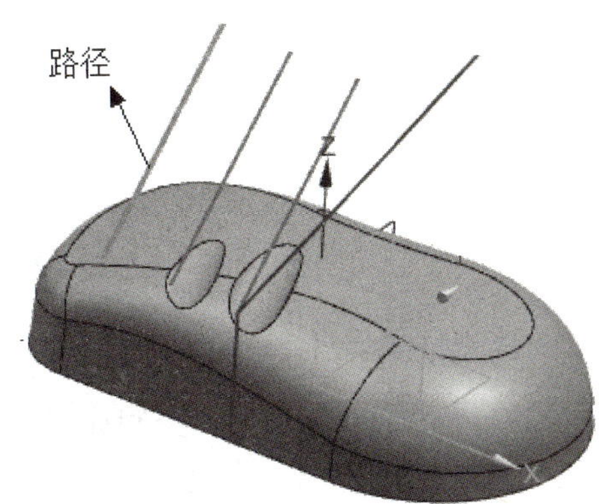

图 2-5-19 创建管道

单击【边倒圆】命令，“边”选择三个凹槽的边，“半径 1”为 5，如图 2-5-20 所示，单击“确定”，对凹槽部分倒圆角。单击【显示和隐藏】命令，隐藏曲线和草图。

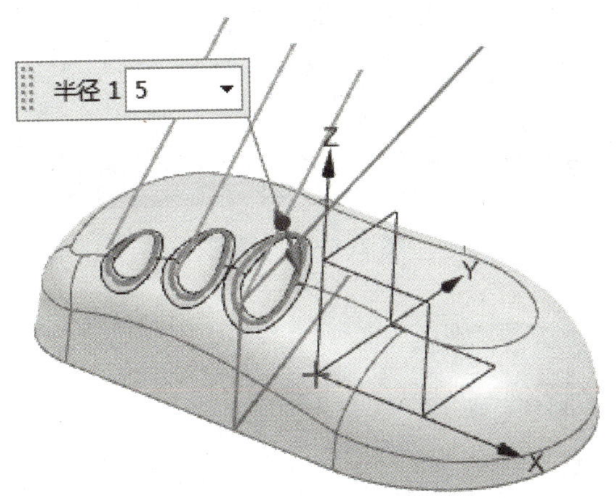

图 2-5-20 边倒圆

3. 抽壳实体

单击【抽壳】命令，“要穿透的面”选择鼠标的底面，“厚度”为 2，如图 2-5-21 所示，单击“确定”，得到抽壳后的鼠标。

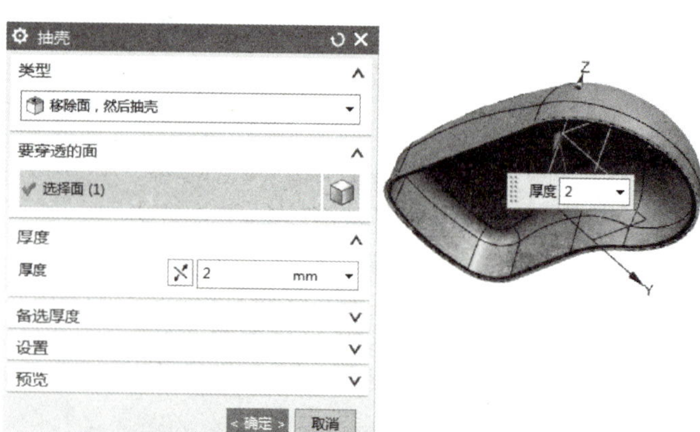

图 2-5-21　抽壳

4. 创建滚轮槽

选择 *XY* 平面为草图平面，绘制如图 2-5-22 所示草图。单击【拉伸】命令，弹出对话框，“曲线”选择图 2-5-22 中的草图曲线，“方向”选择 *Z* 的正向，“限制”中“结束”值为 42，“布尔”选择 减去，“选择体”选择鼠标实体，单击“确定”，完成滚轮槽的建模。隐藏基准、曲线和草图，得到如图 2-5-23 所示鼠标。

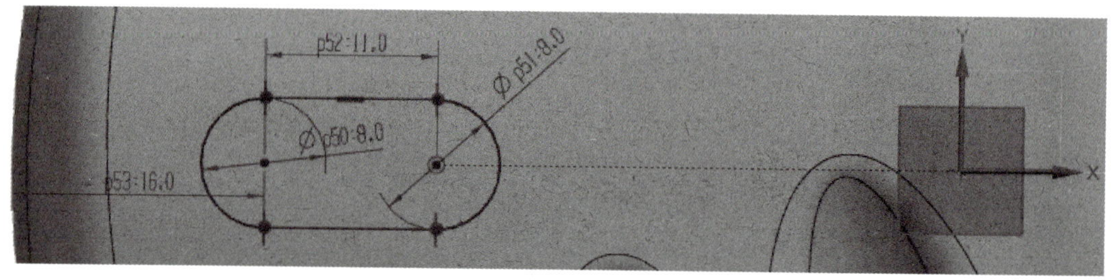

图 2-5-22　草图

图 2-5-23　鼠标

四、上机练习

（1）在 *XY* 平面上绘制如图 2-5-24 所示草图，在 *XZ* 上绘制如图 2-5-25 所示直线，利用【扫掠】命令完成如图 2-5-26 所示麻花。在用【扫掠】命令时，对话框中“定位方法”区域中，对“方向”选取“角度规律”，“规律类型”选取“线性”，“起点”设为 0°，“终点”设为 360°。

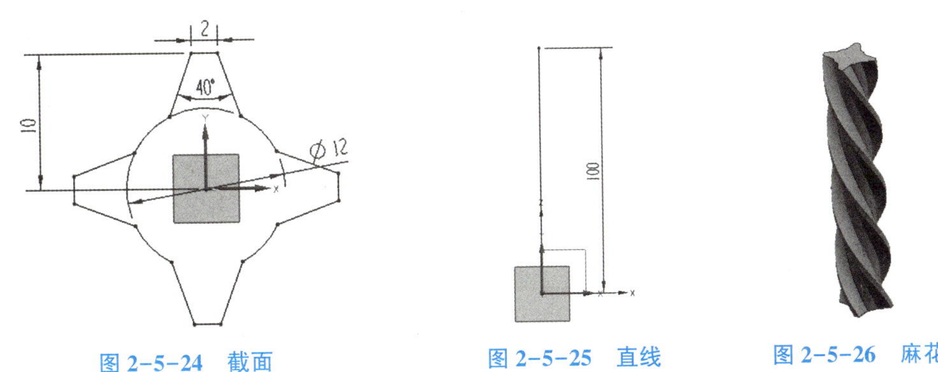

图 2-5-24 截面　　图 2-5-25 直线　　图 2-5-26 麻花

（2）根据如图 2-5-27 所示，绘制异型弹簧。

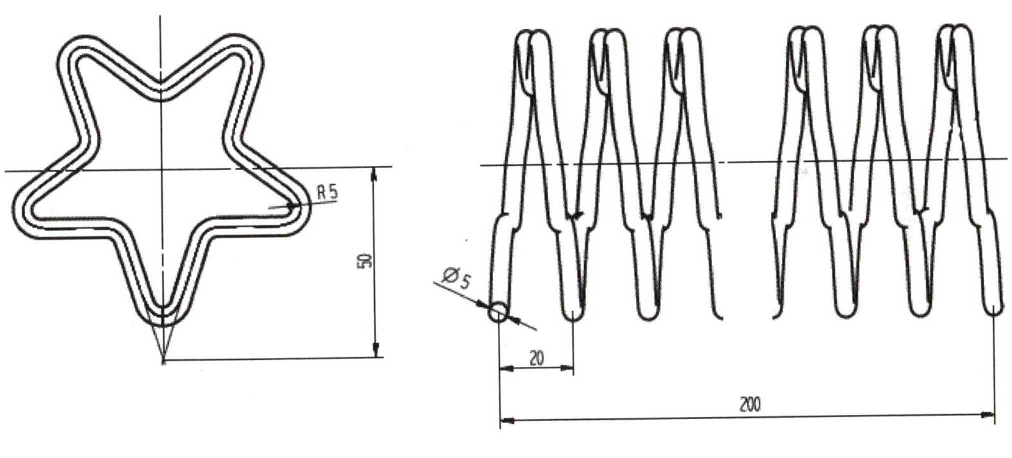

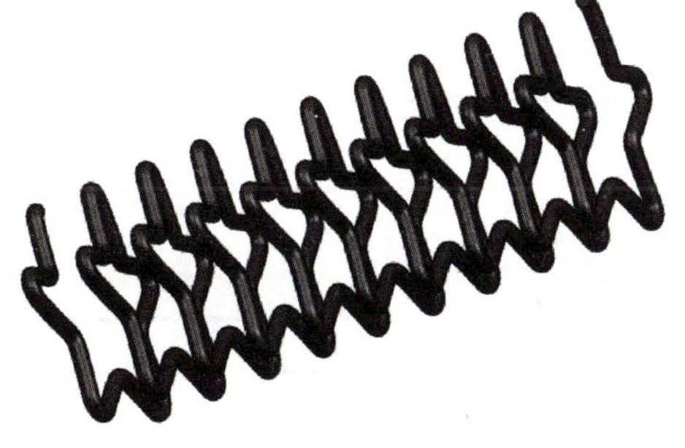

图 2-5-27 异型弹簧

操作提示：

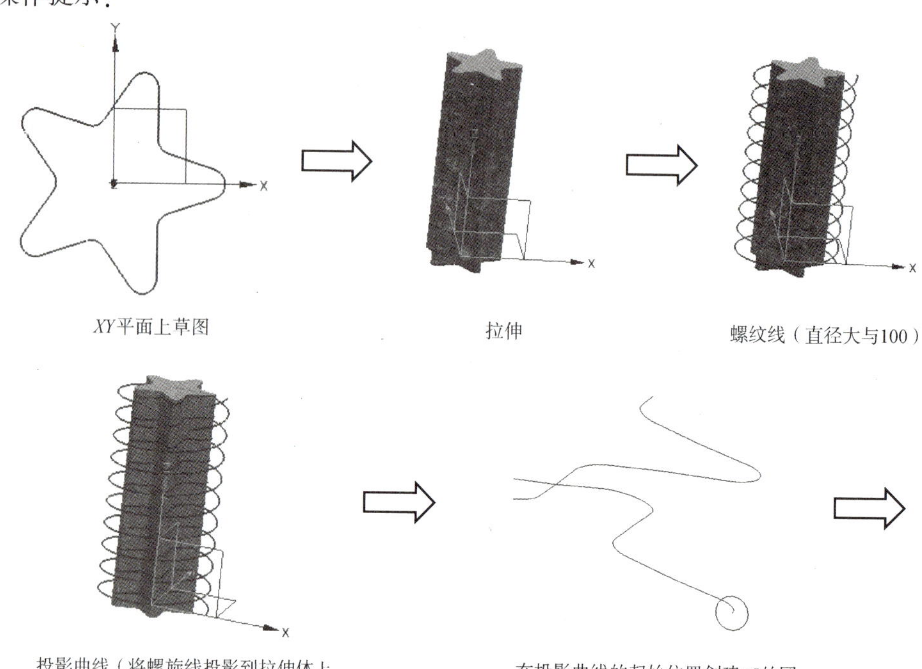

XY平面上草图

拉伸

螺纹线（直径大与100）

投影曲线（将螺旋线投影到拉伸体上，投影方向选“朝向直线”，直线选Z轴）

在投影曲线的起始位置创建ø5的圆（用草图创建，“类型”选“基于路径”）

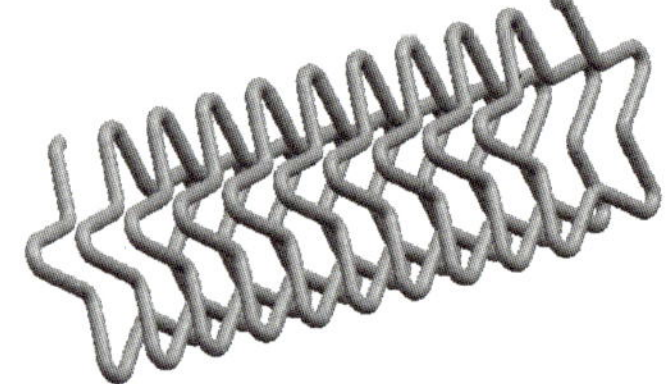

扫掠

（3）创建如图 2-5-28 所示勺子，用到【通过曲线组】【通过曲线网格】【组合投影】【修剪片体】和【缝合】等命令。

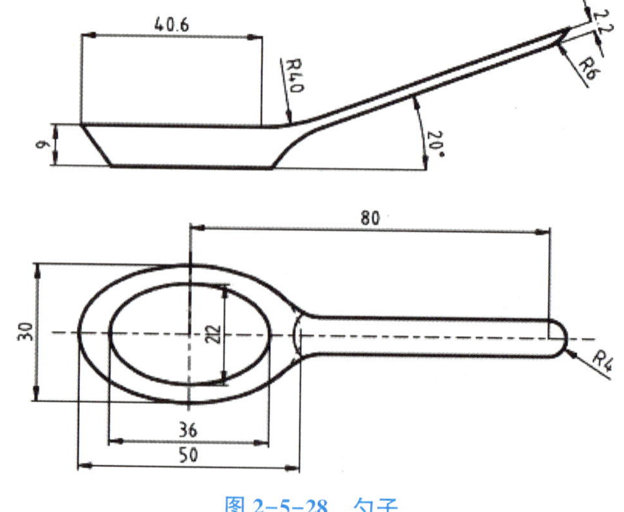

图 2-5-28　勺子

任务六　笔筒的造型

一、实例分析

1. 学习任务

完成如图 2-6-1 所示笔筒的造型。

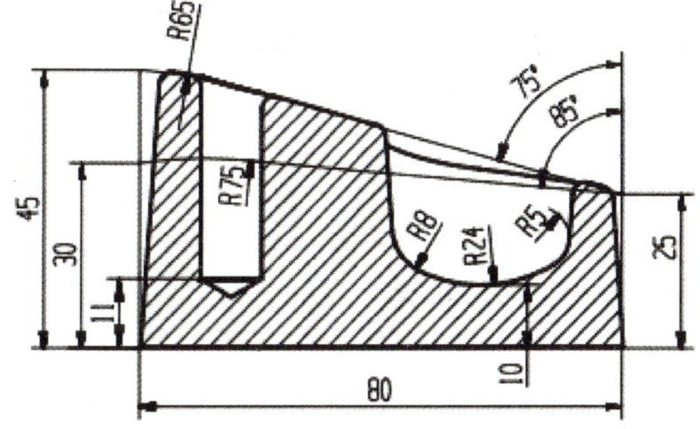

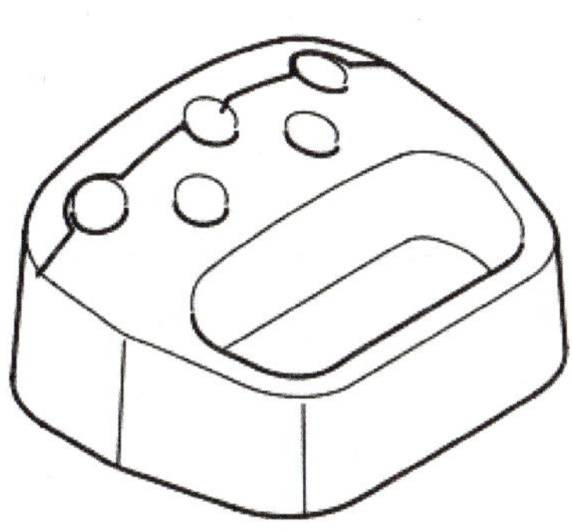

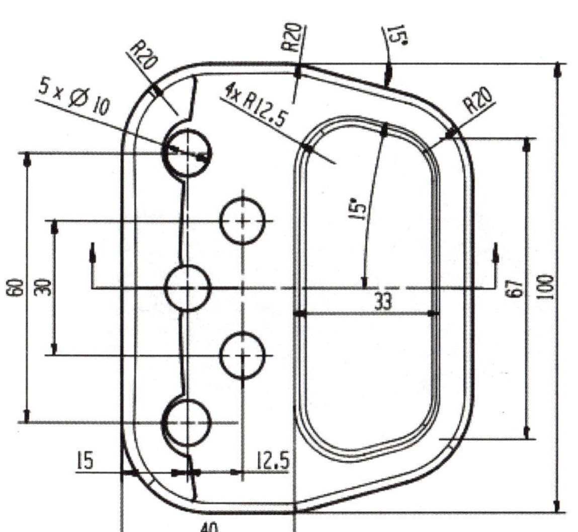

技术要求

1. 未注圆角2mm；

2. 外壁和内槽的拔模角度4度。

图 2-6-1　笔筒

2. 知识目标

(1) 掌握投影曲线的操作；

(2) 掌握相交曲线的操作；

(3) 掌握笔筒的建模。

二、知识链接

1. 投影曲线

投影曲线是将空间选取的曲线或点按一定矢量方向投影到选定的对象中。执行【曲线】→【派生曲线】→【投影曲线】，或单击【曲线】工具栏中【投影曲线】命令，弹出对话框。这里的投影曲线是在空间进行操作，有别于草图中的投影曲线。

2. 相交曲线

相交曲线是指创建一个曲面与另一组曲面的交线。执行【曲线】→【派生曲线】→【相交曲线】，或单击【曲线】工具栏中【相交曲线】命令，弹出对话框。

三、操作过程

1. 笔筒主体构建

选择 *XY* 为草图平面，绘制草图曲线，草图曲线以 *X* 轴为中心对称，将曲线向 *Z* 的正向拉伸 45，如图 2-6-2 所示，得到笔筒主体。

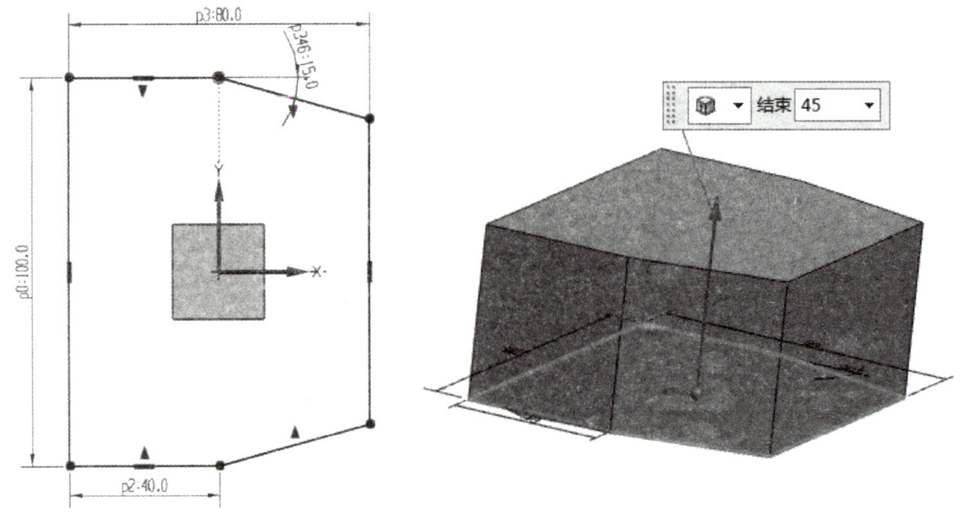

图 2-6-2　拉伸

2. 创建孔

选择顶面为草图平面，绘制如图 2-6-3 的 2 个点，单击【孔】命令，“位置”选择这 2 个点，“直径”为 10，深度为 34，顶锥角为 118°，如图 2-6-4 所示。执行【插入】→【关联复制】→【阵列特征】，“布局”选择线性，“方向”选择 *Y* 的负向，“数量”设置为 3 个，“节距”设置为 30，如图 2-6-5 所示，单击“确定”，创建其余 3 个孔。

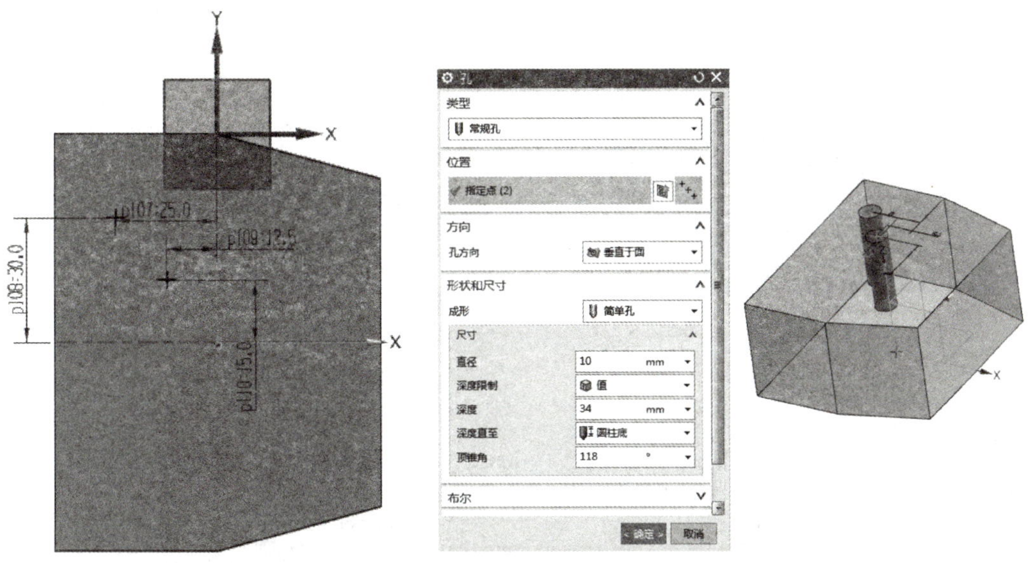

图 2-6-3 创建 2 个点　　　图 2-6-4 创建 2 个孔

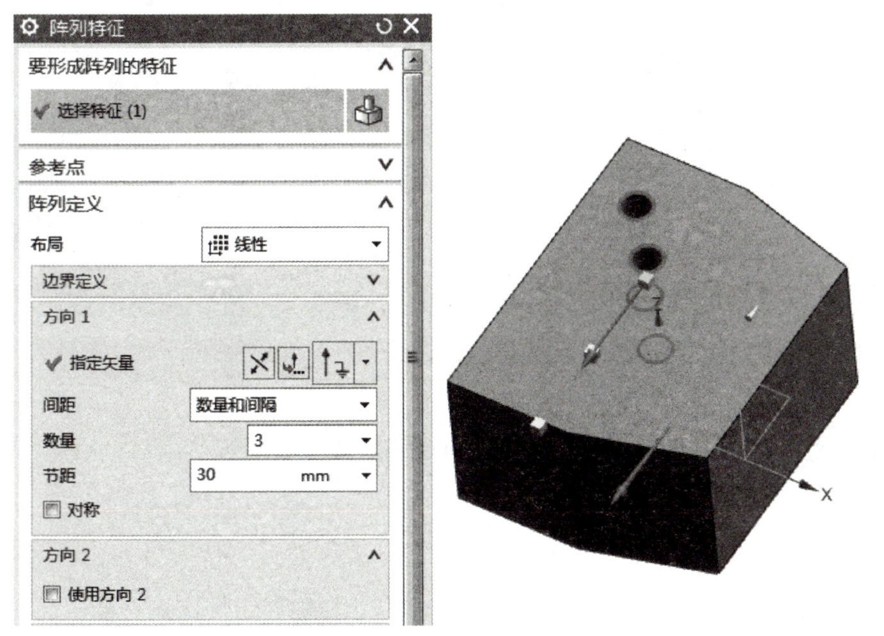

图 2-6-5 创建其余 3 个孔

3. 创建片孔

选择 *XZ* 平面为草图平面，创建如图 2-6-6 所示的草图，曲线的两个端点不用完全约束，只要合适长度就可以。单击【拉伸】命令，“曲线”选择上一步绘制的圆弧，“结束”选择对称值，“距离”为 100，得到片体，如图 2-6-7 所示。

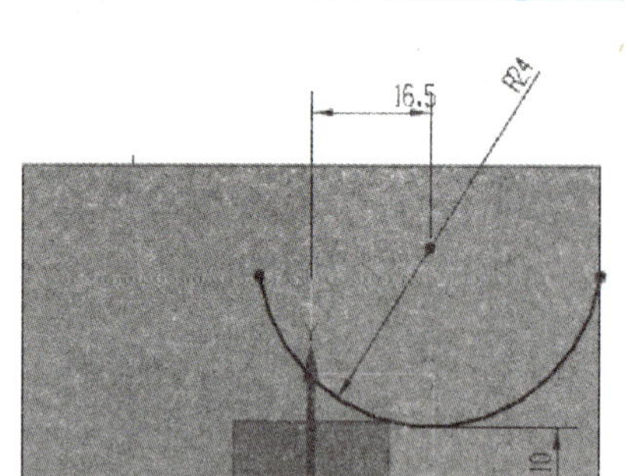

图 2-6-6　草图

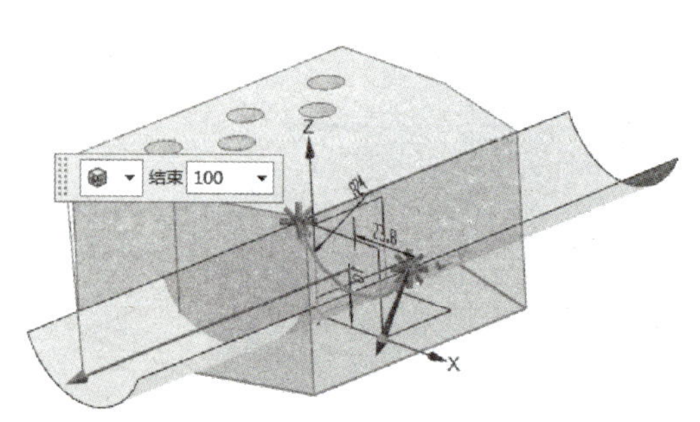

图 2-6-7　拉伸片体

4. 创建凹槽

选择顶面为草图平面，创建如图 2-6-8 所示的草图。单击【拉伸】命令，“选择曲线”选择上一步绘制的草图，“方向”向下，“结束”选择 直至选定，“选择对象”选择图 2-6-7 中创建的片体，“布尔”选择 减去，“选择体”选择笔筒实体，如图 2-6-9 所示，单击“确定”，创建方槽，隐藏片体。

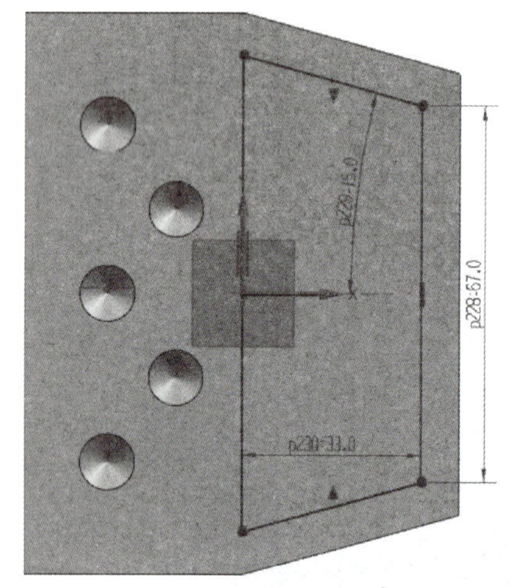

图 2-6-8　草图

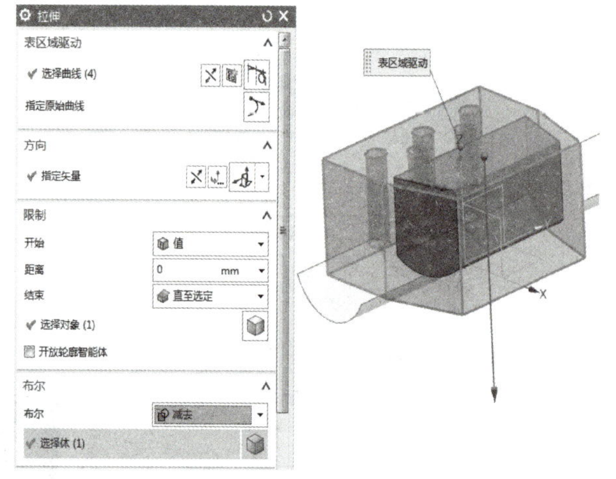

图 2-6-9　拉伸体

5. 创建拔模

单击【拔模】命令，“类型”选择 面，“拔模方向”选择 *Z* 的正向，“拔模方法”选择固定面，“选择固定面”选择底面，“要拔模的面”选择外壁各个面，“角度 1”为 4°，如图 2-6-10，单击“确定”，创建外壁拔模。单击【拔模】命令，“类型”选择 面，“拔模方向”选择 *Z* 的正向，“拔模方法”选择固定面，“选择固定面”选择顶面，“要拔模的面”选择内槽各个面，“角度 1”为 4°，如图 2-6-11，单击“确定”，创建内槽拔模。

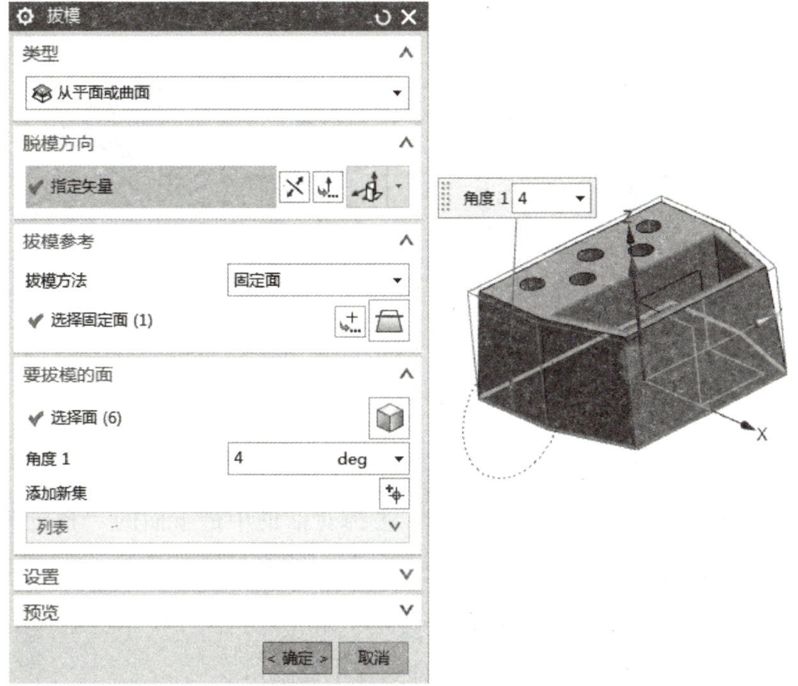

图 2-6-10 外壁拔模

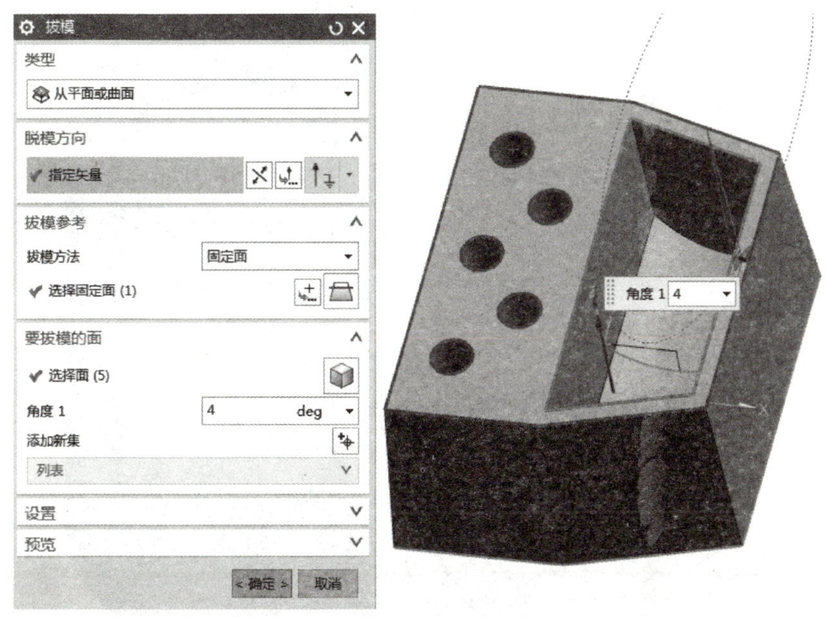

图 2-6-11 内槽拔模

6. 倒圆角

将内壁倒圆角 12.5，外壁倒圆角 20，如图 2-6-12。注意倒圆角的顺序，先内槽后

外壁。

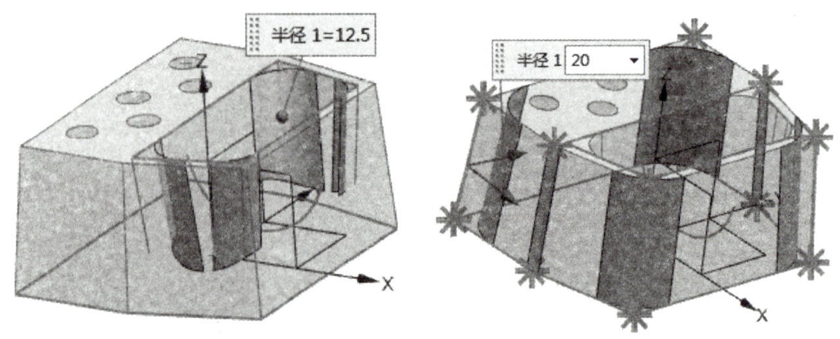

图 2-6-12 倒圆角

7. 底部倒变半径圆角

单击【边倒圆】命令，弹出对话框，去掉对话框中最下面的“预览”中的勾选，“边”选择槽底部的线，“半径 1”为 8，变半径中“指定半径点”依次捕捉图中 4 个端点为 V 半径 1、V 半径 2、V 半径 3 和 V 半径 4，并在相对应的文本中依次输入 8、8、5 和 5，如图 2-6-13 所示，单击“确定”，对槽底部倒变半径圆角。

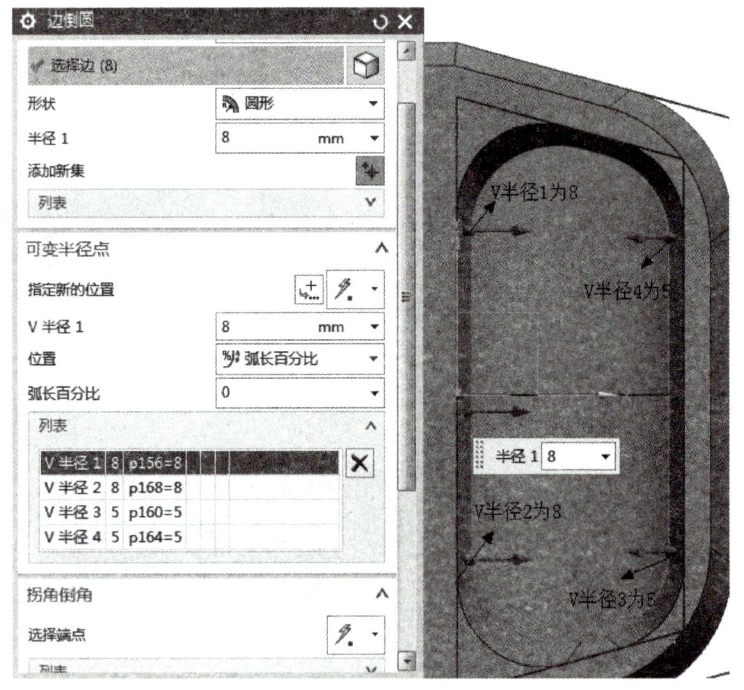

图 2-6-13 倒变半径圆角

8. 创建笔筒顶部曲面特征

选择 *XZ* 为草图平面，创建如图 2-6-14 所示草图。

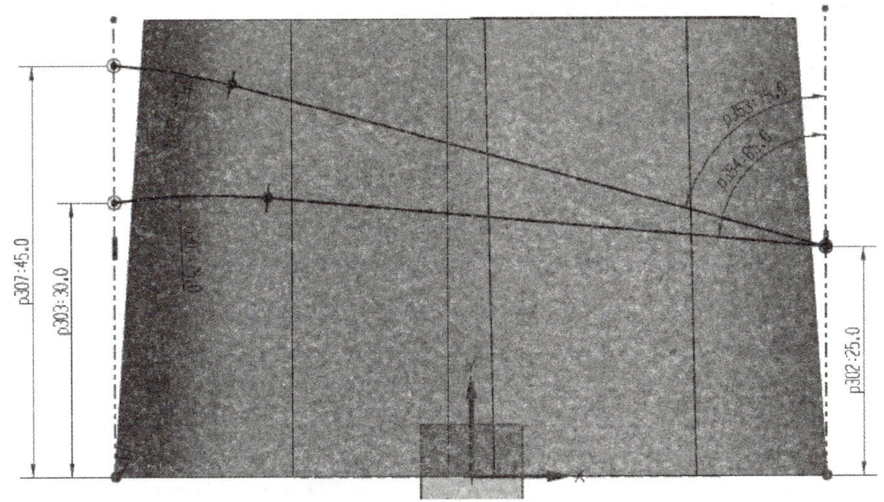

图 2-6-14 草图

单击【基准平面】命令，弹出对话框，“类型”选择 按某一距离，“平面参考”选择 *XZ* 平面，“偏置”设置为 50，通过 来创建位于 *Y* 的正向的基准平面，如图 2-6-15 所示。用同样的方法创建位于 *Y* 的负向的距离 *XZ* 平面为 50 的基准平面，如图 2-6-16 所示。

单击【曲线】工具栏中【投影曲线】命令，弹出对话框，“要投影的曲线或点”选择图 2-6-14 草图中的下面相连的曲线，“要投影的对象”选择位于 *Y* 的正向的基准平面，“投影方向”选择 *Y* 的正向，如图 2-6-17 所示，单击“确定”，得到投影曲线。用同样的方法将图 2-6-14 草图中的下面相连的曲线投影到位于 *Y* 的负向的基准平面，得到结果如图 2-6-15 所示。

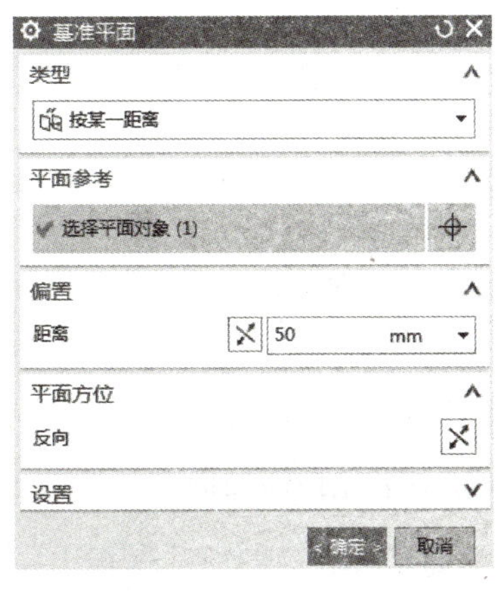

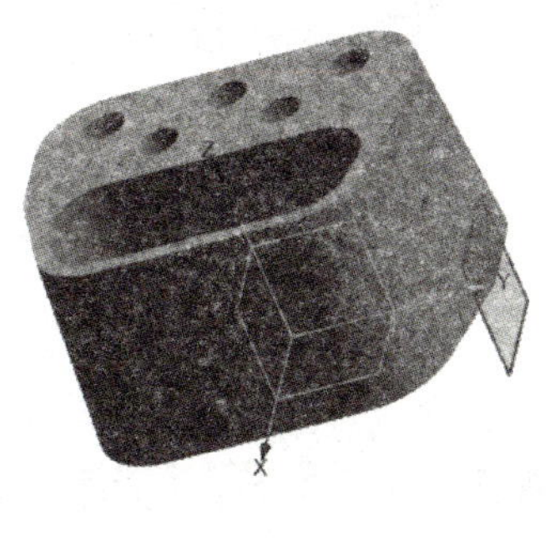

图 2-6-15 创建基准平面 1

图 2-6-16 创建基准平面 2

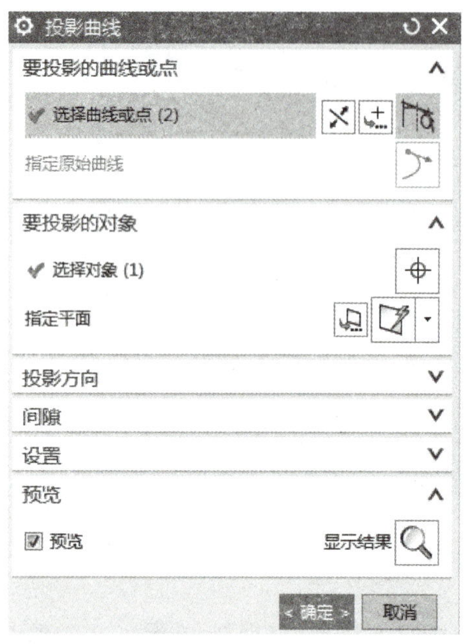

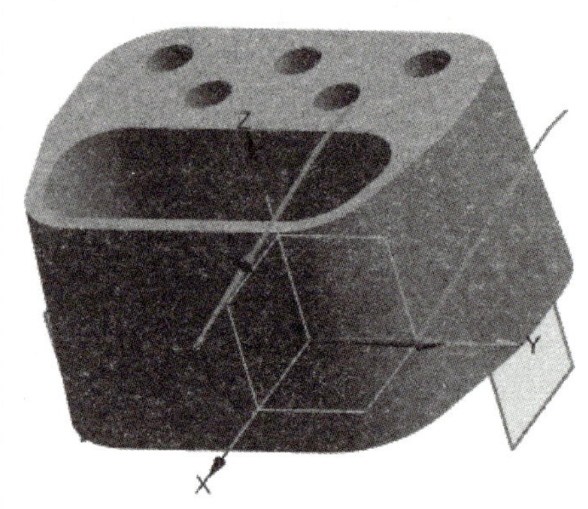

图 2-6-17　投影曲线 1

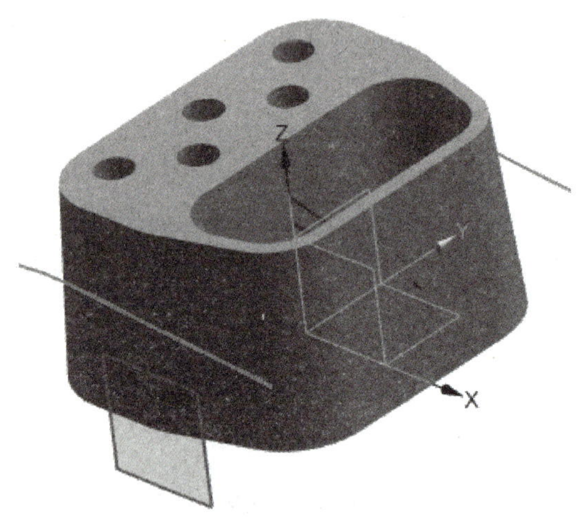

图 2-6-18　投影曲线 2

单击【通过曲线组】命令，弹出对话框，“截面 1”选择图 2-6-18 中创建的投影曲线，“截面 2”选择图 2-6-14 草图中上面的相连曲线，“截面 3”选择图 2-6-17 中创建的投影曲线，注意方向一致，如图 2-6-19 所示，单击“确定”，创建顶面曲面。

单击【修剪体】命令，弹出对话框，“目标”选择笔筒实体，“工具”选择上一步创建的片体，如图 2-6-20 所示，单击“确定”，得到修剪后的笔筒实体。单击【显示和隐藏】命令，隐藏片体、草图和曲线。

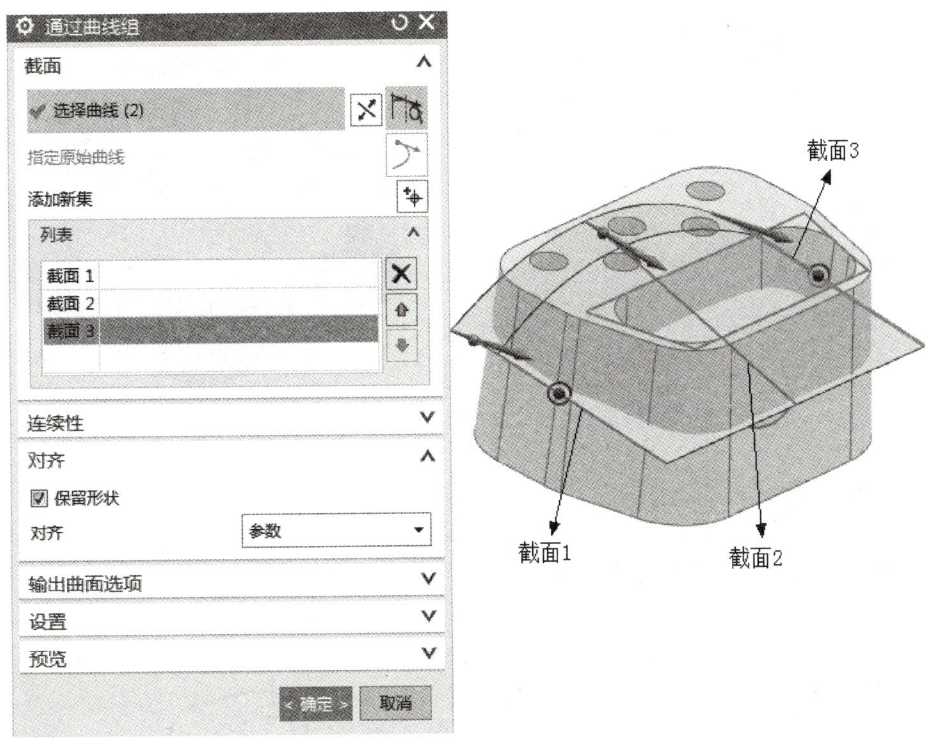

图 2-6-19 创建曲面

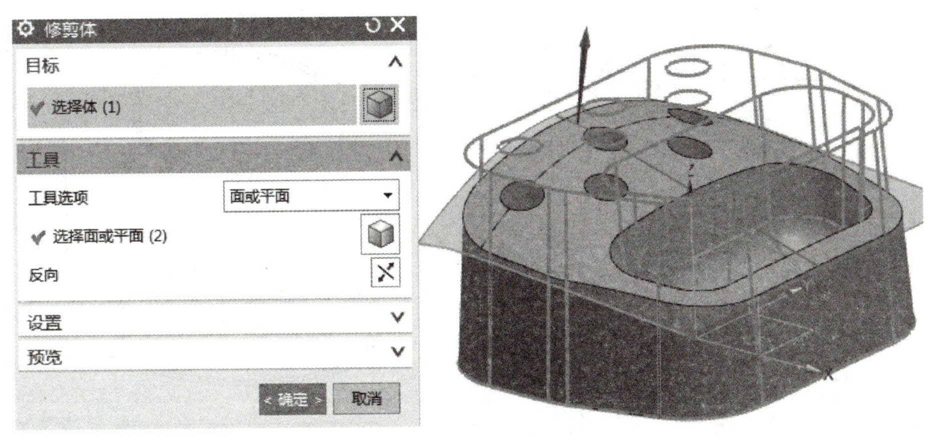

图 2-6-20 修剪实体顶部

9. 倒圆角

对笔筒顶面各过渡部分倒圆角为 2，如图 2-6-21 所示，隐藏基准、曲面、曲线和草图等，得到如图 2-6-22 所示笔筒。

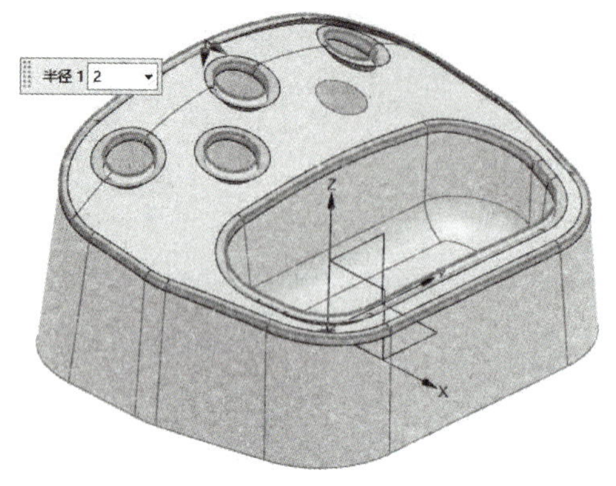

图 2-6-21　倒圆角

图 2-6-22　笔筒

四、上机练习

完成图 2-6-23 所示壶的造型。

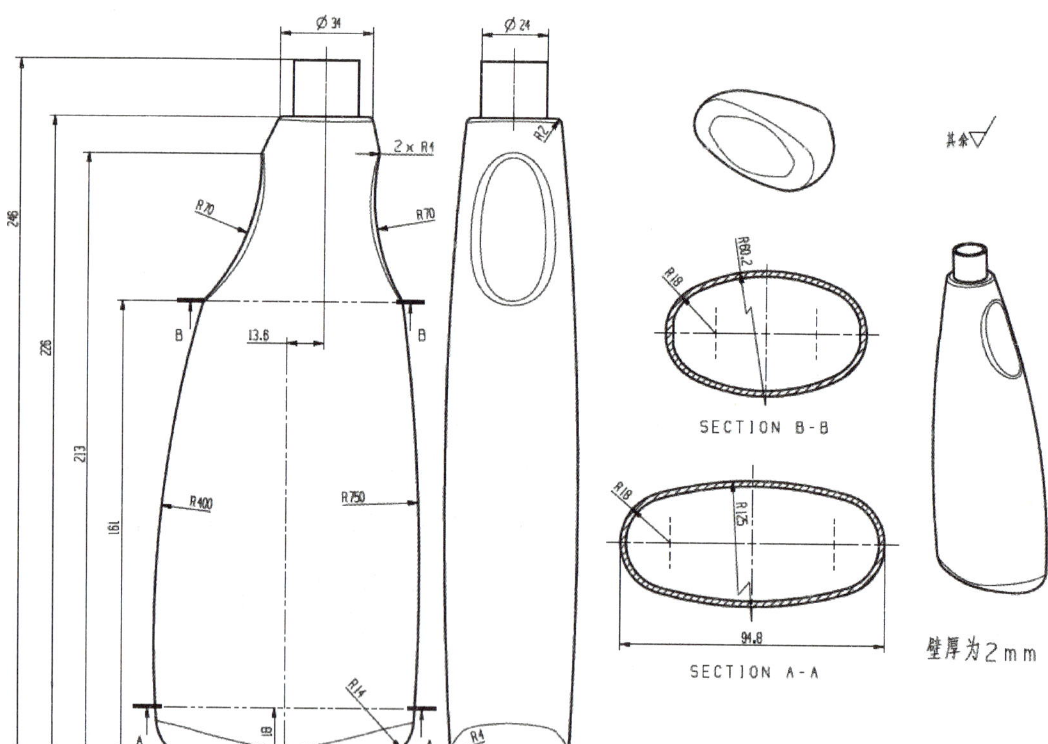

图 2-6-23　壶

任务七　排球的造型

一、实例分析

1. 学习任务

完成如图 2-7-1 所示排球的造型。

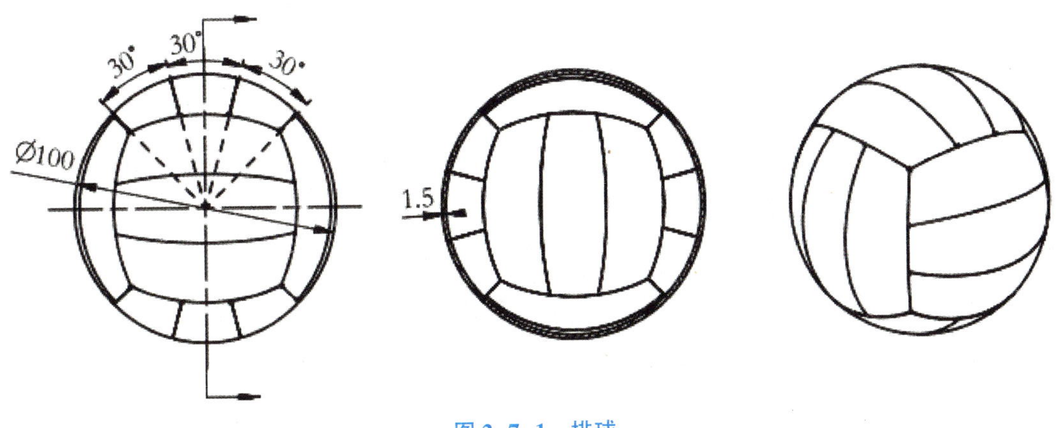

图 2-7-1　排球

2. 知识目标

掌握移动对象的操作和应用。

二、知识链接

1. 移动对象

移动对象是对原有的实体进行移动，点击【编辑】→【移动对象】，弹出对话框，如图 2-7-2 所示，变换里有多种类型，如距离、角度、点之间的距离、径向距离、点到点等，比较常用的类型是距离和角度，距离就是平行移动，如图 2-7-3（a）所示，角度就是对实体进行旋转移动，如图 2-7-3（b）所示。结果中，这个命令有两个类型，一个是移动原先的，一个是复制原先的。前者是移动原有实体，注意这个情况下有一个关联选择，创建了一个带有参数的操作，而且这个关联一定要勾选，如果没有关联性的话，选择的实体可能是由前面多个步骤完成的，没有关联的话，前面的步骤是没有办法进行移动的，添加上关联的话，可以把前面步骤创建上联系，才可以完成该步实体的移动。去掉关联后，警报中会显示出该对象之前的操作，在此称为移动父项，这些步骤无法移动，所以一定要勾选复制原先的。创建选择对象的副本，非关联副本数中设置数量，这个是副本数量，去除原有实体后的数量。该种情况下，设置里的关联选项没有了，是由于这样创建的副本是没有参数的实体。

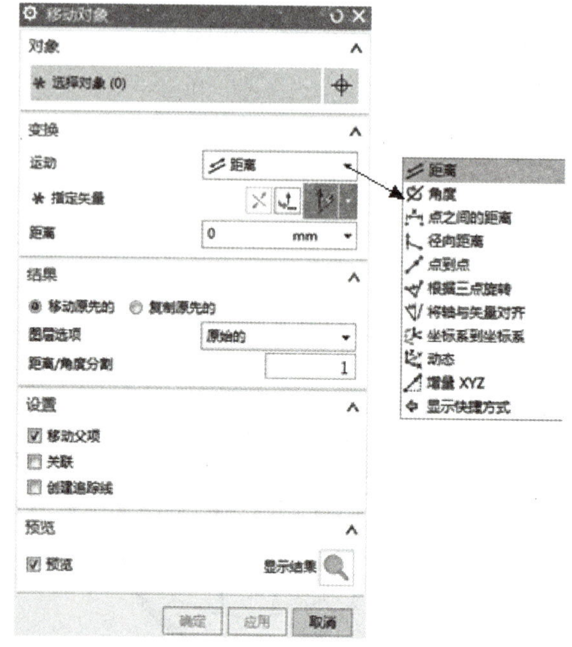

图 2-7-2　移动对象对话框

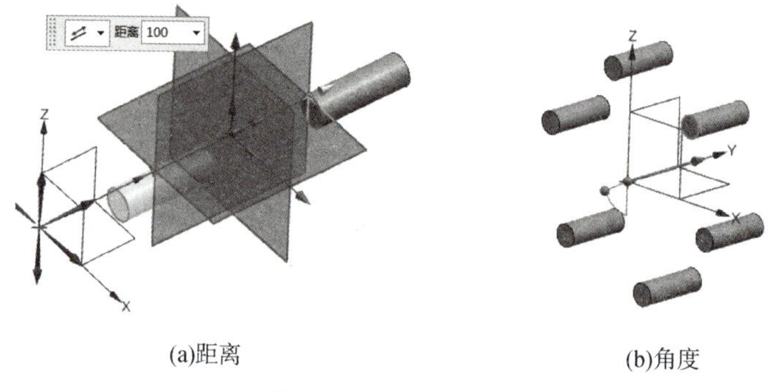

(a)距离　　(b)角度

图 2-7-3　移动对象

2. 变换

变换可以对对象进行比例、镜像、阵列和点拟合等操作，来实现对象的修改。执行【编辑】→【变换】，弹出对话框，单击选择对象，弹出如图 2-7-4 所示对话框，其中比例是对所选对象进行比例变换，可以是均匀比例，即 3 个坐标轴方向的比例因子相同，也可以是非均匀比例，即 3 个坐标轴方向的比例因子不相同。

三、操作过程

1. 绘制线架

单击【曲线】工具栏中【圆弧】命令，弹出对话框，“中心点”选择原点，“半径”为 50，“支持平面”选 选择平面 ，“指定平面”选 XY 平面，“限制”勾选“整圆”，如图 2-7-5 所示，单击“确定”，得到直径为 100 的圆。执行【编辑】→【曲线】→【分割】命令，弹出对话框，“曲线”选择上一步绘制的圆弧，“段数”为 4，如图 2-7-6 所示，单击“确定”，把圆等分为四段。

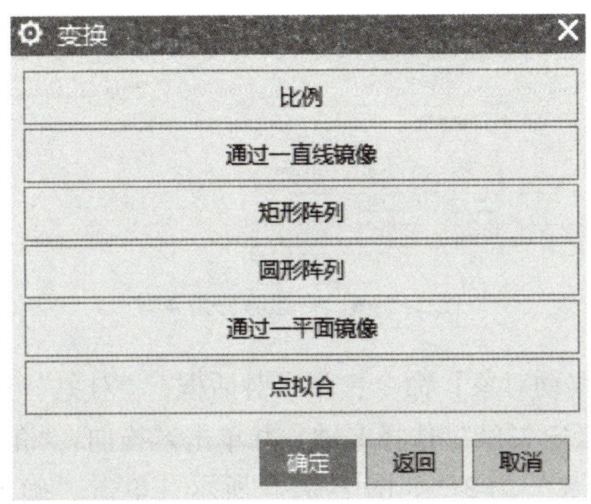

图 2-7-4　变换

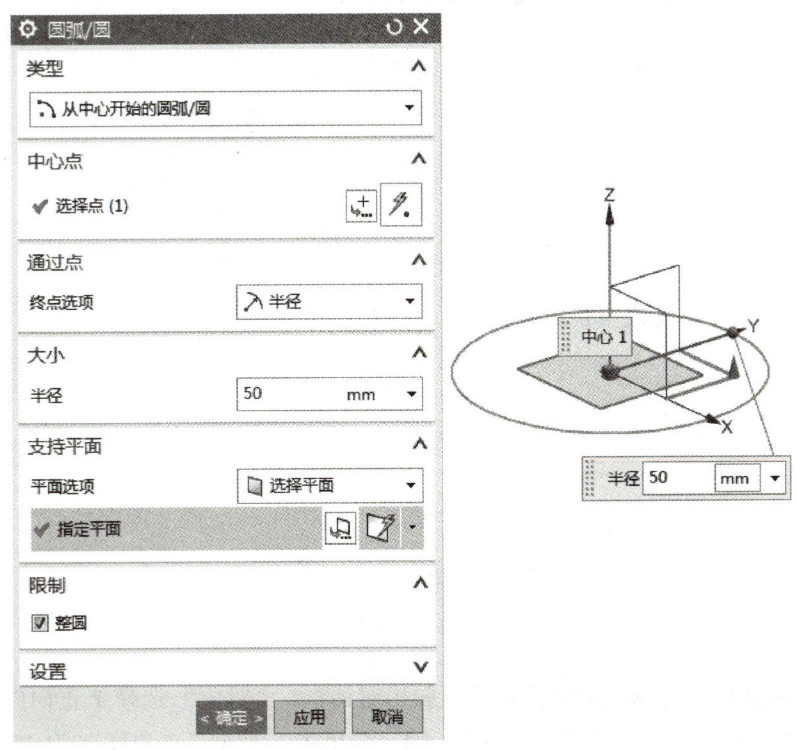

图 2-7-5　绘制圆

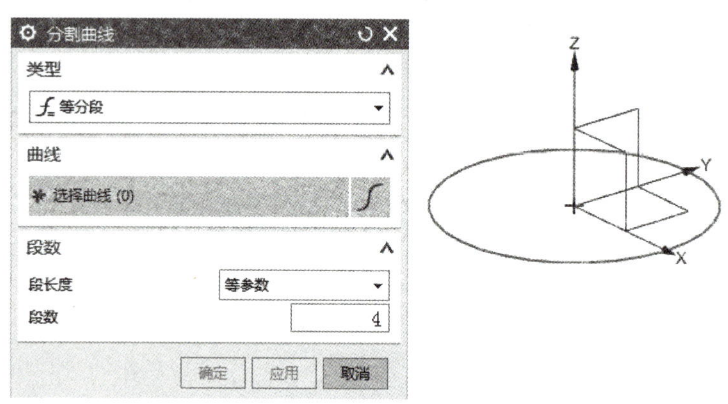

图 2-7-6　将圆等分为 4 段

执行【编辑】→【移动对象】命令，弹出对话框，“对象”选择 X 正向的两条圆弧，“运动”选择角度，“指定矢量”选择 Y 轴，并单击换向，“角度”为45°，“结果”复制原先的，“非关联副本数”为 3，如图 2-7-7 所示，单击“确定”，得到旋转后的 3 段圆弧。

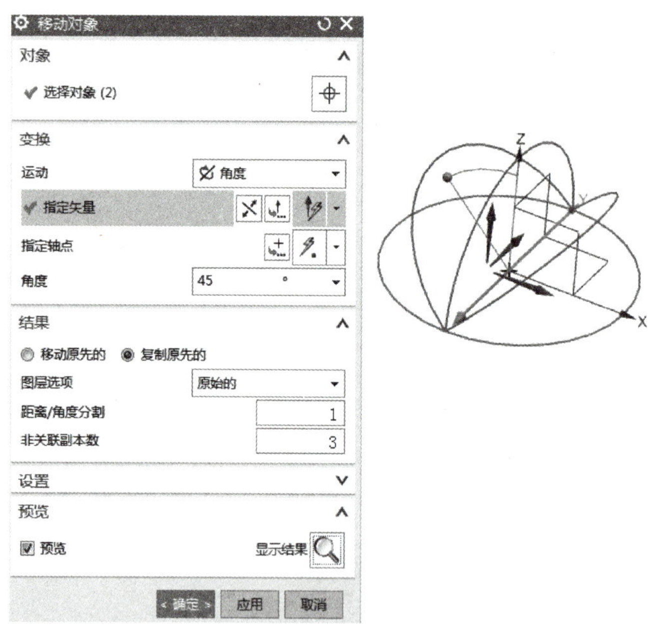

图 2-7-7　旋转复制圆弧

执行【编辑】→【移动对象】命令，弹出对话框，“对象”选择 Y 正向的两条圆弧，“运动”选择角度，“指定矢量”选择 X 轴，并单击换向，“角度”为 45°，“结果”复制原先的，“非关联副本数”为 1，如图 2-7-8 所示，单击“确定”，得到旋转后的 1 段圆弧。执行【编辑】→【移动对象】命令，弹出对话框，“对象”选择上一步得到的两段圆弧，“运动”选择角度，“指定矢量”选择 X 轴，并单击换向，“角度”为 30°，“结果”复制原先的，“非关联副本数”为3，如图2-7-9所示，单击“确定”，得到旋转后的3段圆弧。

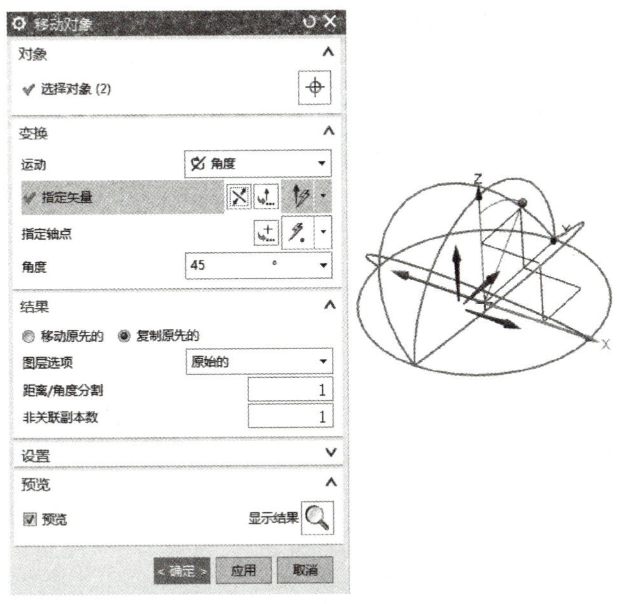

图 2-7-8　旋转复制圆弧

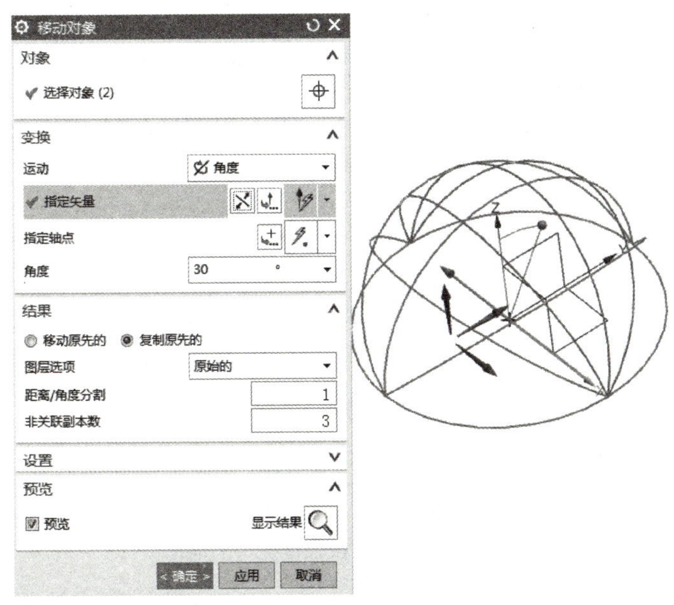

图 2-7-9　旋转复制圆弧

2. 创建排球的一个单元

排球由多个同样的单元构成，可以先创建一个单元，然后通过移动复制等方法得到整个排球。单击【通过曲线网格】命令，分别选择如图2-7-10所示主曲线和交叉曲线，单击“确定”，创建一个单元。注意，在选择曲线时过滤器设置为“单条曲线”，并用“在相交处打断”⊞。

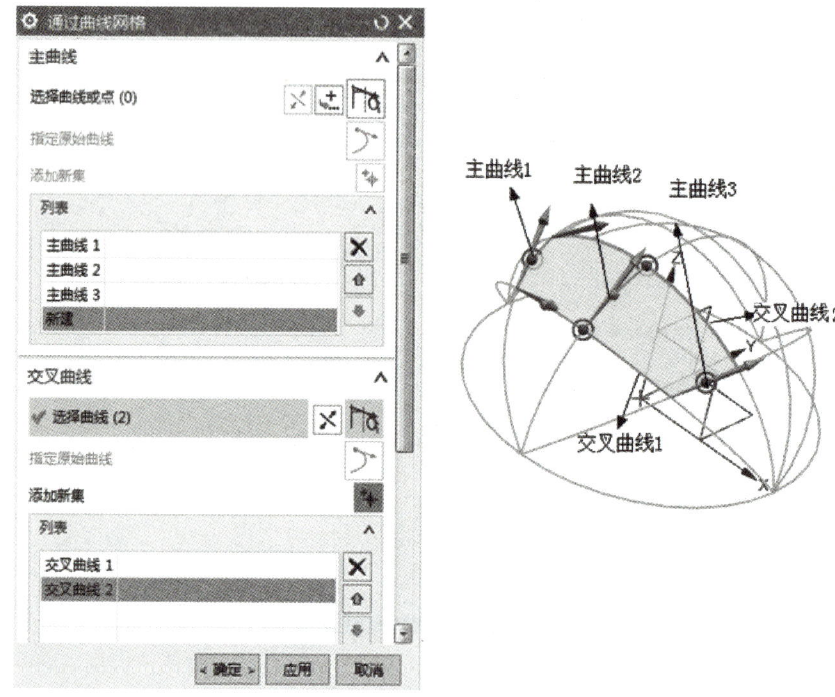

图 2-7-10　创建一个单元曲面

在对称位置用同样的方法创建另一个单元，结果如图 2-7-11 所示。

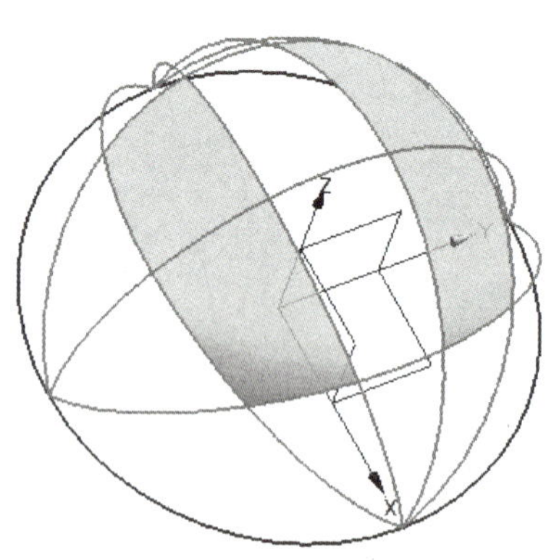

图 2-7-11　创建对称位置上的曲面

单击【通过曲线网格】命令，弹出对话框，主曲线和交叉曲线分别选择图 2-7-12 中曲线，“连续性”中“第一交叉线串”选择 G1（相切），“选择面”选择图 2-7-10 中创建的曲面，“最后交叉线串”选择 G1（相切），“选择面”选择图 2-7-11 中创建的曲面，单击“确定”，得到与相邻曲面相切的中间曲面。

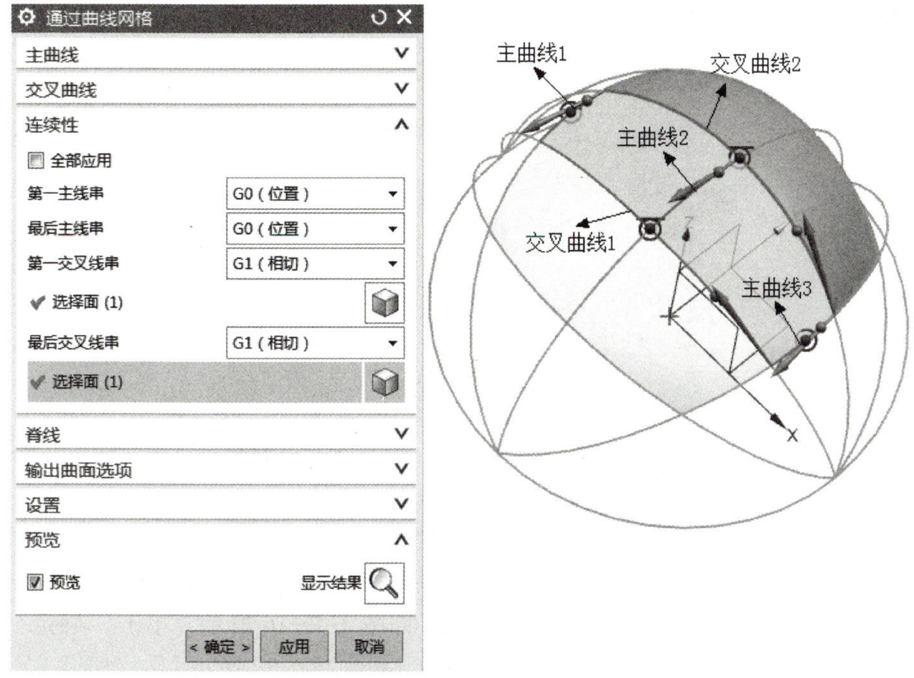

图 2-7-12　创建中间曲面

单击【加厚】命令，“面”选择图 2-7-13 所示面，“厚度”中偏置 1 为 1.5，“方向”向内，单击“确定”，得到加厚的实体；单击【边倒圆】命令，“边”选择上一步加厚实体上表面的 4 条边，“半径 1”为 0.8，如图 2-7-14 所示，单击“确定”，将边倒圆角。用同样的方法分别将另外两个曲面加厚并倒圆角 0.8，将片体隐藏，如图 2-7-15 所示。

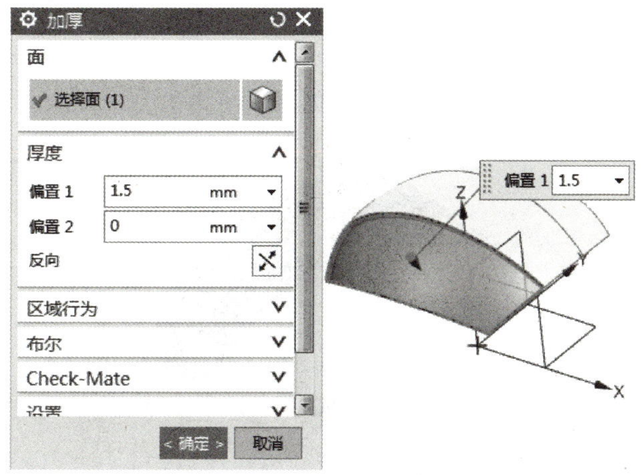

图 2-7-13　加厚

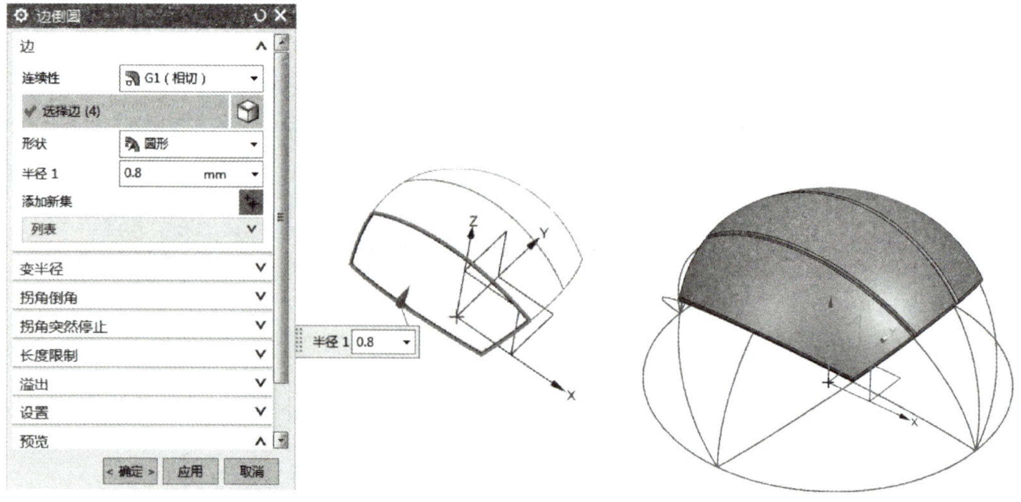

图 2-7-14　倒圆角

图 2-7-15　倒圆角

分别对三个实体编辑颜色。选择左边实体和周边圆角，单击右健，选择“指派特征面颜色”，“特征面颜色”选择“指定颜色”白色，如图 2-7-16 所示，单击“确定”。中间实体和圆角选择蓝色，右边实体和圆角选择白色，如图 2-7-17 所示。

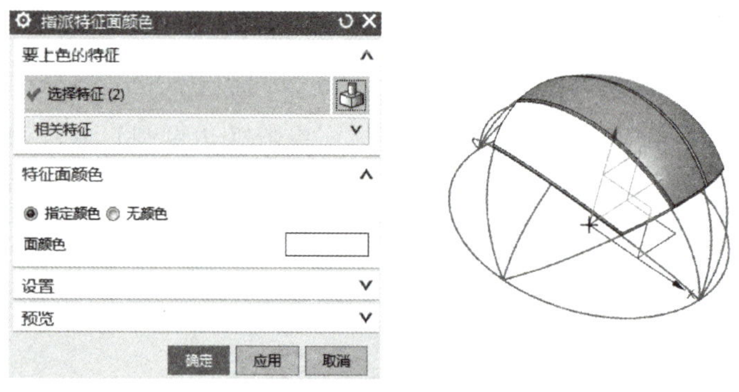

图 2-7-16　指派特征颜色白色

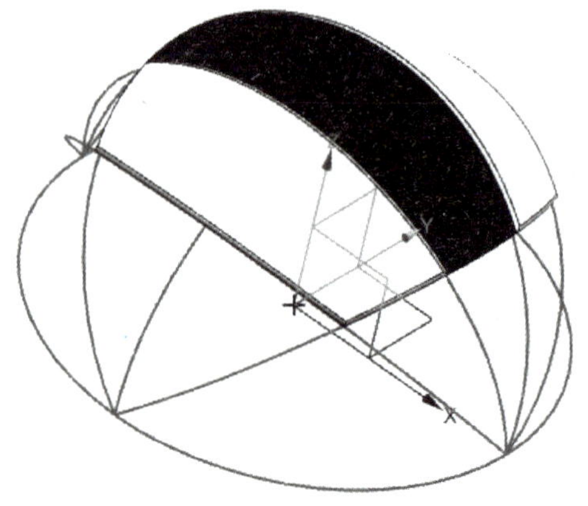

图 2-7-17　指派特征颜色

3. 移动复制得到排球的另外两个单元

执行【编辑】→【移动对象】命令，弹出对话框，“对象”选择上步创建的三个实体，“运动”选择 角度，“指定矢量”单击【矢量对话框】命令，弹出对话框，“类型”选择 两点，“指定出发点”选择原点，“指定目标点”选择位于实体圆角右下角的点，如图 2-7-18 所示，单击“确定”，返回【移动对象】对话框，“角度”为 120°，“结果”选择“复制原先的”，“非关联副本数”为 2，如图 2-7-19 所示，单击“确定”，得到移动复制的实体。

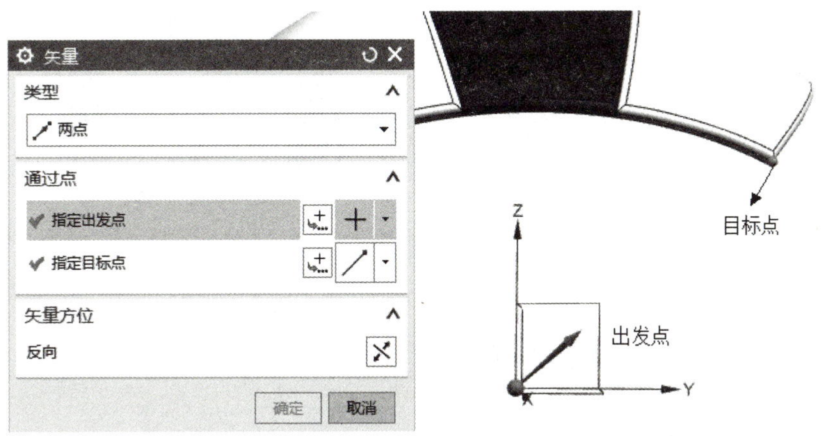

图 2-7-18　指定矢量

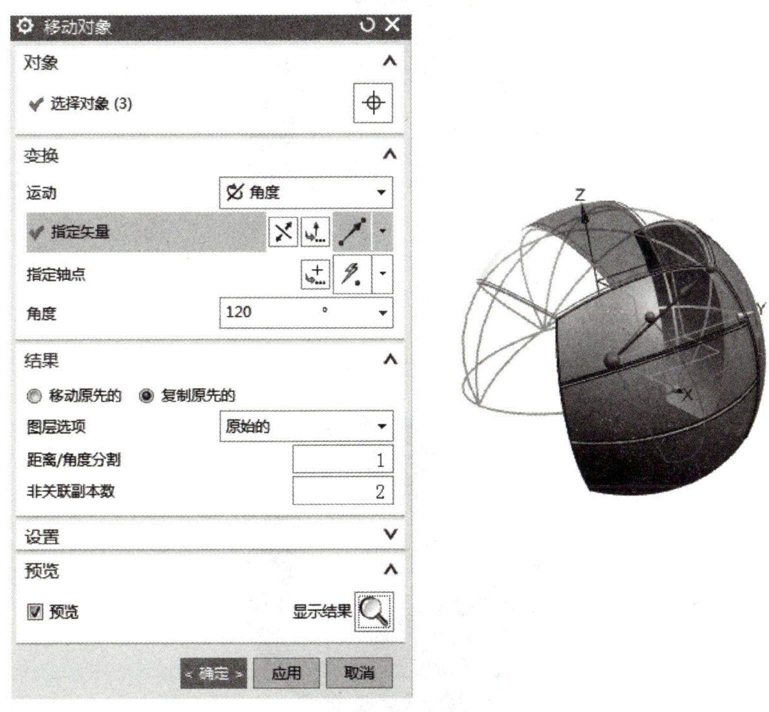

图 2-7-19　移动对象

4. 镜像得到排球

排球剩余部分与已创建的三个单元实体分别成对称关系，因此可以通过镜像得到实体。执行【插入】→【关联复制】→【镜像特征】命令，“要镜像的特征”选择图中左边的一个单元3个面，“镜像平面”选择 *XZ* 平面，如图 2-7-20 所示，单击“确定”，得到镜像后的实体如图 2-7-21 所示。

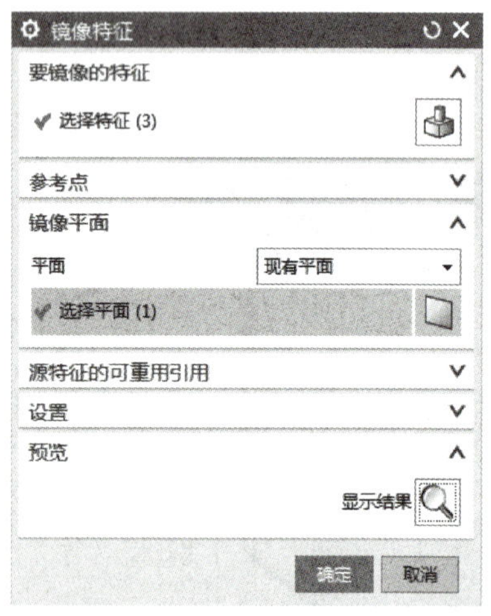

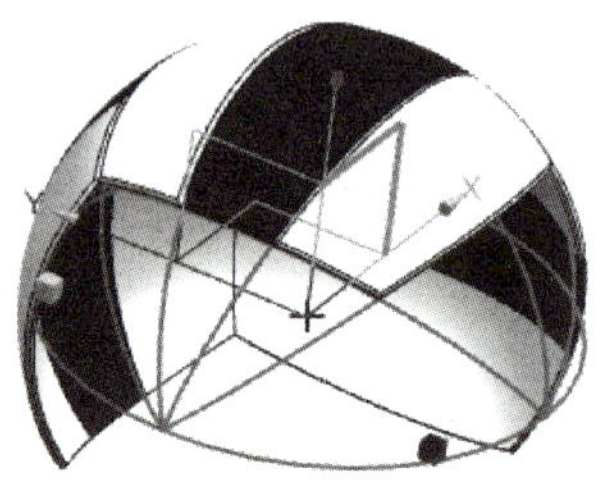

图 2-7-20　镜像特征

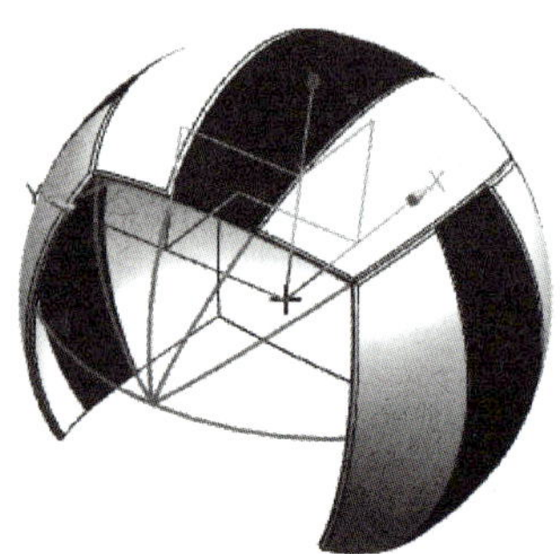

图 2-7-21　镜像结果

用同样的方法镜像得到排球的剩余部分，结果如图 2-7-22 所示。

图 2-7-22　排球

四、上机练习

完成如图 2-7-23 所示花式足球的造型。

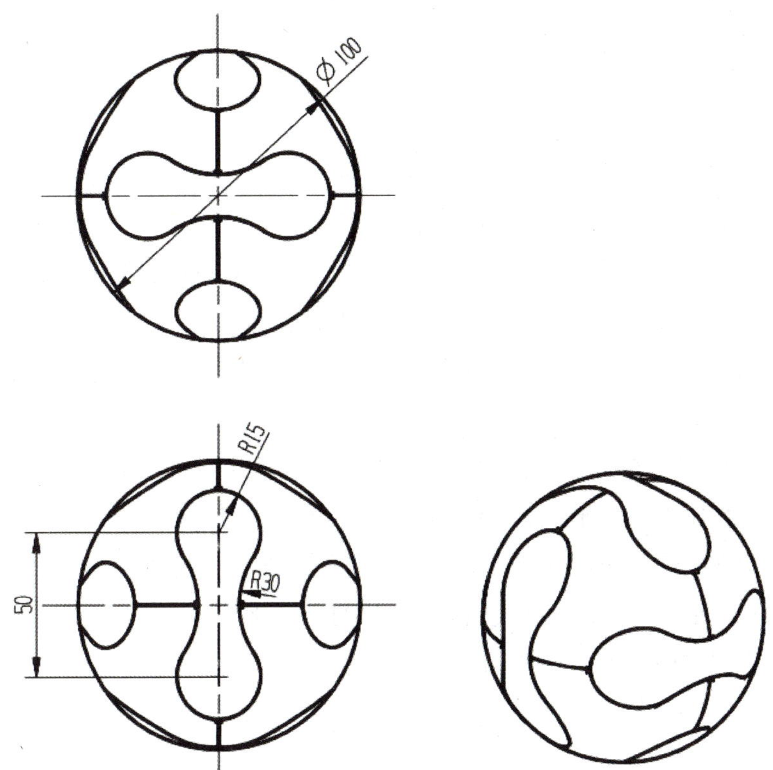

图 2-7-23 花式足球

项目三　工程图创建

工程图是工程界的“技术交流语言”，在产品的研发、设计和制造等过程中，各类技术人员需要经常进行交流和沟通，工程图则是经常使用的交流工具。尽管随着科学技术的发展，3D 设计技术有了很大的发展与进步，但是三维模型并不能将所有的设计信息表达清楚，有些信息例如尺寸公差、形位公差和表面粗糙度等，仍然需要借助二维的工程图将其表达清楚。因此工程图是产品设计中的较为重要的环节，也是设计人员最基本的能力要求。

UG NX12.0 的制图模块在绘制图纸时是非常方便的，该软件可以通过建好的三维模型生成各种视图，如俯视图、前视图、右视图、左视图、一般剖视图、半剖视图、旋转剖视图、局部放大图和断开视图等。通过该软件产生的二维工程视图和三维模型是相互关联的，即二维工程图纸随着三维几何模型的变化而自动变化。这样保证了二维图纸与三维模型的一致性，不需要操作者手动进行修改。

任务一　轴工程图的创建

一、实例分析

1. 学习任务

完成图 3-1-1 所示轴零件的工程图，完成结果如图 3-1-2 所示。

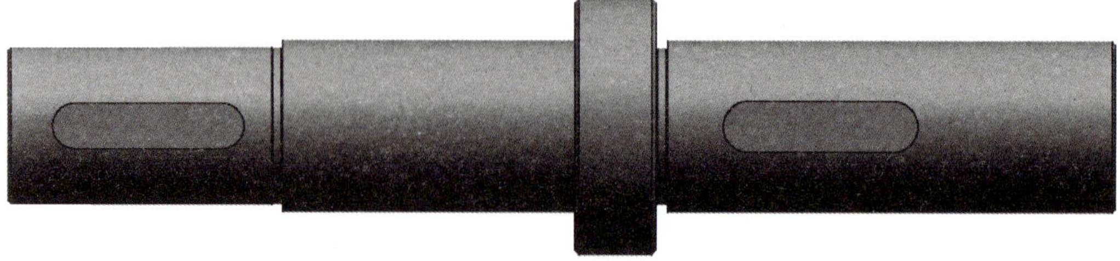

图 3-1-1　轴零件三维图

其余 6.3
M10H7
Ø55
18
Ø8H7
3.2
Ø60
Ø90
V
3.2
Ø60
100
165
194
400
DETAIL V
SCALE 3:1
2X R0.5
4
16
49 0 -0.2
18
53 0 -0.2
技术要求
1、零件表面去除毛刺飞边；
2、经调质处理，HRC35～40；
3、未注倒角均为1×45°。
标记
处数
更改文件号
签字
日期
设计
张三
校对
审核
批准
轴
45钢
DG-001
图样标记
重量
比例
1:2
共 页
第 页
东莞职业技术学院

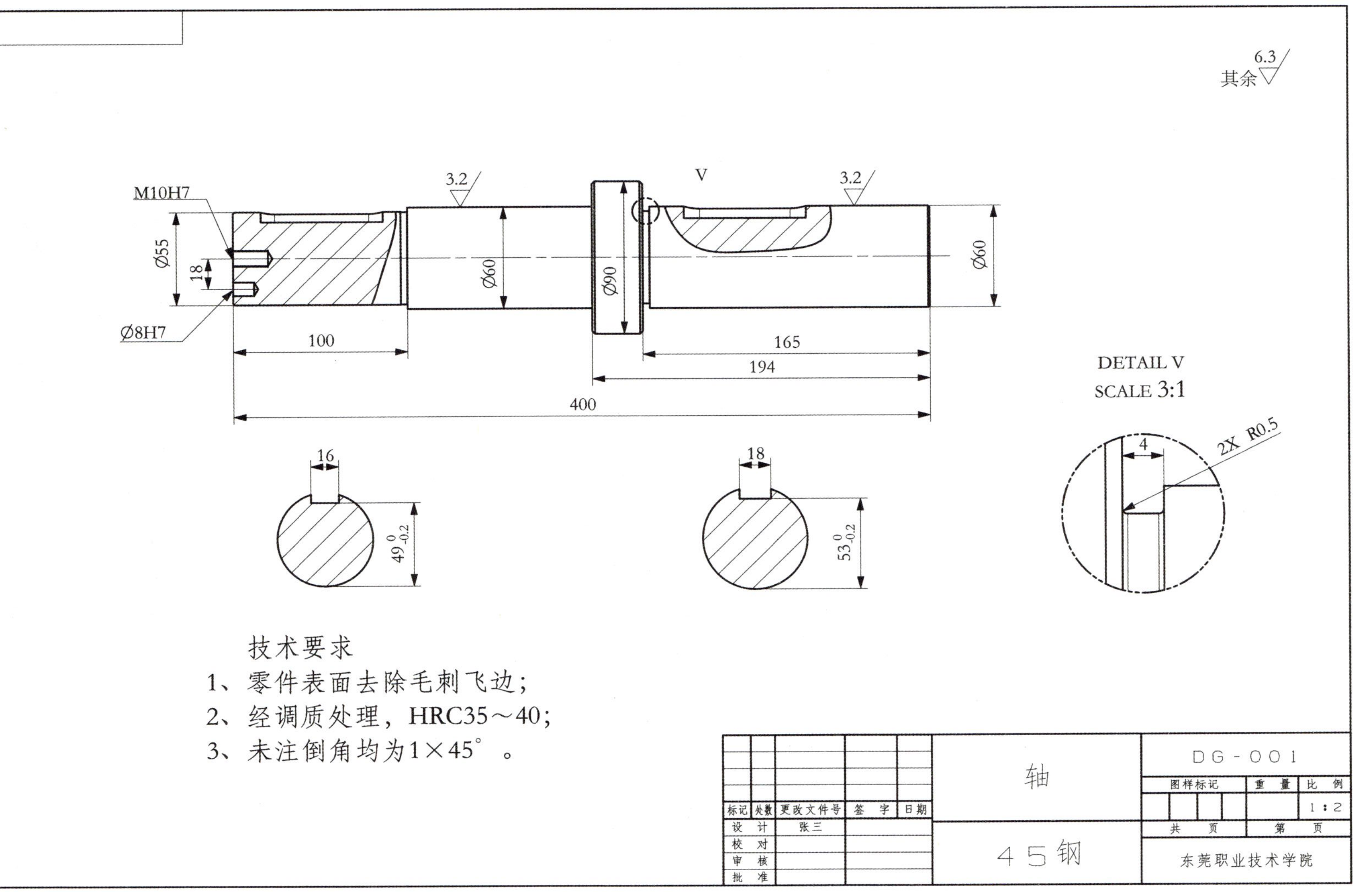

图3-1-2 轴零件工程图

2. 知识点

(1) 掌握基本视图的创建；

(2) 掌握投影视图的创建；

(3) 掌握剖视图的创建；

(4) 掌握局部剖视图的创建；

(5) 掌握放大视图的创建；

(6) 掌握尺寸的标注；

(7) 学会粗糙度和形位公差的标注；

(8) 学会技术要求的标注；

(9) 学会图框的填写。

二、知识链接

1. 工程图参数预设置

UG NX 的默认设置是国际通用的制图标准，其中很多选项不符合我国国家标准，所以在创建工程图之前，一般需要对工程图参数进行预设置，避免后续的大量修改工作，可提高工作效率。通过工程图参数的预设置，可以控制箭头的大小和形式、线条的粗细、不可见线的显示与否、标注样式和字体大小等。但这些预设置只对当前文件和以后添加的视图有效，而对于在设置之前添加的视图则需要通过视图编辑来修改。

在制图模式下，执行【首选项】→【制图】命令，弹出如图 3-1-3 所示的【制图首选项】对话框。此对话框包括了对工程图进行首选项设置的所有工具选项。

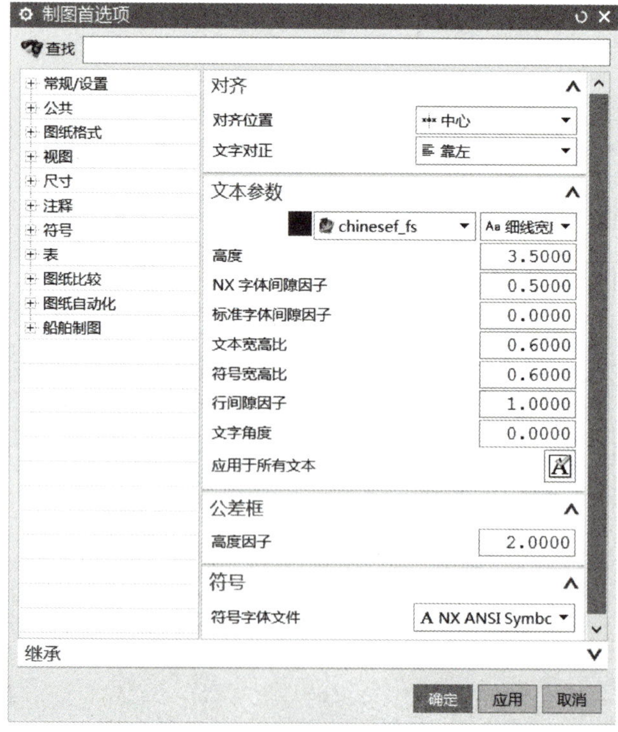

图 3-1-3　制图首选项对话框

在【制图首选项】对话框中包括“常规/设置”“公共”“图纸格式”“视图”“尺寸”“注释”“符号”“表”“图纸比较”“图纸自动化”和“船舶制图”11个树节点，其中每个节点还包括不同的分支。

2. 建立工程图

在UG NX12中建立工程图有两种方式，一种是在建模环境下，选择【启动】→【制图】，进入制图环境，这种方式适合个人单独操作处理。另外一种是新建一个图纸文件，然后选择相关主模型关联，选择【文件】→【新建】→【图纸】，设置相关设置后进入制图环境。这种制图方式适合多人对同一主模型进行操作，属于并行设计。当设计人员完成了模型的主体设计或部分模型设计时，也就是该模型能够表达主要设计意图时，其他工程人员可以利用装配功能，将三维设计模型文件作为子文件加入到零件中去，然后对三维模型进行方案设计，例如制造、加工、分析等。

以第二种方法来介绍如何新建工程图。选择【文件】→【新建】→【图纸】，对话框如图3-1-4所示，在对话框中，模板选项中选择合适的模板，新文件名中输入文件名字和文件夹。在“要创建图纸的部件”选择已经建立的模型文件，单击“确定”即可完成工程图的创建。

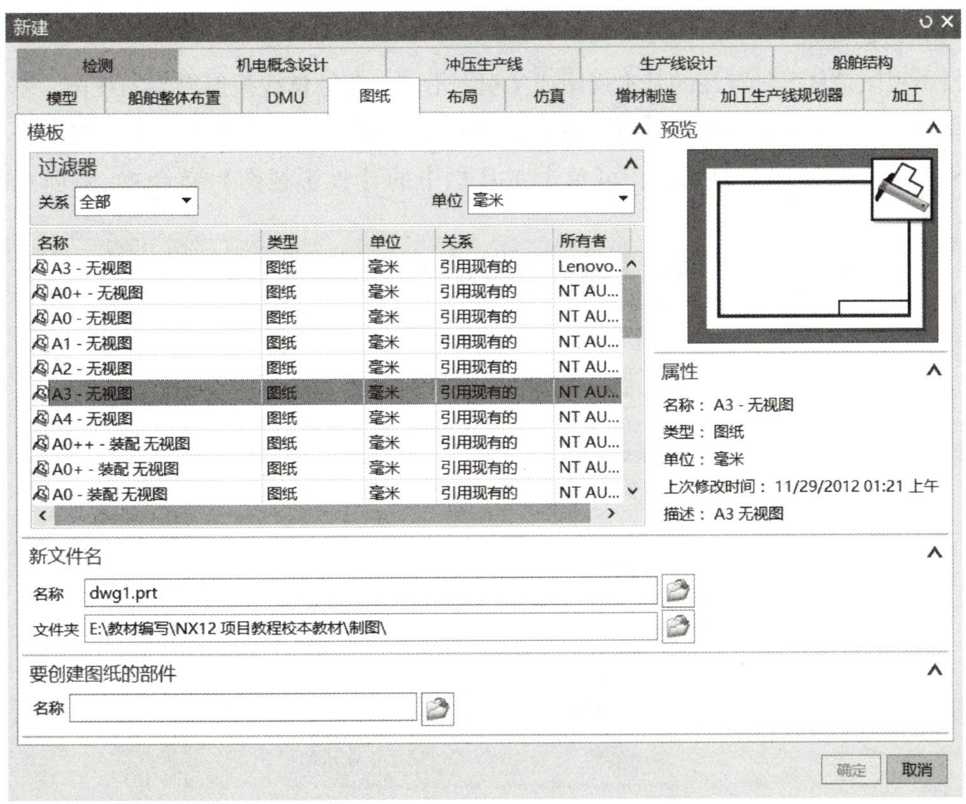

图3-1-4 新建文件对话框

3. 视图操作

(1) 基本视图

基本视图就是添加到图纸页上的独立视图，可以是标准视图，也可以是通过定向视图工具产生的视图。一般第一个基本视图是前视图或俯视图，该视图将用于投影其他视图。在工具栏上单击【基本视图】，系统弹出如图 3-1-5 所示的【基本视图】对话框。

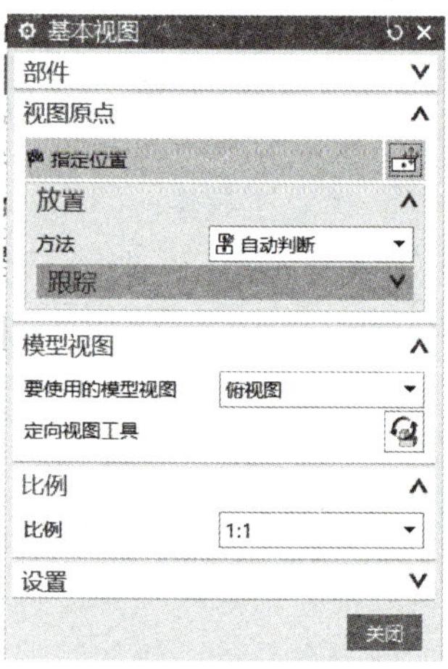

图 3-1-5　基本视图对话框

各选项含义如下：

1) 部件：用于加载部件、显示已加载部件或最近访问的部件；

2) 视图原点：用于定义视图在图形中的摆放位置；

3) 模型视图：用于选择视图的方向，可以选择标准视图或通过定向视图工具产生的视图；

4) 比例：用于在添加视图之前，为基本视图指定一个特定的比例。视图比例根据零件模型大小和图纸大小考虑后设置。也可以设置好后再更改；

5) 设置：主要用于完成视图样式的设置。

(2) 投影视图

投影视图是从已经存在的基本视图或父视图沿着一条铰链线投射得到的视图。基本视图创建完后，系统会自动弹出【投影视图】对话框。如图 3-1-6 所示。若创建基本视图后关闭了【投影视图】对话框，可单击工具栏中的【投影视图】命令来创建投影视图。

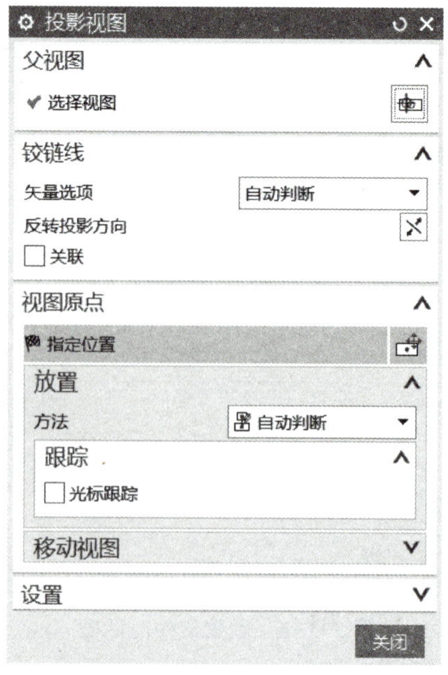

图 3-1-6　投影视图对话框

（3）全剖视图

全剖视图是利用剖切面剖开模型来反映模型的内部结构，剖切线符号用来表示剖切位置和剖切后的投影方向。可单击工具栏中的“剖视图”命令，弹出剖视图对话框，如图 3-1-7 所示，在视图区需要剖切视图位置指定剖切位置，然后移动鼠标至合适位置，即完成剖视图的创建，如图 3-1-8 所示。

（4）旋转剖视图

旋转剖视图是指用两个由用户定义角度的剖切面剖开特征模型，以表达特征模型内部形状的视图。单击工具栏中的“剖视图”命令，弹出剖视图对话框，在方法中选择旋转。旋转视图创建方法与剖视图类似，只是在指定剖切平面位置时，需要先指定旋转中心点，然后再分别指定第一剖切面和第二剖切面，如图 3-1-9 所示。

图 3-1-7　剖视图对话框

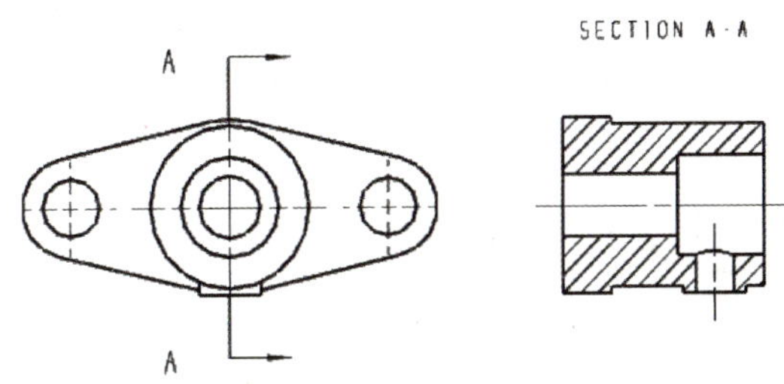

图 3-1-8　剖视图

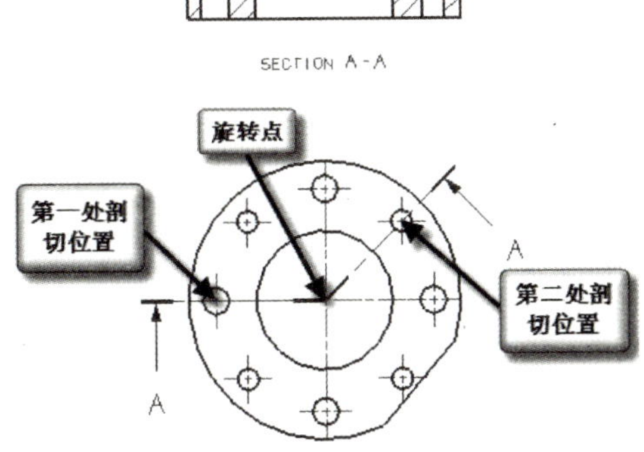

图 3-1-9　旋转剖视图

（5）局部剖视图

局部剖视图是通过移去模型的一个局部区域来观察模型内部而得到的视图，如图

3-1-10 所示。局部剖视图是通过一封闭的局部剖切曲线环来定义区域，局部剖视图与其他剖视图不一样，它是在原来的视图上进行剖切，而不是新生成一剖视图。单击工具栏中的“局部剖视图”命令，弹出剖视图对话框。

在添加局部剖视图之前，首先需要定义与视图相关的剖视边界，然后执行选择视图、指定基点、设置拉伸矢量、选择曲线和编辑边界曲线几个步骤，才能创建出所需的局部视图。具体详细操作请参照轴工程图中局部剖视图操作步骤。

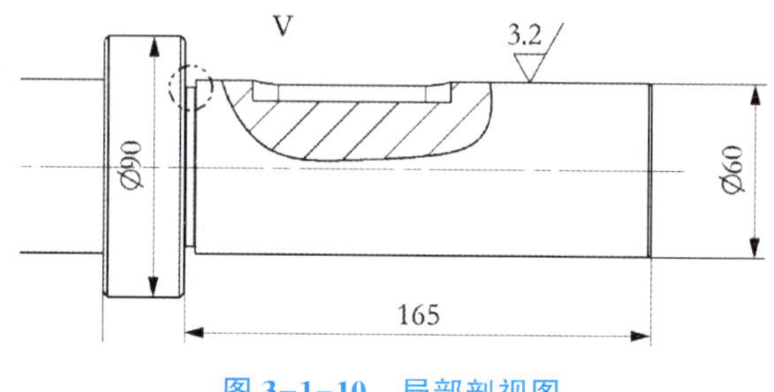

图 3-1-10　局部剖视图

（6）局部放大图

局部放大视图用于表达视图的细微结构，并可以对任何视图进行局部放大。单击工具栏中的“局部放大图”命令，弹出如图 3-1-11 所示对话框。首先选择边界类型，然后在视图中指定放大部位的中心点及放大部位的大小，再利用“比例”下拉列表中选择放大比例，最后将局部放大视图移动至适当的位置即可完成操作，完成后如图 3-1-12 所示，具体详细操作请参照轴零件工程图中局部放大视图操作步骤。

图 3-1-11　局部放大图对话框

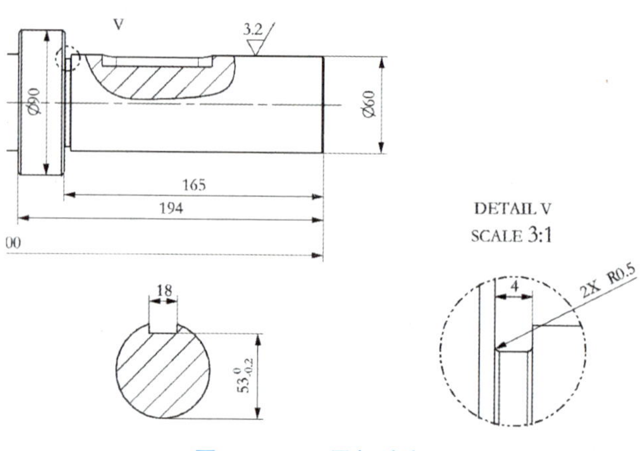

图 3-1-12　局部放大图

4. 尺寸标注

在工程图中，NX 支持使用各种尺寸来帮助详细设计图纸以满足工作需求，尺寸标注方法与草图中尺寸标注类似。如图 3-1-13 所示。

创建尺寸步骤：

（1）使用鼠标中键来放大底部视图。

（2）从【尺寸】工具条中选择快速功能。

（3）单击所示的边。

注意： 使用“尺寸”命令时，选取的项非常重要。如果选择曲线，系统将通过一次选取操作自动判断两个端点。如果选择一个捕捉点（例如端点或中点），则需要执行第二次选择才能选择尺寸的另一端。

（4）然后，将光标移到左侧并在屏幕上的两条延伸线之间单击，创建 8 的尺寸。

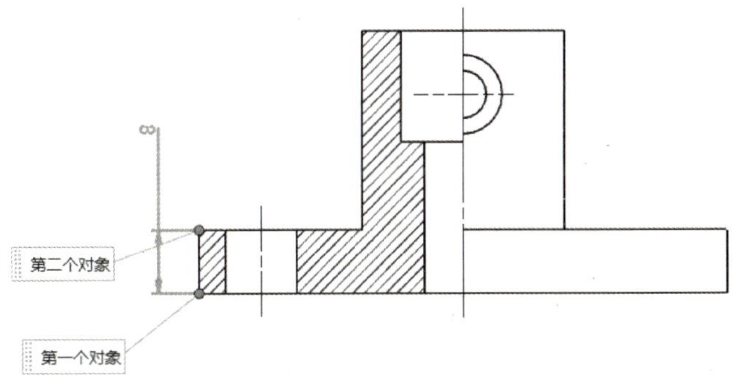

图 3-1-13　尺寸标注图

（5）在快速尺寸对话框中时，先选取左下点，然后选取所示的左上点作为第二个点，以创建下一个尺寸。将光标移到之前创建的尺寸的左侧，并在尺寸对齐到不可见的边时在屏幕上单击，以创建 33 尺寸，如图 3-1-14 所示。

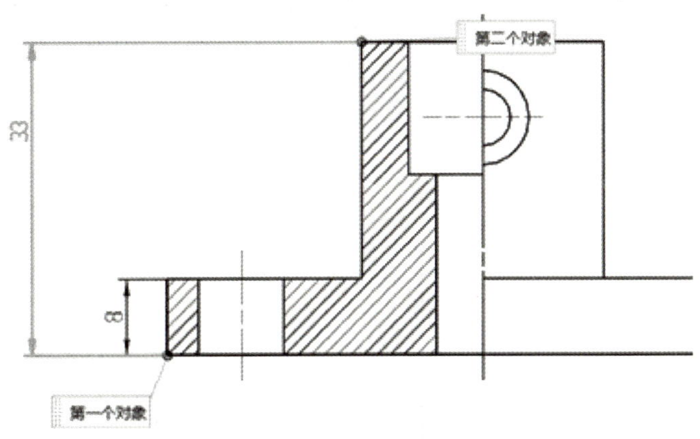

图 3-1-14　尺寸标注图

注意： 使用【快速尺寸】命令时，所创建的尺寸类型将取决于拾取的对象和光标的位置。可以选择曲线、直线、圆弧、圆和其他曲线上的点。尺寸放置非常重要，如果将光标移到几何体下方而不是其左侧，则将创建水平线性尺寸而不是竖直线性尺寸。

（6）选择【撤消】 或按 Ctrl + Z 组合键两次，以撤消刚创建的两个尺寸。

（7）重新创建 8 尺寸，但在放置该尺寸前，先激活文本场景对话框向该尺寸添加一个公差。要调用文本场景对话框，可以选择尺寸文本上的手柄，而要显示手柄，可以选择【编辑】图标（停止移动尺寸时显示）或单差”选项，如图 3-1-15 所示。选择【编击鼠标中键后编辑；然后选择“等双向公辑】图标以返回到尺寸放置模式。

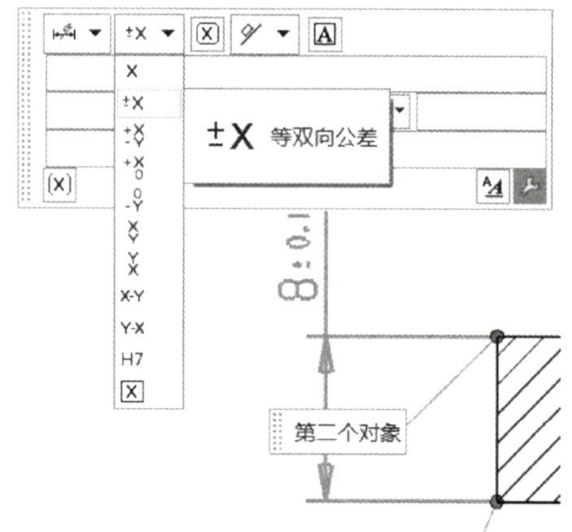

图 3-1-15　文本场景对话框

（8）重新创建 33 尺寸。可以注意到系统将记住尺寸的上一次设置，因此，公差值将自动显示。不过在放置尺寸前要先更改公差值，方法是按上一步骤所述重新调用文本场景对话框并输入“0. 2”作为公差值，如图 3-1-16 所示。确保选择“编辑”图标以关闭场景对话框，放置尺寸标注。将会看到图 3-1-17 所示内容。

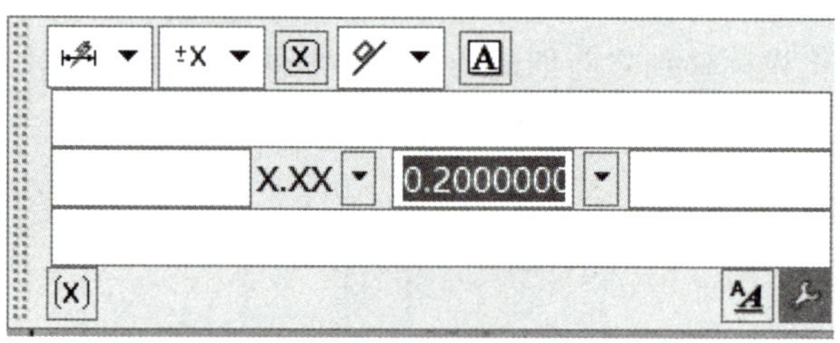

图 3-1-16　文本场景对话框

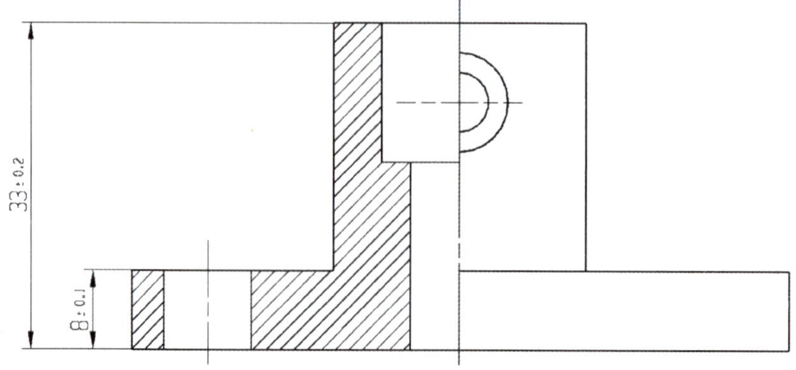

图 3-1-17　尺寸标注图

（9）在快速尺寸对话框仍然可用的情况下，测量方法改为“径向”，选择图 3-1-18 所示的圆角边。

（10）使用【场景】对话框将公差改回为 0.1。

（11）在【场景】对话框仍然打开的情况下，在前部附加文本字段中输入“2X”并单击“编辑”图标，放置径向尺寸，完成后如图 3-1-18 所示。

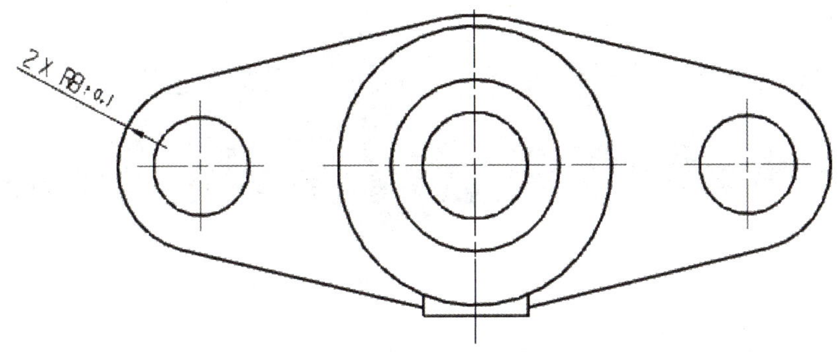

图 3-1-18 径向尺寸标注

（12）在【快速尺寸】对话框仍然可用的情况下，在测量中将“方法”改为 圆柱式 。

注意：有时系统无法自动判断要创建的尺寸类型。在这种情况下，可以选择对要创建的尺寸类型进行预设置。

（13）选择下方的两个外部点并放置尺寸，如图 3-1-19 所示。

注意：如果没有退出【快速尺寸】对话框，则将使用上一个尺寸的设置。在这种情况下，使用【快速尺寸】对话框上的“重置”来清除尺寸的状态。

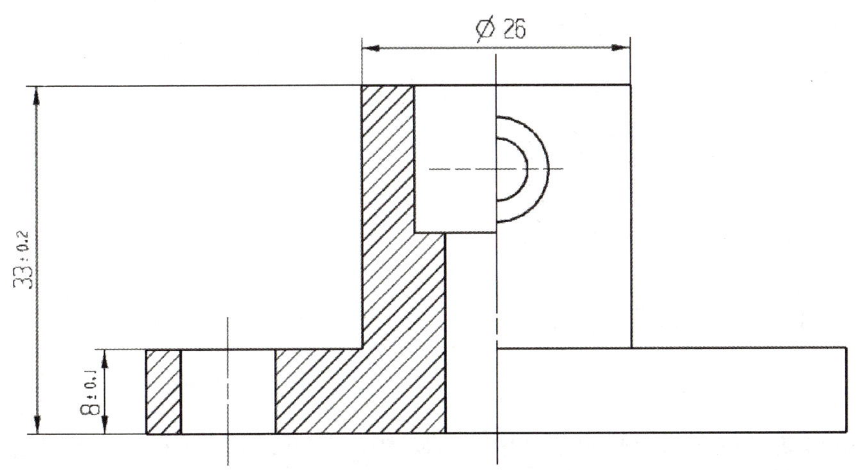

图 3-1-19 圆柱尺寸标注

（14）选择“关闭”或按 Esc 键，退出【快速尺寸】命令。

三、操作过程

1. 建立工程图工作表及基本视图

（1）创建图纸和布局。选择【文件】→【打开】菜单命令，打开模型文件“轴.prt”，如图3-1-20所示。选择【启动】→【制图】菜单命令，进入图纸绘制界面。

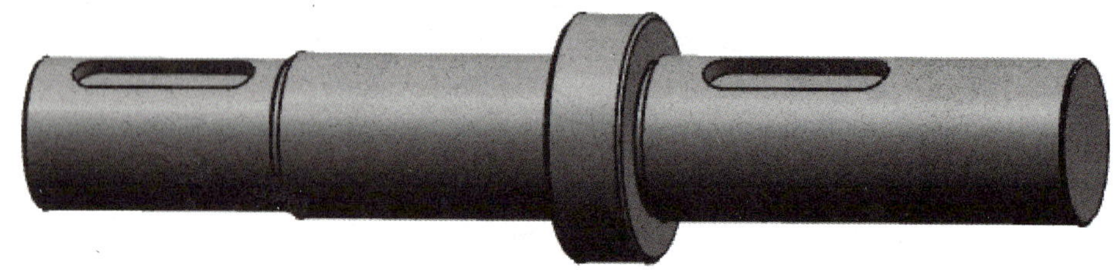

图3-1-20　轴零件三维图

（2）单击【新建图纸页】命令，弹出【工作表】对话框，选择“A3-无视图”选项，如图3-1-21所示，单击“确定”完成。

（3）在弹出的【视图创建向导】对话框中，在“部件”选项设置界面选择零件，如图3-1-22所示，单击“下一步”。

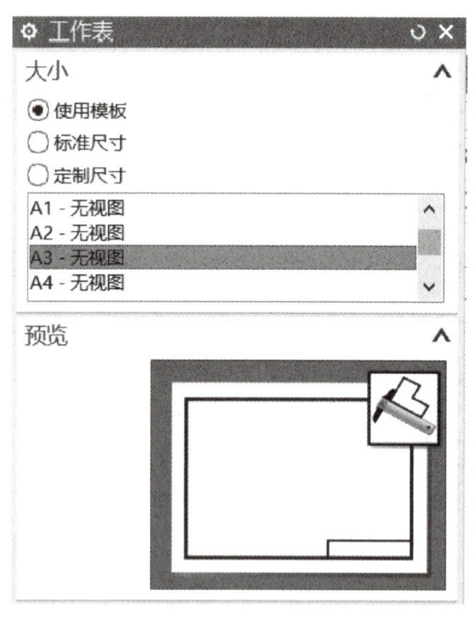

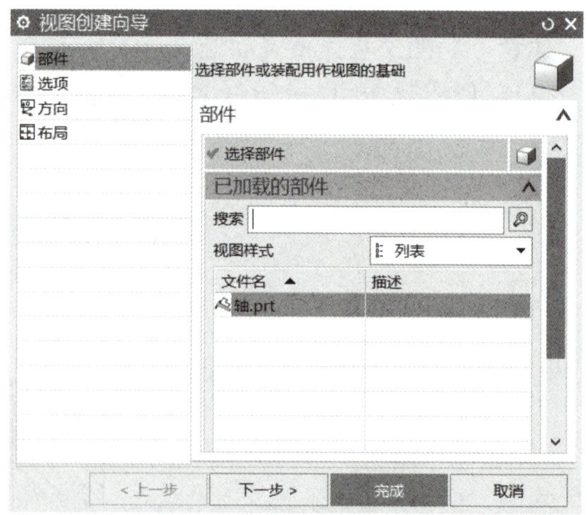

图3-1-21　工作表对话框

图3-1-22　视图创建向导对话框之一

（4）在【视图创建向导】对话框中，切换到“选项设置”界面，设置视图显示，单击“下一步”，如图3-1-23所示。

（5）在【视图创建向导】对话框中，切换到“方向”设置界面，选择视图方向中“前视图”，单击“下一步”，如图3-1-24所示。

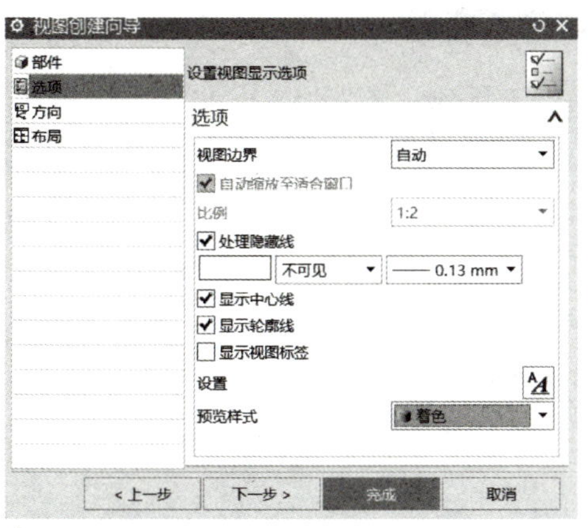

图 3-1-23 视图创建向导对话框之二

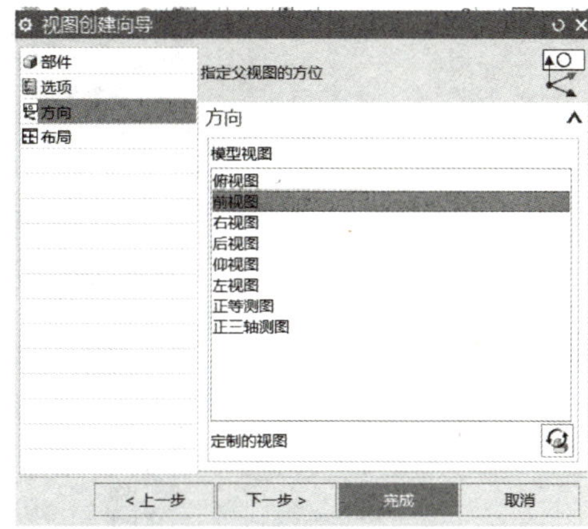

图 3-1-24 视图创建向导对话框之方向

（6）在【视图创建向导】对话框中，切换到“布局”设置界面，选择视图布局中“主视图”，如图 3-1-25 所示，单击“完成”。创建的视图及布局如图 3-1-26 所示。

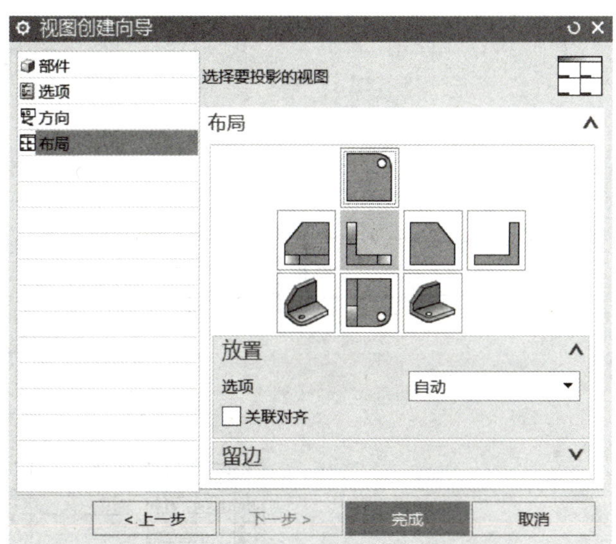

图 3-1-25 视图创建向导对话框之布局

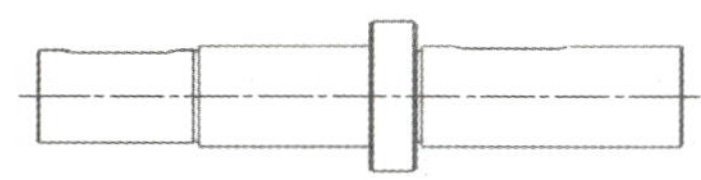

图 3-1-26 创建轴前视图效果

（7）执行【格式】→【图层设置】，弹出【图层设置】对话框，如图 3-1-27 所示，勾选“170”和“173”层，图框会显示出来，如图 3-1-28 所示。

（8）修改标题栏内单位，更改为“东莞职业技术学院”，如图 3-1-29 所示。

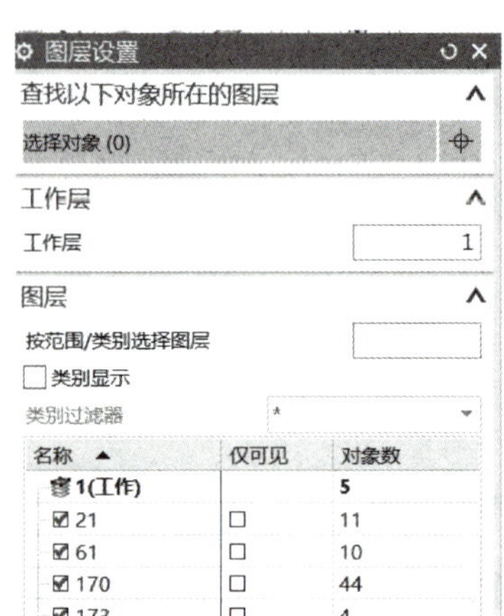

图 3-1-27　图层设置对话框

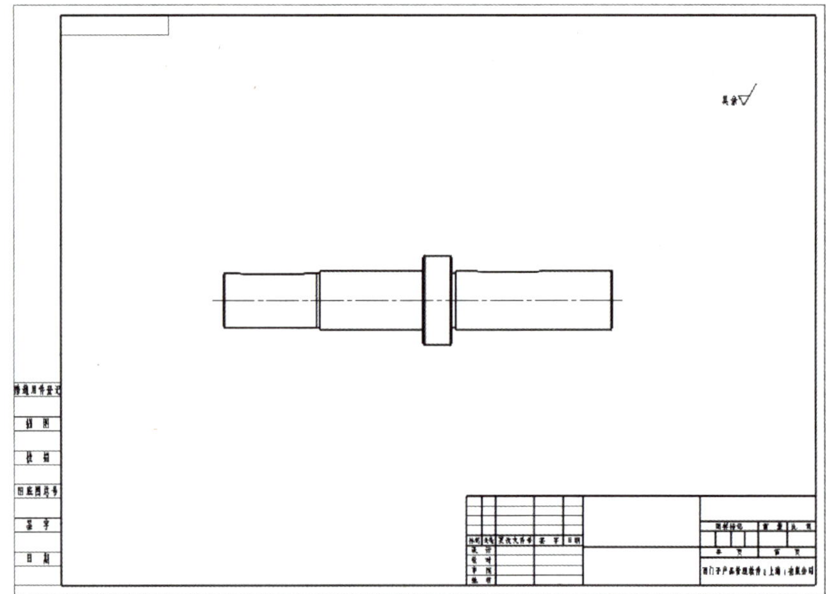

图 3-1-28　带图框显示图纸效果图

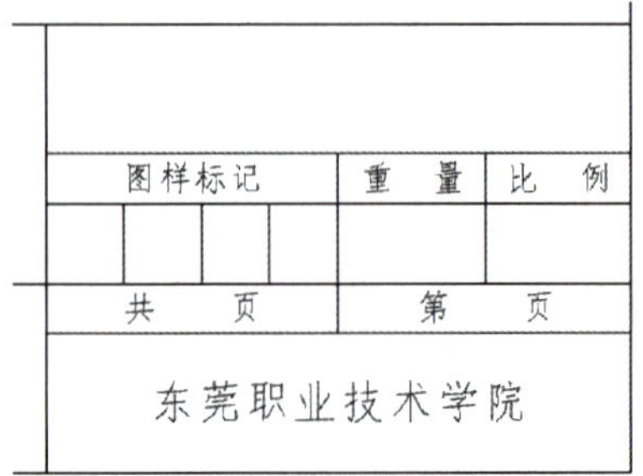

图 3-1-29　修改单位名称后部分图框

2. 创建剖视图

（1）单击【剖视图】命令 ，系统弹出对话框，如图 3-1-30 所示，“截面线段”通过点选择需要的剖切位置，然后在图纸合适位置放置图形，如图 3-1-31 所示。

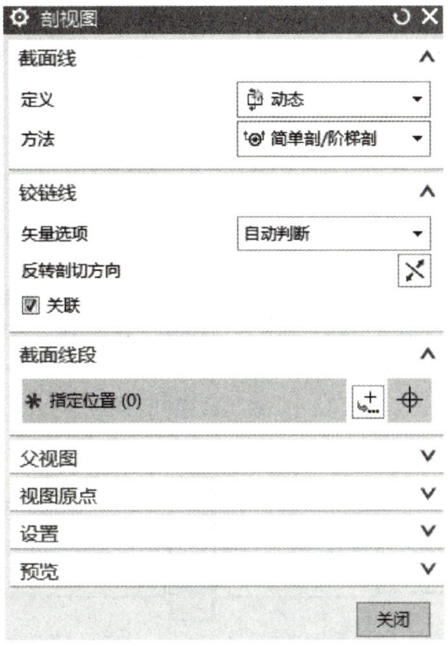

图 3-1-30 剖视图对话框

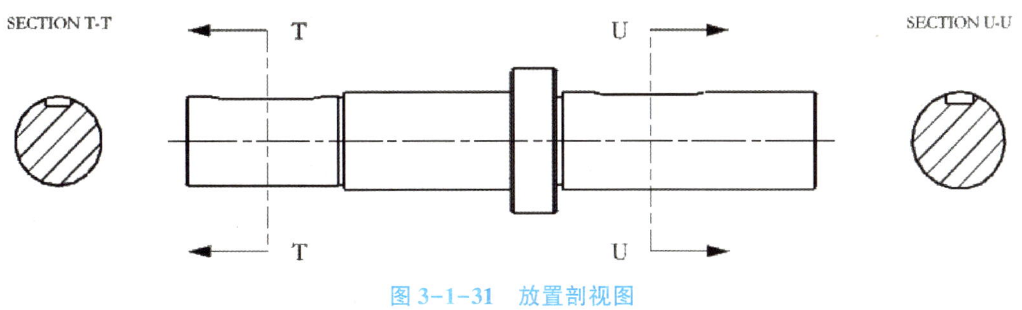

图 3-1-31 放置剖视图

（2）修改产生视图的显示，选中产生剖视图，按鼠标右键，单击设置 ，修改表区域驱动选项中设置中参数，格式中取消勾选“显示背景”，取消勾选截面线中“显示剖切线”，标签参数中，取消勾选“显示视图标签”，设置如图 3-1-32 所示。将产生的剖视图移动到基本视图下方对应位置，如图 3-1-33 所示。

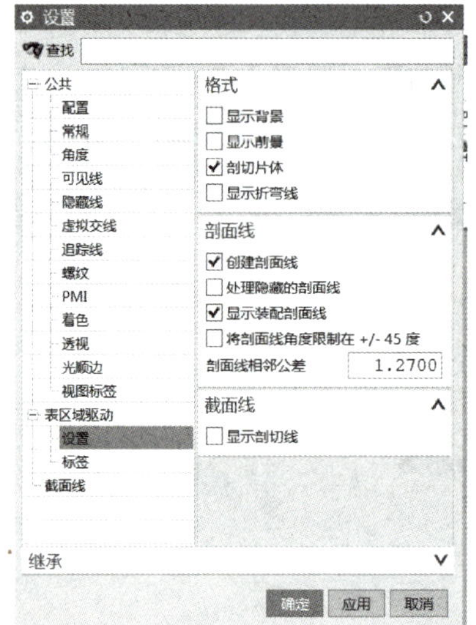

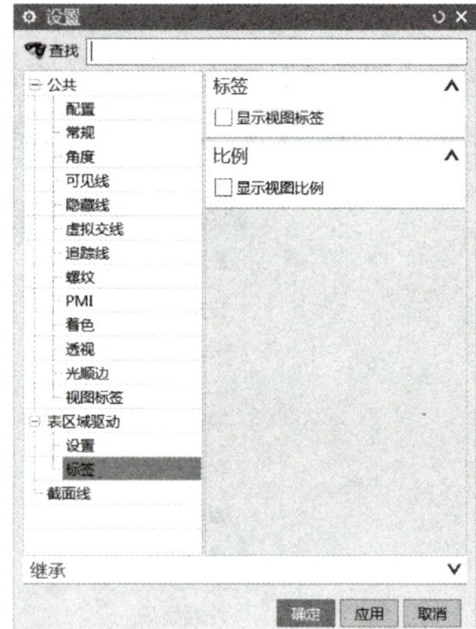

图 3-1-32　设置对话框

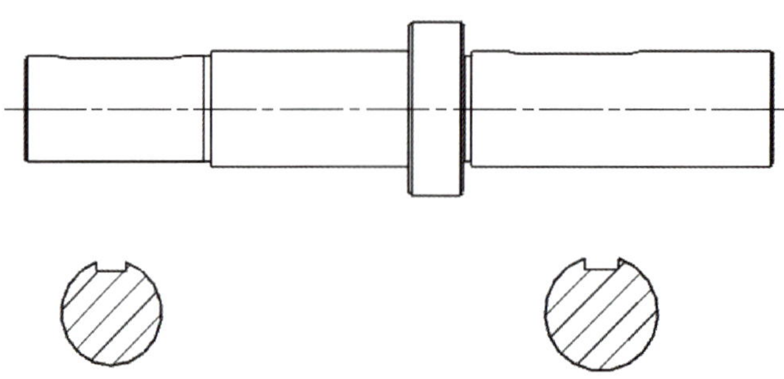

图 3-1-33　剖视图截面线和背景隐藏后图形

3. 创建局部剖视图

（1）选中基本视图，按鼠标右键，选择“活动草图视图”。

（2）在草图环境下，单击【草图】工具条中【艺术样条】，弹出对话框，“类型”选择“通过点”，“点位置”选择需要局部剖切的位置的点，“参数化”选项中“次数”设为 3，勾选“封闭”，如图 3-1-34 所示，单击“确定”，得到绘制好的封闭曲线。分别绘制曲线，最终绘制好的曲线图形如图 3-1-35 所示。

图 3-1-34　艺术样条对话框

（3）单击【局部剖视图】，弹出对话框，如图 3-1-36 所示。

（4）选择视图。在【局部剖】对话框列表中选择“Front @27”，或者直接在工作区域选择要进行剖切的视图，选择完成后会自动进入下一步，对话框会自动变化如图 3-1-37 所示。

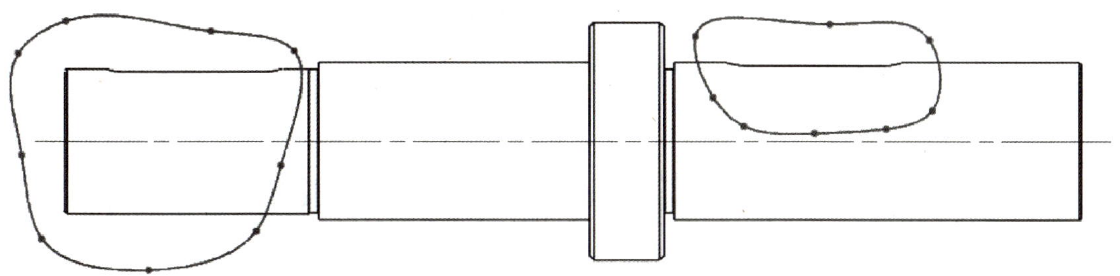

图 3-1-35 在局部剖区域绘制草图曲线

图 3-1-36 局部剖对话框 1

图 3-1-37 局部剖对话框 2

（5）选择剖切基点。在模型上选择剖切基点，注意基点选择位置一定要正确，可以在其他视图选择，如图 3-1-38 所示。

（6）定义拉伸矢量方向。在上一步选择好基点后会自动跳到下一步，如图 3-1-39 所示，按系统默认的方向即可。

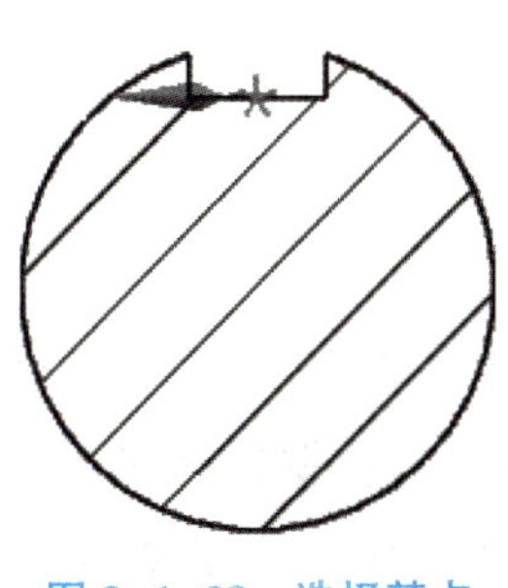

图 3-1-38 选择基点

图 3-1-39 局部剖对话框 3

（7）选择断裂线。按鼠标中键或单击[图标]，如图 3-1-40 所示，然后选择草绘左边曲线，选择完成后对话框会自动跳到下一步，如图 3-1-41 所示。

（8）然后单击“应用”，完成左侧局部剖视图，如图 3-1-42 所示。

(9) 用相同的方法完成右侧局部剖视图，如图 3-1-43 所示。

注意：局部剖视图创建过程中如果选择错误，可以单击局部剖截面下相应图标进行修改，重新选择正确选择即可。

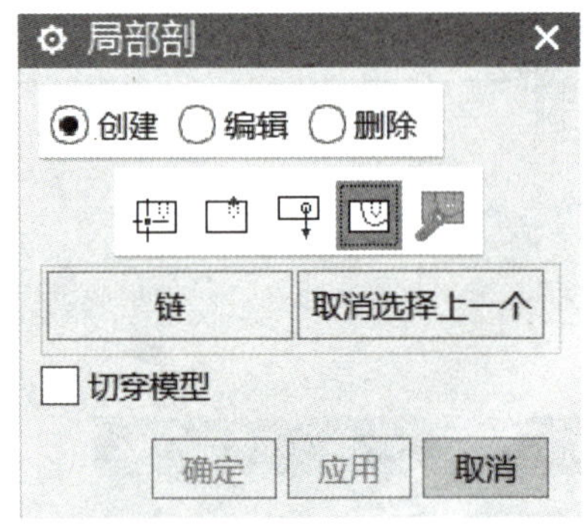

图 3-1-40 局部剖对话框 4

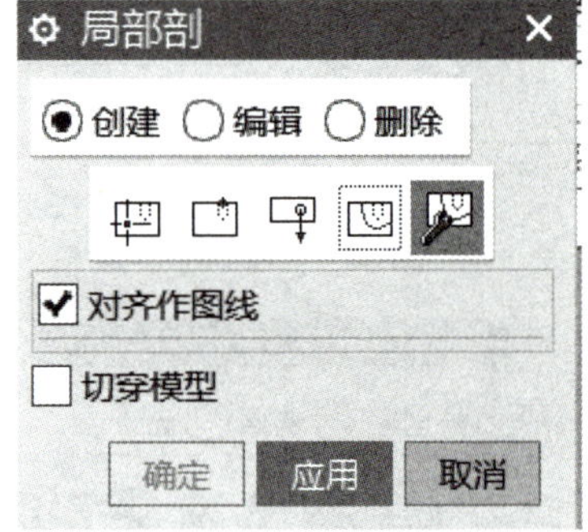

图 3-1-41 局部剖对话框 5

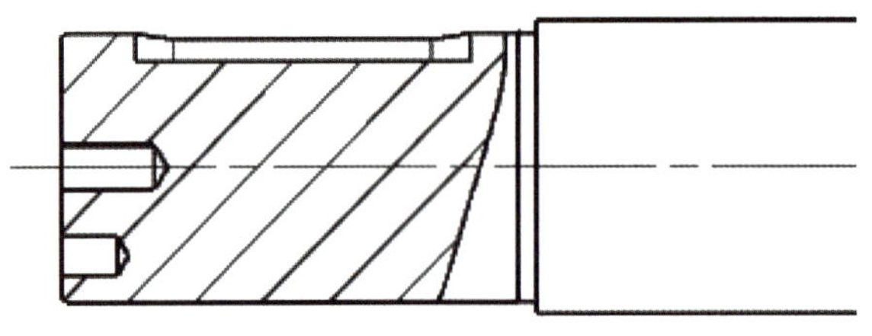

图 3-1-42 局部剖效果图

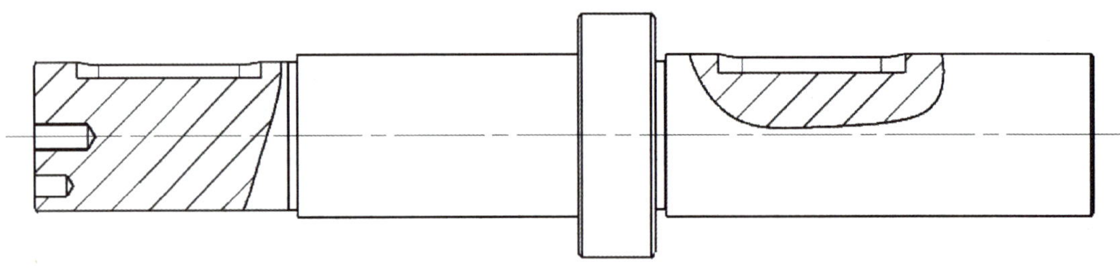

图 3-1-43 局部剖完整效果图

4. 创建局部放大图

单击【局部放大图】，弹出对话框，如图 3-1-44 所示，“类型”选择圆形，“边界”中“指定中心点”注意配合选择条中相关过滤设置，选择要做局部放大位置中心，然后移动鼠标至要放大位置，如图 3-1-45 所示，“比例”为“比率”，设置比率为“3∶1”，然后将局部放大视图放到合适位置，完成后如图 3-1-46 所示。

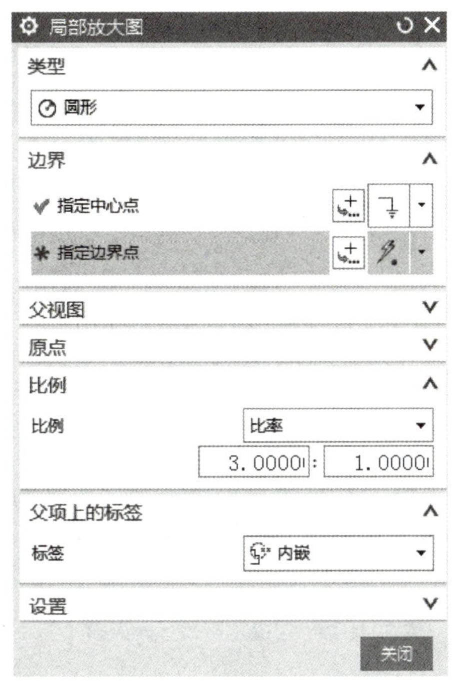

图 3-1-44 局部放大图对话框

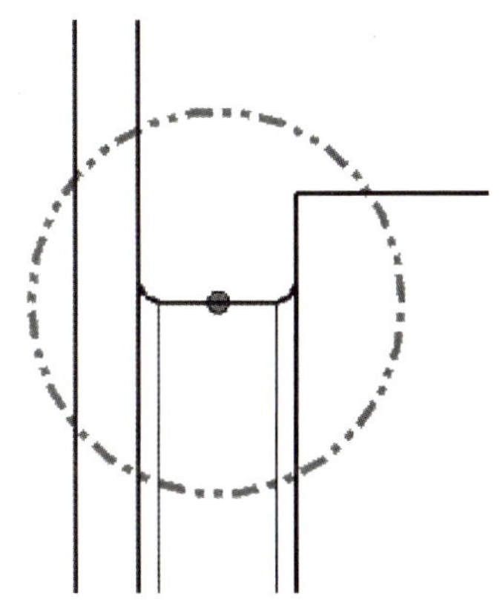

图 3-1-45 选择局部放大图中心点

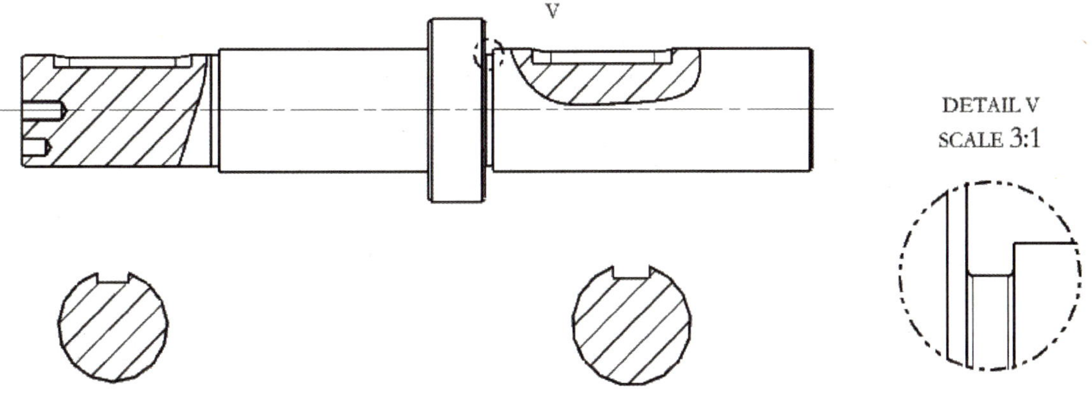

图 3-1-46 局部放大图

5. 创建尺寸标注

(1) 标注线性尺寸。

单击【快速尺寸】，弹出对话框，如图 3-1-47 所示，在主视图上选择对象 1 和对象 2，然后拖动光标选择合适的位置放置尺寸，生成的尺寸效果如图 3-1-48 所示。用同样的方法创建其他尺寸如图 3-1-49 所示。

图 3-1-47　快速尺寸对话框

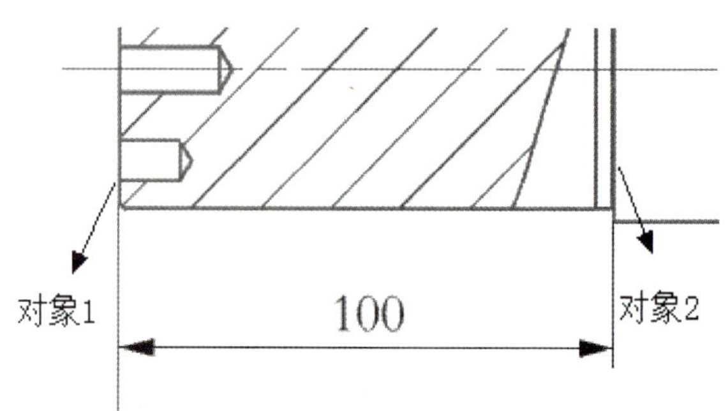

图 3-1-48　创建水平尺寸效果图

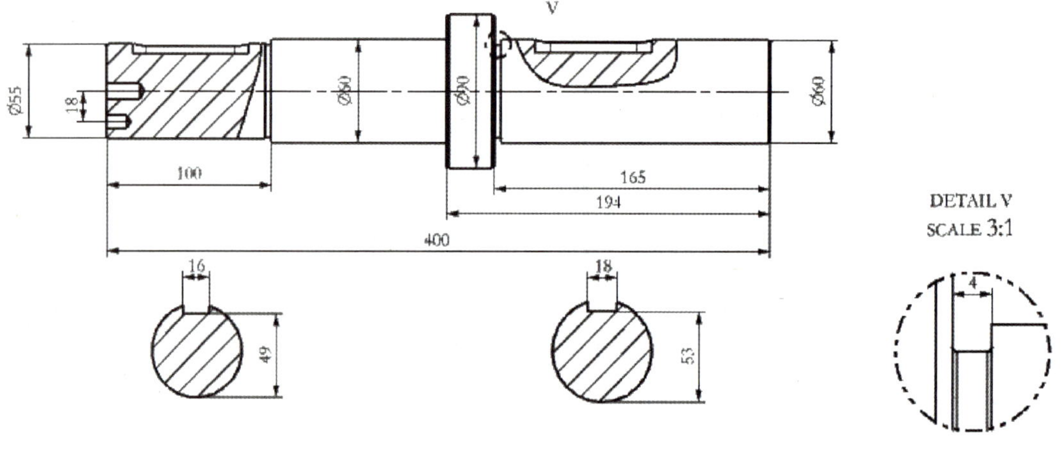

图 3-1-49　线性尺寸标注完成后图形

（2）标注直径尺寸。

单击【快速尺寸】，弹出对话框，在主视图上选择对象 1 和对象 2，在测量方法选择“圆柱式”，如图 3-1-50 所示，拖动光标选择合适的位置放置尺寸，生成的尺寸效果如图 3-1-51 所示。用同样的方法创建其他尺寸，完成后如图 3-1-52 所示。

（3）标注半径尺寸。

单击【快速尺寸】，弹出对话框，在局部放大视图上选择圆角，测量方法选择“径向”，然后拖动光标选择合适的位置放置尺寸，同时会在尺寸上方出现一文本弹框，在

"X. XX" 前填入 "2X"，生成的尺寸效果如图 3-1-53 所示。

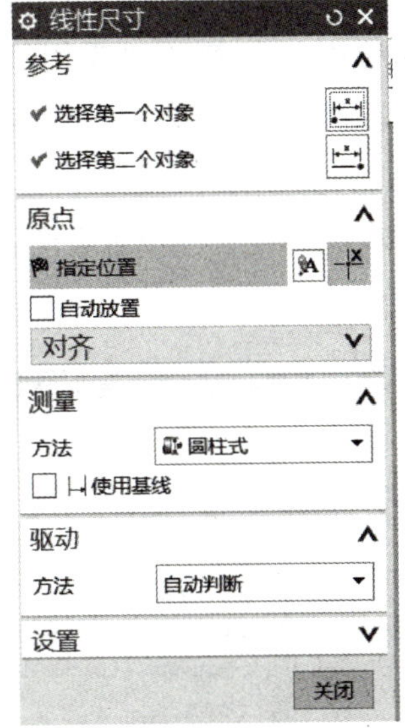

图 3-1-50　尺寸对话框

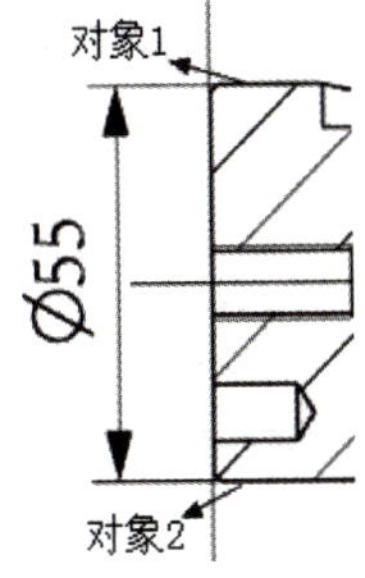

图 3-1-51　建圆柱尺寸效果图

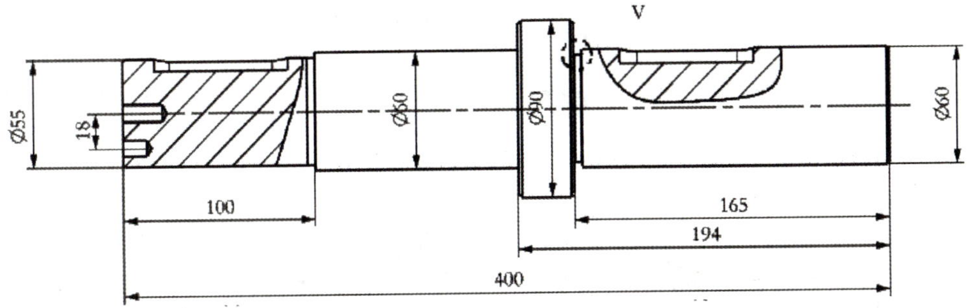

图 3-1-52　圆柱尺寸标注完成后图形

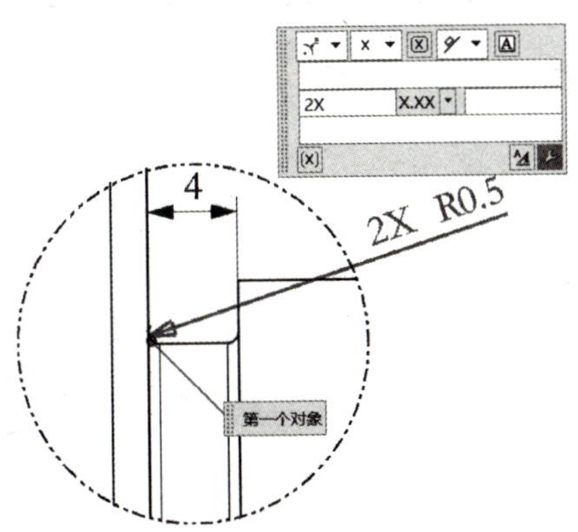

图 3-1-53　半径尺寸标注完成后图形

（4）标注尺寸公差。

选中已标注好尺寸49，按鼠标右键选择设置，“公差”类型选择“单向负公差”，“公差下限”为-0.2，在“公差文本”中，范围选项中不要勾选“应用于整个尺寸”，“高度值”为2.5，“行间隙因子”为0.5，“文本间隙因子”为0.3，同样方法设置尺寸53公差标注，如图3-1-54所示。

公差标注也可以在标注尺寸时，直接进入设置选项进行设置，设置方法也一样，如图3-1-55所示。

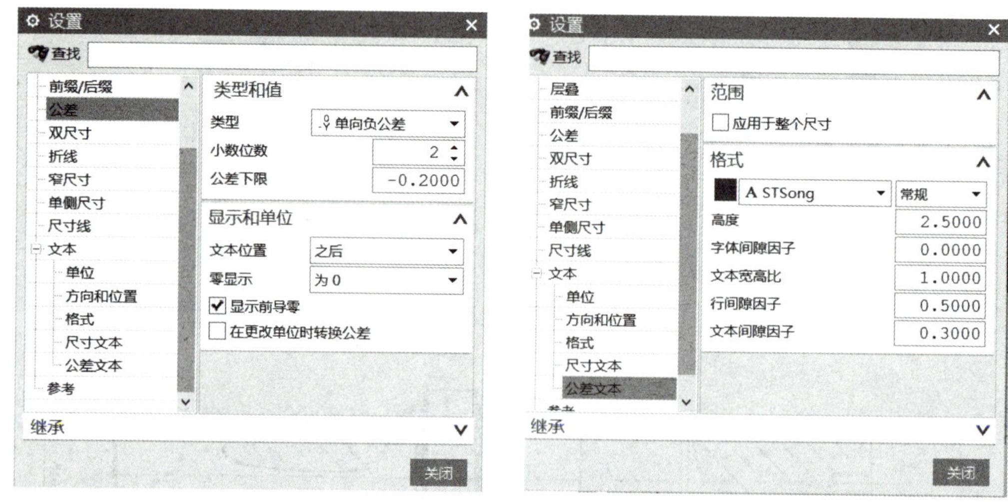

图3-1-54　文本设置对话框

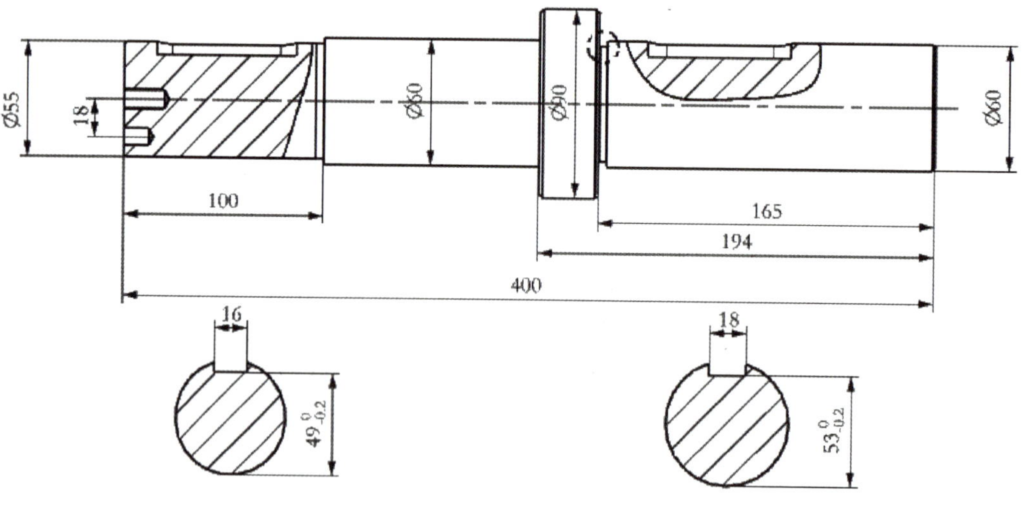

图3-1-55　标注公差

（5）标注注释。

1）单击【注释】A，弹出对话框，如图3-1-56所示，在“文本输入”中输入

“M10H7”，然后将鼠标移到标记点处，系统捕捉到交点后，移动鼠标到合适位置，单击鼠标左键，会产生螺纹孔注释标注，同样方法标注“ ¢8H7”，完成后如图 3-1-57 所示。

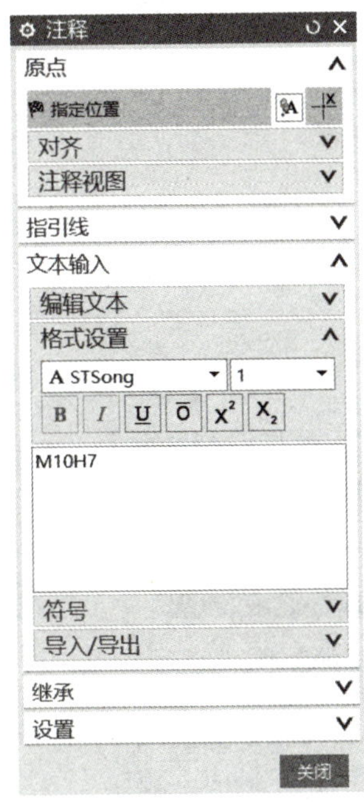

图 3-1-56 注释对话框

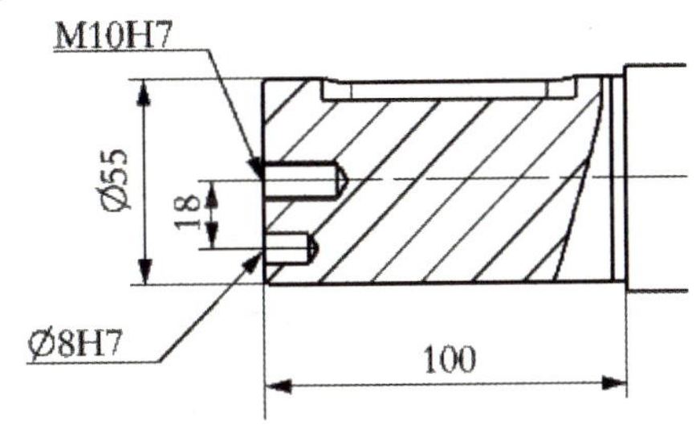

图 3-1-57 注释标准完成后效果

2）填写技术要求。执行【GC 工具箱】→【注释】→【技术要求库】，会弹出对话框，可以在文本框直接输入技术要求内容，也可以在技术要求库选择常用的技术要求内容，选择好后单击会自动导入到文本输入，输入后可以修改不合适的内容。文本内输入内容为“技术要求零件表面去除毛刺飞边；经调质护理，HRC35－40；未注倒角均为1X45°。”，然后单击鼠标将技术要求放置在合适的位置，如图 3-1-59 所示。也可能不是如图 3-1-59 所示，与之前是否进行相关参数设置有关。

如果发现字体和文字对齐不正确，双击刚产生的注释，进行修改，文字对齐由“对中”修改为“靠左”，字体修改为 A KaiTi，高度修改为 5。如图 3-1-60 所示，完成后如图 3-1-61 所示。

（6）标注粗糙度符号。

单击【表面粗糙度】符号√，弹出对话框，如图 3-1-62 所示，修改属性中除料为 √需要除料，下部文本（a2）设为 3.2，如图 3-1-63 所示。然后在主视图中需要标注的位置单击一下，注意捕捉的打开方式，在右上角设置 其余 6.3√，产生后如图 3-1-64 所示。

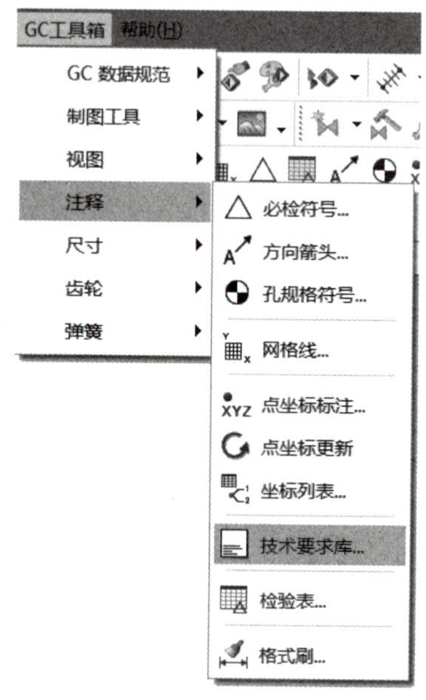

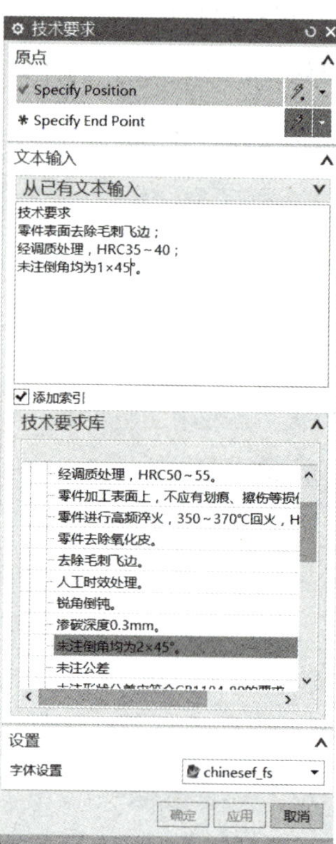

图 3-1-58　利用 GC 工具箱标注技术要求内容

技术要求
1、零件表面去除毛刺飞边；
2、经调质处理，HRC35～40；
3、未注倒角均为1□45□。

图 3-1-59　技术要求标注效果

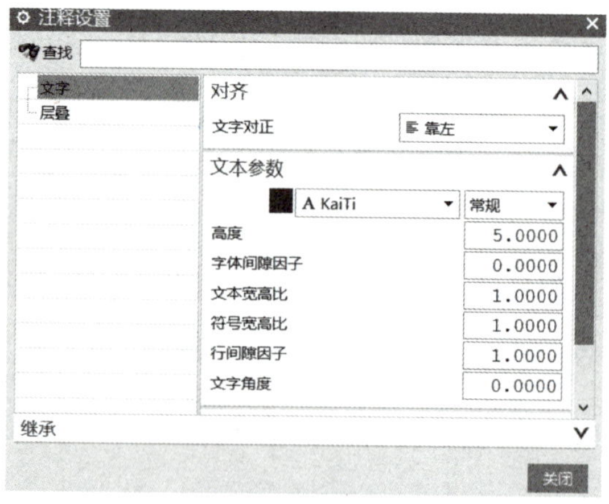

图 3-1-60　注释设置

技术要求

1、零件表面去除毛刺飞边；

2、经调质处理，HRC35～40；

3、未注倒角均为1×45°。

图 3-1-61 技术要求修改后效果

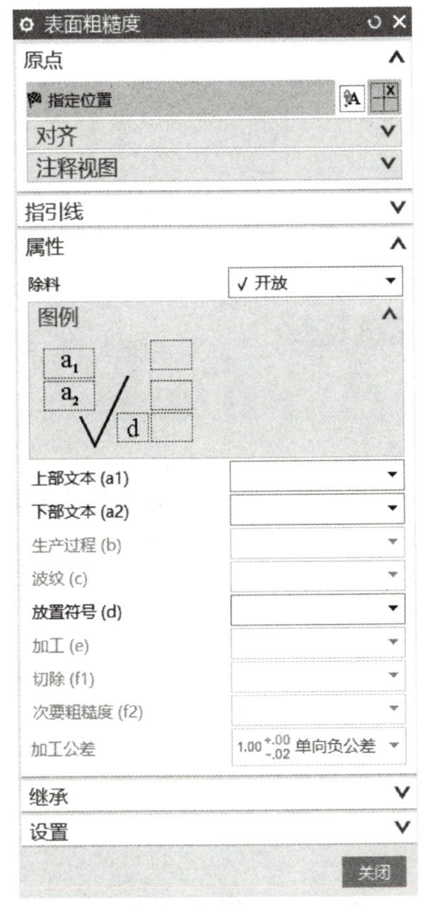

图 3-1-62 表面粗糙度界面

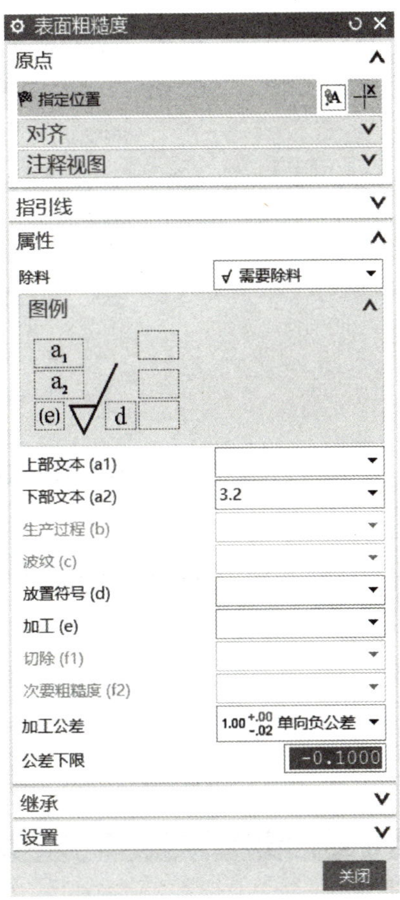

图 3-1-63 设置表面粗糙参数

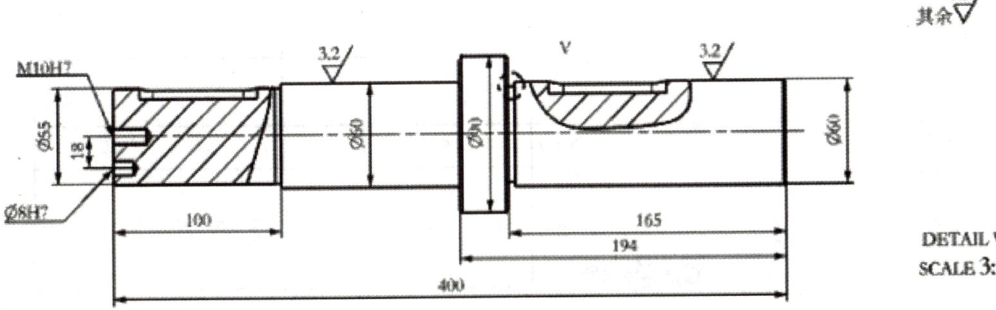

图 3-1-64 标注表面粗糙度后效果

（7）标题栏标注。

将鼠标移到标题栏区域需要标注的位置后按鼠标右键进入相应内容。<C2. 500>表示字体大小，<F8>表示字体，轴表示标注内容。如图 3-1-65 所示，一般修改这几处就可以了。其他几处标注如图 3-1-66、图 3-1-67 所示。

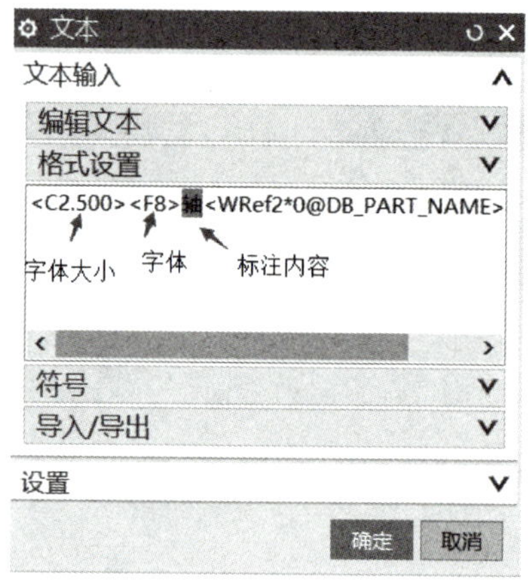

图 3-1-65 文本标注一

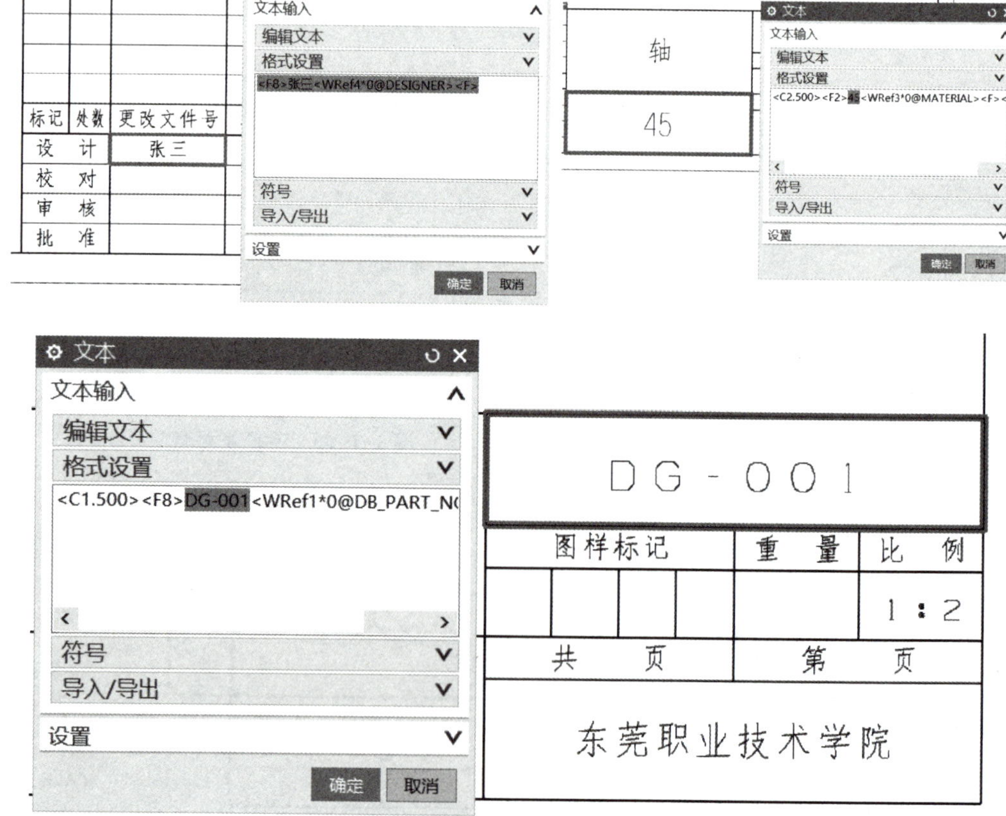

图 3-1-66 文本标注二

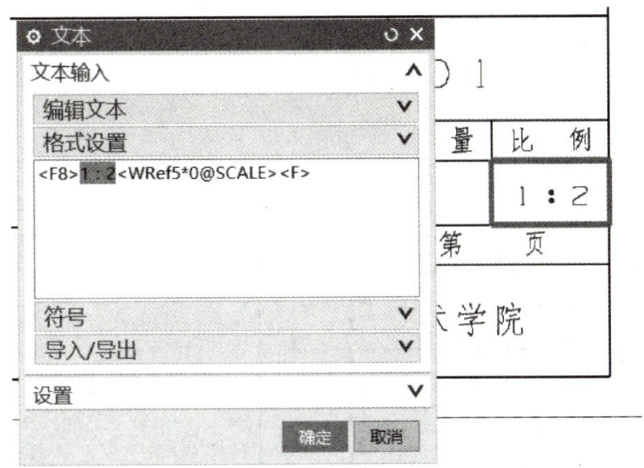

图 3-1-67 文本标注三

（8）调整图纸。

调整图纸中视图、标注至合适位置，完成后如图 3-1-68 所示。

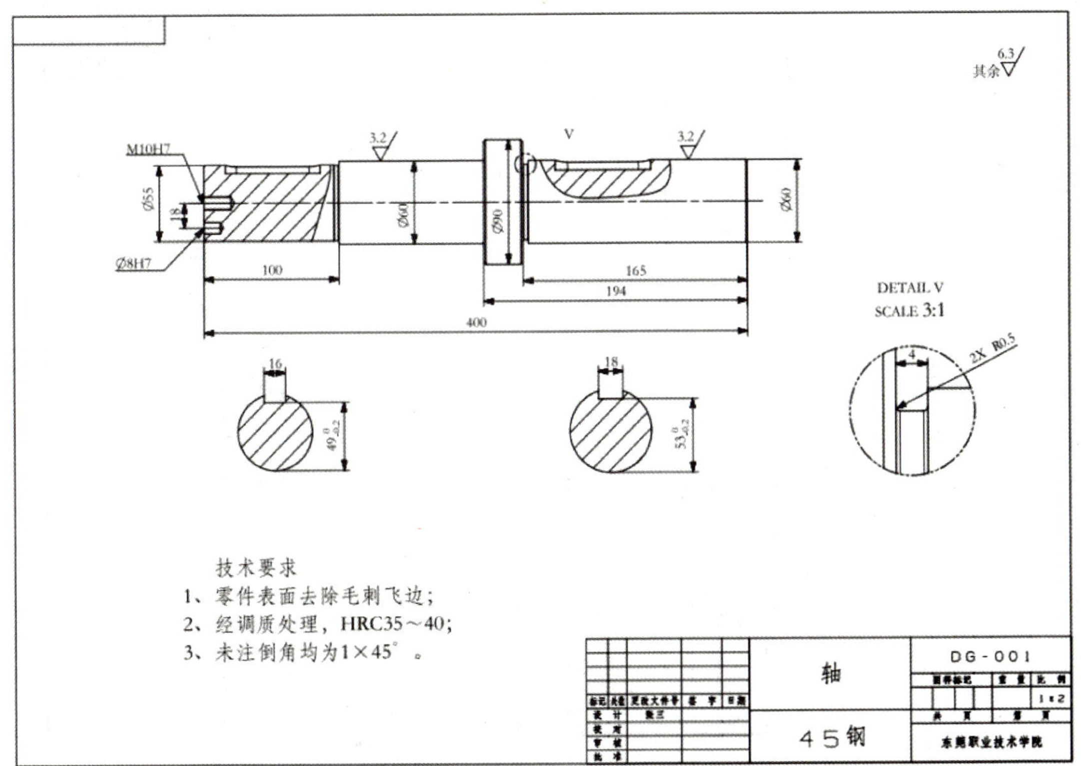

图 3-1-68 完整工程图

四、上机练习

根据提供的三维模型，完成工程图创建，完成后工程图如图 3-1-69 所示。

其余 6.3
0.005 C-D
0.002
Ø 0.005 C-D
Ø 40 +0.028 -0.017
Ø 50 +0.12 -0.081
Ø 52
Ø 66
3 x1
0.8
B
A
D
C
6
60
75
40
16
(353)
30
7
45
585
B-B
A-A
12 0 -0.036
35 0 -0.2
3.2
技术要求
1. 未注倒角为C2。
2. 调质处理200-240HB。
标记 处数 更改文件号 签字 日期
设计
校对
审核
批准
图样标记 重量 比例
共 页 第 页
西门子产品管理软件(上海)有限公司

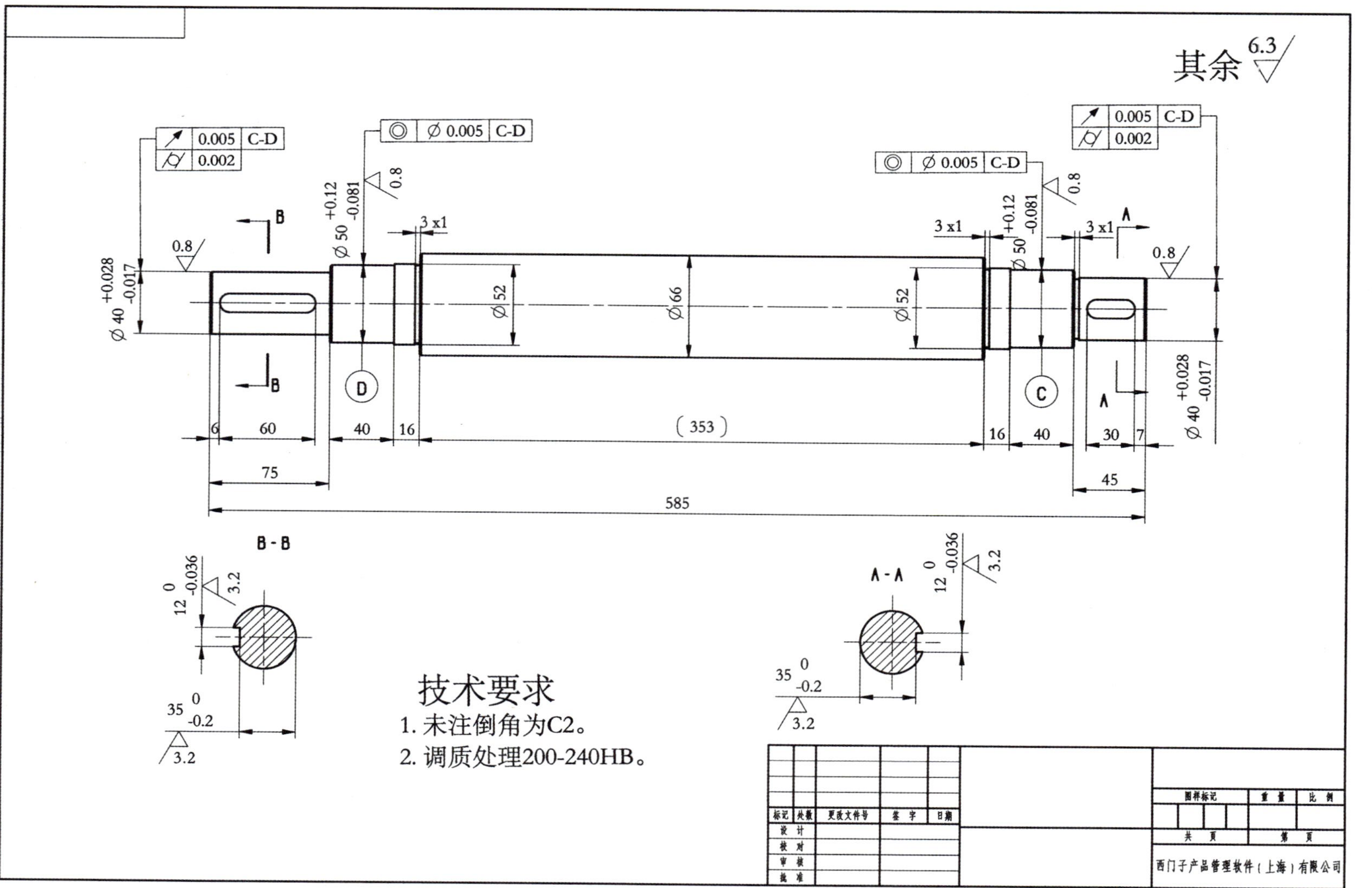

图3-1-69　轴的工程图

任务二 底座工程图的创建

一、实例分析

1. 学习任务

根据图 3-2-1 所示轴零件图，完成如图 3-2-2 所示工程图。

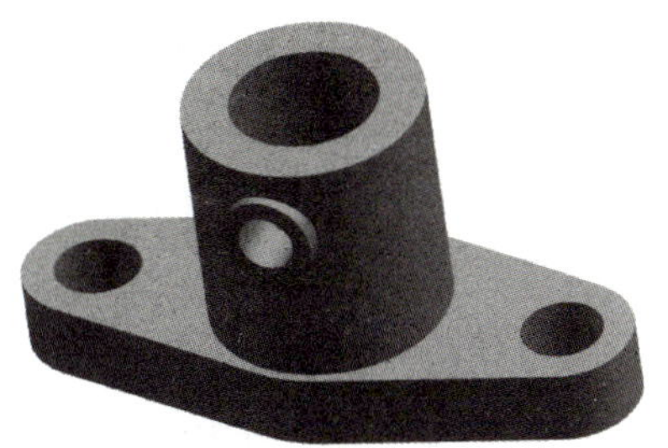

图 3-2-1 底座三维图

2. 知识目标

（1）在工程制图中应用主模型；

（2）掌握轴测图剖视图的创建；

（3）掌握形位公差的标注；

（4）掌握图框标题栏的填写。

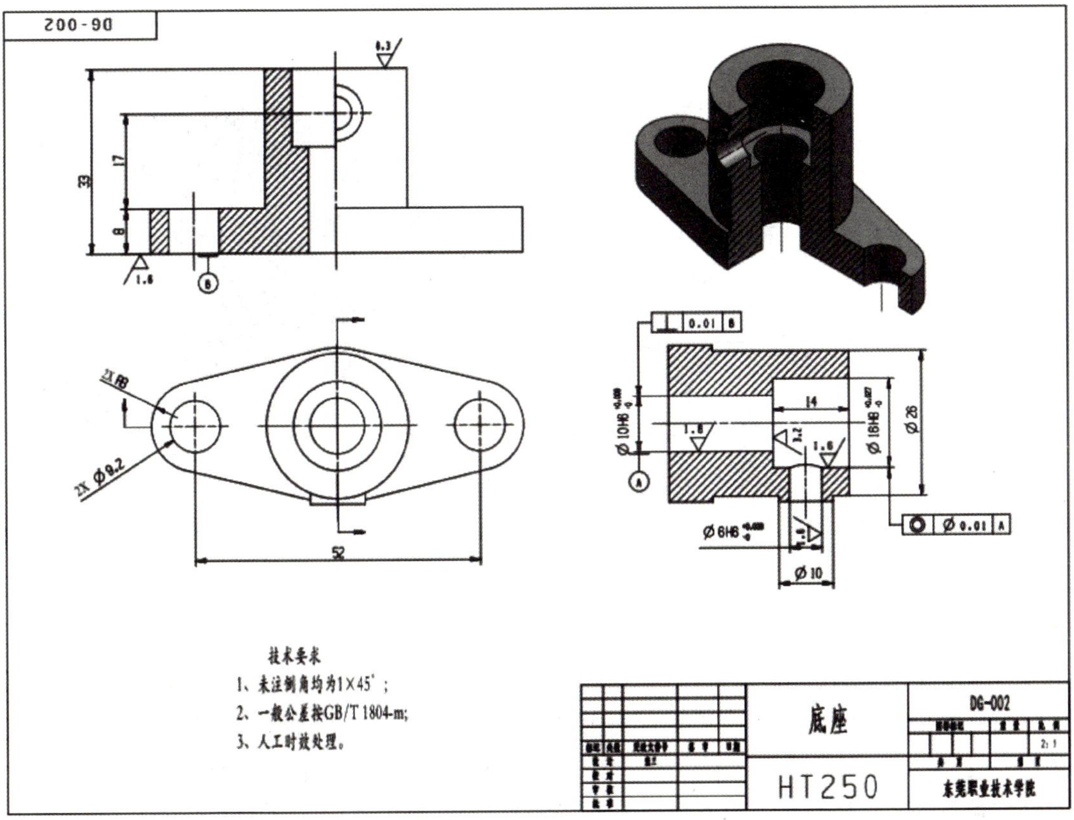
DG-002
33
17
8
2X Ø9.2
52
Ø 10H8
Ø 18H8
Ø 28
14
Ø 6H8
Ø 10
0.01
技术要求
1、未注倒角均为1×45°；
2、一般公差按GB/T 1804-m；
3、人工时效处理。
底座
HT250
DG-002
2:1
东莞职业技术学院

图 3-2-2 底座二维工程图

二、知识链接

1. 在工程制图中应用主模型

在 NX 工程制图中，可以保证并行工程顺利进行，这样就有利于应用主模型的方法来解决问题。当设计人员完成了模型的主体设计，或部分模型设计时，也就是该模型能够表达主要设计意图时。其他工程人员可以这样开展他们的工作。

（1）建立一个新的 NX 文件；

（2）进入 NX 装配功能，将三维设计模型文件作为子件加入到零件中；

（3）对三维零件模型进行应用方案设计，例如制造、加工、分析等；

（4）将文件存档，而不用对三维设计存档。

具体在工程制图时，一般是先打开三维模型，然后新建一制图文件，在制图文件创建时，部件引用时选择三维模型文件就能进入工程图。

2. 轴测剖视图的创建

在轴测图中，为了表示零件不可见内部结构形状，也常常采用剖切的方法，这种剖切后的轴测图称为轴测剖视图。轴测剖切视图分轴测剖和半轴测剖，创建方法类似。剖切如图 3-2-3 所示。半轴测剖视图如图 3-2-4 所示。具体创建视图步骤参见任务二底座工程图创建中轴测半剖视图，两种视图创建方法类似。

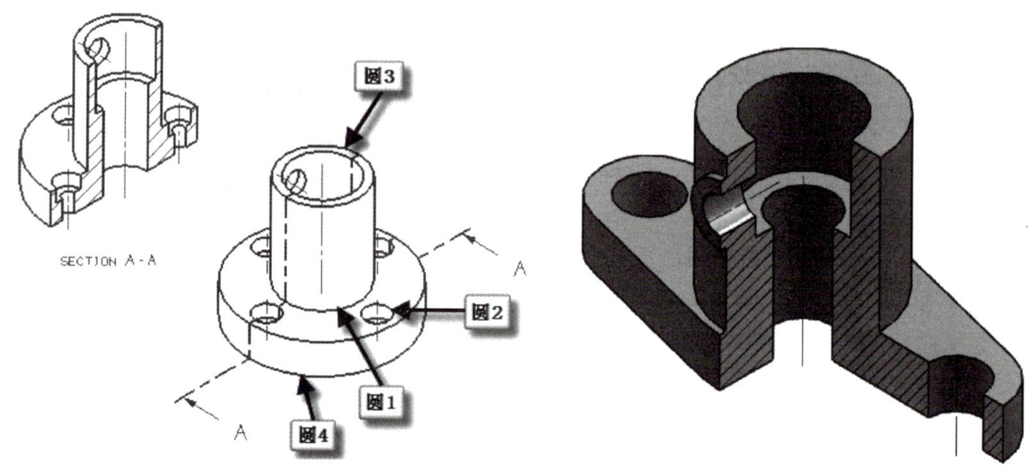

图 3-2-3　剖切视图示意图　　图 3-2-4　半剖视图示意图

三、操作过程

1. 图纸页及视图创建

（1）新建工程图文件。首先打开模型文件“底座”，然后执行【文件】→【新建】→【图纸】，在模板中选择“A3-无视图”，在新文件名中会自动导入模型文件所在文件夹和名称，名称是在项目名称后加上“_ dwg1”，如图 3-2-5 所示，单击“确认”进入视图创建向导。

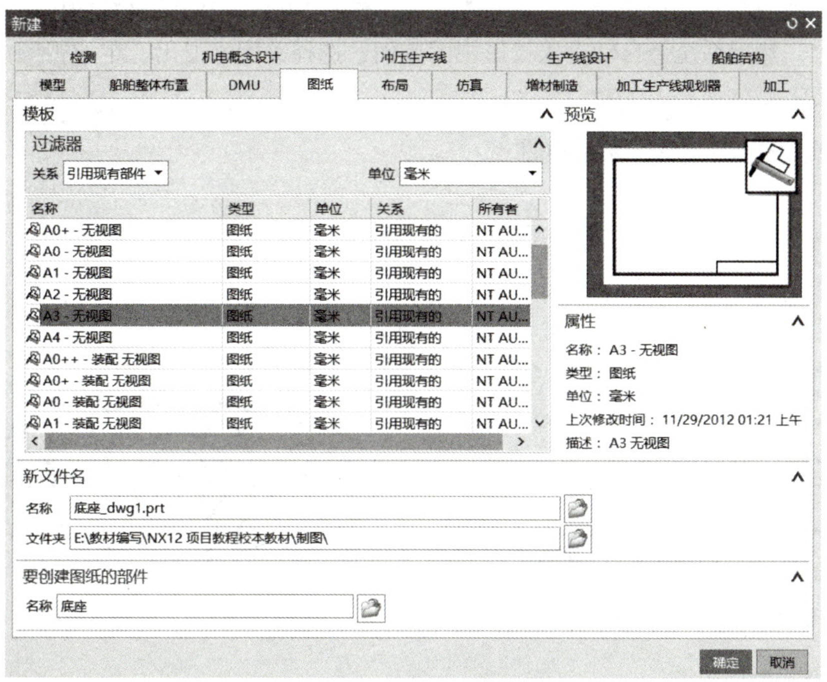

图 3-2-5　新建文件对话框

（2）在视图创建向导中，如图 3-2-6 所示，可以参照任务一中方法创建，也可以取消后再自行添加视图，本案例采用第二种方法，选择取消。

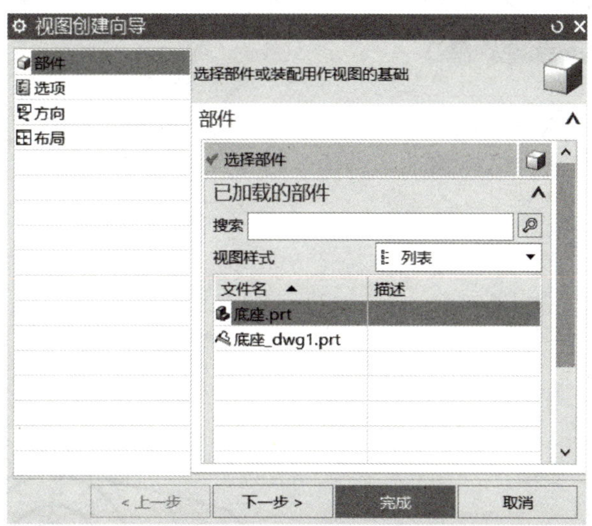

图 3-2-6　视图创建向导

（3）添加基本视图。

单击【基本视图】，弹出对话框，如图 3-2-7 所示。在对话框中模型视图“要使用的模型视图”选项中选择“俯视图”，比例选为 2∶1，在图纸页视图中将基本视图放在合适位置。然后系统会自动进入投影视图界面，选择关闭，退出，生成视图如图 3-2-8 所示。

图 3-2-7　基本视图对话框

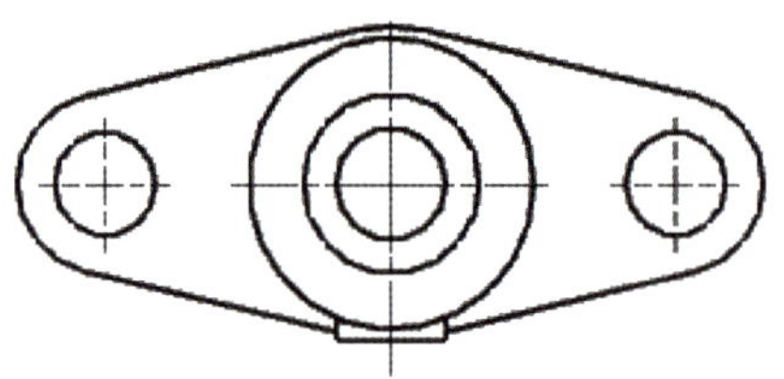

图 3-2-8　添加的基本视图

（4）添加半剖视图。

单击【剖视图】，弹出对话框，如图 3-2-9 所示，“截面线”选项中方法选择“半剖”，然后将鼠标移至基本视图中间最大圆中心处单击一下，然后移动鼠标，观察到截面线至图 3-2-10 所示位置后，单击鼠标左键，然后将鼠标移至视图上方合适位置放置半剖视图，单击鼠标左键，完成后如图 3-2-11 所示。

图 3-2-9　剖视图对话框

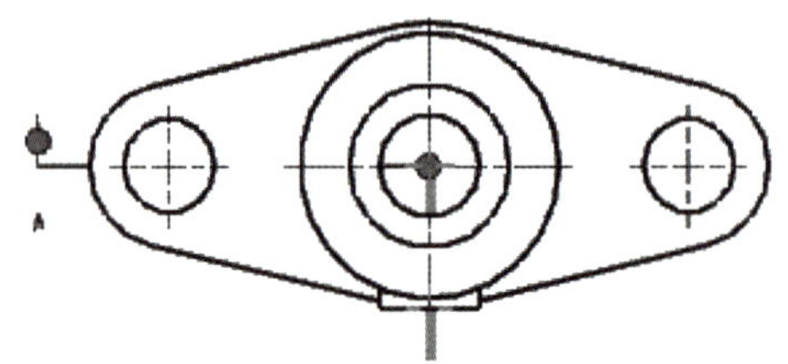

图 3-2-10　半剖视图创建位置选择

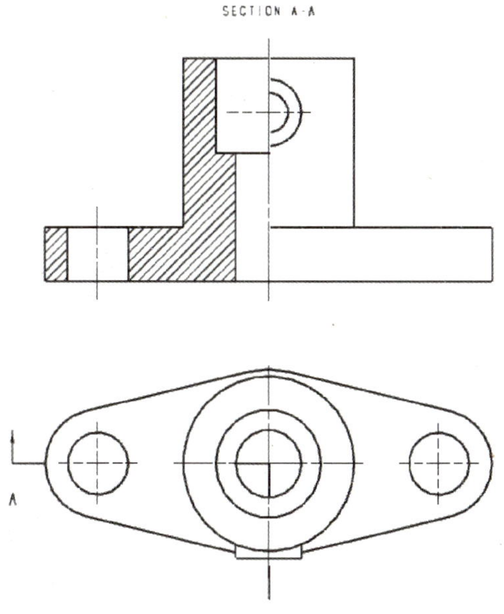

图 3-2-11　创建的半剖视图

（5）添加全剖视图。在上一步添加完半剖视图后会自动再次进入剖视图界面。也可以再次选择【剖视图】，在剖视图对话框中，“截面线”选项中方法选择“简单剖/阶梯剖”，如图 3-2-12 所示，然后将鼠标移至中间最大圆中心处单击一下，然后将鼠标移至视图右边合适位置放置全剖视图，单击鼠标左键，完成后如图 3-2-13 所示。

图 3-2-12　剖视图对话框

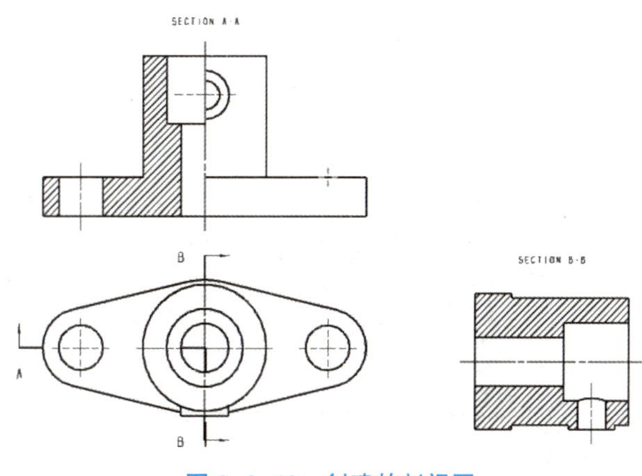

图 3-2-13　创建的剖视图

（6）添加轴测图半剖视图。

1）在创建轴测图半剖视图前，先创建 2 个轴测图为相同基本视图，如图 3-2-14 所示。

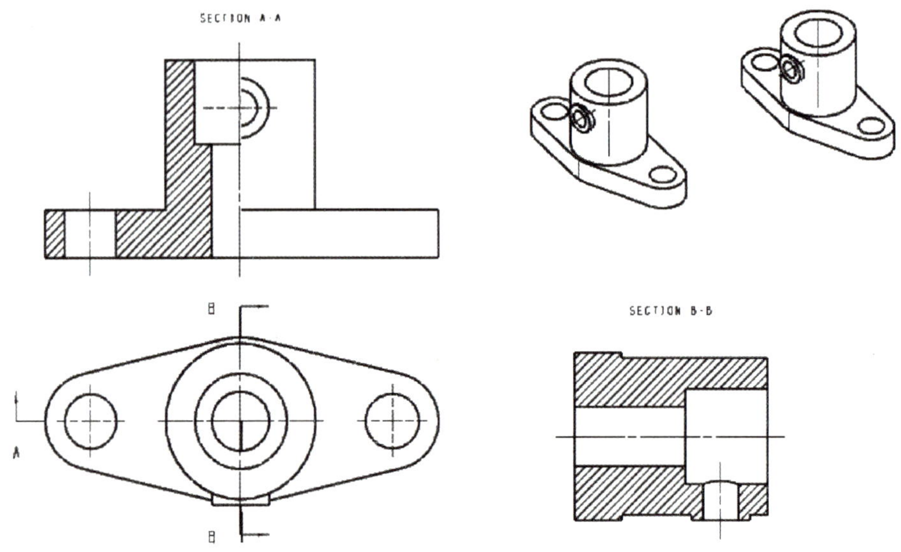

图 3-2-14　创建基本视图后效果

2）执行【插入】→【视图】→【半轴测剖】，如图 3-2-15 所示，弹出轴测图中的半剖界面对话框，如图 3-2-16 所示。

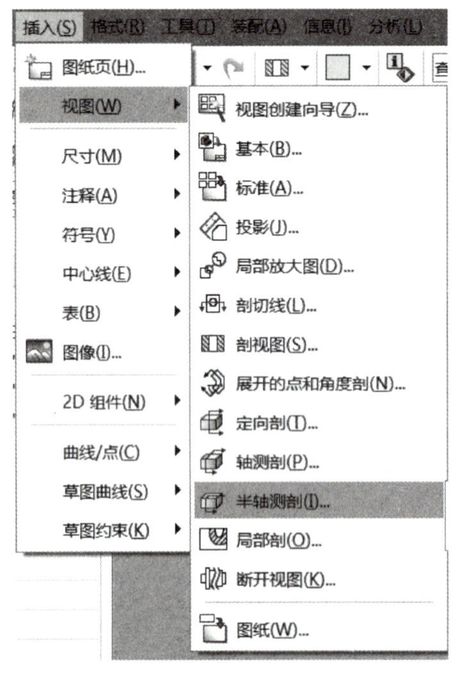

图 3-2-15　打开半轴测剖步骤图

图 3-2-16　轴测图中的半剖对话框

3）第一步选择右上角视图为父视图，选择完成后界面会自动跳到第二步，定义箭头矢量方向，选择图 3-2-17 所示曲面，然后调整箭头方向如图所示。

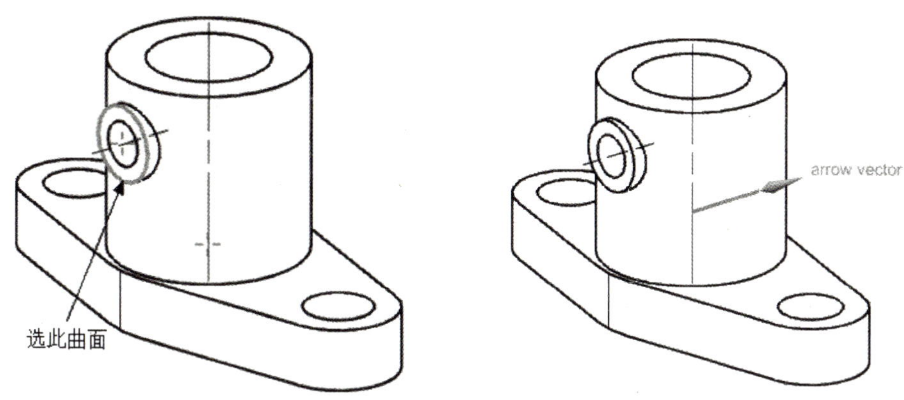

图 3-2-17 定义矢量方向

4）单击应用进入第三步，进入剖切方向定义。选择图 3-2-18 所示面，箭头方向朝上。

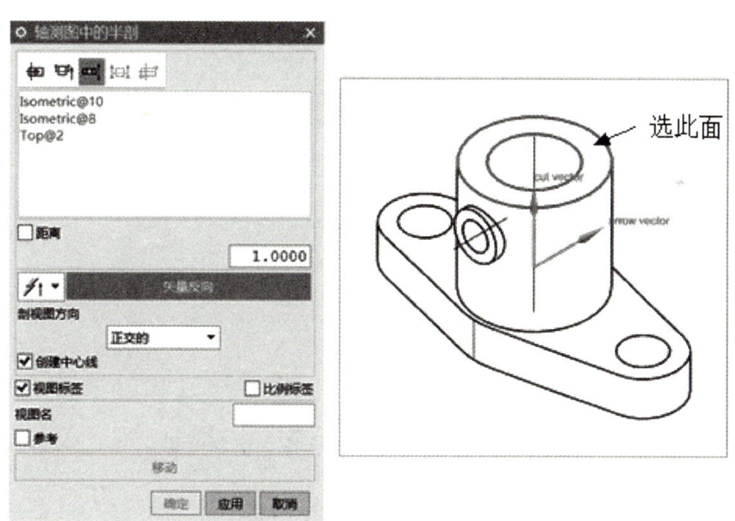

图 3-2-18 定义剖切方向

5）单击应用进入第四步，分别定义“折弯位置”“切割位置”“箭头位置”，如图 3-2-19 至图 3-2-21 所示。

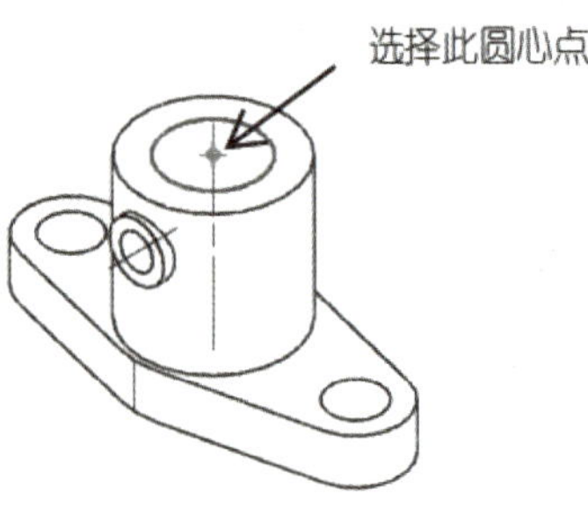

图 3-2-19 界面线创建对话框之折弯位置

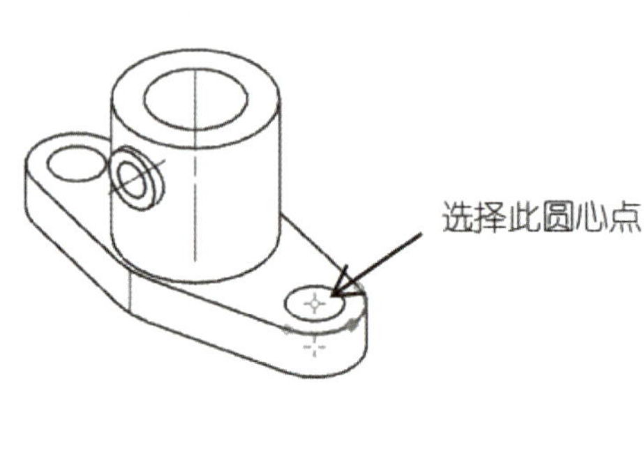

图 3-2-20 界面线创建对话框之切割位置

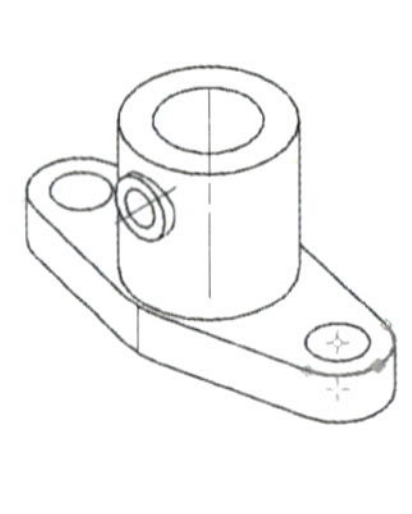

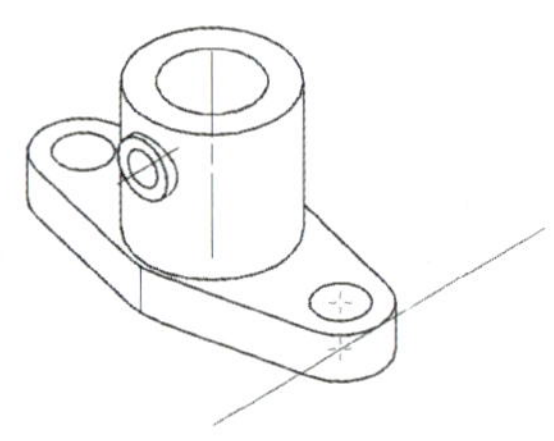

图 3-2-21 界面线创建对话框之箭头位置

6）进入第五步，“剖视图方向”选项中选择“剖切现有视图”，如图 3-2-22 所示，然后选择旁边另外一个轴测图，生成半剖切视图如图 3-2-23 所示。

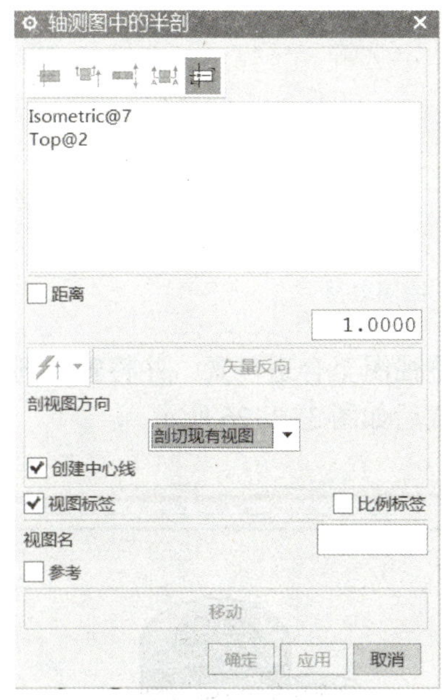

图 3-2-22 定义剖视图方向

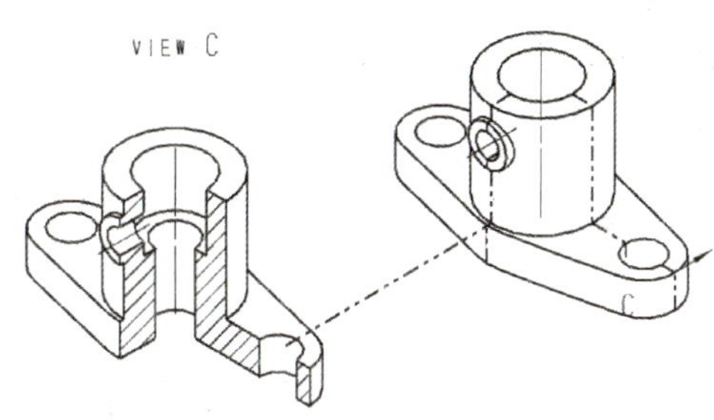

图 3-2-23 生成的半剖视图

7）调整视图显示。将鼠标移动到有右上角视图，按鼠标右键选择视图边界，会弹出视图边界界面如图 3-2-24 所示，在此选项选择“手工生成矩形”，在图形空白处选一矩形，这样右上角的视图就不会显示在图纸页，但视图是存在的，如图 3-2-25 所示。

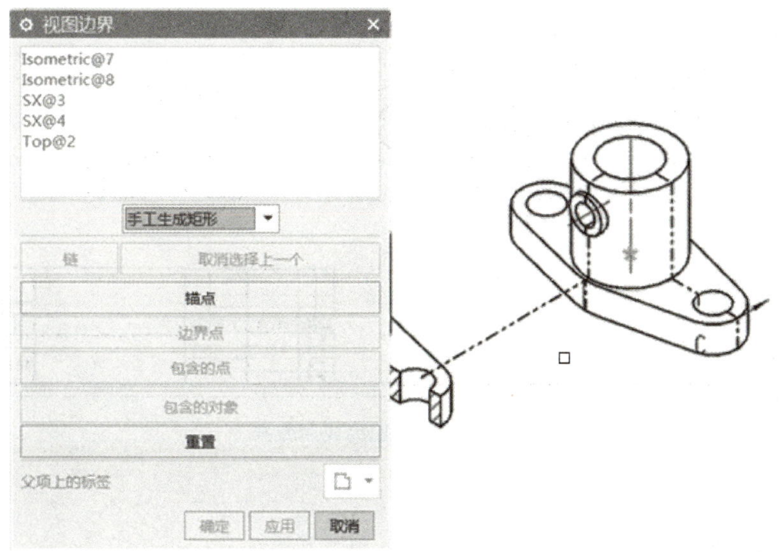

图 3-2-24 视图边界对话框

VIEW C

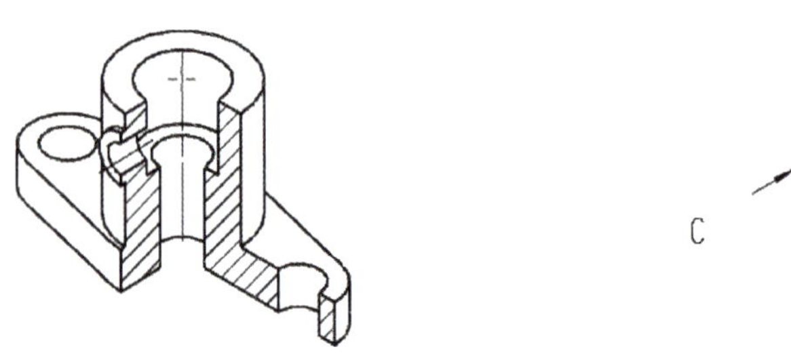

图 3-2-25　修改显示边界后的图面效果

8）将视图隐藏后还显示的部分细节隐藏掉。调整视图至合适位置，并将轴测剖视图显示比例调整为 2：1，着色显示为“完全着色”，完成后如图 3-2-26 所示。

至此，视图创建完毕。

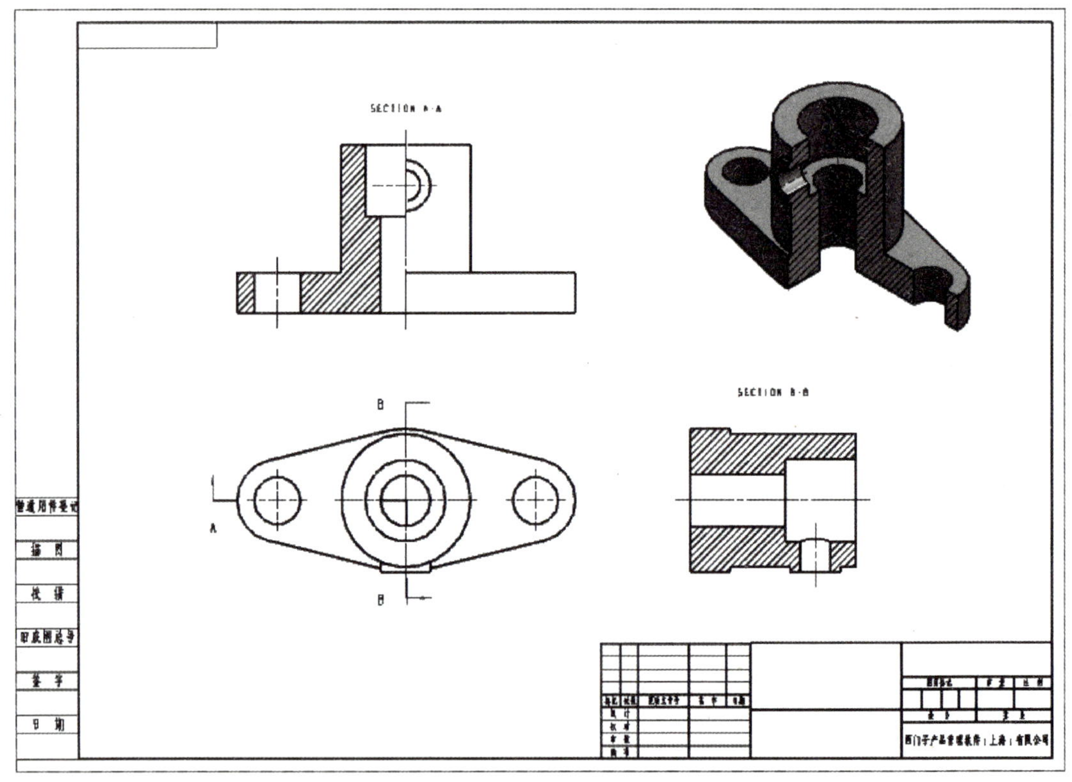

图 3-2-26　视图完成后效果

2. 尺寸标注

(1) 标注线性尺寸。

单击【快速尺寸】，弹出对话框，标注线性尺寸，生成的尺寸效果如图 3-2-27 所示。

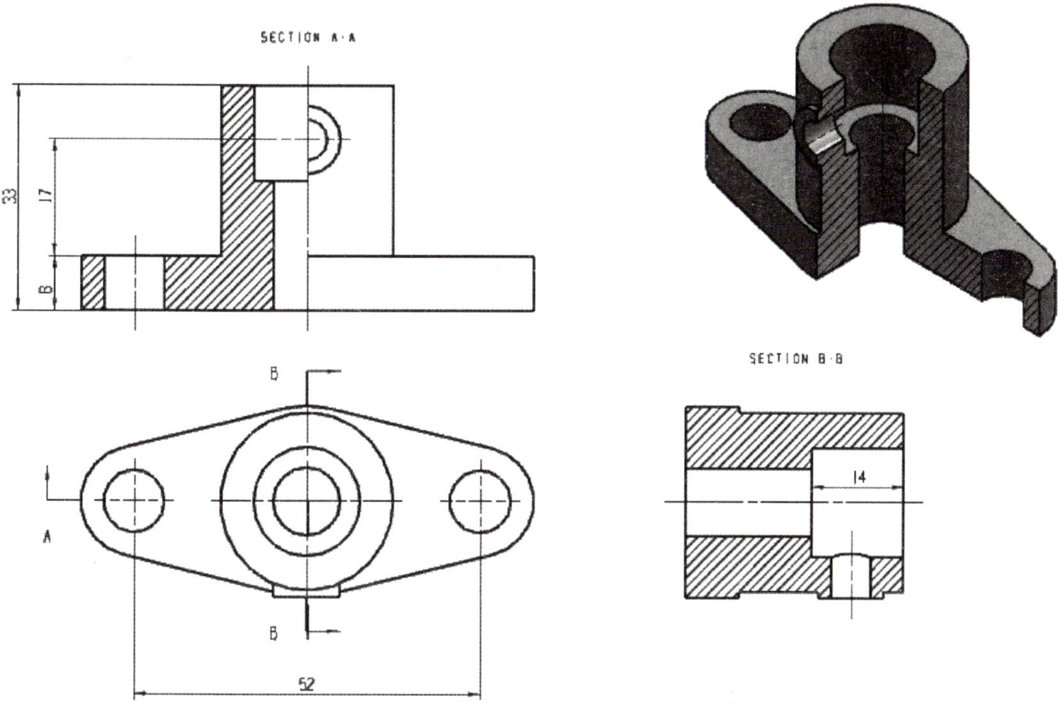

图 3-2-27 线性尺寸标注完成后效果

（2）标注线性圆柱尺寸。

单击【快速尺寸】，弹出对话框，标注线性圆柱尺寸，测量方法改为“圆柱式”，生成的尺寸效果如图 3-2-28 所示。

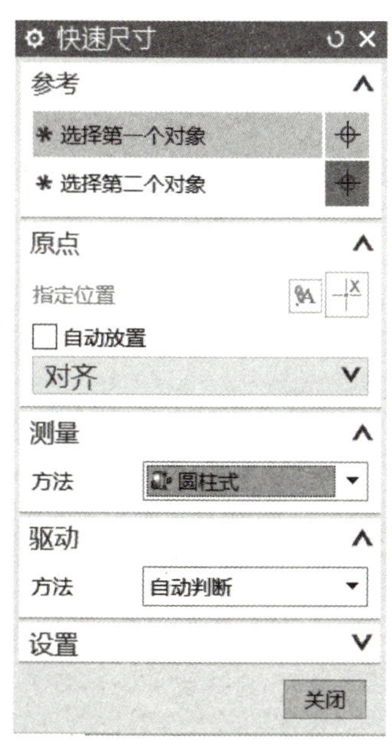

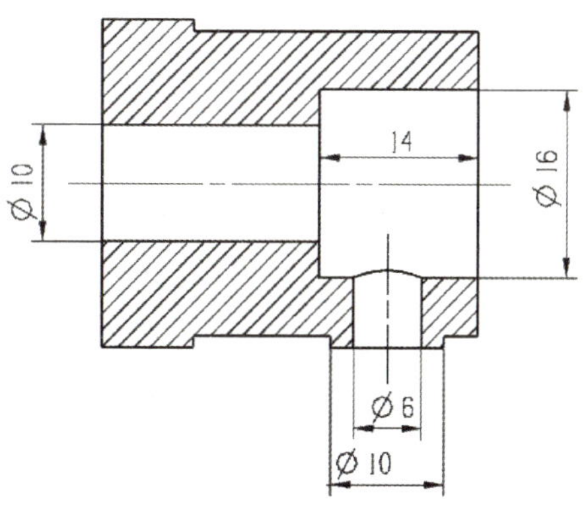

图 3-2-28 圆柱尺寸标注设置及完成后效果

（3）标注半径和直径尺寸。

单击【快速尺寸】，弹出对话框，标注半径和直径尺寸，测量方法分别改为“径向”和“直径”，或者直接选择“径向尺寸”可以自动分辨标注半径还是直径，在标注尺寸文本前加注“2X”。生成的尺寸效果如图3-2-29所示。

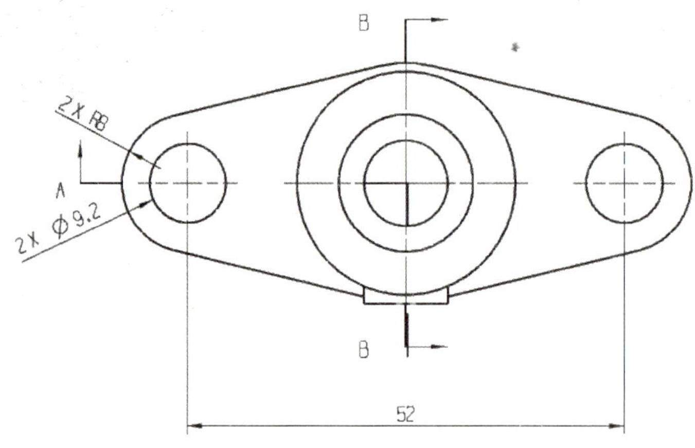

图3-2-29　直径和半径尺寸标注

（4）添加公差配合。

单击公差配合优先级表 10H7，选择需要标注尺寸10，在公差配合优先表中，选择公差配合类型为“基孔制”，点选“H6”，修改拟合公差样式为 $10H7\binom{0.015}{0}$，单击应用，生成的尺寸效果如图3-2-30所示。同样方法完成其他有公差要求的尺寸标注。完成后如图3-2-31所示。

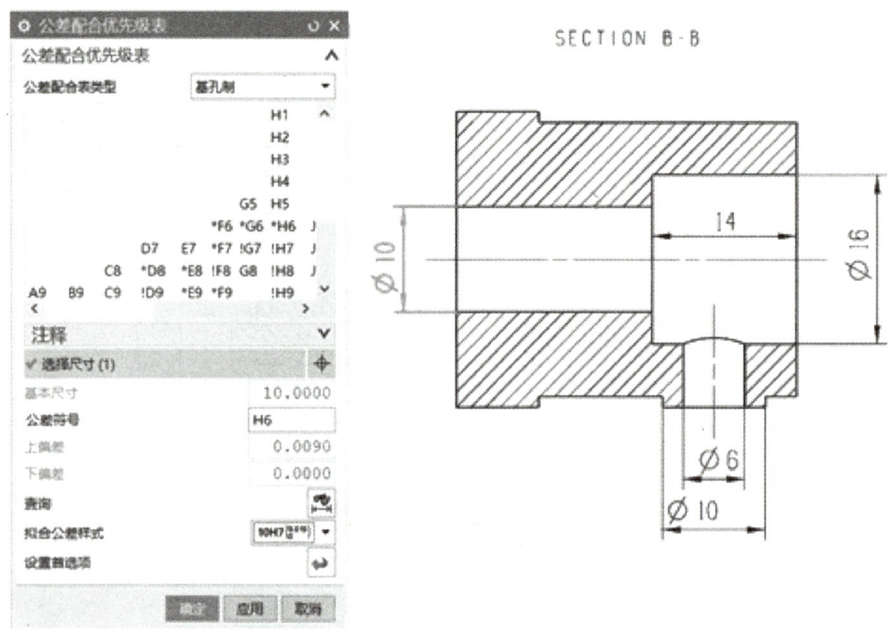

图3-2-30　添加公差配合

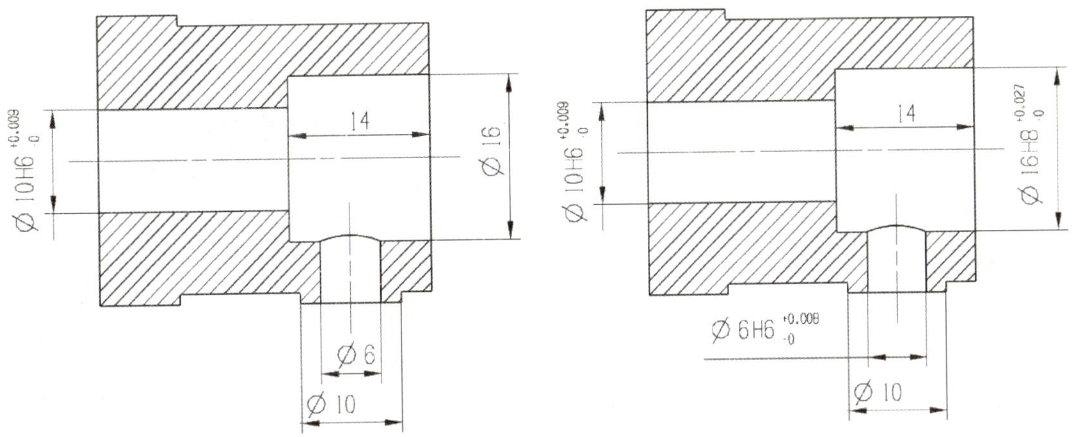

图 3-2-31　添加公差配合后效果

（5）粗糙度标注。

单击【表面粗糙度符号】√，弹出对话框，如图 3-2-32 所示，修改属性中“除料”为 √ 需要除料 ，“下部文本（a2）”设为 1.6，设置成如图 3-2-33 所示。然后在主视图中需要标注的位置单击一下，注意捕捉的打开方式。注意可以通过设置中角度调整符号方向，如果数字需要反转，也可以在反转文本前方框打勾，全部完成后后如图 3-2-34 所示。

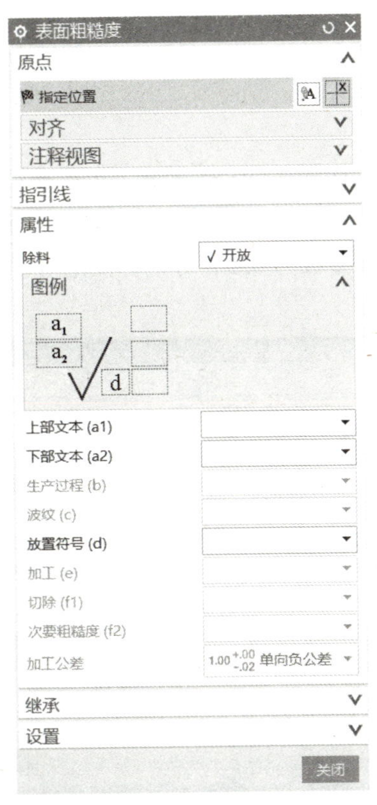

图 3-2-32　表面粗糙度初始对话框

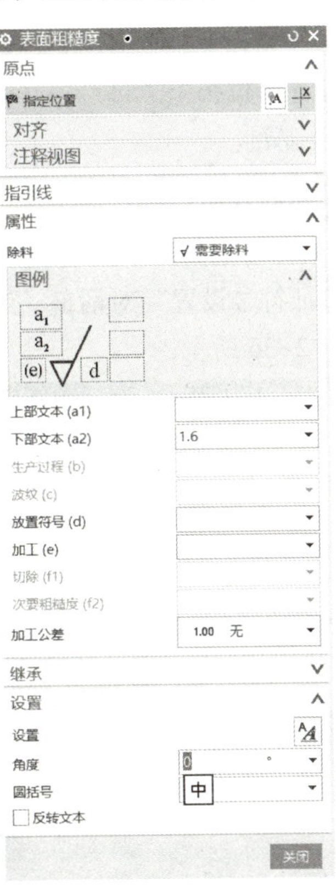

图 3-2-33　修改后表面粗糙度对话框

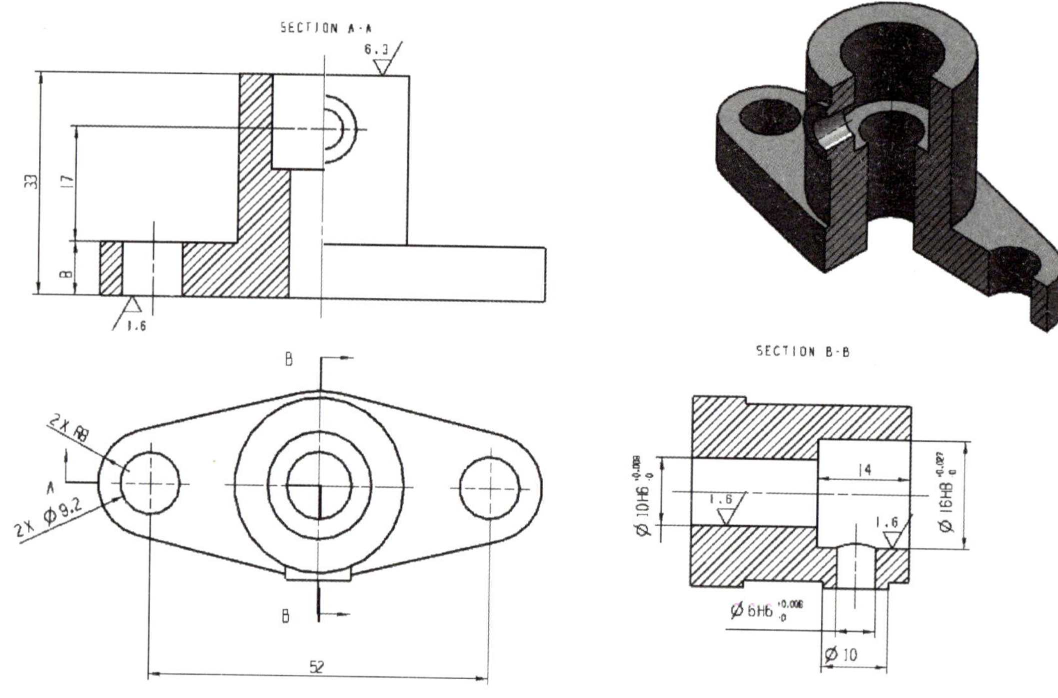

图 3-2-34　粗糙度完成后效果图

（6）标注形位公差。

1）标注基准。

单击【基准特征符号】命令，弹出对话框，如图 3-2-35 所示，“基准标识符”为 A，然后将鼠标移至需要标注基准特征符号处，调整方向至所需位置，单击“设置”，进入“基准特征符号设置”对话框，然后修改延伸线参数为 0.5，分别标注出 A 基准和 B 基准，如图 3-2-36 所示。

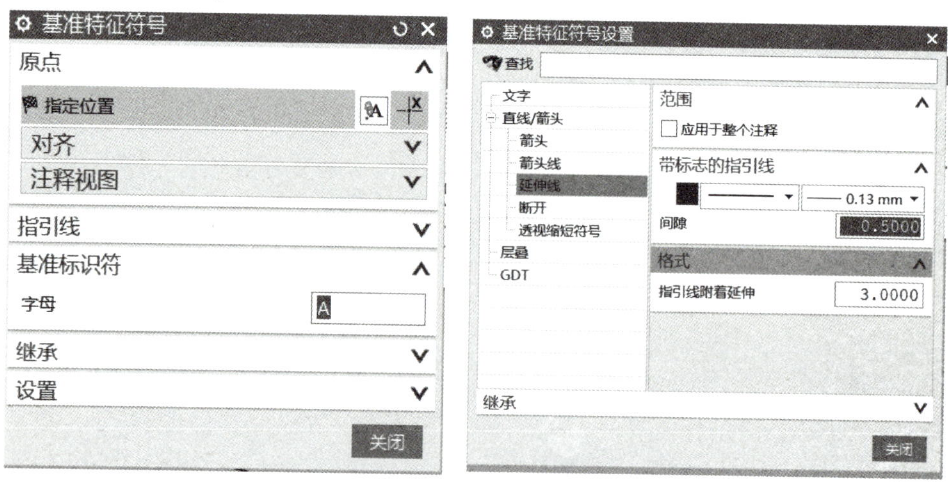

图 3-2-35　基准特征符号对话框及设置对话框

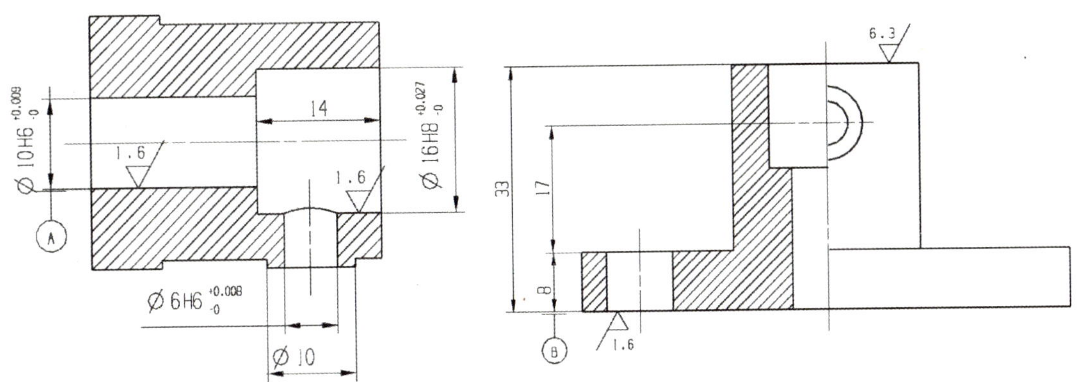

图 3-2-36 基准标注完成后效果

2）标注形位公差。

单击【特征控制框】，“特性”选择“同轴度”，公差设为 0.01，前面选择“ϕ”，“第一基准参考”选择“A”，如图 3-2-37 所示，然后将鼠标移至需要标注处，对准尺寸标注线，单击鼠标左键，然后移动鼠标至合适位置再单击左键，完成标注。同样的方法完成其他位置形位公差标注，完成后如图 3-2-38 所示。

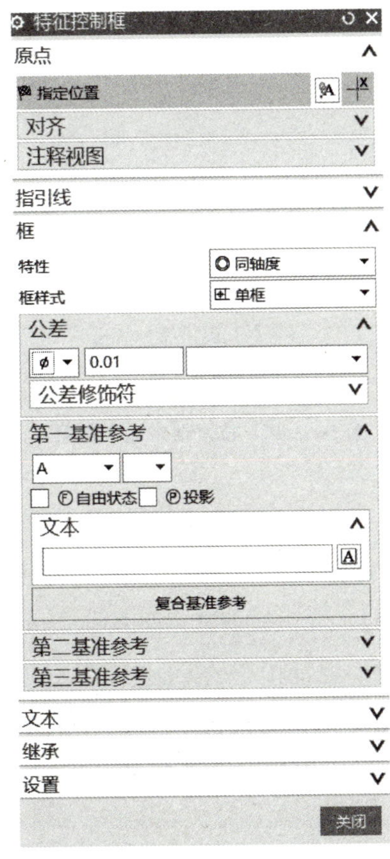

图 3-2-37 特征控制框对话框

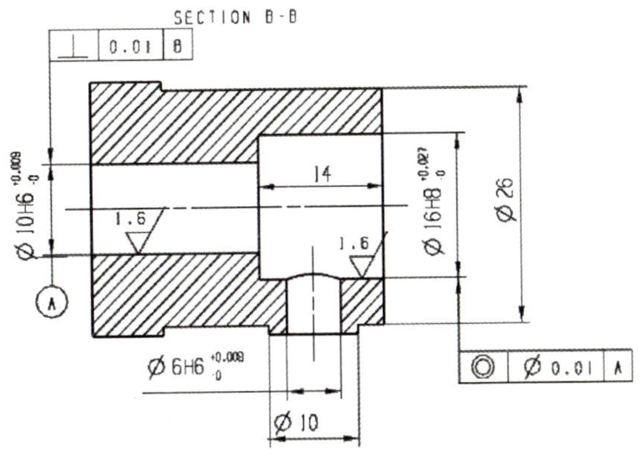

图 3-2-38 完成形位公差后效果图

（7）标注注释。

填写技术要求。执行【GC 工具箱】→【注释】→【技术要求库】，弹出对话框，文本框直接输入技术要求内容，也可以在技术要求库选择常用的技术要求内容，选择好后单击会自动导入到文本输入，输入后可以修改不合适的内容。文本内输入内容为“技术要求未注倒角均为1×45；一般公差按 GB/T 1804-m，人工时效处理。”，如图 3-2-39 所示。然后在原点选项中分别输入技术要求放置位置左上角和右下角。单击【应用】后生成技术要求，如图所示。发现文字大小和文字对齐不正确，双击刚产生的注释，进行修改，文字对齐由“对中”修改为“靠左”，高度修改为“5”。完成后如图 3-2-40 所示。

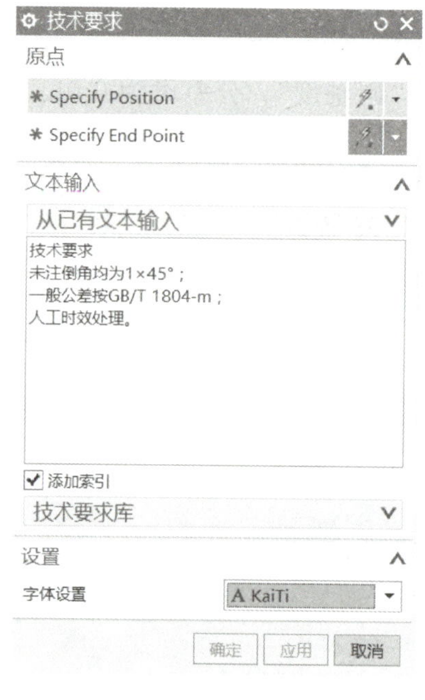

图 3-2-39　技术要求输入

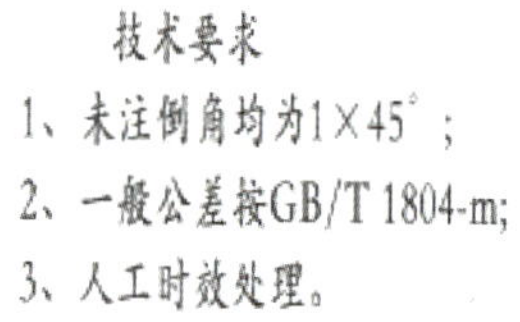

技术要求

1、未注倒角均为1×45°；

2、一般公差按GB/T 1804-m;

3、人工时效处理。

图 3-2-40　技术要求输入效果

（8）标题栏填写。

标题栏填写也可以参照任务一完成，本任务采用 GC 工具箱填写标题栏，执行【GC 工具箱】→【GC 数据规范】→【属性工具】→【属性工具】，弹出对话框，如图 3-2-41 所示，然后在对应位置填写相关信息，大部分内容都能填写，可能由于软件版本原因，有些信息不全，可以直接在标题栏内进行修改，如：将公司名称由“西门子产品管理软件（上海）有限公司”改为“东莞职业技术学院”，然后调整字体大小，补充完整后如图 3-2-42 所示。

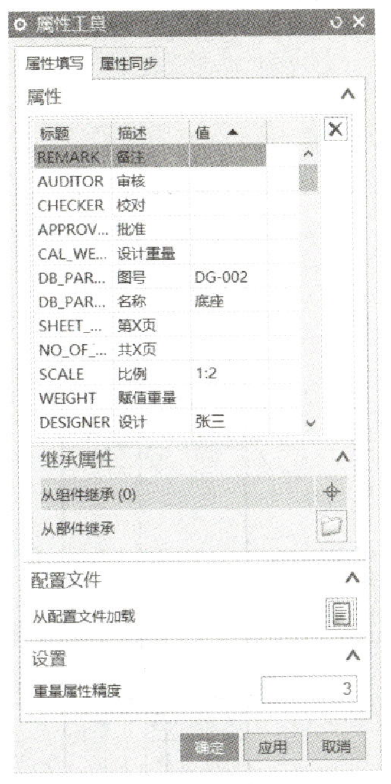

图 3-2-41 属性工具对话框

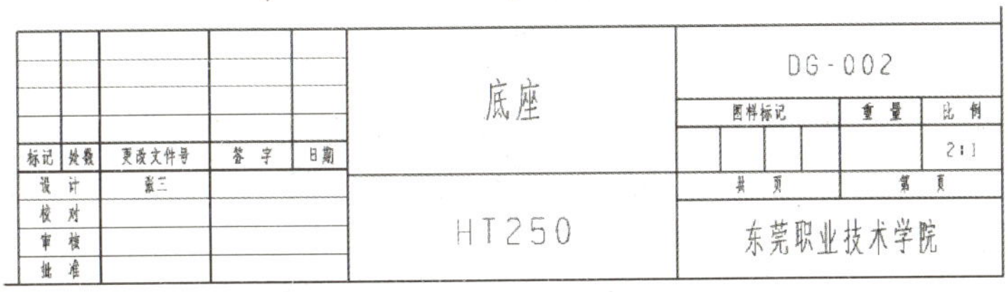

标记	处数	更改文件号	签字	日期	底座	DG-002		
设计		张三				图样标记	重量	比例
校对					HT250			2:1
审核						共 页		第 页
批准						东莞职业技术学院		

图 3-2-42 填写完成后图框

（9）整理图面，隐藏不需要的的线条、剖切线等，完成后如图 3-2-43 所示。

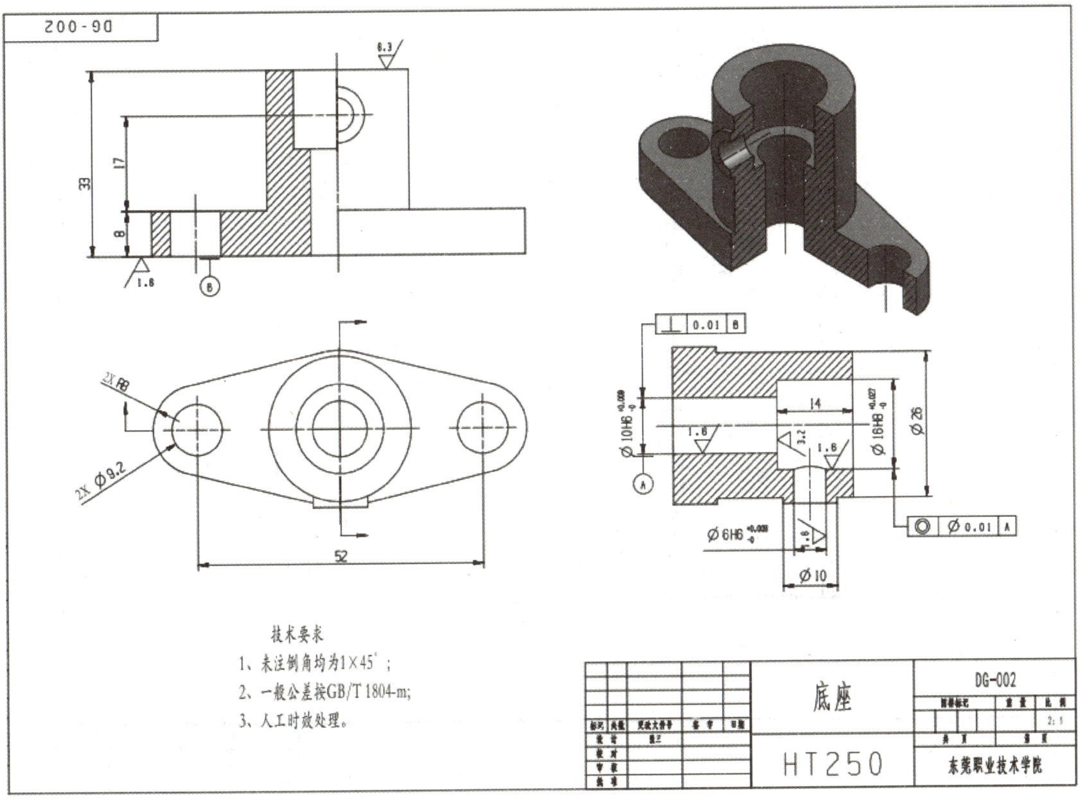

DG-002

技术要求

1、未注倒角均为1×45°；

2、一般公差按GB/T 1804-m;

3、人工时效处理。

标记	处数	更改文件号	签字	日期	底座	DG-002		
设计		张三				图样标记	重量	比例
校对					HT250			2:1
审核						共 页		第 页
批准						东莞职业技术学院		

图 3-2-43 底座最终工程图

四、上机练习

根据提供的三维模型，完成工程图创建，结果如图 3-2-44 所示。

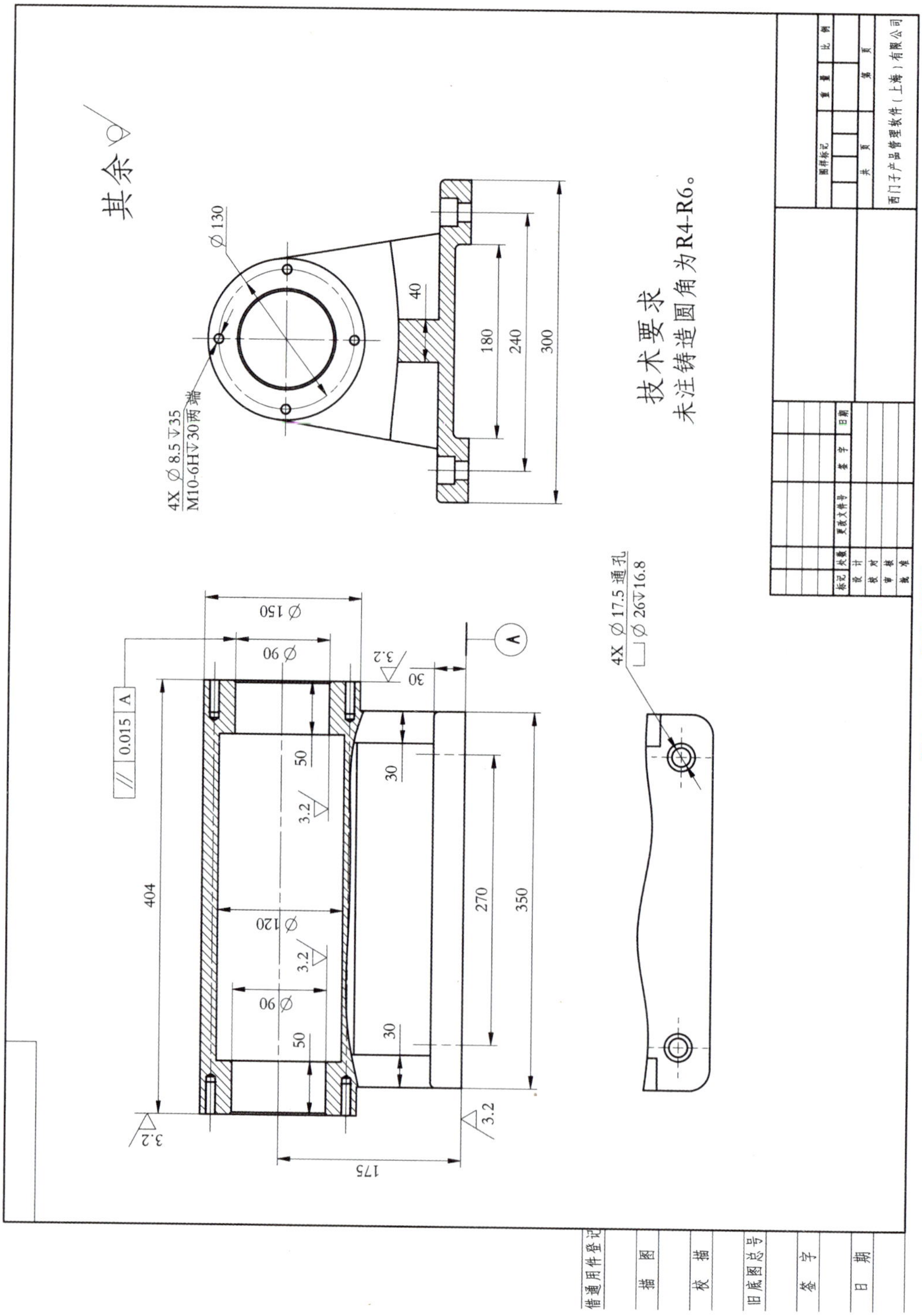

技术要求
未注铸造圆角为R4-R6。

图3-2-44 支座工程图

参 考 文 献

[1] 葛晓健，曾锋，谢海东．UG NX 8.5 建模与加工项目式教程［M］．武汉：华中科技大学出版社，2014.

[2] 詹建新．UG 10.0 造型设计实例教程［M］．北京：电子工业出版社，2017.

[3] 北京兆迪科技有限公司．UG NX12.0 宝典［M］．北京：机械工业出版社，2019.

[4] 刘明慧．UG NX 6.0 应用项目教程—机械零件的造型与加工［M］．北京：机械工业出版社，2017.

[5] 石皋莲，吴少华．UG NX CAD 应用案例教程［M］．北京：机械工业出版社，2010.

[6] 李志国，邵立新，孙江宏．UG NX6 基础教程［M］．北京：清华大学出版社，2009.

[7] 詹友刚．UG NX 8.5 机械设计教程［M］．北京：机械工业出版社，2016.

[8] 三维数字化技术项目式标准案例课程 UG 案例教材［M］．北京：3D 动力三维数字化技术认证培训管理办公室．